彩图 2-1　苹果疏散分层形

彩图 2-2　苹果小冠疏层形

彩图 2-3　苹果自由纺锤形

彩图 2-4　苹果细长纺锤形

彩图 2-5　苹果高纺锤形

彩图 2-6　苹果小冠开心形

彩图 2-7　苹果圆柱形

彩图 3-1　梨小冠疏层形

彩图 3-2　梨自由纺锤形

彩图 3-3　梨细长纺锤形

彩图 3-4　梨圆柱形（王东升）

彩图 3-5　梨水平棚架 / 水平形

彩图 3-6　梨水平棚架 / 漏斗形

彩图 3-7　梨水平棚架 / 折中形

彩图 3-8　梨双臂顺行式树形（秦仲麒）

彩图 3-9　梨 Y 形（王东升）

彩图 3-10　梨 Y 形（王东升）

彩图 3-11　梨双干 Y 形（王东升）

彩图 3-12　梨单干 Y 形（王东升）

彩图 4-1　葡萄单篱架

彩图 4-2　葡萄 Y 形架

彩图 4-3　葡萄 T 形架（潘明启）

彩图 4-4　葡萄水平棚架

彩图 4-5　葡萄柱式架

彩图 4-6　葡萄厂字形（张振文）

彩图 4-7　葡萄单干单臂形

彩图 4-8　葡萄单干双臂形

彩图 4-9　葡萄一字形（张鹏）

彩图 4-10　葡萄 H 形（张鹏）

彩图 5-1　桃自然开心形

彩图 5-2　桃 Y 形

彩图 5-3　桃圆柱形

彩图 5-4　桃匍匐扇形

彩图 6-1　甜樱桃丰产树结果枝

彩图 6-2　樱桃丛状形

彩图 6-3　樱桃开心形

彩图 6-4　樱桃主干疏层形

彩图 6-5　樱桃自由纺锤形

彩图 6-6　樱桃细长纺锤形

彩图 6-7　樱桃篱壁形

彩图 6-8　樱桃 UFO 树形（李芳东）

彩图 6-9　樱桃 KGB 树形

彩图 7-1　枣开心形

彩图 7-2　枣树枣头形

彩图 7-3　枣倒伞形

彩图 8-1　核桃疏散分层形（王根宪）

彩图 8-2　核桃自然开心形

彩图 8-3　核桃小冠疏层形

彩图 8-4　核桃自由纺锤形

彩图 8-5　核桃延迟开心形

彩图 8-6　核桃双主枝 Y 形

彩图 8-7　核桃自然圆头形

彩图 9-1　柑橘变则主干形

彩图 9-2　柑橘自然开心形

彩图 9-3　柑橘自然圆头形

彩图 9-4　柑橘多主枝放射形

彩图 9-5　柑橘塔形

彩图 9-6　柑橘篱壁形

彩图 10-1　山楂自由纺锤形

彩图 11-1　杏自然圆头形

彩图 11-2　李多主枝自然杯状形

彩图 11-3　扁桃开心形

彩图 12-1　猕猴桃一干两蔓形

彩图 12-2　猕猴桃单干单蔓形

彩图 12-3　猕猴桃自然开心形

彩图 12-4　柿自然开心形

彩图 12-5　石榴疏散分层形

彩图 12-6　石榴双主枝形

彩图 12-7　石榴多主干开心形

彩图 12-8　无花果一字形

彩图 12-9　无花果 X 形

彩图 12-10　无花果多主枝自然开心形

彩图 12-11　无花果丛状形

彩图 12-12　高丛蓝莓（陈新）

彩图 12-13　矮丛蓝莓（于爱香）

彩图 13-1　荔枝自然圆头形

彩图 13-2　荔枝开心圆头形

彩图 13-3　龙眼自然圆头形

彩图 13-4　龙眼开心圆头形（外观）

彩图 13-5　龙眼开心圆头形（内部）

彩图 14-1　树莓丛状形（陈新）

彩图 14-2　桑圆头形

彩图 14-3　草莓 / 花果

彩图 14-4　草莓 / 匍匐茎

彩图 15-1　板栗自然开心形

彩图 15-2　板栗疏散分层形

彩图 15-3　榛开心形

彩图 15-4　榛丛状形

彩图 15-5　榛小冠疏层形

彩图 15-6　阿月浑子开心形（王国平）

彩图 15-7　阿月浑子开心形（陈善波）

彩图 15-8　阿月浑子疏散分层形

彩图 15-9　花椒三主枝开心形

彩图 15-10　花椒四主枝开心形

彩图 15-11　花椒水平扇形

彩图 15-12　花椒自然开心形

普通高等教育“十四五”规划教材

FRUIT TREE PRUNING

果树修剪学

张鹏飞◎主编

中国农业大学出版社
China Agricultural University Press
·北京·

内 容 简 介

果树修剪学以果树生长发育规律为理论基础，以果树整形修剪技术理念为指导，注重标准化树形的选择与培养、修剪实践经验的总结与利用，强调整形修剪要符合树种品种特性、生态土壤条件、果园管理需要，进而调节果树营养生长与生殖生长的矛盾、产量与品质的矛盾、产品与商品的矛盾，满足优质、丰产、低碳、高效的需要。本书主要介绍了苹果、梨、葡萄、核桃、枣、柑橘、荔枝、龙眼等30多种果树的生长结果习性、常用树形及培养过程、修剪特点、修剪实践经验等内容，理论与实践相结合，是编者多年果树修剪教学和实践经验的总结，也是诸多果树从业者的经验与总结。

本书可作为高等院校园艺专业果树修剪学的教材，也可用于果树整形修剪技术职业技能培训，还可作为从事果树研究与栽培的科研人员等的参考书。

图书在版编目(CIP)数据

果树修剪学/张鹏飞主编. --北京：中国农业大学出版社，2023.12(2025.9重印)

ISBN 978-7-5655-3139-2

Ⅰ.①果… Ⅱ.①张… Ⅲ.①果树-修剪-高等学校-教材 Ⅳ.①S660.5

中国国家版本馆CIP数据核字(2024)第021976号

书　　名 果树修剪学
Guoshu Xiujian Xue

作　　者 张鹏飞 主编

策划编辑 杜 琴　　**责任编辑** 杜 琴

封面设计 李尘工作室

出版发行 中国农业大学出版社

社　　址 北京市海淀区圆明园西路2号　　**邮政编码** 100193

电　　话 发行部 010-62733489，1190　　读者服务部 010-62732336
编辑部 010-62732617，2618　　出 版 部 010-62733440

网　　址 http://www.caupress.cn　　**E-mail** cbsszs@cau.edu.cn

经　　销 新华书店

印　　刷 北京溢漾印刷有限公司

版　　次 2024年1月第1版　2025年9月第2次印刷

规　　格 185 mm×260 mm　16开本　21.25印张　538千字　彩插8

定　　价 66.00元

编审人员

主　　编　张鹏飞

副 主 编　温鹏飞　易时来　秦国新

编写人员　（按姓氏笔画排序）

王　磊　（河南农业大学）
王立新　（河北农业大学）
朱元娣　（中国农业大学）
刘　静　（河北科技师范学院）
刘亚令　（山西农业大学）
许腾飞　（西北农林科技大学）
何小龙　（中国热带农业科学院南亚热带果树研究所）
辛　国　（陇南市经济林研究院）
张京政　（河北科技师范学院）
张鹏飞　（山西农业大学）
易时来　（西南大学/中国农业科学院柑桔研究所）
孟江飞　（西北农林科技大学）
赵宝龙　（石河子大学）
钟彩虹　（中国科学院武汉植物园）
秦改花　（安徽省农业科学院园艺研究所）
秦国新　（重庆元邦农业发展有限公司）
秦嗣军　（沈阳农业大学）
郭栋梁　（广东省农业科学院果树研究所）
黄石连　（广东省农业科学院果树研究所）
梁晋军　（山西农业大学）
葛顺峰　（山东农业大学）
温鹏飞　（山西农业大学）
翟秋喜　（辽宁农业职业技术学院）

主　　审　刘孟军　（河北农业大学）
吴国良　（河南农业大学）

前　言

整形修剪是果树栽培过程中十分重要的管理环节，在果树生产中占有举足轻重的地位。果树整形修剪（简称果树修剪）是园艺专业学生需要重点学习掌握的专业知识，是园艺专业学生区别于其他专业学生的“术业专攻”。长期以来，果树修剪的教学主要依托果树栽培学、果树实践等课程，以及专业综合实习、果树修剪实习等实践教学环节。为了加强果树修剪的教学与实践，提高学生服务“三农”、服务乡村振兴的能力，一些高校也开设果树修剪学等课程，但一直缺乏一本有针对性的教材。党的二十大报告指出，科技是第一生产力、人才是第一资源、创新是第一动力。实施科教兴国战略，强化现代化建设人才支撑。人才是引领行业发展的第一资源，而教材是人才培养的知识载体。

2022 年 2 月，《果树修剪学》列入中国农业大学出版社普通高等教育“十四五”规划教材，随后主编组织 17 个单位的 23 名教师及科研人员开展本教材的编写工作。编写人员来自教学、科研、生产一线，既有丰富的理论知识，又有扎实的实践功底。在编写过程中，我们提出“特性—目标—方法”三位一体的整形修剪理念，以果树生长发育特性作为整形修剪的基础，以标准化树形作为整形修剪的目标，以灵活多样的修剪方法作为整形修剪的手段，突出“科学技术是第一生产力”和“理论指导实践”的思想。希望通过果树整形修剪理论知识的学习，经过果树整形修剪实习实践锻炼，提高学生独立进行果树整形修剪的专业素养和解决果树生产实际问题的能力。

果树种类繁多，树形不可胜数，书中篇幅有限，难以一一列举，本书以苹果、梨、葡萄、核桃、枣、柑橘、荔枝、龙眼等 30 多种常见果树为主要对象，重点介绍各树种生产中的主要树形及培养方法，希望再版时能增加更多的树种和树形。生产中落叶果树的整形修剪较为精细，常绿果树的整形修剪较为粗放。葡萄、桃、樱桃、核桃、板栗、柿等果树在南、北方均有较大面积的栽培，各地气候条件不同，整形修剪时也会有所差异，书中介绍的修剪理念、修剪方法可作为科学修剪的参考。

本书在编写过程中充分融合信息技术，全方位统筹纸质教材、数字资源和教学平台，一体化设计构建教材新形态，将相关内容作为二维码扩展资源，通过图片、音视频等多种表现形式，使更多的知识直观地呈现在读者面前。

本书编写分工如下：绪论由张鹏飞编写，第 1 章由温鹏飞编写，第 2 章由葛顺峰编写，第 3

章由朱元娣编写，第 4 章由孟江飞、许腾飞编写，第 5 章由赵宝龙编写，第 6 章由秦嗣军编写，第 7 章由王立新编写，第 8 章由王磊编写、第 9 章由易时来编写，第 10 章由秦国新编写，第 11 章由翟秋喜、张鹏飞、何小龙编写，第 12 章由钟彩虹、梁晋军、秦改花、张鹏飞编写，第 13 章由郭栋梁、黄石连编写，第 14 章由刘亚令编写，第 15 章由张京政、刘静、张鹏飞、辛国编写。全书由张鹏飞统稿，书稿完成后邀请河北农业大学刘孟军教授、河南农业大学吴国良教授审阅全书。

感谢山西农业大学、中国农业大学、西北农林科技大学、西南大学（中国农业科学院柑桔研究所）、沈阳农业大学、山东农业大学、河北农业大学、河南农业大学、石河子大学、河北科技师范学院、辽宁农业职业技术学院、中国科学院武汉植物园、中国热带农业科学院南亚热带果树研究所、安徽省农业科学院园艺研究所、陇南市经济林研究院、广东省农业科学院果树研究所、重庆元邦农业发展有限公司等参编单位的大力支持！感谢刘孟军教授、吴国良教授提出宝贵修改意见！同时也感谢河北农业大学路丙社教授、辽宁省果树科学研究所聂洪超研究员、广东省农业科学院果树研究所韩冬梅研究员等提供的指导与帮助！感谢王东升、秦仲麒、潘明启、张振文、张鹏、王根宪、陈新、于爱香、王国平、陈善波等提供图片，感谢山西农业大学段良骅、西南大学（中国农业科学院柑桔研究所）邓烈研究员提供绘制大部分插图，本书编写过程中参阅了诸多国内外专家的科研成果、论文、专著等，文后虽有列举，但难免挂一漏万，在此一并致谢。

限于编者水平，书中缺漏之处实所难免，恳请各位专家和广大读者批评指正，以便再版时修订。

编　者

2023 年 2 月

目录

绪 论

果树是指能生产人类食用的果实、种子及其衍生物的木本或多年生草本植物。果树产业是我国农业的重要组成部分，在种植业中种植面积、产量和产值仅次于粮食、蔬菜，排在第三位。人类利用果树的历史与人类发展的过程相伴而行，在原始农业诞生之前，人类就采集野生果实食用，随着人类农耕文明的进程，通过实生选种和人工驯化的方式不断培育形成栽培果树。人类对果树的管理特别是整形修剪的认识也在不断积累经验并持续改进。

果树种类多，生产周期长，管理复杂，整形修剪是果树管理的核心内容之一。整形是根据果树生长结果习性，合理配置树冠内骨干枝和结果枝，使树冠形成一定形状的过程。修剪则是在整形的基础上，通过一系列修剪技术如短截、疏枝、回缩、缓放、拉枝、摘心等，对果树的枝条进行处理，构建树体结构，调整生长与结果关系，促进成花结果，提高产量和质量，延长结果年限的过程。整形的过程也是修剪技术实施的过程，通过修剪来整形，用整形来指导修剪，二者相辅相成，缺一不可。

一、果树整形修剪的理论基础

“理论指导实践”，理论源自实践而高于实践，实践基于理论而异于理论，实践的过程离不开理论的指导。整形修剪是改造果树的实践过程，开展整形修剪活动需要相应的理论指导。

1. 果树生长发育规律是整形修剪的基础

（1）果树种类繁多，生长发育规律不同　据统计我国果树种类有 300 多种，常见栽培果树有 70 多种，果树栽培品种更是数以万计，每种果树甚至同一树种不同品种的生长发育规律都有所不同，在栽培管理过程中所采取的措施必须符合果树的生长发育规律才能取得良好的效果，不同的果树收获器官也有所差异，在整形修剪时要充分考虑这些因素的影响。

（2）果树生产周期长，具有多年生效应　果树是多年生的植物，生长发育具有多年生效应，大多数的果树有较长的童期（幼树期），自栽植到开花结果需要 2～5 年乃至更长时间。在不同的发育阶段需要采取不同的修剪管理策略，在幼树期以提早结果为目的，在结果期以维持适当的花果比为目标，等等。果树从花芽分化到开花结果再至果实成熟一般要经历 2 个年生长周期，其间所采取的整形修剪措施可以影响花芽分化以及开花坐果的进程。整形修剪的措施可以影响多年，如苹果整形修剪时将主枝角度拉开至 90°或 60°，之后主枝生长势、成花结果能力有很明显的差异。

2. 优质高产高效是整形修剪的主要目标

果树生产是高度集约化的农业生产，目的是为社会提供符合消费者需求的果品，这就要求果树生产要以提高劳动生产效率，提高单位面积产量，提高果实品质为目标。目前，我国果树生产规模已位居世界第一，果树生产重心也已从规模扩张转变为品质提升。然而当前果园的经营模式多样，经营者素质参差不齐，标准化程度低，生产出的果品质量千差万别，大多数果品只能算作农产品而不是商品，或只能称为初级商品，不符合市场需求，无法满足消费者要求。诸多果园重物质投入轻技术投入，果园管理人员的技术水平欠佳，甚至仍停留在 20 世纪 80—90 年代的水平，“科学技术是第一生产力”在整个生产过程中表现乏力。现代果园需要转变管理理念，加大技术投入，以生产高质量的商品果为目标。

在果园管理过程中，整形修剪是提高果品产量和质量的重要手段，主要有以下几方面的作用：①创造符合果树生长发育所需要的果园环境条件，改善果树光照条件，满足花芽分化对光照的需求；②进行花果调控，减少人工疏花疏果用工；③控制树冠高度和大小，提高劳动效率；④避免结果部位外移，延长结果年限；⑤提高果树抗逆性，减少病虫侵害；⑥使果园适应机械化管理需求，降低叶幕厚度，加大行间距，施药、施肥、运输等机械得以大面积应用，实现艺机一体化，节约人工，降低生产成本，提高生产效率和经济效益。

3. 环境条件是影响整形修剪的重要因素

果树的修剪反应是自身生长发育特性、修剪操作和环境条件综合影响的结果，影响因素比较多，具有很大的不确定性。

果树的生长发育规律是适应自然环境条件长期进化的结果，果树只能在一定的环境条件下生存，在同一环境条件下不同树种、品种的生长发育规律不同。环境条件改变后果树的生长发育也会发生变化，如果环境条件不能满足果树生存所需的条件，会引起生长发育不正常甚至死亡。即使是同一个地方，每年的环境条件也不尽相同，同一株树不同枝条所处的微环境也有差异，古诗有云“南枝向暖北枝寒，一种春风有两般”，在晚霜来临时有树冠下部枝叶发生冻害而上部枝叶正常的现象。在果树栽植建园时需要选择在满足果树生长发育条件的地方，适地适栽，整形修剪时也需要因地制宜，随温度、光照、水分、海拔、坡向等环境条件的改变而改变，如葡萄在埋土越冬区栽培需要选用冬季容易埋土的架式和整形方式，而在露地越冬区和设施栽培时则可以选用 T 形架、柱式架等不埋土的架式。

二、果树整形修剪的技术理念

果树整形修剪时要以果树生物学特性为基础（特性），以确定的标准树形为目标（目标），以适宜的修剪方法为手段（方法）。“特性—目标—方法”三位一体缺一不可，不懂果树生物学特性，没有确定的目标树形，不掌握基本的修剪方法和修剪反应就无法进行修剪，只考虑其中之一或者其中之二都会导致修剪效果不佳甚至越来越乱，无法实现整形修剪的目标（二维码 0-1）。

二维码 0-1
特性—目标—方法
理论（音频）

1. 以果树生物学特性为基础

果树是整形修剪的对象，果树的生长发育规律是自身生物学特性、外界环境条件和人为栽培管理措施共同作用的结果，在整形修剪时必须认识这些规律，考虑其影响。

（1）果树的生物学特性　是进行整形修剪的基础，不同树种、品种，生命周期的不同阶段，一年中不同的物候期，树势、萌芽率、成枝力、成花特性、果实用途等不尽相同，对修剪的反应也不一样，在整形修剪时要充分考虑这些因素。

（2）生态环境条件　果树必须在一定的环境条件下才能生存，温度、光照、水分、土壤情况、海拔高度、坡度、坡向、降雨、风等都会影响果树的生长发育，整形修剪时也必须考虑这些外界因素对果树生长发育的影响。

（3）栽培管理措施　果园的栽植密度、土肥水管理制度、病虫害防治措施、花果管理措施等也是影响果树生长发育的重要因素，在整形修剪时必须充分考虑，特别是栽植密度直接影响树形的选择，行株距大的果园可以选用大冠树形，行株距小的果园必须选用小冠树形。

（4）病虫害的影响　果树生长发育过程中会遭受各种病虫害的侵袭，包括生理性病害、真菌性病害、细菌性病害等，虫害的种类则更多，这些病虫害为害根系、枝条、花、果等不同的器官，给果树的生长带来不利的影响。通过整形修剪，一方面可消除病虫害对果树的危害，如疏除病虫为害的枝条，摘去病叶病果等；另一方面可调节果树生长环境条件，减少病虫害的发生，如通过修剪使树冠通风透光良好，降低果园湿度，进而减少早期落叶病的发生等。

2. 以确定的标准树形为目标

（1）根据生物学特性确定目标树形　修剪者对目标树形的结构要有准确的认识和把握，在修剪之前就需要根据树种、品种、行株距、环境条件等因素确定一个目标树形，修剪时按照目标树形的要求来配备骨干枝，尽量接近目标树形，不能随意改变增减。目标树形是经过无数人总结出来的“标准”树形，是理想化的树形，是指导果树整形修剪的“模板”，如果连目标树形都没有搞清楚，就无法指导修剪实践。每一种树形的结构都自成体系，如果把不同的树形指标“嫁接”在一起，就成了“四不像”，如生产中常见的以圆柱形的枝条数量留枝而以纺锤形的主枝开张角度拉枝的情况，导致成花结果推迟，树冠很快郁闭。

（2）一个果园只确定一种目标树形　一个果园有几十棵上百棵树，选择一个树形作为目标树形即可，树形统一便于标准化管理。一个地方也需要在专业技术人员的指导下确定当地的主要树形，绝大多数的果树都要按一个目标树形进行管理，一个果园不应有多个树形，不管谁来修剪，不管修剪多少年都是这个树形，这样才能保持树形一致。

（3）目标树形的培养要一以贯之　整形修剪要有整体观和发展观，用整体的眼光和发展的眼光看待修剪。培养树形不是一蹴而就的事情，标准树形的管理思想要从建园开始一直延续到果树的一生，整形修剪时要考虑到 1 年以后，甚至 10 年以后的情形。果树是活的植物群体，在生长发育过程中会发生变化，修剪时可以根据生长变化进行适当的调整，但总的目标不能改变，目标树形一经确定就要坚持下去，不管进行了几次修剪，都要围绕目标树形来进行。在不同阶段修剪时都要注意把握目标树形的结构指标，做到“心中有树”，用目标树形的结构指标去指导修剪，不能偏离太多；做到“眼中有树”，将既有的树形结构指标与目标树形相比较，灵活运用，不生搬硬套。

3. 以适宜的修剪方法为手段

(1)熟悉基本的修剪方法和修剪反应　常用的果树整形修剪方法包括缓放、短截、疏枝、回缩、拉枝等。一个枝条采用不同的修剪方法,或同一种修剪方法应用在不同的枝条上,其修剪反应都是不一样的,因此在修剪之前就需要根据预期的修剪反应确定最佳的修剪方法,例如,需要扩大树冠,培养主枝时需要采用短截的方法而不是回缩的方法;需要促进枝条成花结果时多进行缓放而不能短截等;至少在修剪时首先从理论上能实现修剪目标,不能盲目修剪。有经验的修剪者能够"心中有树",在修剪过程中综合考虑不同修剪方法能够带来什么样的修剪反应,能否实现自己的修剪目的,熟练综合运用各种修剪方法培养树形,完成修剪任务。初学者往往经验不足,对修剪反应的判断不准确,所采用的修剪方法无法实现自己的预期目标,就会导致树形越剪越乱。

(2)根据修剪对象选用合适的修剪方法　树形的培养是一个长期的过程,只有经过多次修剪、多年修剪才能培养出一个结构合理的目标树形。为了实现最终的目标要采用合适的修剪方法,需要根据不同的生育阶段、不同的季节、同一棵树上不同的枝条等情况相应地采取不同的修剪方法,不能千篇一律。虽然在实际生产中,无法保证修剪目标百分百的实现,但是实现的比例越高修剪的效果就越好,实现的比例越低修剪的效果就越差。

(3)勤动手、多观察,不断积累修剪经验　果树整形修剪是一项复杂的工作,受诸多因素的影响,在修剪时考虑越周到和对修剪反应预测越准确,修剪的效果也就越好,这需要丰富的修剪经验。对修剪方法和修剪反应的了解、认识和掌握不是一朝一夕的事情,一些人"一听就懂,一看就会,一干就错",就是由于没有把基本的修剪方法和修剪反应结合起来,对修剪反应的判断经验不足。在果树整形修剪实践过程中只有勤动手、多观察、多思考,一点点积累,才能根据树体状况预测修剪反应,运用合适的修剪方法,逐步提高修剪水平。掌握果树整形修剪的基本原理和方法,还可用于园林树木、木本蔬菜、木本中药材等的修剪。

三、果树整形修剪的实践过程

1. 整形修剪需要理论与实践相互促进

实践是检验真理的唯一标准。果树整形修剪是将理论与实践二者相结合的过程,实践离不开理论的指导,理论离不开实践的验证。果树修剪技术水平的提高是从实践到理论,再从理论到实践不断循环往复、螺旋上升的过程。对于学生来说,果树修剪是从理论到实践的过程,缺乏最初的实践环节;对于果农来说,果树修剪是从实践到实践的过程,缺少理论的指导。不管是缺乏实践还是缺少理论都不利于果树修剪技术水平的提高,必须将二者深度融合、相互促进。

学生以学习果树修剪基础理论入手——这些理论来自前人实践经验的总结——之后用这些理论去指导实践。果树是最好的"老师",通过观察修剪反应可以让学生更深刻地理解修剪理论的实践应用,通过不断实践,将理论与实践相结合,总结经验,形成自己的整形修剪技术体系,提高整形修剪水平。

果农经过长期的实践有一定的修剪经验,但这些经验是否能用于其他果园或其他树形,往年的经验在今年使用的效果如何等都有不确定性，因此，在修剪的过程中，由于缺乏系统理论的指导，只注重个别修剪方法的应用，只考虑个别因素对修剪的影响，容易出现“四不像”的果树，把树越剪越乱，越来越难剪，果园生产效能低下。常说“果农不缺乏实践，缺乏的是理论”，只有通过加强对果农的理论培训，才能迅速提高其果树整形修剪水平。

2. 整形修剪促进自然与美的和谐统一

果树春华秋实，枝干虬美，树叶多彩多姿，具有很高的观赏价值。除作为农业作物之外，还是很重要的园林观赏树种，如桃、杏、樱桃、银杏等果树常在公园、小区栽植供作观赏。核桃、枣、榛更是重要的水土保持和生态治理树种，在我国荒漠化治理、生态保护和高质量发展战略中具有举足轻重的作用，在我国最大的塔克拉玛干沙漠边缘新疆南疆地区种植有 1 100 多万亩（1 亩≈666.7 m^2）的核桃和枣，在晋陕大峡谷两岸的黄土高原也广泛种植，对我国荒漠化治理、生态保护等方面发挥着巨大作用。葡萄、苹果、柑橘、枇杷等是常见的庭院果树，在各地农村有广泛栽培。在寺庙、古建周围常有几百年甚至上千年的银杏、核桃、枣等古树。

果树是美好的事物，既能让人果腹，又能寄托情思，在诗词、寓言、散文等多有描述，《诗经》《礼记》《史记》《齐民要术》等古籍均有记录，如《诗经》里记载的果树有栗、榛、枣、桃、李、梅、山楂等多个树种（表 0-1）。

表 0-1　古籍中有关果树的记载

文献	记述内容	备注
诗经·大雅·抑	投我以桃，报之以李	公元前 6 世纪
史记	桃李不言、下自成蹊	
山海经	灵山……其木多桃、李、梅、杏	公元前 5 世纪—公元前 3 世纪
灵枢经	桃、李、杏、栗、枣为五果	8 世纪
诗经	丘中有李；华如桃李	
礼记·月令	羞以含桃，先荐寝庙	含桃：樱桃
广志	林檎，似赤奈子，亦名黑禽，亦名来禽；荥阳有白杏，邺中有赤杏、有奈杏	270 年前后
尔雅	杬（山楂）；楔（樱桃）	
诗经·召南·甘棠	蔽芾甘棠，勿翦勿伐	甘棠：棠梨，又名杜梨

果树的美是天然的美，是美丽大自然的一种外在表现，通过整形修剪可以让果树的美进一步发挥体现。因此，在果树整形修剪过程中，“道法自然，师法自然”，既遵循果树生长发育的规律，又体现修剪者的意愿，二者完美结合呈现果树的自然美。许多地方在春季召开“桃花节”“梨花节”“杏花节”，秋季召开“红枣节”“葡萄节”，冬季召开“草莓节”等，还有全国性的“中国核桃节”“国际苹果节”，为果树赋予了丰富的文化内涵。

果实除可被食用外，还有一定的药用功效，国家卫生健康委员会公布的药食同源的果树有山楂、乌梅、木瓜、白果（银杏）、龙眼肉（桂圆）、余甘子、佛手、杏仁、沙棘、花椒、枣（大枣、黑枣、酸枣）、罗汉果、郁李仁、枳子、香橼、桃仁、桑叶、桑葚、橘红、榧子、酸枣仁、橘皮、覆盆子等。

3. 整形修剪教学需加强耕读实践教育

果树修剪学课程具有天然的耕读教育属性。果树修剪学是一门实践性很强的课程，果树整形修剪的学习需要学生亲力亲为，需要多开展实践教学。果树是脱贫致富、乡村振兴的重要载体，通过学习果树修剪相关知识，能够加强学生服务“三农”的能力，培养学生爱国爱民情怀，增强学生在“希望的田野”上干事创业的能力。通过果树修剪学课程将专业知识教育、立德树人教育、耕读文化教育相结合，有利于“大国三农”人才培养，引导和鼓励学生激扬青春、报国奉献。

果树栽培是园艺专业学生的主要学习内容，果树修剪是园艺专业学生需要重点掌握的技能之一，果树修剪学是园艺专业的实验实践课程，也可作为其他专业的选修课程。在果树修剪学习、实践过程中，将耕读教育和专业教育相结合，学生既能在课程中学到专业知识，又能加深耕读文化认同，再加上课程思政教育，形成协同效应，实现育人和育才的深度融合，为国家和社会培养具有懂农业、爱农村、爱农民的“三农”情怀以及富有创新精神和社会责任感的高素质复合应用型农业人才。

四、果树整形修剪的发展历程

1. 古代果树整形修剪

果树是先于人类在地球上出现的，人类诞生之后先是采摘野果为食(表 0-2)，之后出现无意识地种植果树，再发展到有目的地栽培利用，待到文明社会出现后，人们开始总结果树栽培管理的经验并得以流传。《诗经》《齐民要术》《群芳谱》等古籍中均有关于果树栽培管理的记载，多为品种及种植、采收方法等，也有关于修剪的具体方法，诸如开甲、砍皮、通树、打树、折枝、扒枝等。例如，《齐民要术》记载的果树管理方法有：“正月一日日出时，反斧斑驳椎之，名曰‘嫁枣’”“侯大蚕入簇，以杖击其枝间，振去狂花”“桃性皮急，四年以上，宜以刀竖利其皮”“以砖石着李树歧中，令实繁。腊月中，以杖微打歧间，正月晦日复打之，亦足子也”等。古人果树修剪管理的很多理念直到今日依然适用。

表 0-2　果树的考古发现

树种	遗址	距今/年	备注
葡萄、山楂	河南舞阳贾湖遗址	9 000～7 800	葡萄：核；山楂：酒饮料
枣	河南密县莪沟北岗新石器时代遗址	7 240	炭化枣果和枣核
榛、山里红	辽宁沈阳新乐遗址	7 200	榛：壳；山里红：籽
山楂	河南灵宝西坡墓地	5 000	叶片印痕
桃、李、杏、山楂、樱桃	河南驻马店杨庄二里头文化层	4 000	果核
桃	河北藁城商代遗址	3 000	桃核、桃仁
樱桃	湖北江陵战国古墓	3 000	种子
杏	江苏连云港西汉古墓	2 000	碳化杏核、杏仁

2. 当代果树整形修剪

20 世纪 70 年代以前果园以乔化稀植为主，主要采用大冠树形，整形修剪的地位突出。70 年代后期果园开始向矮化密植方向发展，栽植密度加大，树冠也由大变小，枝条级次减少。修剪的方法也由单用剪子、锯子向剪、刀、锯、药剂等综合应用的方向发展，修剪手法由短截、疏枝、回缩为主向缓放、拉枝、疏枝等技术综合运用转变。修剪时期也由单一的休眠期修剪发展到冬季修剪（简称冬剪）、夏季修剪（简称夏剪）并重，再到春、夏、秋、冬四季进行修剪。

随着果园矮化密植的推广，一些现代的整形修剪理论也逐步深入人心，果树管理呈现树形简化、修剪量轻、四季修剪等一些新理念。

（1）树形简化　现代密植果树栽培的树形符合成形快、修剪轻、结果早、树冠大小便于控制、结果枝容易更新、树体结构简化等特征。树形整体由高、大、圆向矮、小、扁的方向发展（图 0-1）。通过栽植生长势中庸、容易成花的品种，培养自由纺锤形、小冠开心形等缓势树形，采用缓放、拉枝、疏枝、轻剪、扭梢、转枝、环剥、刻芽等修剪技术缓和树势，达到提早结果、稳定结果的目的。

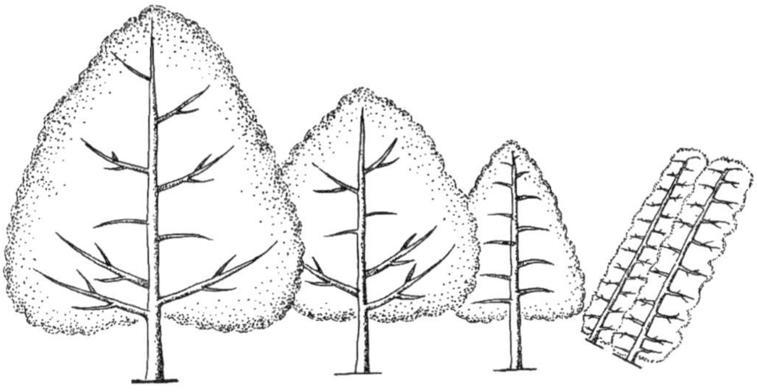

图 0-1　果树树形发展变化

（2）修剪量轻　因为树形简化，树体结构简单，骨干枝比较小，无须像以往大冠树那样，需要通过控制部分枝条来保证骨干枝的生长优势，所以修剪量轻。修剪方法主要有放缩法和人工短枝型修剪法。放缩法指骨干枝和带头枝在前期进行中短截修剪，使树形尽快成形，然后连年缓放，促进成花，疏除病虫枝、细弱枝、密挤枝、徒长枝，其余的发育枝均缓放不剪。

（3）四季修剪　简化修剪都要进行四季修剪。冬季长放的枝条必须在生长季节进行刻芽、环刻，促使提高萌芽率，增多枝量。夏季对树冠内萌生的旺枝、徒长枝、竞争枝要进行扭梢、摘心和疏除等控旺措施。修剪时期由单一的冬季修剪发展到冬剪和夏剪相结合，再到现在的四季修剪，乃至随时根据树体生长情况进行修剪，修剪手段也逐渐多样化，灵活采用综合修剪技术。

（4）矮化密植栽培　是指通过各种方法降低果树的高度，缩小树冠，增加单位面积株数，提高单位面积产量的栽培方法，生产中主要通过应用短枝型品种或矮化砧木来实现矮化密植栽培的目的。现在还出现了“矮化砧木＋短枝型品种”的双矮模式。

（5）应用植物生长调节剂　使用植物生长调节剂如多效唑、乙烯利、发枝素、赤霉素、PBO 等可代替部分修剪，具有控制树势，调节枝类比，促进花芽形成等作用，习惯称为化学修剪。化学修剪的效果受树种、品种、树势、时期、药量、气候等多种因素的影响，因此只能作为修剪的辅助手段，应用前应先小面积试验，掌握好后再大面积使用。

五、果树整形修剪的发展趋势

果树整形修剪是随着生产力的发展而发展变化的，今后一段时间果树整形修剪将朝着标准化、精细化、简约化的方向发展。

1. 标准化修剪

果树整形修剪是仁者见仁智者见智的事情，标准难以统一，很多时候修剪理论都是一些原则性的理论，如何将这些原则性的理论与实践相结合起来，是一件很难的事情。生产中的修剪者往往是“因树造形，心中无形”，凭经验剪树，并没有明确的目标树形，一棵树一个思路，一年一个想法，毫无章法可循，必然造成树无定形，结构杂乱。果树整形修剪管理要像工业化、标准化看齐，做标准树形，大的果园在修剪前对人员进行培训，统一思想、统一标准，才能逐步统一果园树形，最终实现果园管理的标准化。

不按树形标准去整形修剪是目前果树整形修剪过程中存在的最大问题。生产中的树常常表现为树势不一、高矮不齐，主要原因就是在管理过程中过分追求个性，忽视了整形修剪的标准化和一致性。有的人在修剪时不知道标准树形是什么，或者虽然知道标准，但不按标准进行，或者将标准搞混，或者自创标准，搞出许多非标准树形来，这些都是经不起生产考验的。

2. 精细化修剪

生产中不同树种修剪的精细程度不同，苹果、梨、葡萄等果树常进行精细修剪，核桃、板栗等则较为粗放，有些果树几乎不进行修剪，如沙棘等。精细化修剪对修剪者的水平要求比较高，且比较费工，修剪管理成本高。但要实现早结果、早丰产的目标必须进行精细化修剪管理，不能放任不管或粗放管理，从建园之初就要按照整形修剪的要求一步一步去实施，一旦错过最佳的修剪时期，后期很难弥补。

3. 简约化修剪

随着科学技术的发展与劳动力市场的变化，果树通过机械修剪、化学修剪等方法降低人工成本，提高劳动效率成为将来发展的方向。这些新的修剪方式需要相应的理论做支撑，修剪时选择结构简单的树形，在保证树形骨架的基础上，减少骨干枝的数量和级次，减少不必要的营养消耗，方便机械修剪。培养骨干枝和结果枝组的方法也较简单，结果枝组的类型减少，所应用的修剪方法也变得简单，如拉枝多、短截少等。

（张鹏飞　编写）

第一章 果树整形修剪的基础知识

树形是果树呈现出来的外观形态，不同的树形有不同的树体结构。整形是指根据果树生长发育规律特性，预先设定目标树形，然后通过修剪将各级骨干枝在树冠内合理配置，排列组合成一定形状。树形是修剪者意愿、树体自身规律、环境因子共同作用的结果，整形修剪将果树的生长需要与人的需求相结合，是自然与人的和谐统一。

第一节　果树整形修剪的目的与原则

果树整形修剪的总目标是调节果树生长发育，提早结果，提高品质，增加产量，生产出符合人类消费所需要的果品。然而，在生产中许多果树并没有按照标准树形来整形修剪，树形与修剪管理过程中存在诸多问题，需要对这些果树进行修剪改造，使其尽量接近标准树形。

一、果树整形修剪的目的

1. 培养丰产树形

培养丰产树形是整形修剪的主要目的。与自然放任树形相比，通过人工修剪可以培养合适的骨干枝，在骨干枝上安排相适应的结果枝组，树形树体结构更为合理，更加符合生产优质果品的需求，为优质丰产奠定坚实的基础。各种文献资料所记录的诸多树形，都是人们长期实践总结的结果（从实践中来），具备丰产树形的结构，在生产中需要经过多年的修剪将果树培养成目标树形（到实践中去），因此，在修剪之前学习掌握丰产树形的各项指标，在修剪实践中将这些指标作为指导，贯彻落实才能起到良好的修剪作用（理论指导实践）。如果没有目标树形，随意修剪，树体结构只会越剪越乱。

培养丰产树形时需要关注树冠内的两类枝条，一类是结构性枝条（骨干枝），另一类是结果枝组。树形主要是通过结构性枝条的不同排布方式来表现的，整形时重点考虑结构性枝条的选留和培养，结构指标要严格也要适度灵活，不能太死板也不能相差太多。以小冠疏层形为例，基本结构指标是"1 个中心干，6 个主枝分 3 层排列（3-2-1）"，整形时主枝数量要严格，主枝多一个少一个都不利于树形的培养；层内距相对严格，主枝可以邻近，但不能轮生；结果枝组相对灵活，多一个少一个，对树体结构影响不大。

2. 调整树体结构

果树整形修剪的过程就是将标准树形和实际的树形相比对，利用修剪使实际的树形不断接近标准树形的过程。在果树整形修剪时原有树形比较合适的要维持，不合适的要改造。不同的树形有不同的树体结构，在每一次的修剪过程中都要做到“心中有树”，按照既定的目标树形进行修剪，既要考虑现有的树体结构状况，又要考虑将来的树体结构目标，通过修剪逐步实现目标树形的培养。切忌没有目标或目标变来变去，这样很容易把树修剪成“四不像”，也会导致整个果园树形混乱。

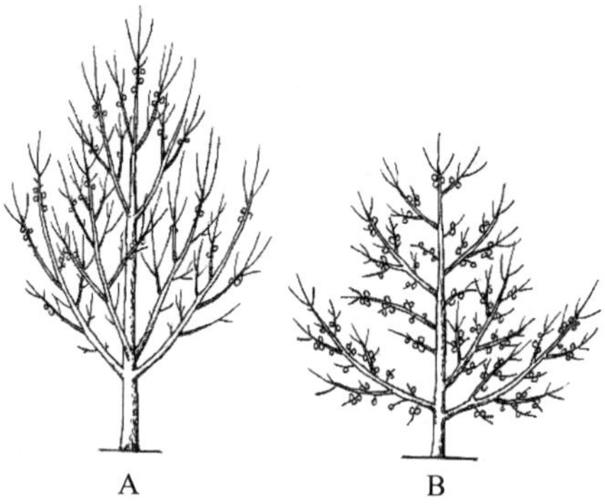

图 1-1　放任树与丰产树树形比较

A. 放任树；B. 丰产树

自然生长或整形修剪不善的果树往往结构混乱，主从不明，各种平衡关系被打乱，枝多叶多，花少果少，内膛空虚，行间郁闭，通风透光不良，密生的枝叶成为病虫栖息之所，施药、施肥等管理十分不便，机械化管理难以实现，生产成本增加。通过整形修剪，果树的个体结构、群体结构趋于合理，结构有序，主从分明，枝朗叶疏，花果适量，行间通透，便于机械通行，提高管理效率，节约人工成本。放任树与丰产树树形比较见图 1-1。

3. 调节开花结果

果树从营养生长到生殖生长并开花结果是果树管理的重要目标，开花结果和枝条生长是一对“矛盾”，需要维持好二者之间的动态平衡。

（1）幼树期以早成形、早结果为目标　放任生长的果树树形结构混乱，营养生长旺盛，难以成花，结果迟。通过整形修剪培养适宜成花的树体结构，可实现由“以营养生长为中心”向“以生殖生长为中心”的快速转变。

（2）结果期以早丰产、连年丰产为目标　果树进入结果期后产量逐年提升，树体营养生长与生殖生长的矛盾加剧，常常表现为成花不足、难以丰产、大小年结果（简称大小年）等现象，因此，调控成花、结果、生长之间的平衡就显得尤为重要。通过整形修剪调节营养物质的分配，“生长结果两不误”是此阶段的重要目标。

（3）衰老期以恢复树势、延缓衰老为目标　果树进入衰老期后营养生长减弱，成花结果能力逐步下降，这个时期整形修剪的主要任务是及时更新衰弱的骨干枝和延长结果枝组结果年限，以提高经济产量并维持较长的结果时期。

从果树长期适应自然的需要所形成的生长发育规律来说，从叶芽到花芽，再到开花、结果，直至最后果实成熟的过程，花果数量是逐步递减的，一些果树的自然坐果率只有 1%～2%。在果树管理过程中，花芽分化期以促进花芽形成为目标，冬季修剪开始考虑疏花疏果的问题，冬剪疏去部分花芽，开花时疏花，坐果后疏果，以产定花，以量定果。

4. 调节树体环境

适宜的环境条件（光照、温度、水分等）是果树生长发育良好、优质丰产的必备条件。在果园管理过程中，通过整形修剪培养合理牢固的树体骨架可以增强树体负载能力、环境适应能力以及抵抗自然灾害的能力。

光是果树光合作用的必备条件，也是果树成花的必需条件，调节改善光照条件是果树整形修剪的核心目标之一。自然生长的果树为了追逐太阳光照，往往枝条直立，抱头生长，外围枝徒长，内膛枝细弱（内膛缺少光照是主因）。人工修剪使得树体的光照合理分配，打开光路，提高叶片光合效率，促进花芽形成，有利于提高果实产量和品质。

温度不足会影响树体的生长发育，在整形修剪时，根据温度情况选择合适的树形非常重要，如在寒地栽培的果树常采用匍匐树形，一方面利用地面辐射提高树冠温度，另一方面便于休眠期防寒越冬。

在干旱地区栽培果树，缺水抑制果树生长，是果树与环境的主要矛盾，提高果树抗旱能力是果树栽培管理的重心。选择抗旱的树种品种，并培养适宜的树形，通过修剪减少枝条级次，矮干低冠，缩短水分、养分输送距离，有利于保持地上部和地下部水分、养分运输通畅，减少输送过程中的损失，提高水分、养分利用效率。

5. 方便树体管理

树体管理贯穿果树生产始终，除整形修剪外，树体管理还包括土壤深翻、中耕除草、施肥（基肥、追肥、根外追肥等）、灌溉与排水、病虫防治、疏花疏果、果实套袋、果实采收等诸多环节。通过整修修剪合理调节树体结构、主干高低、树冠大小、行间距大小等可以为树体管理提供方便，创造良好的条件，减少人工成本，避免工伤事故等。

二、果树整形修剪的原则

在果树整形修剪时需要遵循一定的原则，并对这些原则要有正确的认识，在修剪活动中须认真贯彻实施（二维码 1-1）。

二维码 1-1
果树整形修剪原则（音频）

1. 因树选形，随枝修剪

“因树选形，随枝修剪”有时也作“因树修剪，随枝作形”。修剪是手段，作形是目标。在整形修剪时要依据树种品种特性、砧木、树龄、树势、行株距、立地条件及管理水平等确定目标树形，再依据目标树形的结构要求安排骨干枝，把果树修剪成目标树形的样子，整形完成后能很清楚地识别出是什么树形。一个地区、一个果园要以一个树形为主，“有形”是主流，“无形”是补充，90％以上的树都是一个树形，这样园貌整齐一致，便于管理。

在生产中，许多果树虽进行了修剪但没有达到作形的目标，导致实际树形与目标树形相差甚远，“一棵树一个样子，一个园子有多少棵树就有多少个样子，一个园子里没有一棵树是目标树形应有的样子”，过分追求果树单株的生长情况，导致树形混乱，越剪越乱，这种做法是不可取的。

2. 有形不死，无形不乱

“有形不死”是指树形培养过程中可以有一定的灵活度，在允许的范围内主干高度、树高、主枝数量、主枝开张角度等指标可以有适当的变化。一个果园中不同单株的果树生长情况并不相同，也没有一株树能与教科书中的标准树形完全匹配。在整形修剪时，要根据果树的生长情况随枝就势、因势利导，求大同、存小异，按照选定的目标树形进行培养，尽量减少株与株之间的差异。

“无形不乱”指生产中培养的树形虽然不能完全符合标准树形的指标要求，但树冠内各骨干枝分布有序，结果枝组位置合理，大小适中，树势稳健，成花结果良好。在老果园改造时“无形不乱”的原则很重要，不能强求培养整齐一致的树形，要根据原有的树形结构进行适当调整，安排好各级骨干枝和结果枝组即可。对于新建果园，树形培养首先要遵循“因树选形、随枝修剪”的原则，培养整齐一致的树形。

3. 主从分明，均衡树势

果树枝条按照在树冠内的地位可分为骨干枝和结果枝组，各级枝条在树冠内的地位有主从之分：主干＞中心干＞主枝＞结果枝组，在整形修剪时要依据枝条的重要程度分级培养。在树势调整时将级别高的枝条置于主导地位，一般要求中心干强于主枝，主枝强于结果枝组。当不同级别的枝条生长产生矛盾时要遵循“级别低的枝条给级别高的枝条让路”的原则，回缩、疏除、改造级别低的枝条。

整形修剪过程中要特别注意维持树势的均衡，保持各类平衡关系，使果树的营养生长与生殖生长处于良好的循环状态，如地上部和地下部平衡，树冠上部和树冠下部平衡，树冠内部和树冠外部平衡，主枝与主枝之间平衡，主枝与枝组之间平衡，枝条、叶片、果实等在树冠内均衡分布等，防止出现局部旺长或衰弱以及大小年结果现象。

4. 轻剪为主，轻重结合

从果树生长发育规律来看，缓放、拉枝等修剪方法有助于缓和生长势，是属于“轻剪”的范畴，短截等修剪方法刺激局部枝条的营养生长，属于“重剪”的范畴，轻剪促进生殖生长，重剪促进营养生长。在整形修剪时要轻重有度，幼树期适度重剪促进营养生长，尽快扩大树冠，随后拉枝、缓放促进成花结果；结果期有轻有重，注意结果枝组的培养与更新；结果后期至衰老期适度重剪更新树冠，延长结果年限。

修剪时还需要把握修剪的“量”与“度”，一次短截或疏枝、回缩较多的枝条，修剪过重会破坏树体的平衡，树势过旺，不容易形成花芽。修剪时仅拉枝、缓放，修剪过轻使枝条成花结果多，养分消耗大，树势过早衰弱，不利于树形培养及长期丰产。

5. 统筹兼顾，长短结合

整形修剪时要兼顾树体的生长与结果，既要有长期计划，又要有短期安排。整形的主要目的是培养树形，偏向促进营养生长；修剪的主要目的是促进结果，偏向促进生殖生长，二者看似矛盾实则一体，整形修剪的核心目的是为了开花结果。

幼树期以整形为主，适当结果；盛果期以结果为主，维持树形稳定；衰老期以更新修剪为主，延长结果年限。幼树期既要培养树体骨架，又要有利于早结果，生长结果两不误，片面强调整形不利于提高早期效益；只顾眼前利益，片面强调早丰产会造成树体结构不良，不利于后期产量的提高。盛果期要维持树形的动态稳定，兼顾生长与结果，做到适度开花结果，避免隔年结果，形成良性循环，防止树体早衰形成“小老树”，延长结果年限。

6. 立体结果，养更兼顾

与自然树形的“表面结果”相比，人工修剪培养的树形最大的特征是能够“立体结果”。“表面结果”是指自然生长的果树受遗传特性和光照条件的影响，枝条顶端萌芽多生长势强，枝条下部萌芽少生长势弱，内膛枝接受光照少逐渐枯死，外围枝可以接受较多的光照，继而开花结果。人工培养的树形可以控制树冠大小、开张角度，使主枝分层，打开光路，培养树冠下层和内膛的结果枝组，减小树冠内的无效区，做到“立体结果”。

自然生长的果树以延续生命为目的，结果枝组的更新过程缓慢，不容易形成有效的结果枝组，成花结果晚。人工修剪时可以有意识地培养结果枝组从而实现早结果早丰产，结果枝组结实能力下降时，人工修剪可以快速疏除、回缩老的结果枝组，更新复壮结果枝组，使果树开更多的花，结更多的果。

7. 四季进行，夏剪为重

果树整形修剪讲究时效性，同一个修剪措施在不同时期应用的修剪反应不同。按照果树生长发育的规律，需要在不同的生长发育时期采用适宜的修剪措施，如刻芽在萌芽前实施效果最好，而在冬季实施效果较差；拉枝在秋季实施效果最好，而在冬季实施效果较差；等等，所以常有“春刻芽，夏控枝，秋拉枝，冬剪枝”的说法。整形修剪是一种“外科手术式”的管理，修剪会给树体带来一定的损伤，以前每年只集中修剪 1～2 次，修剪量大，对树体的损伤也大，分散修剪后每次对树体的损伤较小，修剪后树势容易恢复。夏季是花芽形成的关键时期，通过修剪可以很好地调控花芽形成，要特别重视夏季修剪，夏季修剪进行得好，冬季修剪的工作量就相对较小。

8. 因地制宜，注重效益

整形修剪只是果树管理诸多环节中的一环，要想获得优质丰产高效的目的，还需要配合其他管理措施。环境条件对果树的生长发育有影响，也会影响整形修剪的效果，因而必须因地制宜，将整形修剪与环境条件、树体生长情况、管理措施等综合考虑，才能取得较好的效果。

果树种植的结果是生产一定量的果品，这个果品不是给生产者的，而是要通过流通环节进入市场由消费者来买单的。生产者在管理过程中要注意投入产出比，把“生产符合社会需要的商品果”的理念牢记心头，提高管理效率，以期获得较高的经济效益。

三、果树整形修剪的依据

果树整形修剪时，树形的选择很关键、很重要，在建园规划时就要根据果树的生物学特性、果园生态环境条件、果园栽培管理措施、果树病虫草害、自然灾害以及果树栽植用途等因素确定好目标树形，一经选定不能随意更改，要做长期打算，至少维持 30～50 年。

1. 果树的生物学特性

果树的生物学特性是制订修剪方案的基础。不同的果树树种生物学特性不同，同一树种不同品种的生长特性也有差异，应根据各树种或品种的生物学特性进行整形修剪，不能混淆（二维码 1-2）。

二维码 1-2
果树修剪的生物学基础（视频）

（1）树种、品种特性　生物学特性是整形修剪的基础，不同的树种、品种有不同枝芽特性和生长特性，修剪反应也不同，在整形修剪之前，要通过资料掌握这些树种、品种的生长特性。了解果树的亲缘关系对掌握果树生长习性，开展果树修剪有重要意义。按照植物学分类，苹果和梨，桃和扁桃，樱桃和李等的亲缘关系较近，生物学特性有一定的相似之处，在整形修剪时可以相互借鉴参考。核桃和板栗，榛和苹果，柿和葡萄等的亲缘关系较远，生长发育特性差别较大，在整形修剪时需要区别对待。按照品种来说，苹果有普通型和短枝型，核桃有早实核桃和晚实核桃，桃有南方品种群和北方品种群，梨有白梨、沙梨、西洋梨等，不同品种类别的生长习性有一定的差异，整形修剪也应有所不同。同一个果园配置了不同的品种，就要依据不同品种的特性选择相应的整形修剪模式。

(2)砧木、苗木特性　根系是果树生长的基础，不同砧木对树体生长的影响不同。矮化砧木对促进树体矮化、提早结果具有明显的作用，一般矮化砧选用小冠树形，乔化砧选用大冠树形。苗木质量的差异也会引起修剪反应不同，即使采取一样的修剪方法，不同质量苗木培养的树形和修剪效果也有很大的差异，在建园时要特别注意选择符合标准的优质苗木，苗木质量整齐一致，有利于后期管理。

(3)枝芽、结果特性　芽是枝的原始体，类型很多，依据芽的性质分为叶芽(中间芽)和花芽(混合芽)；依据芽所处的位置分为定芽(顶芽、腋芽)和不定芽；依据芽在叶腋处的位置分为主芽和副芽；依据一个节位上芽的数量分为单芽和复芽(双芽、三芽、四芽等)；依据芽第二年是否萌发分为活动芽和隐芽(潜伏芽)；依据芽形成的当年是否萌发分为冬芽(晚熟性芽)和夏芽(早熟性芽)。树种、品种的差异常常通过萌芽率、成枝力、芽的异质性、顶端优势、先端优势、垂直优势、成花能力、连续结果能力、干性等特性表现出来，在修剪时要根据这些特性制订修剪方案，一个枝条上是叶芽还是花芽，花芽的多少，成花节位高低等都会影响具体的修剪方案(图 1-2，二维码 1-3)。枣树花芽当年分化当年开花结果，冬季修剪时主要考虑树体结构是否合理，不需要考虑花芽的多少。

二维码 1-3
果树芽的生长与发育(视频)

①萌芽率。指在果树一年生枝条上芽萌发的能力，常用萌发芽占总芽量的百分数表示(图 1-3)。

②成枝力。指一年生发育枝抽生长枝的能力，以长枝占萌发芽总数的比例来表示，也作成枝率。萌芽率和成枝力不同对整形修剪的影响很大(图 1-3)。

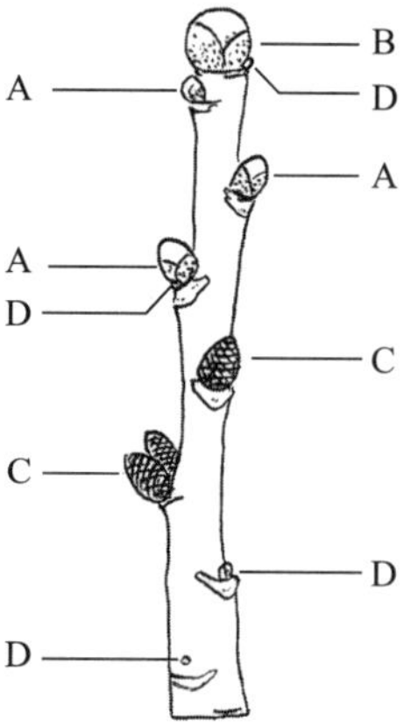

图 1-2　核桃的芽

A. 叶芽；B. 雌花芽；C. 雄花芽；D. 潜伏芽

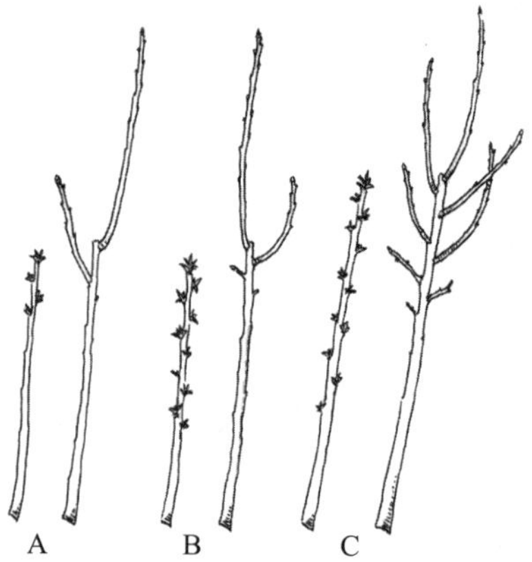

图 1-3　萌芽率和成枝力

A. 萌芽率低、成枝力低；B. 萌芽率高、成枝力低；C. 萌芽率高，成枝力高

③芽的早熟性和晚熟性　果树新梢上形成的芽当年不萌发，到第二年萌发，这类芽称为晚熟性芽；有的芽形成后当年能萌发形成副梢（二次枝），这类芽称为早熟性芽，如葡萄、桃、杏、枣等果树的夏芽、腋芽或副芽是早熟性芽，常形成较多的副梢，生长量大，形成花芽较早，童期短。早实核桃也常形成较多的二次枝，晚实核桃的二次枝生长量小（图 1-4）。

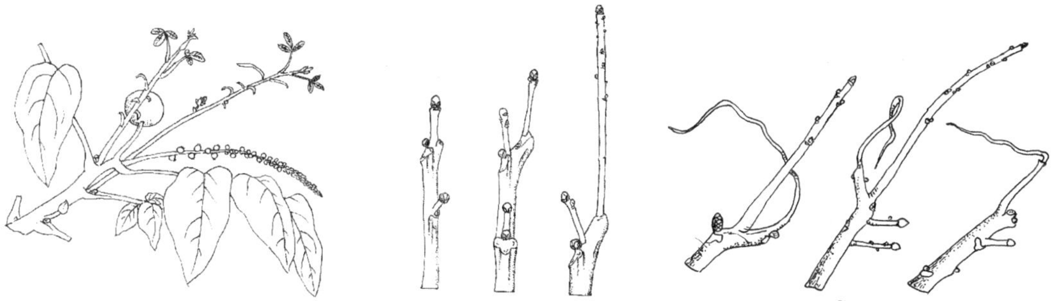

图 1-4　核桃二次枝

A. 早实核桃（夏季）；B. 晚实核桃（冬季）；C. 早实核桃（冬季）

④芽的异质性。由于枝条内部营养状况和外界条件的不同，同一枝条上不同部位的芽在生长势及其特性上有明显的差异（图 1-5）。一般枝条自然形成的顶芽质量最好，其次是春梢中部的芽，质量最差的为基部的芽，常形成“瘪芽”。

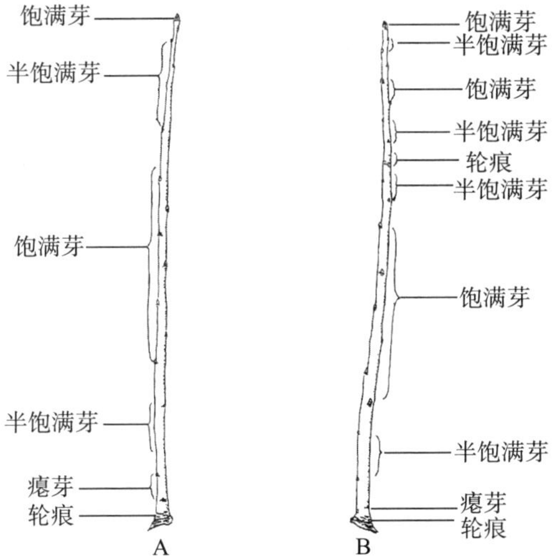

图 1-5　芽的异质性

A. 春梢；B. 春梢＋秋梢

⑤潜伏力。潜伏芽萌发成新梢的能力，称为芽的潜伏力。苹果、梨、枣等果树的芽潜伏力强，易于更新复壮，桃等果树的芽潜伏力差，寿命短，不利于树冠更新。

⑥顶端优势。果树枝条顶端的芽生长占优势，同时抑制它下面的侧芽生长。越接近枝条顶端的芽长出的枝条越长，越直立，越往下的芽长出的枝条越短，角度越大（图 1-6）。

⑦垂直优势。树体的养分、水分自下向上运输时，会优先向树冠的最高处分配，使处于“上

位”的枝条生长势变强，如树冠上部的枝条生长势比树冠下部的枝条生长势强。枝条开张角度后生长优势向位置最高处转移，拉平的枝条背上容易形成直立旺枝等（图 1-7）。

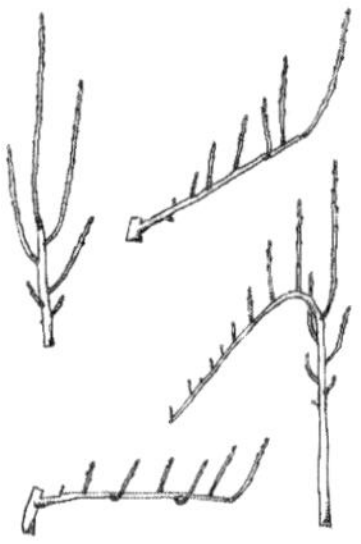

图 1-6　枝条的顶端优势

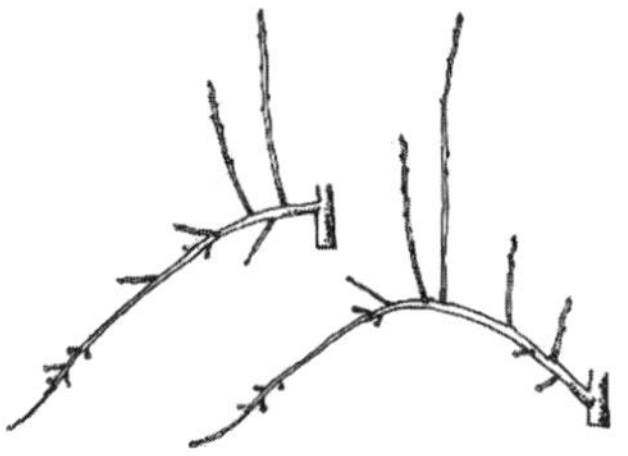

图 1-7　枝条的垂直优势

（4）果树的生命周期　果树为多年生作物，从栽植到死亡，在同一块地上要生长十几年甚至几十年，其生命周期一般经过幼树期、初果期、盛果期、衰老期等四个时期。果树不同发育阶段的生长结果情况不同，要依据阶段发育的需要采取相应的整形修剪措施，缩短幼树期，延长结果期，推迟衰老期。

①幼树期。从苗木定植到开花结果的时期称为幼树期，一般 3～4 年，幼树期的长短与品种、砧木和栽培技术有关。此期地上和地下均表现为离心生长，根系生长快于地上部分生长，养分主要用于营养生长。最初垂直根生长较水平根迅速，以后渐趋平衡，初步形成根系的骨架。该时期主要形成植株的骨架和营养器官，长枝所占比例大，短枝少。此期栽培管理的主要目的是扩大树冠，打好骨架和扩展根系，为开花结果做准备，尽量缩短幼树期，使其及早进入结果期。

②初果期。从开始开花结果到形成经济产量之前的时期称为初果期。此期树体离心生长强，表现为根系扩大、须根量大，分枝量增加，树体骨架形成，由营养生长向生殖生长转化，由枝梢上部中长果枝结果为主逐年向中短果枝结果转变。随着结果量增加，枝条角度开张，树势缓和，花芽渐多，产量和品质逐年提升。此期促进花芽分化，保花、壮花是关键。

③盛果期。树体进入大量结果到产量开始下降的时期。此期根系和树冠都扩大到最大限度，离心生长逐渐减缓。新梢生长缓和，形成大量花芽，短果枝和中果枝比例大，长果枝减少，果实产量最高、品质最好。随着枝干开张角度增大，结果部位外移，会发生明显的局部交替结果和大小年结果的现象。此期要通过栽培措施来协调营养生长和生殖生长的关系，提高和稳定产量，提高果实品质。

④衰老期。从果实产量开始明显下降到主枝开始枯死为衰老期。此期树冠和根系表现出向心生长，骨干枝、骨干根开始枯死，树冠体积和根系面积缩小，新梢数量减少，结果枝大量枯死，树冠内发生大量徒长枝，果实产量低、品质差。此期要通过加强土肥水管理和修剪进行更新复壮，促进营养生长，尽量延长盛果期，推迟衰老期的到来，或在植株表现衰弱时及时更新复壮，保持果实经济产量。

（5）树势特性　果树的生长势受诸多因素影响，有强弱之分，生长势强旺的品种宜选用大冠树形，生长势弱的品种宜选用小冠树形。树势常依树龄而变，树形培养也是动态变化的，如小冠疏层形、疏散分层形后期落头开心变成五主枝开心形或三主枝开心形，自由纺锤形后期可变成小冠开心形等。

2. 果园生态环境条件

适宜的果园环境条件是果树实现优质丰产的重要保障。果园环境条件是指果树生存空间诸多因素的总和，包括温度、光照、水分及土壤等。环境条件对树体的生长发育，对果园管理措施的选择，对整形修剪技术方案的制订等都有影响。果树生产要符合国家法律政策，要满足“米袋子”“菜篮子”“果盘子”的要求，要“上山下滩，不与粮棉争地”。

(1)气候条件　温度、光照、降水等气候条件都会影响果树的自然分布，其中温度是影响果树分布的重要因素，温度不同果树生长发育的物候期不同(人间四月芳菲尽，山寺桃花始盛开)。温度也是影响果园管理的重要条件，如葡萄在不需要防寒越冬的南方地区可以灵活选用各种树形，而冬季需要防寒越冬的北方地区在树形的选择上就要考虑便于防寒越冬。光是果树赖以生存的能量来源，不仅作为果树光合的驱动力，还作为一种环境信号因子，调节果树的生长、发育和形态建成。提高果园的光能利用率是实现丰产优质的主要途径，也是整形修剪的主要目的。水是果树生长发育的重要生态因素，足够的含水量使细胞保持膨压状态，以维持正常的生理活动；水还是理想的溶剂，营养物质的吸收、转化、运输与分配，以及光合作用、呼吸作用等重要的生理过程，都必须在有水的环境中才能正常进行。田间条件下的水以其热容量高、汽化潜热高的特性，调节树体与环境间的温度变动，从而保护树体避免或减轻灾害。因此，果园的水分环境是影响果树优质高产的重要因素之一。

(2)土壤条件　土壤是果树生长的基础，土壤质地、肥力、含水量等土壤条件对果树生长有较大的影响。一般土层深厚肥沃、肥水比较充足的地方，果树生长旺盛，枝多冠大，对修剪反应比较敏感，修剪宜轻，多疏剪，少短截。在寒冷干旱、土壤瘠薄、肥水不足的山地、沙荒地或地下水位高的地方，果树生长较弱，对修剪反应敏感性差，修剪可稍重些，多短截，少疏剪。

(3)地形条件　平原、山地、坡度、坡向等地势条件可直接影响果树的生长，也会通过影响气候、土壤、管理模式等间接影响果树的生长，在整形修剪时需要充分考虑地形条件的影响。

3. 果园栽培管理措施

(1)土肥水管理制度　不同的果园土壤的基础条件不同，土肥水管理制度也有较大的差异，这些差异都会对果树的生长产生影响，所以要依据栽植模式、树形等选择适宜的土肥水管理制度，要相互配套，提高土肥水管理的机械化、自动化水平，科学施肥灌水，精准化管理，提高水肥利用效率。

(2)栽植密度与方式　果园栽植的行株距是决定树形的关键因素，行株距大时选择大冠树形，行株距小时选择小冠树形、矮化树形，在建园规划时就要选择好目标树形。树形与栽植密度不配套是目前生产中最大的问题之一，常常表现为行株距小的密植果园选用了大冠树形，导致行间郁闭，带来一系列问题。

(3)管理者技术水平　果树整形修剪是人为管理的过程，管理者的修剪技术水平直接影响修剪质量的高低。一个地方同一批果树经过不同的人管理后，树形、生长结果情况都会有很大差异，主要是由管理者技术水平差异造成的。想要提高整体果树管理水平，就必须持续加强对管理人员的技术培训。

4. 果树的病虫草灾害

现代果园经常受病虫草害的侵扰，病虫草害防治是果园管理的主要内容之一。一些病虫草害的发生对整形修剪有一定的影响，也可以通过合理整形修剪减少病虫草害的发生。

(1)病害　果树的病害多种多样，腐烂病、干腐病等病害侵染后会对枝干造成损伤，修剪时要加以注意，小的伤枝可以直接去除，大的伤枝要及时治疗，或者采用桥接的方法恢复枝干功能。通过修剪树冠可以保持通风、透光良好，减少早期落叶病、白粉病等多种病害的发生，在中心干和主枝上适当留枝可以减少日灼的危害。

(2)虫害　为害枝干的害虫较多，一些蛀干害虫可以将树干蛀空，造成枝条死亡甚至整株死亡，在果园管理过程要及时进行防治。对危害初期的枝条可以直接剪除，连同害虫清理出果园，焚烧掩埋。

(3)草害　杂草防除是果园土肥水管理工作的主要内容之一，大多数的杂草不会对树体产生直接影响，只要及时刈割或翻耕就能控制，还可作为果园有机肥的来源。有些杂草如菟丝子、葎草等能够攀缘上树，影响果树的正常生长，这些恶性杂草要及时防治，对已经上树的杂草要清理或剪除，以免危害范围扩大。

(4)自然灾害　果园在管理过程中遭受晚霜、冰雹、风害等自然灾害时，除影响开花结果外，还会对树体带来一定的损伤，特别是冰雹、大风会折断枝干。在整形修剪时要剪除受损伤的枝条，重新培养主干、主枝或结果枝组，恢复树冠，减少灾害带来的损失。

5. 果树栽植用途

果园是果树生产的主阵地，绝大多数果树都栽植在果园，管理水平较高，以鲜果销售为目标的果园常常要求精细化管理，果树整形修剪水平较高，以加工为目标的果园不太注重单株果树的修剪，以林果两用为目的果树很少进行修剪。

果树常常作为绿化树种在公园、小区、景区、道路两旁等进行栽植，称为园林树木或观赏树木，以园林美化和观赏为目标，春可观花，夏可观叶，秋可观果，冬可观形。这些果树的修剪比较粗放，常有较高的树冠。庭院栽植的果树多采用自然树形，庭院空间大的采用大冠树形，空间小的采用小冠树形，但由于种植的人对整形修剪了解较少，常处于放任管理的状态，以不影响日常生活为原则，树干较高，管理过程中仅对“碍事”的枝条加以去除，整体管理比较粗放。一些古树名木常生长在山野寺庙，因为被“神化”而得以保存至今，这些树几乎不进行修剪。

果树除用作农业生产之外，还是很好的水土保持树种，可以作为荒山绿化的生态林或生态经济林进行种植，管理粗放，其果实可作为林副产品进行采集。

第二节　果树的树形结构特征

就一个果园而言，树体的结构有个体结构和群体结构之分，个体组成群体，群体由个体组成，在整形修剪过程中二者都要考虑。整形修剪的目标树形要唯一，树形培养要严格。一个果园只选择一种树形，依据品种特性、树龄树势、立地条件及管理水平等选择合适的树形。树形选定后要按照树形的要求来修剪，不能随意更改，整齐划一的树形有利于果园管理。

枝条是整形修剪的主要对象，分为骨干枝和结果枝组两大类。骨干枝在树冠内的不同排布方式构成了不同的树形，起支撑构建树形的作用，不承担开花结果的生产功能。结果枝组是树冠内的生产单元，是开花结果的主要部位，结果枝组的大小和多少不影响树体的整体形状。

整形修剪时观察树体的结构，要先区分清哪些是骨干枝，哪些是结果枝组，一方面考虑骨干枝的选留和培养，构建合适的树形，另一方面考虑结果枝组在骨干枝上的分布，调整营养枝和结果枝的比例，二者略有区别。

一、果树的个体结构

树体结构(图 1-8，二维码 1-4)是指各种骨干枝和结果枝组在树冠中的分布排列情况，包含主干、中心干、主枝、结果枝组等。大冠树形还有侧枝、辅养枝等，小冠树形可能没有主枝，而是在中心干上直接着生结果枝组，开心树形没有中心干。主干、中心干、主枝和侧枝是树冠内的永久性大枝，统称为骨干枝。

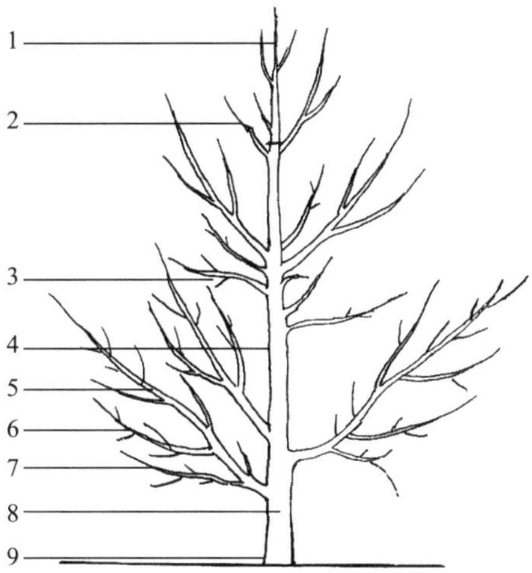

二维码 1-4
树体个体结构
(视频)

图 1-8 树体的基本结构

1. 中心干延长枝；2. 跟枝；3. 辅养枝；4. 中心干；5. 主枝；6. 侧枝；7. 把门侧；8. 主干；9. 根颈

1. 主干

主干是根颈至第一个主枝之间的树干，是整个树冠的负重部分，也是地上地下养分、水分运输交流的通道。主干的高低对树体的生长有较大的影响，也影响着各种栽培管理措施。确定主干高度是整形修剪的第一步，在新建果园时要特别注意。主干高，树冠成形慢，有利于树盘管理，通风透光性好，树冠管理则不太方便；主干低，树冠形成快，不利于树盘管理，通风透光差，但树冠管理比较方便。主干的高度常根据树性、树形、栽培目的和综合管理的要求来确定。生产中果树主干的高度以 40～80 cm 为宜，乔化果树可稍高，矮化果树可稍低，果园间作时主干的高度以 100～150 cm 为宜。

从状形、V 形、一边倒等树形的枝条自地面倾斜向上生长，可以认为是主枝而不是主干。

2. 中心干

中心干是主干在树冠中央向上延伸的部分，是树冠中最大的第一级中心骨干枝。中心干处于树冠的中央，对整个树冠的高低与大小起着决定性的领导作用，所以又称中央领导干。主干向上延伸至最高处的同一个枝轴，第一个主枝以下的部分为主干，第一个主枝以上的部分为中心干。中心干上着生主枝、辅养枝或者结果枝组等，一般要求中心干垂直于地面。中心干延伸有直线式和弯曲式两种形式。干性强的品种容易上强下弱，一般采用弯曲式，可缓和生长势，促进成花结果，控制树冠生长势和防止结果部位外移。干性弱的品种容易下强上弱，多采用直线延伸，以保证树冠的正常生长和结果，防止树势早衰。

Y 形、开心形、丛状形、一边倒等树形没有中心干。

3. 主枝

主枝是指直接着生在中心干上向四周延伸的第二级骨干枝。主枝的数量、长度、开张角度、着生位置、距离、方位角等是树形结构的主要指标。

(1)分布形式　主枝在中心干上着生的距离与分布形式，主要考虑垂直方向上主枝分层或不分层、水平方向上主枝间的夹角、相邻两个主枝在中心干上是邻接还是邻近等问题。主枝在树冠内自下而上依次称第一主枝、第二主枝、第三主枝等。若主枝在树冠内分布有明显的分层现象，则由下向上依次称为第一层主枝、第二层主枝、第三层主枝等。一般小冠疏层形的主枝在中心干上分层分布，自由纺锤形的主枝在中心干上螺旋式分布，不分层。

(2)主枝大小　由其树形与所在部位决定。大冠树形的主枝比较大，主枝上还需配置侧枝，小冠树形的主枝较小，主枝上直接着生结果枝组。一般下部的主枝较大，上部的主枝较小，以保证树冠下部和内膛有较好的通风透光条件。主枝成层分布时上层主枝的长度应控制在下层主枝的 2/3 左右。

(3)主枝数量　主枝是树冠内的骨干枝，是着生结果枝组的主要部位，承担树体的主要生产任务。主枝的数量要根据树性、树形和主枝大小而定，适当增加主枝量有利于增强树势和充分利用空间，实现立体结果，但主枝数过多使主枝间互相遮光严重，造成结果部位外移，内膛无效区增大，反而影响立体结果。从树体特性上来说，成枝力弱的树种和品种主枝适当多些，成枝力强的树种和品种主枝适当少些；从树形上来说，稀植的乔化大树形主枝可适当少些，密植的矮化小树形主枝适当多些；从主枝大小上来说，主枝小而其上不再培养侧枝时主枝数适当多些，主枝大而其上还要培养侧枝时主枝数可适当少些。综合考虑树性、树形和主枝大小等方面的因素，成枝力弱的果树采用无侧枝的小冠树形为好，全树培养 12～15 个主枝；成枝力强的果树采用有侧枝的大冠树形，全树的主枝数不超过 7 个。主枝在中心干上成层配置时，无论全树主枝数量多少，每层的主枝数以 2～3 个为宜，最多不超过 4 个。不同树形的主枝数量也有所不同，如小冠疏层形有主枝 6 个，自由纺锤形有主枝 12～15 个，圆柱形没有主枝。

(4)分枝角度　指主枝与中心干之间的开张角度。主枝角度对树体的生长强弱和结果早晚影响很大。分枝角度小则枝条直立旺长，树冠郁闭，枝条难以成花结果，容易形成上强下弱；分枝角度大则有利于早期成花结果，但树势衰弱较快。不同树形的主枝开张角度不同，小冠疏层形主枝开张角度小，自由纺锤形主枝开张角度大，圆柱形中心干上的分枝角度大于 90°，可以称之为枝组而不是主枝。同一个树形不同部位的主枝开张角度也不同，一般下层主枝开张角度较大，上层主枝开张角度较小。主枝分枝角度包括基角、腰角和梢角三个不同部位的角度，疏散分层形基角 40°～60°，腰角 60°～80°，梢角 30°～50°(图 1-9)。

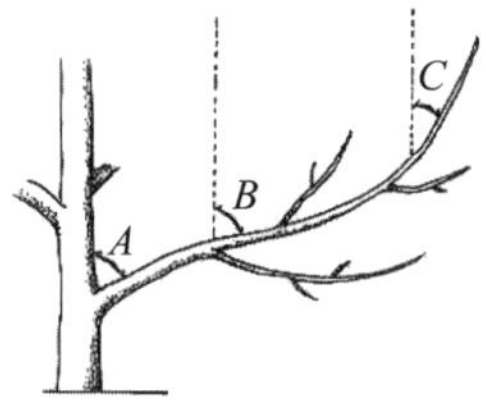

图 1-9　主枝开张角度

A. 基角；*B*. 腰角；*C*. 梢角

(5)主枝长度　决定树冠的大小，也受栽植密度的影响。大冠树形主枝长，小冠树形主枝短。主枝在株间的长度以相邻两棵树树冠相接或略交叉为宜，在行间的长度以保持行间距2 m左右为宜，方便管理机械通行和通风透光。

4. 侧枝

侧枝又叫副主枝，是着生在主枝上的第三级骨干枝。侧枝也是构成树形的结构性枝条，在树冠内起占据空间、增加结果部位的作用。疏散分层形、小冠疏层形等大中型树形有侧枝，自由纺锤形、圆柱形等小冠树形没有侧枝。自主枝基部起，从下向上依次称为第一侧枝、第二侧枝、第三侧枝等。培养侧枝时需要注意第一侧枝不能与中心干距离太近，以免形成“把门侧”。同级侧枝在相应主枝的同一侧，第二侧枝在第一侧枝的对侧，第三侧枝和第一侧枝在同一侧。

5. 辅养枝

辅养枝是整形过程中在中心干上短期保留的临时性大枝。辅养枝不是树体的结构性枝条，有空间时用辅养枝结果获得早期产量，当辅养枝影响到主枝的生长时要及时回缩直至疏除。在树形培养过程中必须分清主枝与辅养枝，并区别对待。主枝以构建树冠为目标，要细致培养、长期保留；辅养枝以早结果为目标，不能影响主枝生长，不宜长期保留。

6. 结果枝组

骨干枝上的小型分枝称为结果枝组，是由一个或多个营养枝和结果枝构成的群体，是着生叶片和开花结果的主要部位。结果枝组数量多、结构复杂，是整形修剪过程中需要着重培养的枝条类型。优良的结果枝组有利于树冠通风透光，立体结果，及时培养更新结果枝组可以延缓结果部位外移，延长果树结果期，获得较好的经济收益。

整形修剪时要考虑骨干枝和结果枝组的数量、分布位置是否合理，枝组内营养枝和结果枝的比例是否合理，生长是否良好。若各类枝条配置分布不当就会出现树形紊乱、主从不清、重叠拥挤、通风透光不良、各部分发展不平衡等现象，会影响果树正常的生长和结果。

整形修剪时要对以上这些枝条进行适当调整，使之更加符合树体生长习性，符合生产需要。

7. 树冠

树冠是整个树体主干(不含)以上部分，由中心干、主枝、侧枝、辅养枝、结果枝组、叶片、花、果等构成，不同的树形有不同的树冠。树冠的大小、形状决定结果空间的大小，光能的利用和果园的生产效率，关系到果园的产量、品质和效益等。树冠的指标包括树冠形状、树冠高度、冠径、叶幕厚度、叶幕是否分层等。随着物候期的变化，树冠叶幕形状也发生变化。

树高是干高和冠高之和。树高一般为栽植行距的80%左右，超过要求的高度后就应该对中心干进行落头，落头时多数落在最上一个主枝的基部分枝处。

8. 根系

根系是果树的重要器官，是树体在土壤中的部分，主要起支撑固定树体、吸收养分和水分、贮藏、运输、合成等功能。许多果树是通过嫁接来繁殖的，其根系是砧木的根系。从根系的结构看有主根、侧根、生长根、吸收根等，主根、侧根主要起固定、运输的作用，生长根、吸收根主要起吸收土壤中养分、水分的作用。

二、丰产树形的特征

随着果树科学研究的不断深入，果树整形修剪管理理念不断发展且不断变化，总体与当前生产力水平相适应，与现代果树生产的管理需求与发展趋势相适应。丰产树形的结构应具备以下特征：

1. 符合树性，长势中庸

树种、品种的生物学特性是果树管理的基础，果园的管理要围绕这个基础展开，依据不同树种、品种的特性选择目标树形，根据树性进行整形修剪，根据树性培养结果枝组。在树势上整体把握“中庸”的原则，不旺不弱，树势中庸健壮或中庸偏弱是一种合理的状态，中庸树势能够协调营养生长和开花结果的矛盾，为果树的生长结果打下良好基础。

2. 低干矮冠，便于管理

树形简化、低干矮冠是果树树形发展的趋势，也是与生产管理水平相适应的模式。在密植果园采用低干矮冠的树形有利于提高管理效率及降低成本。低干还能缩短根冠距离，有利于果树地下部和地上部的养分交流，提早开花结果，使树体健壮。需要注意现代果园为适应机械化管理的需求，干高应适当提高。

3. 分层开张，通风透光

光是果树光合作用和花芽形成的必需条件，整形修剪时要考虑解决树冠内的光照问题，利用树形培养使树冠内枝条分布合理、结构有序。树冠分层开张，通风透光良好，各级枝条和叶片、果实都能够接受光照，叶片光合作用、花芽分化、果实生长能够有序进行，达到整形修剪的目的。

4. 少干多枝，早果丰产

树冠内的骨干枝是构建树形的基础，不承担生产的功能。骨干枝的生长需要消耗光合产物和土壤营养，通过整形修剪协调营养生长和开花结果的矛盾，减少骨干枝的消耗，将更多的营养用于果实的生长。目前生产中常用的矮化密植树形，骨干枝少而精，结果枝多而壮，有助于缓和树势，多成花、多结果。

5. 结构合理，叶果均衡

标准树形的各种骨干枝、辅养枝和结果枝组在树冠中的配置合理有序，从属分明，枝叶花果分布均匀，是整形修剪的理想目标，所以才有“没有不丰产树形”的说法。而在实际的生产中，许多果树都没有按照丰产树形的结构去整形修剪，很难找到与目标树形一致的树，树体结构不合理是最大的问题。按照目标树形去整形修剪是解决这一问题的最好办法。

6. 骨架牢固，重载长寿

骨干枝承载着整个树冠的重量，随着果实的生长，树冠要承担更多的重量，还要承受刮风下雨等额外的力量，牢固的骨架是果树优质高产、健康长寿的基础与保证。通过整形修剪合理配置主干、中心干、主枝，维持适当的主枝开张角度是建立牢固骨架的基础。

7. 上小下大，树体平衡

整形修剪时按照树体生长发育的要求对骨干枝进行合理的配置，上层主、侧枝的大小不超过下层主、侧枝的2/3。同一个骨干枝上把大中型结果枝组培养在下部，小型结果枝组培养在上部，形成上小下大的整体结构。从侧面看树冠对称平衡，不偏冠不缺冠，树冠重心低，树体结构稳健，有利于提高树体承载能力。

8. 道法自然，和谐美观

果树生产常以优质丰产为第一目标，但果树自身则以生存为第一需求。人的管理要符合果树的生存需求，向自然学习，总结规律、利用规律，培养的树形既要丰产，又要美观，实现自然与美的和谐统一。

三、果树树形的分类

生产中果树种类很多，采用的树形也是多种多样，可以按照不同的分类方法进行分类。

1. 依据修剪的程度分类

(1)自然树形　自然生长的果树完全不进行人为修剪管理，以满足自身的生存为前提，会表现出果树适应自然环境的一种形态，是果树遗传特性的自然反应。自然树形开花结果晚，不符合人类生产的要求。

(2)半自然树形　只进行少量修剪管理的果树，包括生产中放任管理的果树以及园林绿化用的果树等，树形基本接近自然树形。

(3)人工树形　是果园管理中的主要树形。通过修剪培养成一定的树形以满足人类生产的需要，既遵循果树自身的生长特性，又反映人的主观意愿。

(4)造型树　多用于园林树木，是以观赏为主要目的的果树，修剪时不过多考虑结果能力，而是培养成一些特定的形状，使其更加美观，提高观赏效果。

2. 依据有无中心干分类

(1)有中心干树形　乔木类的果树生长势强，常常培养成有中心干的树形，如疏散分层形、小冠疏层形、自由纺锤形、圆柱形等。树冠内有一个强壮的中心干，主枝着生在中心干上，树冠高大，分层或不分层，占据空间大，结果能力强，丰产性好，便于管理，是生产中最主要的树形类型。

(2)无中心干树形　无中心干的树形比较多，如开心形、丛状形、Y形、V形等，根据有无主干又可分为有主干形和无主干形。开心形的主枝着生在主干(或短的中心干)上，为有主干形；丛状形的主枝直接从地面分开，为无主干形。

3. 依据树冠的大小分类

(1)大冠树形　树冠较大，常用于稀植果园、孤植树等，如疏散分层形、十字形、变则主干形、大冠开心形等。树冠大，结构性枝条多，需要培养多年甚至10多年才能成形。

(2)中冠树形　树冠中等，常用于中等密植的果园，如小冠疏层形、自由纺锤形、小冠开心形等。结构性枝条少，成形快，是目前生产中应用最为广泛的树形。

(3)小冠树形　树冠小,多用于密植果园,如圆柱形、一边倒树形等。设施栽培时为了提高早期产量常用小冠树形。结构简单,骨干枝数量少,是矮化密植栽培的主流树形,需要的配套技术比较高。

4. 依据有无支架的分类

(1)无支架树形　苹果、梨、核桃等生长旺盛、干性强的果树在整形修剪过程中无须搭建支架,常培养成疏散分层形、小冠疏层形、自由纺锤形等树形。

(2)有支架树形　葡萄、猕猴桃、树莓等藤本果树直立性差,在栽培管理过程中需要搭建支架,所采用的树形也因支架不同而分为篱架形、棚架形等。

近年来,苹果、梨等果树采用有支架的树形也越来越多,主要是因为采用的圆柱形、水平棚架等树形自身支撑能力差,并易受大风影响,需要借助外力进行支撑。

四、果树枝条的分类

果树枝条是构成树冠的主体和着生其他器官的基础,也是水分和营养物质的输送渠道和营养物质贮藏的主要器官,是整形修剪的主要对象,准确识别不同类型的枝条是整形修剪的基础,果树枝条可以按照不同的分类方法进行分类。

1. 依据树冠内枝条地位分类

(1)骨干枝　是指树冠内的大型枝条,包括主干、中心干、主枝和侧枝等,是构成树体骨架的主要枝条,主要起支撑树冠、输送养分水分等作用。骨干枝数量少,属于永久性枝条,幼树期培养树形时主要考虑骨干枝的分布和配置,骨干枝一经选定轻易不变。在树体管理过程中要预防病虫害等对骨干枝造成损伤,保持骨干枝的长期稳定。

(2)结果枝组　是指在骨干枝上着生的小型枝条,有营养枝也有结果枝,承担开花结果的重任。以骨干枝上的分生点为单位进行划分,可以是一个枝条,也可以是多个枝条,统称为结果枝组。结果枝组数量多,属于树冠内的临时性枝条,有空间时留下,无空间时则去除。

2. 依据枝条的生长年限分类

(1)新梢　芽萌发后生出的带叶枝条叫新梢。桃、葡萄等果树的夏芽萌发后可以形成一次副梢、二次副梢等。有一些树种同一节位有主芽和副芽之分,芽萌发后形成两个以上的新梢,主芽萌发的新梢为主梢,副芽萌发的新梢为副梢。夏季修剪时进行摘心或剪梢修剪,也可以刺激萌发副梢。枣树的主芽萌发后的新梢称为枣头,枣头上有一次枝和二次枝、三次枝(枣吊)之分。多年生枝上的隐芽或地下茎、根上的不定芽等萌发形成的新梢称萌蘖枝。

(2)一年生枝　新梢秋季落叶后到第二年萌芽前叫一年生枝。

(3)二年生枝　着生新梢或一年生枝的枝条叫二年生枝。

(4)多年生枝　三年生以上的枝条称为多年生枝。

叶片和果实多着生在新梢上,形成花芽的一年生枝,第二年转变为结果母枝,多年生枝主要构成树冠内的主干、中心干、主枝、侧枝和结果枝组的枝轴等。许多南方果树有"老干生花"现象。

3. 依据枝条生长的时期分类

依据枝条生长的时期,枝条分为春梢和秋梢。新梢春季萌芽生长一段时间,在 6—7 月停止生长，形成顶芽，之后一部分新梢顶芽萌发进行第二次生长，形成明显的两段，春夏生长的部分称为春梢，秋季生长的部分称为秋梢。果树的长枝一般由春梢和秋梢构成，春、秋梢生长状况除受树种、品种影响之外还受气候条件的影响。正常情况下春梢长而秋梢短，冬季短截修剪一般要修剪到春梢部位，春季干旱少雨、秋季雨水多时春梢短而秋梢长，短截在充实的秋梢上进行。

4. 依据冬季枝条的性质分类

(1)营养枝　也称发育枝，枝条上只着生叶芽，春季萌芽后只发枝叶而不开花结果(图 1-10)。营养枝依据其长短有徒长枝、长枝、中枝、短枝和叶丛枝之分(表 1-1)。徒长枝主要由隐芽萌发产生，着生在树冠内膛，直立生长，节间长，叶片薄，组织不充实，生长量大，长势旺盛，消耗大量营养，难以成花，扰乱树体结构，应及时疏除或修剪改造。长枝是扩大树冠和形成结果母枝的基础，主要着生在树冠外围，幼树期长枝多，盛果期后长枝的数量减少，以中短枝为主，为了平衡树势需要保持一定的长枝数量。

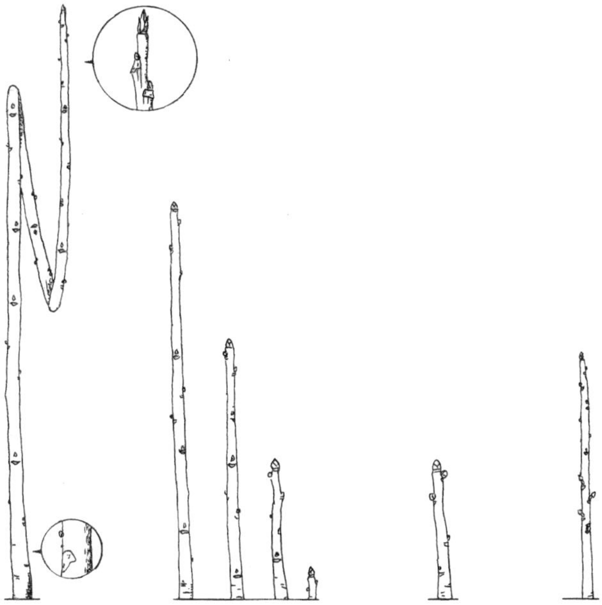

图 1-10　核桃的营养枝

A. 徒长枝；B. 发育枝；C、D. 中间枝

表 1-1　部分果树的营养枝分类　cm

树种	营养枝类型				
	徒长枝	长枝	中枝	短枝	叶丛枝
梨	>30	15～30	5～15	<5	—
李	>50	30～50	10～30	5～10	—
苹果	>30	15～30	5～15	0.5～5	<0.5
山楂	>30	15～30	5～15	1～5	<1
柿	>30	15～30	5～15	3～5	—

(2)结果母枝　是指着生花芽，春季萌芽后可以开花或抽生结果枝的枝条，有时也将冬季的结果母枝称为结果枝(图 1-11)。桃、杏等纯花芽的树种春季花芽萌发后开花；苹果、梨等混合芽的树种春季开花的同时抽生果台副梢；核桃、葡萄等树种春季先抽生新梢，在新梢上形成花序后开花；榛子雌花芽先开花，花后抽生枝条。果树进入盛果期后，许多枝条上的芽完成花芽分化形成花芽，此枝条即成为结果母枝。有的树种品种连续结果能力强，结果枝开花结果后下部的芽继续形成混合芽，成为第二年的结果母枝，连年分生后形成聚生的结果枝群。依据长短将结果母枝划分为长果枝、中果枝、短果枝等，葡萄、桃、杏等成花能力强的果树可形成徒长性结果母枝(表 1-2)，李、扁桃等树种有花束状果枝，樱桃等还有花簇状短果枝。结果母枝成花节位的高低影响整形修剪的策略，葡萄成花节位低时可采用短梢修剪，成花节位高时需采用中长梢修剪；阿月浑子的花芽主要在枝条近顶端形成，在冬季修剪时要少短截。枣树的枣股是由主芽多年生长形成的短缩性结果母枝，主要着生在二次枝上，个别着生在枣头的顶端。

(3)雄花枝　核桃等雌雄异花的果树，树冠内膛会有一些顶芽为叶芽，其下只着生雄花芽的枝条，称为雄花枝(图 1-12)。雄花枝的顶芽萌发后不久即脱落死亡，下部的雄花散粉后也脱落，整个枝条呈光秃状态，越冬后易枯死。

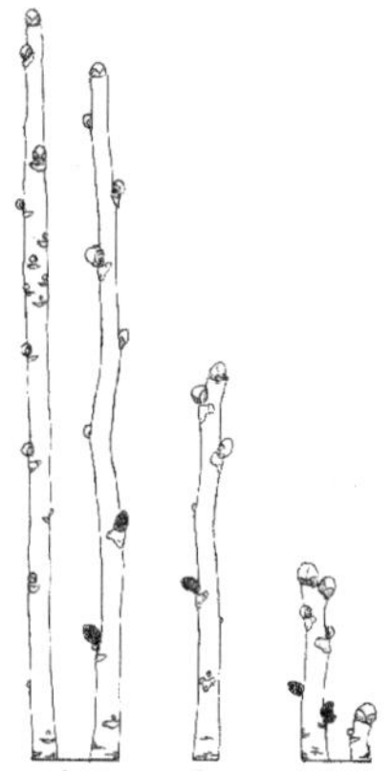

图 1-11　核桃的结果母枝

A. 长结果母枝；B. 中结果母枝；C. 短结果母枝

图 1-12　核桃的雄花枝

表 1-2　部分果树的结果母枝分类

cm

树种	结果母枝类型			
	长果枝	中果枝	短果枝	花束状果枝
核桃	＞15	7～15	5～7	—
花椒	＞5	2～5	＜2	—
梨	＞15	5～15	＜5	—
李	＞30	10～30	5～10	＜5
苹果	＞15	5～15	＜5	—
扁桃	＞25	13～25	3～13	＜3
山楂	＞10	5～10	＜5	—
桃	30～60	15～30	5～15	＜5
杏	＞30	15～30	5～15	＜5

5. 依据夏季新梢的性质分类

(1)营养枝　春季萌芽后只长枝叶而不开花结果的枝条为营养枝，由前一年枝条上的叶芽萌发而成，也称发育枝。营养枝是扩大树冠和形成结果母枝的基础，结果枝的花果在发育过程中脱落后转变为营养枝。

(2)结果枝　长有花、果的枝条称为结果枝。核桃、葡萄等在新梢上结果，桃、杏等的果实长在一年生枝上。枣树结果枝为枣吊(脱落性二次枝)、木质化枣吊等。

6. 其他类型的枝条

果树枝条类型多样，树冠内还有其他的一些类型的枝条，也是在整形修剪时需要考虑的，如延长枝、竞争枝、萌蘖枝等。另外，依据树冠内枝条生长姿势或各枝条间相互关系，还可以分为直立枝、斜生枝、水平枝、下垂枝、内膛枝、逆向枝、重叠枝、平行枝、轮生枝、交叉枝、并生枝等。在整形修剪过程中要准确识别各类枝条，区别对待，有利用空间的改造利用，无法利用的及时疏除。

(1)延长枝　各级骨干枝先端用来扩大树冠的枝条叫延长枝。按延长枝着生位置可分为中心干延长枝、主枝延长枝、侧枝延长枝、枝组延长枝等。

(2)竞争枝　一些果树延长枝以下 1～2 个枝条生长势很强，与延长枝形成竞争关系，称为竞争枝。在修剪时要特别注意，不能任其发展。竞争枝的处理方法有直接疏除、换头(回缩原来的延长头，用竞争枝带头)、拉枝改造结果等。

(3)中间枝　属于营养枝的一种，中间枝是顶芽为中间芽的枝条，加强管理后很快能转成结果枝。

(4)萌蘖枝　在骨干枝、根颈、地下茎、根系等部位长出来的枝条，属于“计划外”的枝条，要根据具体情况区别对待。萌蘖枝生长量大，影响树体结构，大部分的萌蘖枝要及时去除，以免影响树体生长，一部分可用来填补空间，培养成主枝、结果枝组等。遇到腐烂病时可以用萌蘖枝桥接，代替主干的疏导功能。

(5)裙枝　是在主干上长出来的枝条。在培养树形之初，留下整形带以下的枝条可以促进主干增粗，在整形过程中需控制生长并逐步去除。

(6)果台枝　苹果、梨、核桃等果树开花结果后，着生果实的地方常膨大，称为果台。果台是一种极度缩短的枝条，其上同样有节、节间和隐芽，隐芽萌发抽生一至数个枝条，称为果台副梢或果台枝(图 1-13)。果台枝长说明树势旺，果台枝短说明树势弱。果台枝本质上与当年生枝条无异，有长、中、短之分，也有的仅抽生为果台芽。果台枝可以形成花芽，连续结果。

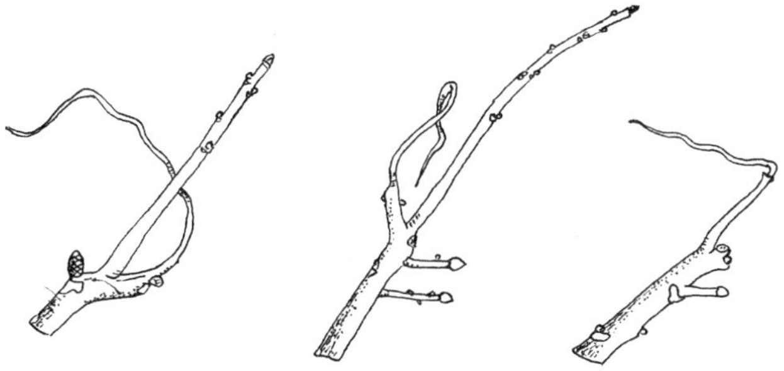

图 1-13　果台枝(核桃)

五、结果枝组的分类

结果枝组是果树的基本“生产单位”，在一个枝组内有营养枝也有结果枝，营养枝和结果枝可以相互转化。在整形修剪时常常以结果枝组为单位，综合考虑营养枝与结果枝的比例、位置关系、枝条生长势等因素，平衡树体结构。按照不同的分类依据可以将结果枝组分成各种类型。

1. 依据枝条数量划分

依据构成结果枝组的枝条数量进行划分，可以分为小型枝组、中型枝组和大型枝组(图 1-14)。

(1)小型枝组　一个枝组内有 1～5 个枝条，特点是分枝少，体积小，结果早，数量多，可在骨干枝上灵活配置，主要占据大中型枝组之间的空间，一般小型枝组占全树枝组总数的 60%左右。小型枝组生长弱，寿命短，结果不稳定，组内更新较难，应注意枝组群之间的轮替结果。

(2)中型枝组　一个枝组内有 5～15 个枝条，特点是分枝多，有效结果枝多，生长健壮，寿命长，便于枝组内更新和交替结果，主要配置在中心干、主枝的中上部和侧枝的中下部，可以负担总产量的 50%左右。

(3)大型枝组　一个枝组内有 15 个以上枝条，特点是分枝多，枝轴较长，可以延伸至较远距离，枝组寿命长，枝组内无效枝多，一般配置在骨干枝的下部较大空间处，在结果大树上占有较大的比例，占总产量的 10%。

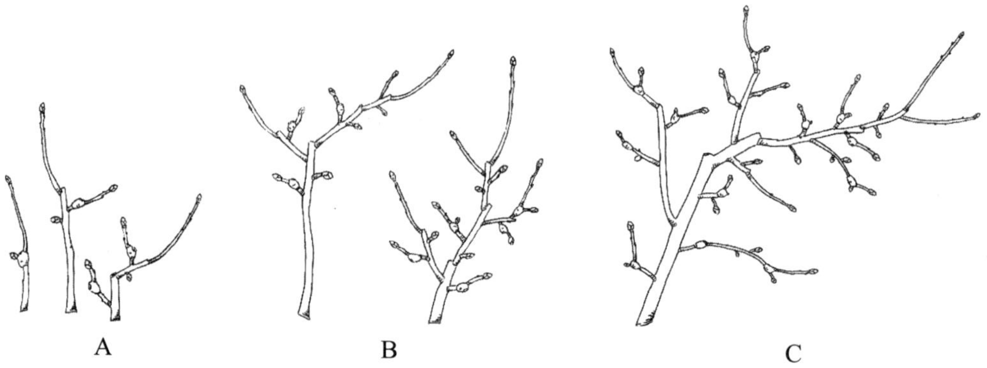

图 1-14　结果枝组的类型(依据枝条数量划分)

A. 小型枝组；B. 中型枝组；C. 大型枝组

2. 依据主轴延伸方式划分

依据枝组主轴延伸方式(主轴分枝多少或枝轴数)进行分类，分为单轴枝组和多轴枝组(图 1-15)。

(1)单轴枝组　有一个明显的中心主轴，主轴上着生小的分枝，主要通过甩放的方式培养而成。每年主轴顶芽萌发向前延伸，侧芽萌芽率高，成枝力弱，多形成中短果枝。单轴枝组结果后易下垂，结果部位外移快，连续多年结果后生长势衰弱，修剪时应注意回缩改造。短枝型品种多形成单轴枝组。

(2)多轴枝组　采用短截和甩放相结合培养而成的枝组，分枝较多，结构牢固，生长势和结果状态比较稳定，多用于大冠树形的枝组培养。多轴枝组若分枝过多而且过于集中时，易引起通风透光不良和养分运输困难，影响其结果质量和生长势。修剪时应适当疏除密枝，改善光照和养分运输条件，以维持枝组长期的生长和结果。

图 1-15　结果枝组的类型(依据枝轴数划分)

A. 单轴枝组；B. 多轴枝组

3. 依据枝条的生长势划分

按照枝组内枝条的生长势进行划分，可分为强旺枝组、中壮枝组和衰弱枝组(图 1-16)。

(1)强旺枝组　枝条直立，营养枝多，结果枝少，主要为背斜上生长的枝组或背上枝组。部分树种和品种强旺枝易成花，可以培养强旺枝组，如榛、樱桃等。

(2)中壮枝组　营养枝和结果枝的比例适中，是结果能力最好的枝组类型。

(3)衰弱枝组　发育枝少，结果枝多，枝条短小，花芽瘦弱，结实能力差，需要及时进行更新修剪。

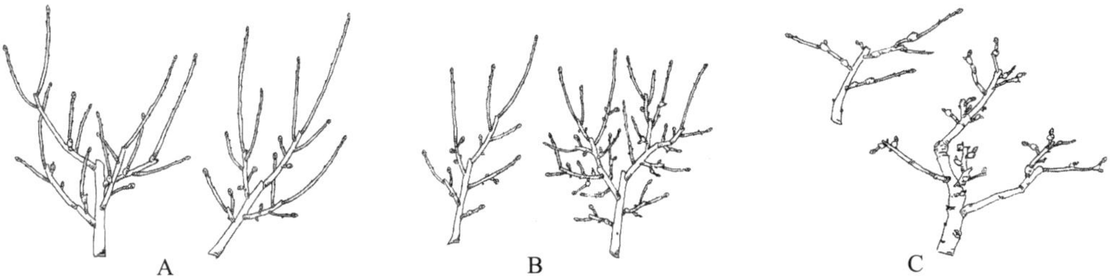

图 1-16　结果枝组的类型(依据生长势划分)

A. 强旺枝组；B. 中壮枝组；C. 衰弱枝组

4. 依据骨干枝上方位划分

按照结果枝组在主枝上的着生方位划分可分为背上枝组、侧生枝组和背后枝组等(图 1-17)，大多数果树以培养侧生枝组为主。适当保留背上枝组可以有效利用空间，减少日灼伤害，但要控制背上枝组的生长势，宜小不宜大。背后枝组结果后易衰弱，修剪过程中会逐步疏除。

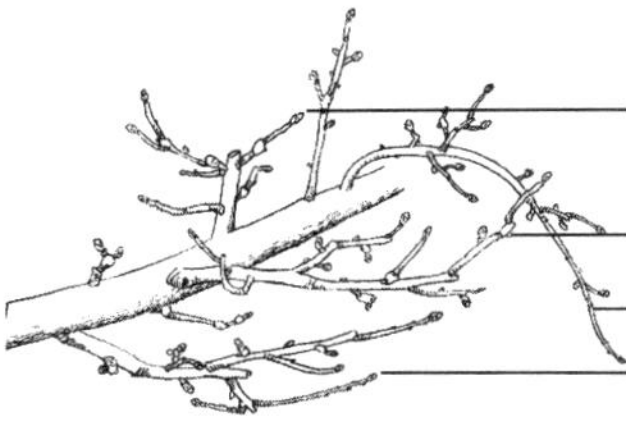

图 1-17　结果枝组的类型

(依据着生方位划分)

5. 依据外部轮廓形状划分

结果枝组的外观形态多种多样，可分为长辫形、细长形、长筒形、扁圆形、半圆形、椭圆形、开心形、圆锥形等。只要通风透光，结果良好，无须太讲究结果枝组的形状。

六、结果枝组的布局

果树整形修剪时要注意结果枝组在骨干枝上的合理分布，培养更新兼顾，互不影响，使树冠整体结构合理，成花结果良好。结果枝组在树冠上、中、下部和骨干枝背上、两侧、背后以及骨干枝前、中、后部的选留排列，基本原则是"有大有小，组型各异"。

1. 结果枝组的密度

结果枝组的密度与果树种类品种、树形、株行距、树冠大小、树势、树龄、结果枝组类型、着生部位等都有密切关系（图1-18）。一般各类结果枝组在骨干枝上分布的数量是每米10个左右，在同一方向着生的两个相邻结果枝组保持20～30 cm的距离，大型枝组距离大，小型枝组距离小。

图1-18　结果枝组密度

2. 结果枝组的分布

结果枝组在树冠内的分布，从枝组数量上看，要求"上稀下密、外稀内密"，即树冠上部少，下部多，下层主枝多，上层主枝少；骨干枝背上少，两侧多；主侧枝前部少，中后部多。从枝组在树冠内的位置看，要求"上小下大、外小内大"，即树冠外围以小型枝组为主，中部及内膛以中型枝组为主；骨干枝背上以小型枝组为主，骨干枝两侧及背后以中型枝组为主；主侧枝前部以小型枝组为主，中后部以中型枝组为主。在枝组培养配置时，先考虑大型结果枝组的位置，大型枝组之间要有一定的距离，防止相互影响，中小型枝组在大型枝组之间插空布置（图1-19）。

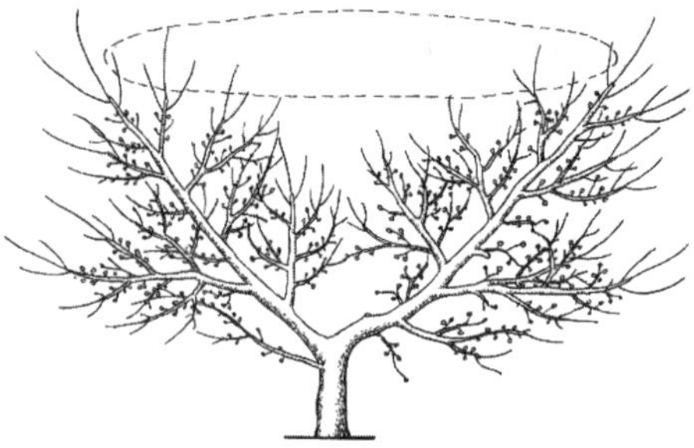

图1-19　结果枝组的布局

3. 结果枝组的搭配

不同树形内结果枝组的配置方式不同，但一般要求以中型枝组为主，大型枝组占空间，小型枝组补空隙。枝组有大有小，大小相间，形状各异，交错着生，均匀分布，使树冠内的空间、光能得到充分利用，同时也注意不同枝组之间的相互影响，各占其位、各司其职，避免交叉重叠，避免遮光挡风。小冠树形骨干枝上的结果枝组以小型枝组为主，以长辫形、细长形、长筒形枝组为主，以下垂枝组为主。大冠树形的各种结果枝组兼而有之，可培养结构复杂的大型枝组，以更好地避免树冠内空间的浪费。

七、果园的群体结构

群体结构是果园内全部果树的空间结构组成。果园的群体结构对果园管理有很大的影响，在整形修剪时既要考虑到果树的个体结构，又要考虑到果园的群体结构（二维码1-5）。生产中人们常常忽略果园的群体结构，导致

二维码1-5
果树群体结构
（视频）

果园郁闭，给果树管理带来诸多不利影响。果园群体结构一般要符合以下特征：

1. 行距适中

在建园时果树的行距和株距有等距和不等距之分，一般果园为大行距、小株距。行间是进行果园管理的通道，在果园管理的各个阶段都要保持行间距≥2 m，这样既可以满足机械、人员通行的需要(图 1-20)，又能够保证树冠通风透光良好。生产中的果园行间距小甚至行间枝条交叉郁闭是造成果园病害蔓延、管理不便的主要原因。

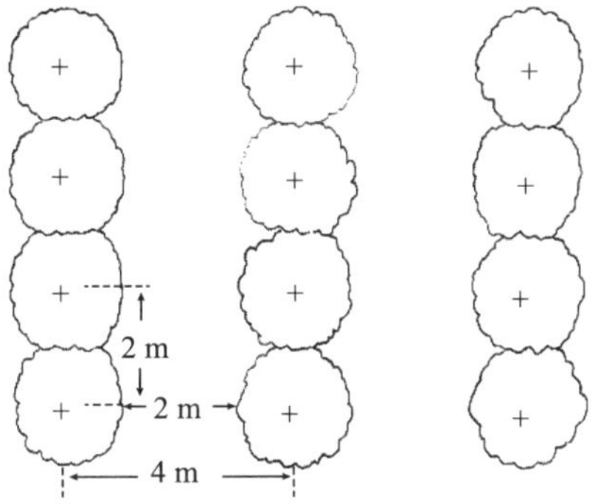

图 1-20 矮化密植栽培株行距

2. 株距适中

密植果园的行内树冠可以形成连续叶幕，株距主要依据所选用树形的树冠大小而定，可以等于冠径或略大于冠径。生产中常用的株距为 1～3 m。

3. 叶幕适中

果园夏季叶幕的形态可以反映果园整形修剪的好坏。一般要求叶幕厚度适中，行内叶幕连续，行间叶幕不连续，大冠树形叶幕要分层。

4. 高度适中

密植果园低干矮冠是主流，树冠高度与树形有关，也与管理方式有关。有中心干的树形树冠高，一般可达到行距的 70%～80%，冠径小的树冠可以高一些，冠径大的树冠要低一些。无中心干的树形树冠略低，如花椒、桃树等开心形树形的树冠高度在 2 m 左右，便于管理。

第三节 果树整形修剪时期与方法

果树树形是通过短截、疏枝、回缩、拉枝等基本修剪方法逐步培养形成的。修剪之前应考虑要达到什么目的，该采用哪种修剪方法，会产生什么样的修剪反应，不能随意修剪，每一剪子都要找到合乎树体生长发育规律的理由。每一种修剪方法都要掌握几个关键环节，包括修剪时期、修剪对象、修剪方法、修剪反应以及注意事项等，要根据整形修剪的需要选择最佳的修剪方法。

一、果树整形修剪时期的划分

果树在不同的物候期生长发育情况不同，修剪反应不同，整形修剪的作用也不同，要根据不同的物候期选择合适的修剪方法。一般可分为休眠期修剪和生长期修剪两个阶段，落叶后至萌芽前进行的修剪为休眠期修剪（冬季修剪）；萌芽（树液流动）开始至落叶前进行的修剪为生长期修剪（夏季修剪）。休眠期修剪与生长期修剪的作用不完全相同，不可相互代替，但二者不是独立的，相互配合可以大大减轻每个时期修剪的工作量，一次修剪不到位的地方需要下一次修剪来弥补，二者是一个整体，密不可分（二维码 1-6）。

二维码 1-6
果树年生长周期
（视频）

1. 果树休眠期的修剪

（1）休眠期修剪的作用特点　休眠期果树生长活动弱，营养物质主要贮藏在根系和大的枝干中，修剪时树体养分损失少，是果树整形修剪的重要时期。休眠期修剪去掉部分枝条，可以使养分向留下的枝条集中供应，有促进生长的作用。

（2）休眠期修剪的最佳时期　大多数果树整个休眠期都可以进行修剪，但葡萄、核桃等果树休眠期有较严重的伤流，要尽量避开伤流期进行修剪。冬季较寒冷地区为减轻冻害的影响一般在立春以后开始修剪，至发芽前结束；其余地区不受时间限制。

（3）休眠期修剪的主要任务　根据目标树形选留培养各级骨干枝，调整结果枝组的大小与分布，处理各种无用杂乱的枝条。休眠期常用的修剪方法有缓放、短截、疏枝、拉枝等。虽然冬季拉枝的效果不如秋季，但对于秋季拉枝不到位的枝条来说，“拉总比不拉强”，还是要将开张角度不到位的枝条拉开。

2. 果树生长期的修剪

（1）生长期修剪的作用特点　生长期修剪对树体的削弱和抑制作用强，是调控营养生长和生殖生长矛盾的关键时期。生长期修剪要多动手、少动剪，每次的修剪量都要尽量小一些。

（2）生长期修剪的主要任务　果树生长期发育变化较快，不同物候期的生长发育特性不同，需要在不同的物候期完成相应的修剪。根据修剪季节的不同，生长期修剪又分为春剪、夏剪和秋剪。

①春剪。是指树体萌芽前后到开花前后的修剪。春剪可完成部分冬季修剪的任务，称为延迟修剪。通过刻芽提高萌芽率，可增加中短枝比例，缓和树势；通过抹芽可控制枝条的发生，节约养分。

②夏剪。是指在 5—7 月夏季期间进行的修剪。主要通过摘心、疏枝、扭梢等方法控制营养生长，促进成花。桃、葡萄、杏等果树有副梢萌发，枝条生长量大，要进行多次夏剪。

③秋剪。一般是指在 8—10 月的修剪。主要通过疏梢、摘心、拉枝等方法打开光路，促进果实着色，使枝条充实，花芽分化良好，增加树体营养积累，为树体安全越冬提供条件。

二、果树整形修剪的主要方法

修剪相当于外科手术，影响其效果的因素众多。一个修剪方法使用的时期不同，修剪反应不同，应用于不同的枝条修剪反应也不同；一个枝条在不同时期修剪采用的修剪方法不同，同一时期采用不同的修剪方法修剪反应也均不相同。在修剪时注意根据修剪时期、修剪目标选择合适的修剪方法并灵活调整应用（二维码 1-7）。

二维码 1-7
果树修剪方法（视频）

1. 缓放

（1）缓放的时期　全年均可使用。

（2）缓放的对象　长度达到整形要求的各级骨干枝延长头，生长势缓和的结果枝组，位置合适的斜生枝、中庸枝等。

（3）缓放的目的　缓和枝条生长势，促进成花，培养结果枝组，增加枝量，加快树干和枝条加粗生长。

（4）缓放的方法　对枝条不动不剪，任其自然生长。

（5）缓放的修剪反应　缓放后枝条萌芽率低，成枝力弱，单轴延伸，分枝少而小，或无明显分枝，可培养单轴延伸的结果枝组。枝条着生状况不同，缓放效果也有差异：背上直立枝缓放，常常是顶芽萌发旺枝继续延伸，其下萌发少量中长枝，再下面萌发短枝，增粗作用十分明显；斜生中庸枝缓放，多是顶芽继续延伸，其下发生 1～2 个中枝，再下面形成较多的花芽；弱枝缓放，常是顶芽单轴延伸，其下形成大量花芽；内膛细弱枝缓放，多是顶芽发育充实侧芽不明显。缓放后若顶芽是花芽，则次年开花结果，若顶芽是叶芽，则继续延伸，营养和光照条件改善时可形成结果母枝（图 1-21）。

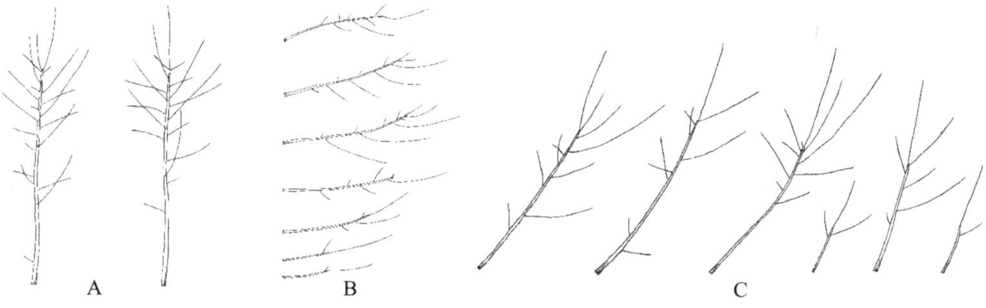

图 1-21　缓放及其修剪反应

A. 直立旺枝；B. 水平枝；C. 斜生枝

（6）缓放时的注意事项　背上直立枝、竞争枝、锥形枝、徒长枝、裙枝、根系萌蘖等枝条不宜缓放。缓放枝长到一定程度时就必须及时回缩，控制其延长生长，增大枝干的支撑力，有空间处可培养分枝，增加结果部位，从而增加产量。

2. 短截

（1）短截的时期　短截是冬季修剪常用的修剪方法之一。

（2）短截的对象　一年生枝，包括延长枝、徒长枝、长枝、中枝和短枝等各类需要增加分枝的枝条，多用于骨干枝和大中型结果枝组的培养。

（3）短截的目的　不同枝条短截的目的不同，短截中心干延长枝、主枝延长枝、侧枝延长枝用于培养树体骨架；短截营养枝或徒长枝，抑制其生长，培养结果枝组；短截较弱的枝条抽生强壮的新梢或抽生中庸的结果母枝；短截结果母枝，减少花量，合理分配树体营养，克服大小年结果现象等。

(4)短截的方法　剪掉一年生枝的一部分。修剪时剪口离剪口芽 3～5 mm，剪口芽的一侧稍微高一点，呈一个斜面，这样容易愈合，剪口芽生长快。需要注意剪口芽的质量、方向等。枣树的短截比较特殊，在剪去一次枝的同时需要同时剪去剪口下的二次枝，才容易刺激主芽萌发，习惯称之为“一剪子堵，两剪子出”(图 1-22)。

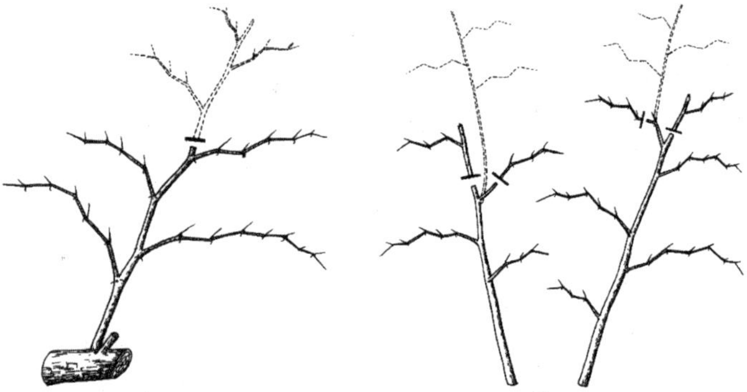

图 1-22　枣树“一剪子堵，两剪子出”

A. 一剪子堵；B. 两剪子出

(5)短截的修剪反应　短截可以促进营养生长，增强枝条或枝组的生长势。

①增加分枝。短截会提高萌芽率和成枝力，比缓放枝条的分枝多，是幼树期常用的修剪方法。

②缩短枝轴。枝条缓放成花后由于枝轴过长，往往在开花结果后容易下垂，而短截后枝轴缩短，可增强支撑能力，结果枝组不容易下垂，负载能力提高。

③增加尖削度和枝干比。保证各级枝条有一定的尖削度是维持树势平衡的重要手段。短截后各类枝条发枝多，上下级枝条间的尖削度增大。培养树形时通过短截增大中心干和主枝的枝干比，有利于保持中心干的生长优势。

④改变枝梢的角度和方向。枝条缓放时枝梢沿原生长方向生长，短截后枝梢因留芽位置不同而生长方向发生改变。整形修剪时常常用短截来改变枝梢的方向，如中心干留芽时，留迎着当地主风向的芽，有利于保持中心干垂直；主枝延长头剪口留外芽有利于开张角度，留上芽可抬高枝条的延伸角度，留侧芽可改变枝条的延伸方向。有时还会用到“里芽外蹬”的方法，选择着生位置合适的芽作为萌发延长枝的芽，修剪时在其上一芽以上进行短截，等发枝后再将上一芽剪除，保留目标芽发出的枝条作为主枝的延长枝。

⑤增强顶端优势。枝条短截后枝条的顶端优势向剪口芽转移，特别是剪口留壮芽时有利于加强顶端优势，促使发壮枝，增强树势。

⑥控制树冠和枝梢。通过短截刺激树体、枝梢的生长，可控制树冠大小、形状，达到整形的目的。

⑦使树体矮化。幼树在一年中连续多次的短截，可削弱根系和枝梢的生长，使树体矮化。

⑧更新复壮。短截可使衰弱的枝组更新复壮，增强树势，从而增强结果能力，提高果品质

量，延长树体寿命。

(6)短截的注意事项　短截是促进营养生长的修剪方法，在幼树期应用较多，但要控制短截枝条的量，防止营养生长过旺，推迟成花结果。短截时要特别注意剪口芽的选留(图 1-23)，一般留下芽，有利于新生枝条角度开张。

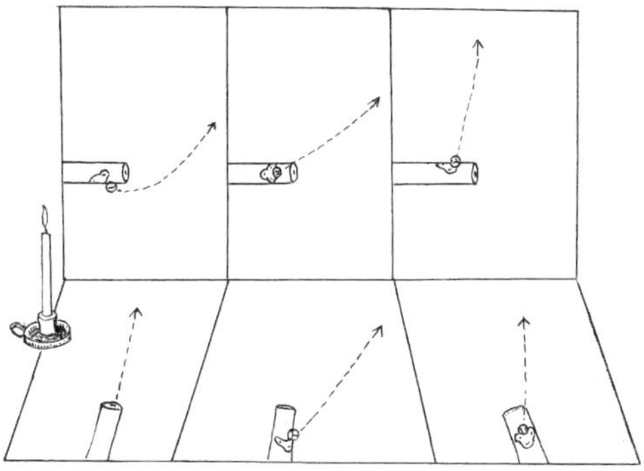

图 1-23　短截剪口芽的选留

(7)短截的分类　根据短截的程度可分为轻短截、中短截、重短截和极重短截等，在修剪时要依据树势、枝条生长情况等灵活掌握应用(图 1-24)。

①轻短截。剪去枝条总长的 1/4～1/3，剪口下为半饱满芽或瘪芽，削弱单轴生长，增加分枝，有利于母枝加粗。轻短截后发长枝少，中短枝多，所发枝条容易形成花芽，多用于单轴延伸结果枝组的培养。

②中短截。剪去枝条总长的 1/3～1/2，剪口下为饱满芽。中短截后枝条萌芽率高，长势强壮，促生中长枝，多萌发长旺枝和少数短枝。多用于各级延长枝的修剪和大型结果枝组的培养、衰弱结果枝组的更新等。

③重短截。剪去枝条总长的 2/3～3/4，剪口下多为半饱满芽，萌发后形成少量中长枝和较多的中短枝，促进营养生长，增强抽生枝条的生长势，抑制树体总生长量，多用于培养紧凑的中小型结果枝组。一般多用于萌芽率低和成枝力弱的品种，对于萌芽率高的品种也可应用。为了合理控制树体开花结果和促进树体发枝长叶，在大树、老树上经常使用重短截。

④极重短截。只留下枝条基部的 2～3 个瘪芽，把其他部分去掉，可以促生 1～3 个中短枝，也称为抬剪。极重短截削弱枝条生长势的作用较强，母枝增粗较慢，主要用于削弱枝势，降低枝位，培养紧凑的中小型结果枝组。有些发枝力强的品种进行极重短截时也可能发出旺枝。

⑤戴帽剪。是指在枝条的年界轮痕或春秋梢交界轮痕处盲芽附近的剪截技术(图 1-25)。戴帽剪是一种抑前促后促生中短枝的剪法，多用于小型结果枝组的培养。

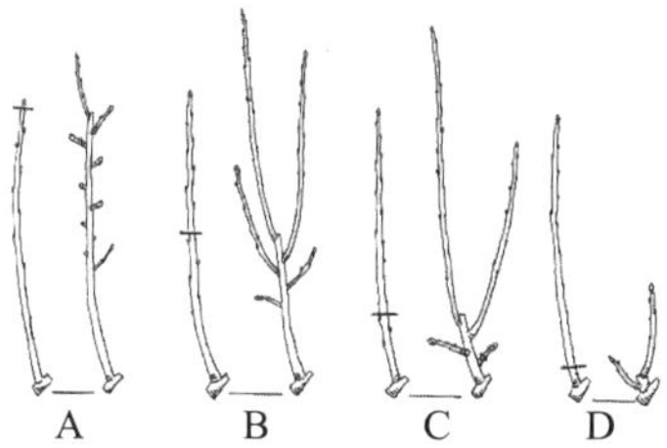

图 1-24　短截

A. 轻短截；B. 中短截；C. 重短截；D. 极重短截

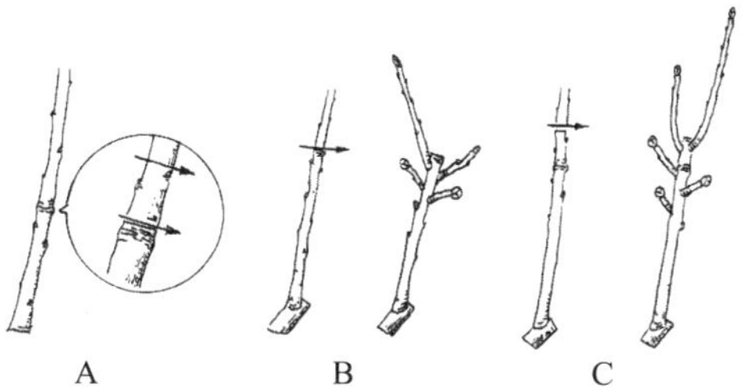

图 1-25　戴帽剪

A. 戴帽剪；B. 戴死帽；C. 戴活帽

⑥破台剪。是指在结果枝上着果处发生膨大的瘤状果台部位进行剪截的方法，一般是剪掉果台的 1/3～1/2。破台剪常用于苹果、梨树上短果枝群中无果台副梢的光秃果台的更新修剪。

⑦极轻截。是指只剪去一小段的剪截方法，又称轻过头。如果只剪掉顶芽则称作去顶或打头；如果只剪去顶芽的一部分则称为破顶或破芽，通常剪掉芽的 1/3～1/2 为宜。极轻截的

部位多是芽体较小的半饱满芽，所以形成的新枝多为中短枝，利于缓和生长势成花结果。此法多用于萌芽率高的品种，萌芽率低的品种应用后易发生下部无枝的“光腿”现象。

3. 疏枝

（1）疏枝的时期　骨干枝在休眠期进行疏枝，结果枝组在生长期、休眠期均可进行疏枝。

（2）疏枝的对象　可以是一、二年生枝，也可以是多年生枝条；可以是一个枝条，也可以是一个枝组，更有甚者是一个主枝。在小冠开心形改造时的“提干”就是将基部的主枝疏掉，疏枝的对象包括影响整形修剪的各类枝条，包括重叠枝、密集枝、交叉枝、竞争枝、细弱枝、徒长枝、主干裙枝、枯死枝、病虫为害枝（病虫枝）及没有发展空间的枝条等（图 1-26）。

图 1-26　疏枝的对象

1. 背后枝；2. 并生枝；3. 穿膛枝；4. 病虫枝；5. 交叉枝；6. 丛生枝；7. 平行枝；8. 萌蘖枝；9. 竞争枝；10. 轮生枝；11. 重叠枝；12. 徒长枝；13. 背上直立枝；14. 细弱枝；15. 交叉枝；16. 过密枝；17. 下垂枝

（3）疏枝的目的　疏枝能减少枝量，减少生长点，节省营养，使枝条分布均匀，改善通风透光条件。疏除竞争枝保持延长枝优势，平衡骨干枝生长；疏除弱枝可复壮结果枝组，延长结果枝组寿命。对于衰弱的树多采用疏弱留强的方法集中养分，恢复树势；对于强旺的树多采用疏强留弱的方法控制营养生长，缓和树势，促进花芽分化和开花结果。

（4）疏枝的方法　将枝条从基部剪除，要求剪口小而平滑，不留残桩，有利于伤口愈合。细小枝用修枝剪剪除，大枝用手锯锯除。密枝疏除时先去下垂枝，再去直立枝，多留平斜枝。疏枝后留下的大的伤口要涂抹愈合剂进行保护（图 1-27）。

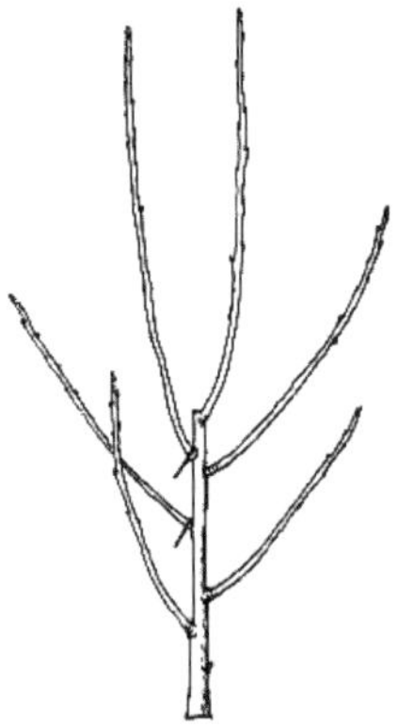

图 1-27　疏枝

（5）疏枝的修剪反应　疏枝对母枝有较强的削弱作用。疏枝造成的伤口对母枝有抑前促后的作用，对剪口以上部分有缓和生长的作用，对剪口以下部分有促进生长的作用。

(6)疏枝的注意事项

①疏枝要彻底。疏枝时不留高桩，避免剪口下的潜伏芽萌发成徒长枝。高桩伤口不容易愈合，干死后形成蒸发水分和病虫侵入的伤口，并在以后继续扩大，影响附近枝条的正常生长(图 1-28)。

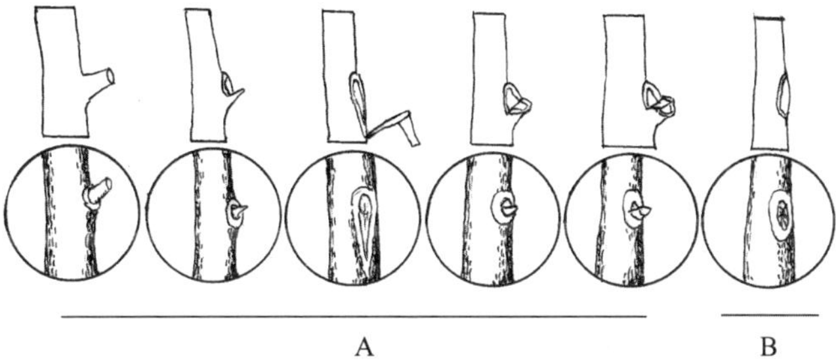

图 1-28　疏枝注意事项

A. 错误；B. 正确

②避免形成“对口伤”或“连口伤”。当树体骨干枝上某一相邻地方连续着生或对生两个大枝都应疏除时，一般是先疏除一个回缩另一个，不能同时疏除两个枝，以防止同时疏除形成对口伤或连口伤，严重削弱枝条的长势。

③疏除大枝要谨防劈裂。比较粗的大枝可用“二步法”锯除，即先在基部梢上方部位下锯，暂留一残桩，然后再用手托住残桩部分从基部彻底锯掉。

4. 回缩

(1)回缩的时期　全年都可以进行，以休眠期应用较多。

(2)回缩的对象　二年生枝、多年生枝。

(3)回缩的目的　回缩可以增大尖削度，使树体骨架牢固；改变骨干枝或枝组的延伸方向；促进花芽发育，使花芽充实饱满；减少枝量，使养分集中在较少的枝上，改善通风透光条件，使生长势增强；缩短枝轴，减少根系与枝条养分运输的距离；促生萌蘖，重新培养结果枝组，增加结果部位；回缩交叉枝、重叠枝、过长枝、下垂枝、衰弱枝，可控制枝条生长范围，防止结果部位外移；回缩强旺枝条，有削弱纵向延长生长势的作用。

(4)回缩的方法　对二年生以上的枝进行剪截，一般是在某一分枝之前剪截。细枝可用修枝剪来剪，粗枝要用锯来锯。回缩后要注意伤口保护(图 1-29)。

图 1-29　回缩

(5)回缩的修剪反应　回缩使养分集中在留下的枝段，可促进生长，使弱枝更新复壮。枝条回缩后的反应是促进还是抑制，与回缩部位的高低、新留枝头的生长方向和伤口的大小及伤口保护等情况有直接关系。一般回缩部位比原枝头较高、新留枝头生长方向比较直立，伤口小且保护得好的起促进作用，反之则起抑制作用。因此，衰弱枝在更新回缩时，新代换枝头应选留生长方向斜上的强枝；直立旺枝在改造回缩时，新代换枝头应选留生长方向比较平斜的弱枝。

(6)回缩的注意事项　回缩时剪锯口下要留枝,有利于伤口愈合。回缩的轻重要依据枝干生长势强弱、空间大小、树形要求等决定,必要时可分年逐步回缩到位。回缩较重时下部的分枝暂时不修剪。

(7)回缩的分类　依据回缩的修剪量可分为轻回缩、中回缩、重回缩和落头等。

①轻回缩。对被剪枝的刺激作用小,能较好地促进剪口枝的生长和被剪枝枝势的恢复。

②中回缩。可使剪口枝和被剪枝旺盛生长。但是如果所留剪口枝过小,其后部又有生长较旺盛的分枝,则对后部旺枝的刺激作用较强。

③重回缩。所留分枝多是较弱小的枝,所以重回缩对所留分枝的复壮作用不明显。由于剪掉了大量的枝芽,对树体的削弱作用较大,被剪枝易发生大量徒长枝(图 1-30)。重回缩后可重新培养树形或高接换优。

④落头。当树体高度达到或超过树形的目标高度时,在树冠上部适当位置将中心干或上层主枝锯掉,锯口以下留一位置合适的平斜小枝,并保护好伤口。落头可使树体的高度降低,有效改善树体内部的光照条件。落头可一次完成,也可分 2～3 年逐步完成。

图 1-30　重回缩

A. 回缩前;B. 重回缩后高接换优

5. 调整枝条角度

调整枝条角度是果树整形修剪上很重要的一类修剪方法,包括开张角度、抬高角度和调整方位角,最常用的是开张角度和调整方位角。开张角度是对角度小、生长直立或较直立的枝条,用拿枝、扭梢、撑、拉、吊等方法,把枝条调整到适当角度,以缓和树势,改善通风透光条件(图 1-31)。有时候也需要配合抬高角度的修剪方法来抬高下垂的枝条角度,复壮树势。当骨干枝方位角不当,相互密挤或重叠时,通过调整方位角达到互不干扰的目的。

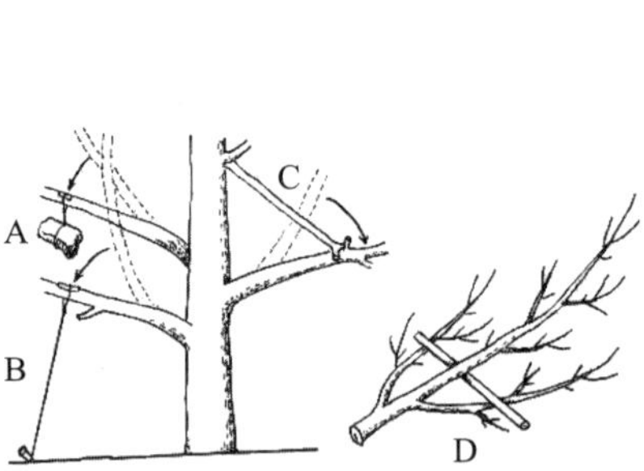

图 1-31　开张枝条角度的方法

A. 坠枝;B. 拉枝;C. 撑枝;D. 别枝

(1)拉枝　用铁丝或绳子,把骨干枝的角度拉大或引向一方,达到开张角度、调整方位角的目的(图 1-32)。

(2)撑枝　用木棍撑开枝干角度。木棍的两端需要有分叉或凹口,以防滑落。

(3)顶枝　当树冠的负载量大,枝条下垂时,需要设立支柱,防止因坐果太多而压折枝条。

(4)绑缚　将枝梢在支柱或支架上绑缚固定。主要用于葡萄、猕猴桃等蔓性果树。现代宽行密植果园采用圆柱形、一边倒树形、Y 形等树形时常用铁丝架作为支撑,对枝条进行一定的绑缚,辅助整形。

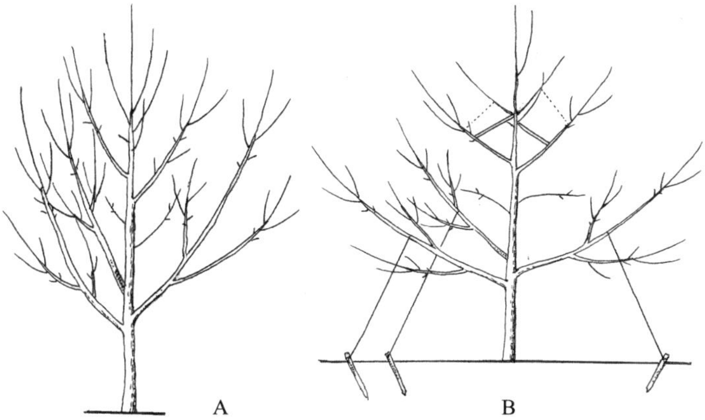

图 1-32　拉枝

A. 拉枝前;B. 拉枝后

(5)扭梢　夏季修剪时对生长直立旺盛的新梢生长方向扭转 180°,使枝头朝下,木质部受到损伤,但"折而不断",从而抑制营养生长,促进成花(图 1-33)。

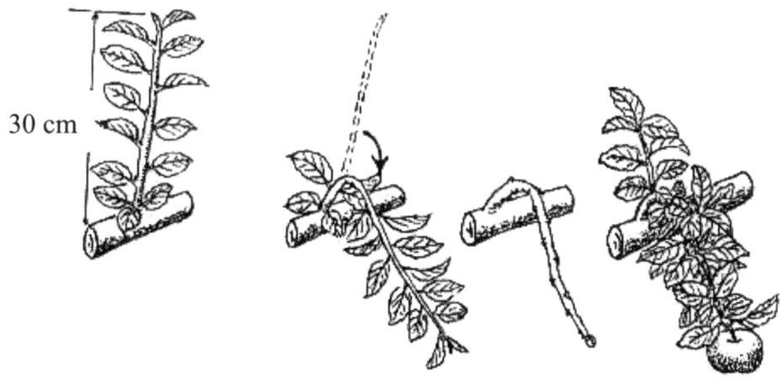

图 1-33　扭梢及第二年结果状

(6)拿枝　对生长直立不易开张的枝条,用手将其适当扭曲、拿枝使木质部软化,缓和生长势,促进分化发芽培养成结果枝组(图 1-34)。

(7)拧枝　对枝条粗、不易扭梢的果树,可采用拧枝的方法造伤,促进成花,如核桃(图 1-35)。

(8)牙签开角　对需要开张角度的新梢,在长至 20～30 cm 时用牙签撑开基角。

不同开张角度的方法应用时间不同,拉枝全年都可以进行,但以 7 月底 8 月初效果最好,扭梢、拿枝以 6 月效果最好。调整枝条角度时应注意防止枝条劈裂,尤其是基角小的枝条,更要小心。

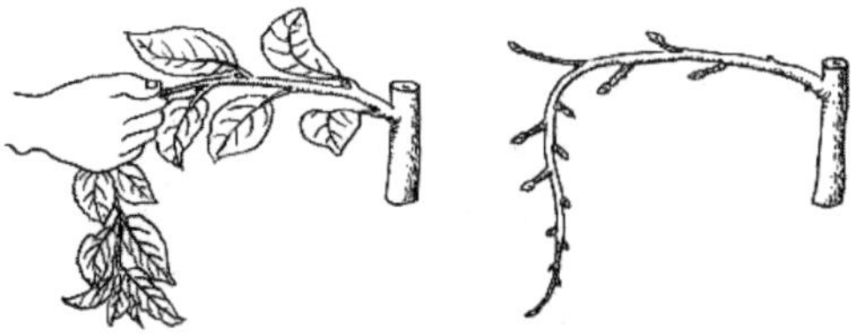
图 1-34 拿枝

图 1-35 拧枝

6. 刻伤

刻伤是指在春季萌芽前用刀刻枝条皮层的方法，包括刻芽、目伤、环切等方法。

(1)刻芽 春季萌芽前在枝干芽的上部或下部横刻一刀，深达木质部。从芽上部刻伤能促进芽的萌发，增强其生长势，在芽下部刻伤会抑制芽的萌发生长，缓和其生长势。定干后在整形带内刻芽，可以促进芽萌发培养成主枝；在主枝上适当部位刻芽，可以培养成侧枝或者结果枝组。拉至水平的枝条，背上芽在芽下部刻以抑制其生长，背下芽在芽前刻以促进其生长，枝条两侧的芽则不刻伤(图 1-36)。

(2)目伤 是指在一、二年生枝上紧靠芽的上方或下方横刻一小刀，其形状如眼睛闭合状(图 1-37)。目伤的作用与刻芽的作用相同，但目伤的伤口大，刺激作用更强。

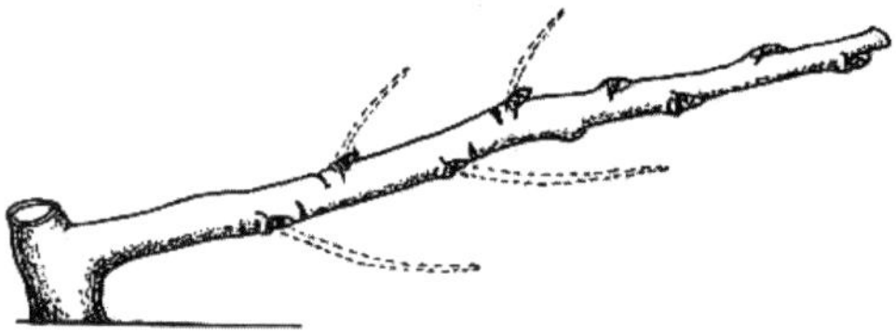
图 1-36 水平枝刻芽

图 1-37 目伤

(3)环切 用小刀在枝条合适位置横切一周。萌芽前在枝条上间隔 20～30 cm 分道环切能提高枝条萌芽率，特别适用于促进光腿枝上芽的萌发。

7. 抹芽、除萌

抹芽、除萌是去除各级枝上萌生的过密芽、多余枝的方法。

(1)抹芽 枝条上的芽萌发后未长成枝时及时抹除，叫抹芽(图 1-38)。抹芽可以节省养分消耗，省去以后的修剪工作量，特别是定干时整形带以下的芽、水平枝背上的强旺芽、延长枝剪口下的竞争芽等要及早抹除。

(2)除萌 疏除骨干枝、地下茎、根系等萌发产生的萌蘖枝，以免扰乱树形，消耗过多的母株养分。位置合适的萌蘖可以改造成结果枝组。

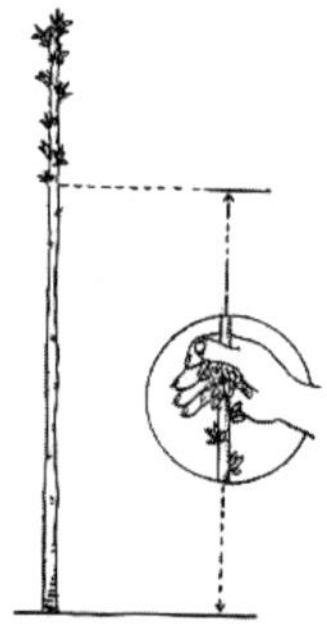
图 1-38 抹芽

8. 摘心、剪梢

摘心、剪梢是生长期修剪时采用的方法，修剪对象是当年生新梢。

(1)摘心 在果树生长季节对未停止生长的新梢摘去顶端一段带嫩叶的新梢叫摘心(图 1-39)。主要作用是控制枝梢旺长，促进枝条充实。摘心要待枝梢有一定生长量后进行，一般中壮发育枝需在 7～10 片叶以后进行，不宜过早摘心。枣树上对枣头、二次枝、枣吊等摘心抑制营养生长，可提高坐果率。8 月中旬对没有停止生长的枝条全部摘心可促进枝条充实，增强越冬能力。桃树等可以夏季摘心促发二次枝加速整形。

(2)剪梢　在生长期剪去一段带成熟叶的新梢称为剪梢(图 1-40)。对背上强旺新梢留 3～10 cm 短截，可控制生长，促发分枝，培养小型枝组。

图 1-39　新梢摘心

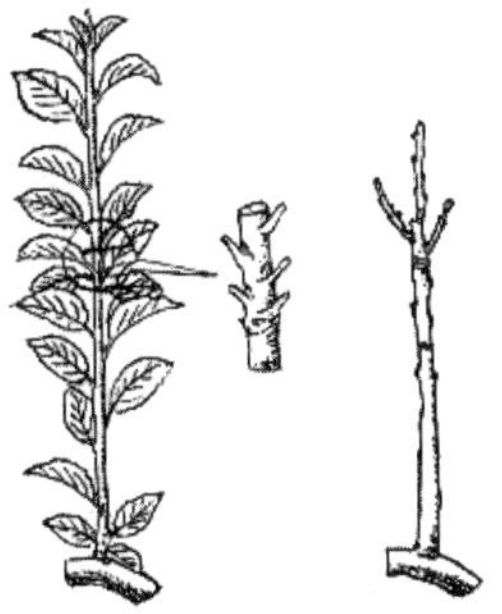

图 1-40　剪梢

9. 环剥

环剥包括环剥、环割、环缢、倒贴皮、大扒皮、纵刻等多种方法，主要目的是抑制营养生长，促进生殖生长，包括提高坐果率、促进花芽分化等。

(1)环剥　在枝条适当部位剥去一圈韧皮部。环剥宽度为枝条直径的 1/10 左右，环剥的时期以新梢速长期、落花落果期、果实膨大期和花芽分化期等为主(图 1-41)。

(2)环割　对旺长枝或光秃枝，在光秃部位或枝条中段用环割刀环刻一周。也可以间隔 3～5 芽进行多道环割，促使其后部萌发枝条，抑制环割口以上枝芽的生长。

(3)环缢　用铁丝或线绳在枝条适当的部位紧贴皮层缠绕一周。其作用与环刻类同，但不伤害木质部和皮层，其抑上促下的效果是随着枝条的增粗生长而逐步表现出来的。

(4)倒贴皮　枝条按环剥方法进行环剥以后，将剥下的枝皮上下反转颠倒后贴在原处，并用塑料布包扎好。倒贴皮的作用与环剥相同，但优点是倒贴皮环剥皮层的宽度可适当灵活，操作比较方便，而且伤口愈合较快，比较安全保险，不至于过分衰弱枝势和树势，不会造成树体或枝条的死亡。

(5)大扒皮　于生长期在大老树的主干或主枝的基部扒去树皮，露出木质部。苹果、梨、山楂等果树都可应用，但衰弱树不可扒皮。

(6)纵刻　在果树的主干和其他枝干上，沿其枝轴作纵向刻伤其皮层。在桃、杏、枣、核桃等不宜环剥的果树上应用(图 1-42)。

10. 嫁接

嫁接是果树育苗的方法，应用于果树修剪中有特殊的用途。主干或主枝光秃时可以用腹接的方法补枝，骨干枝上有大的病斑影响养分运输时，在治疗病斑后，可以用桥接的方法恢复枝干的运输能力(图 1-43)。桥接时可在接口用钉子固定接穗，注意接穗不能接反。

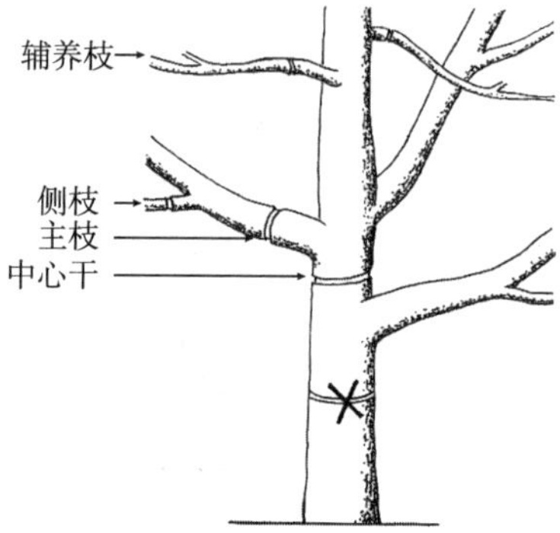

图 1-41　环剥

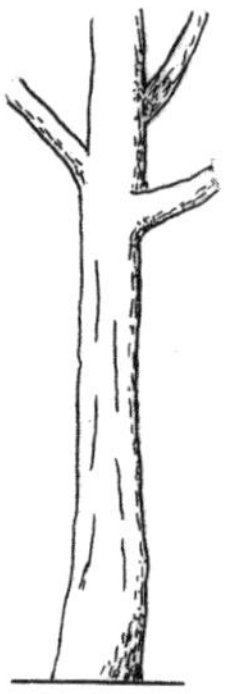

图 1-42　纵刻

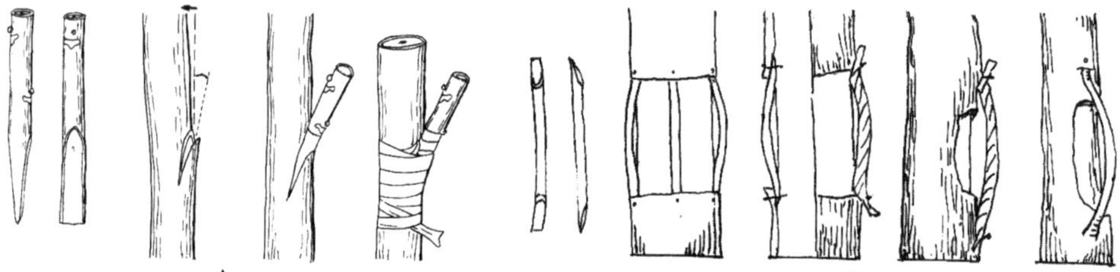

图 1-43　嫁接

A. 腹接；B. 桥接

11. 化学修剪

化学修剪是以控制树体枝条发生数量和生长为目的而施用植物生长调节剂的方法，可促进或延缓生长，促进腋芽萌发等。注意化学调控的作用受树种品种特性、树势、药剂浓度、喷施时期、天气情况等的影响较大，需要进行少量试验，掌握方法后再大面积应用，以免给生产带来不利影响。使用化学药剂或植物生长调节剂需要以安全生产为前提，要符合国家相关法律法规。

三、果树结果枝组的培养更新

果树整形修剪包括树形培养和结果枝组的培养两部分，结果枝组是结果的主要单元，在树形培养的同时要做好结果枝组的培养与更新。结果枝组的培养方法很多，目前生产中以先放后缩法和先截后放法为主，要依据树冠内枝条原有的情况以及培养枝组的目的不同而采用不同的培养方法。

1. 先放后缩法

(1)不剪缓放，见花回缩　将位置合适、生长势中等的中庸枝、斜生枝、直立枝等发育枝缓放，形成结果枝后回缩，再利用果台副梢和下部的发育枝培养枝组(图 1-44)。此法在萌芽率高、短枝多的树种品种上应用效果最好。

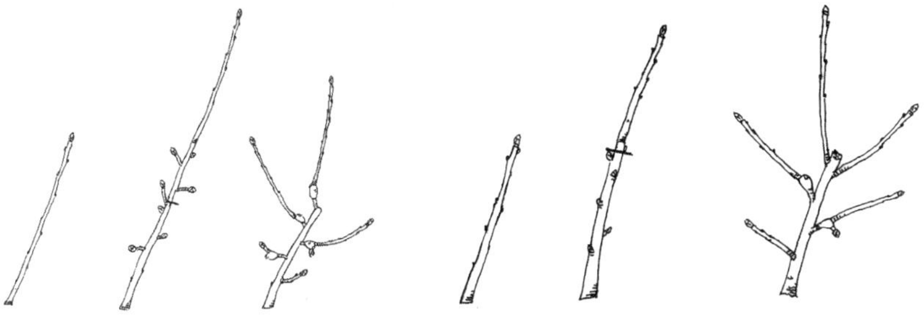

图 1-44　不剪缓放，见花回缩培养结果枝组

(2)不剪缓放，然后戴帽　各类枝条第一年缓放不剪，第二年“戴帽”修剪，促生中短枝，再缓放成花结果，将单轴枝组转化成多轴枝组。一般强枝“戴活帽”，弱枝“戴死帽”(图 1-45)。“戴帽”以后的枝组衰弱时再进行回缩更新修剪。

图 1-45　不剪缓放，然后戴帽培养结果枝组

A. 戴活帽；B. 戴死帽

(3)连年缓放，单轴延伸　对生长势中庸、平斜的枝条连年缓放，可以培养单轴延伸的结果枝组，在短枝型品种、纺锤形、小冠开心形等树形上用得比较多。单轴枝组结果能力下降后需在合适部位回缩，更新结果枝组，恢复结果能力(图 1-46)。

2. 先截后放法

(1)先轻剪，后回缩　一年生营养枝轻短截，刺激提高萌芽率，增加下部分枝，使下部形成短结果枝组，再回缩上部旺枝，培养中小型结果枝组。主要用于姿势平斜、生长缓和且有一定发展空间的枝条(图 1-47)。

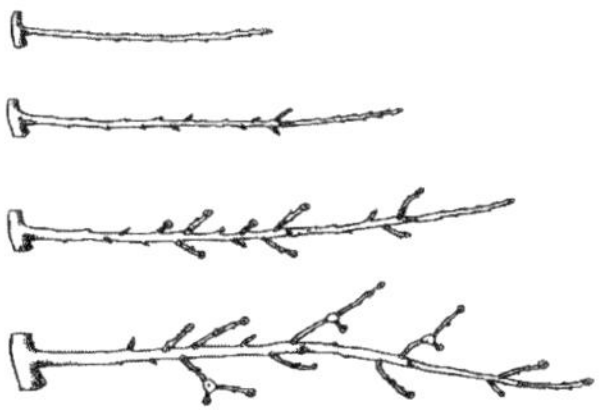

图 1-46　连年缓放，单轴延伸培养结果枝组

图 1-47　先轻剪，后回缩培养结果枝组

(2)先轻剪，后缓截　对于中庸枝可以先轻剪，待上部发 1～2 个旺枝，中下部发多个中短枝时，当年可形成花芽，第二年冬季将旺枝回缩，其余的枝条甩放，促进成花。

(3)先中剪，后疏缓　在营养枝中部短截，促使萌发分枝，然后回缩去掉强旺枝，留下中短枝缓放，即“去强留弱”，可以加大分枝角度，下一年轻剪甩放，形成中型枝组（图 1-48）。此法多用在萌芽率较低的品种上。

（4）先中剪，后缓截　中庸枝可以先中短截，促发 2～3 个枝条，对强旺的枝条“戴帽”剪控制生长势，增加枝条数量，增加结果部位，培养中型结果枝组（图 1-49）。

（5）连年短截，多轴延伸　连续多年短截能使枝条得到较多的分枝，然后再缓放成花，培养大型结果枝组（图 1-50）。对萌芽率低、成枝力弱的品种较为适宜。

（6）先重剪，后疏缓截　倾斜生长的发育枝或母枝较弱的发育枝，留枝条基部 2～4 个瘪芽重剪，发枝后回缩，去直留平，留下角度大的中壮枝，不剪或轻剪，可形成紧靠母枝的短缩枝组（图 1-51）。

图 1-48　先中剪，后疏缓培养结果枝组

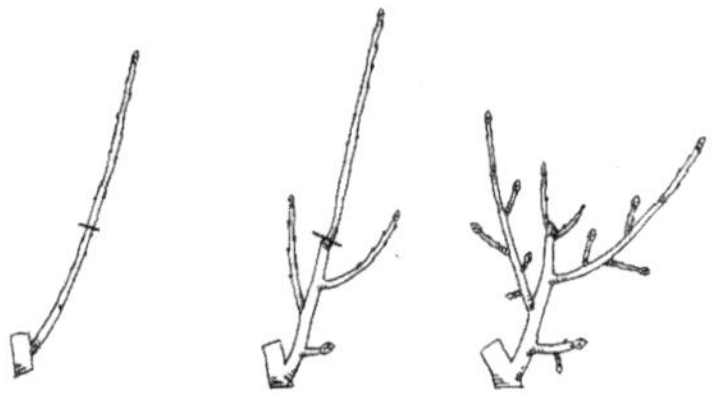

图 1-49　先中剪，后缓截培养结果枝组

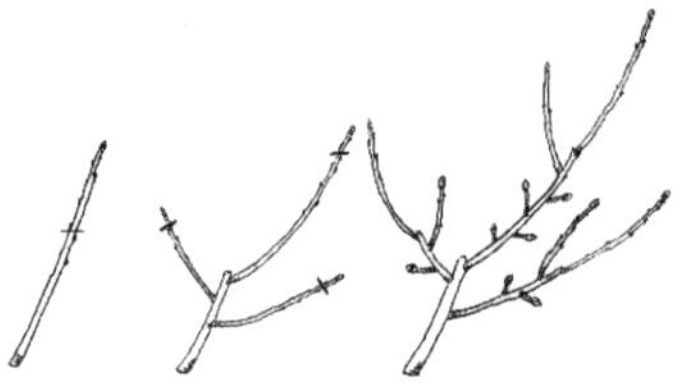

图 1-50　连年短截，多轴延伸培养结果枝组

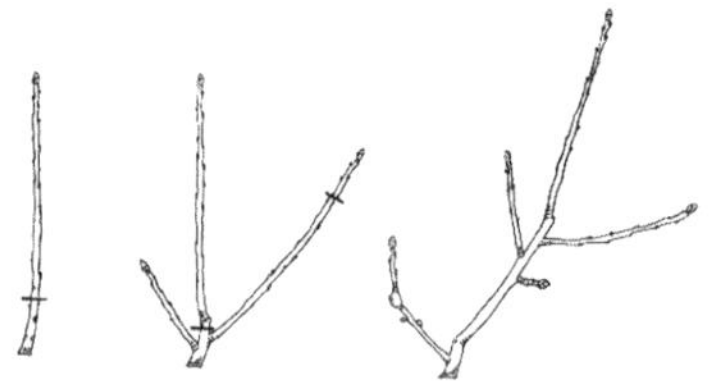

图 1-51　先重剪，后疏缓截培养结果枝组

四、果树整形修剪的实施步骤

果树整形修剪是一个系统工程，整形修剪时需遵循一定的步骤，处理好整体与局部之间的关系，在长远规划整体把握的基础上逐步修剪，经过多年多次修剪最终实现整形修剪的目标，切不可一蹴而就，只顾眼前利益。

1. 确定树形

确定树形是果树整形修剪的核心，在果园规划建立之初就要依据树种、品种、园地条件、行株距等因素确定目标树形，目标树形一旦确定就不再随意更改，不管是哪一年，不管是谁来修剪都要贯彻执行。生产中的许多果园树形杂乱，树体结构混乱，需在了解果园的立地条件、肥水管理水平等情况的基础之上，对树体结构、树势、枝量和花芽等进行调查分析，依据原有基础提出改造的目标树形，逐年进行改造。

（1）树体结构分析　是合理修剪的基础，包括骨干枝配置、角度、数量和分布是否合理，树体高度、冠径和冠形、行间距及枝条交接情况、通风透光是否良好等。

（2）树势判断　树势是根据不同时期树体生长发育情况和营养诊断确定的，生产上则根据一年生枝条的生长势(包括枝条长度、粗度、枝类比)、花芽数量及质量、叶片大小、颜色和落叶情况等判断,可大致分为旺树、中庸树和弱树三种类型。中庸树势的标准是:外围新梢生长量30~50 cm,长枝占总枝量的10%~15%,中短枝占85%~90%;短枝花量占总枝量的30%~40%;叶片肥厚,芽体饱满;枝组健壮,布局合理。树势判断还包括树体局部之间的生长势是否均衡,不均衡的树势表现为上强下弱、下强上弱、外强内弱等。

(3)树体修剪反应　是检查修剪是否正确的客观标准。不同修剪方法、修剪对象、修剪程度、立地条件以及肥水管理等均对修剪效果产生影响,应依据果园、树种、品种的实际修剪反应,综合运用不同的修剪方法。果树本身是一个客观的"自身记录器",能将各种修剪方法及反应较长时期保留在树体上。因此,调查和观察树体历年(特别是近两年)的修剪反应,可以判断之前的修剪方法是否正确。保留正确的修剪方法,修正不适合的修剪方法,做到因地因树修剪,发挥修剪应有的效果。

2. 制订方案

在每次修剪之前进行园地基本情况调查,了解现有果树生长情况,根据目标树形的需求,制订相应的修剪方案。大面积果园修剪时要做好计划安排,开展技术培训,修剪前先示范修剪,必要时考核上岗,以便统一修剪思想。在修剪过程中不断总结交流,纠正偏差,保持整个果园修剪的一致性。

3. 逐步修剪

在果树修剪时有一个优先原则,即结果枝组给骨干枝让路,级别低的枝给级别高的枝让路。在具体进行一棵树修剪时要按照一定的顺序进行,注意"先大后小",先对各级骨干枝进行调整,然后修剪大型枝组,再修剪中小型枝组;"先上后下",先修剪树冠上部的枝条,后修剪树冠下部的枝条;"先内后外",先修剪内膛和主枝基部的枝条,后修剪外围枝条;"先拉后剪",先将需要开张角度的枝条调整到位,再考虑上面的枝条如何进行修剪;"先疏后剪",在枝组调整时先疏枝、回缩处理后再进行其他枝条的修剪。

4. 查漏补缺

每一株树修剪完成后需要再整体看一下,检查有没有遗漏修剪的地方,有没有修剪不合适的地方,做好补充修剪,使树形结构尽量合理。大面积果园修剪时要有专人负责修剪后的查漏补缺,及时总结纠偏。

修剪具有双重作用,修剪对果树具有促进枝条生长、多分枝、长旺枝的作用,同时对树体整体具有减少枝量、减少生长量的抑制作用。短截、缓放、拉枝、疏剪、回缩、环剥、刻芽等任何一种修剪方法都有人们期望获得的积极作用,但也有不能忽视的消极作用,生产中应综合运用,冬夏修剪结合,以相互增益。修剪是果树生产管理的技术措施之一,只有在良好的土肥水管理和病虫害防治基础上,才能发挥整形修剪的作用和效果,提高果实产量和品质。

第四节　果树整形修剪工具

工欲善其事必先利其器,果树整形修剪需要使用专业工具,主要是修枝剪和手锯,修剪过程中也会用到梯子、拉绳、开角器等其他辅助工具,现代果园管理过程中还会用到修剪平台,还有的用大型修剪机械进行果树修剪。许多化学药剂可以调控果树的生长发育,在一定程度上代替人工修剪。

一、果树整形修剪的基本工具

果树整形修剪时常用的工具为修枝剪和手锯,一套称手的工具能够提高修剪效率。

1. 修枝剪

修枝剪是果树整形修剪最基本的工具,主要用来修剪较细小的枝条,一般直径在 2～3 cm 以下的枝条均可用修枝剪修剪。修枝剪要剪刃锋利、结实耐用,其结构与普通剪刀结构不同,剪刃分为固定刃和活动刃。修枝剪有不同的型号和形状,有的修枝剪带有省力结构,质量差异很大。除常用的修枝剪外,还有一些特殊的修枝剪,如高枝剪、大力剪、电动剪等。

(1)高枝剪　是用来剪截树冠高处枝条的工具,一般杆长 3～4 m,可以省去上树的麻烦,好的高枝剪还可以伸缩,有的高枝剪上面还带锯子,可以锯除高处较粗的枝条,非常方便。

(2)大力剪　剪把长,用起来比较省力,可以剪除较粗的枝条,能部分代替高枝剪,在修剪枣树等枝条较硬的果树时应用较多。

(3)电动剪　由剪刀、电池、电机等组成,可减轻劳动强度。

2. 手锯

手锯主要用来剪截较粗的枝条,长 30～50 cm 的手锯可以满足绝大多数修剪的需要。质量高的手锯锯下枝条后不留毛茬,有利于伤口愈合。

整形修剪时需要经常对修剪工具消毒,以减少病害特别是病毒病和腐烂病的传播,可以将工具浸泡在杀菌剂中 10～20 min,田间简单消毒也可以用打火机进行燎烧。

二、果树整形修剪的辅助工具

进行果树整形修剪时还需要使用一些辅助工具,如拉绳、果梯、果凳、嫁接工具、伤口保护剂等。

1. 调整枝条角度的工具

(1)拉绳　拉枝是开张枝条角度最好的方法,既可开张角度,又可摆正方位角。常用的拉枝用具有各种拉绳,包括麻绳、塑料绳、铁丝、塑料条、布条等,凡是有一定强度的绳状物都可以用来拉枝。拉绳在地上的一端要固定牢固,在主枝上捆绑时要留活扣,最佳的办法是将拉绳固定在枝组上,以防勒伤主枝。

(2)撑杆　在培养疏散分层形、小冠疏层形等树形时,可以用撑杆来开张主枝角度。纺锤形、圆柱形等树形在培养之初中心干弱,很难找到合适的支撑点,一般不用撑杆来开张角度。

(3)坠　在地上钉木橛会影响土壤的耕作,为减少这种影响可以用绳子(铁丝)将石块、土块、砖头或装土的塑料袋等绑好,直接挂在需要开张角度的枝条上,主要用于一至三年生的枝条培养结果枝组。

（4）开角器　可代替拉枝的操作，能调整开张的角度，既方便又稳固，又可提高作业效率。开角器常由铁丝、塑料等材料制成，有S形、W形、E形、M形、N形、如意形等，适用于一、二年生的不太粗的枝条。

2. 整形修剪的其他工具

（1）攀爬类工具　主要是各类果梯、果凳等。一般是三腿梯或四腿凳，材质可以用钢管、硬木等。有条件的果园可以使用修剪管理平台，能电动升降，便于多人操作，安全系数高。

（2）嫁接工具　在果树修剪时可以通过嫁接改良品种，也可以通过嫁接补枝，填补树冠空间，通过桥接补救病虫损伤的枝条等。常用的嫁接工具包括枝接刀、枝接木棒等，许多嫁接方法通过剪刀进行操作。生产中有多种多样的枝接刀，一般要求刃口锋利、平滑、结实。

（3）环剥工具　果树环剥有专用工具，种类繁多，有单刃、多刃等多种类型，可以根据树种，环剥、环割的需要选择不同的环剥工具。简单少量的环剥也可以用剪刀、锯子、嫁接刀等代替。

（4）伤口保护　整形修剪时会对树体造成机械损伤，包括剪口、锯口、环剥口、嫁接口等，病虫为害、自然灾害等也会给树体带来各种伤口。伤口的存在容易造成树体衰弱、传播病害、藏匿害虫等，在整形修剪及生产管理过程中，首先要多动手、少动剪，多用拉枝、抹芽、摘心等修剪方式，减少伤口；其次要注意伤口的保护，涂抹保护剂封闭伤口，防止水分散失和伤口感染，小的剪口可不涂，大的伤口一定要涂，常用的伤口保护剂有白乳胶、白油漆、接蜡及各种愈合剂等；最后要注意留保护桩，一般剪口距芽要留3～5 cm保护桩，防止因枝条失水影响剪口芽的生长，葡萄、核桃等髓心较大的枝条在冬季修剪时长留保护桩，待夏季修剪时去除。锯大枝可能形成对口伤时先锯除一个，另一个留保护桩，待先锯除的伤口愈合后再锯除保护桩。

三、果树化学调控修剪的药剂

许多化学药剂或植物生长调节剂可以调控果树的生长发育，起到促进或抑制生长、调控花芽分化、促进坐果等作用，可以用化学调控药剂代替部分修剪的作用。

1. 促进营养生长的药剂

（1）促进萌芽的药剂　如细胞激动素、三碘苯甲酸可促进侧芽萌发，加大枝条角度；秋季使用乙烯利可使果树提前落叶，第二年春季提早萌芽。

（2）打破休眠的药剂　如石灰氮可以打破苹果、葡萄等的休眠，提高萌芽率。

2. 抑制营养生长的药剂

（1）抑制营养生长的药剂　此类药剂种类很多，可以控制新梢生长，如PBO可控制新梢生长量，多效唑抑制多种果树新梢节间伸长。

（2）促进休眠的药剂　如乙烯利、三碘苯甲酸可以使果树提前落叶，提早休眠。

3. 促进生殖生长的药剂

（1）促进成花的药剂　抑制营养生长的药剂均有一定的促进成花的效应，如多效唑、乙烯利、6-苄氨基嘌呤等。

（2）促进果实膨大的药剂　如赤霉素可以使无籽葡萄膨大，并诱导单性结实，使有籽葡萄变成无籽葡萄。

(3)提高坐果率的药剂　如赤霉素可以提高枣树坐果率。

(4)增大果形指数的药剂　如普洛马林可以增大苹果果形指数。

(5)促进果实着色的药剂　如磷酸二氢钾可以促进红富士苹果果实着色，脱落酸可以促进葡萄着色。

4. 抑制生殖生长的药剂

(1)抑制花芽分化的药剂　如赤霉素可抑制苹果、梨、桃、杏、李、樱桃等多种果树的花芽分化。

(2)疏花疏果的药剂　如二硝基化合物、萘乙酸、西维因、石硫合剂等具有良好的疏花疏果作用。

本章小结

作为果树栽培管理的重要一环，整形修剪十分重要。整形是运用修剪的手段将果树的骨干枝修整成一定的树冠形式。修剪是指在整形的基础上，根据自然条件、品种的生长结果习性，对枝条生长和分布进行合理调整，进一步培养和完善合理的树体结构，调节生长与结果之间矛盾的一种技术措施。在整形修剪之前要充分了解果树生物学特性和生长发育规律，对果树生长情况和果园基本情况进行调查，依据整形修剪的基本原则制订合理的技术方案，逐步实施，以实现优质丰产高效的目标。整形修剪是一个系统工程，在修剪时既要考虑到果树的个体结构，又要考虑到果园的群体结构，在合适的时间采用合适的修剪方法，骨干枝塑“骨”，结果枝造“肉”，按照“特性—目标—方法”三位一体的技术理念对果树进行整形修剪，塑造有骨有肉的树体结构，使树体生长和开花结果两不误。

复习思考题

1. 名词解释：整形、修剪、树形、树体结构、主干、中心干、主枝、侧枝、辅养枝、结果枝组、短截、回缩、疏除、缓放、开角等。
2. 简述整形与修剪的辩证统一关系。
3. 简述果树整形修剪的意义与目的。
4. 简述果树整形修剪的原则。
5. 简述果树整形修剪的依据。
6. 简述果树个体结构指标。
7. 简述果树丰产树形的结构特征。
8. 简述常见果树树形的分类。
9. 简述果树枝条的分类。
10. 简述果树结果枝组的分类。
11. 简述果树整形修剪的实施步骤。
12. 举例论述果树整形修剪方法的概念及操作方法、修剪反应等。

（温鹏飞　编写）

第二章 苹果的整形修剪

苹果属蔷薇科(Rosaceae)仁果亚科(Pomideae)苹果属(*Malus* Mill.)。苹果属植物全世界约有 35 种,原产我国的共有种 22 个、亚种 1 个、变种 11 个、变型 5 个,其中有的是重要栽培种,有的可供砧木用,有的则为观赏植物。苹果是我国落叶果树第一大树种,栽培面积和产量均居世界首位,苹果产业是我国推动乡村振兴和促进农民增收的支柱产业。

第一节　苹果的生长结果习性

一、苹果的生物学特性

1. 根系

(1)根系分布　苹果根系的垂直分布受果园的土壤类型、土壤结构和土层深度以及地下水位等因素的影响。在我国大部分苹果产区,乔砧苹果树根系多集中分布在 20～60 cm 土层,且 90%以上的细根分布于 40 cm 以内土层;浅根性的矮砧苹果树,根系多集中在 40 cm 土层之内。黏土障碍层、较高的地下水位等会限制根系向深层扩展,如山东胶东等山地果园,苹果根系深度在 1 m 左右;西北黄土高原、华北的冲积地土壤,根系可深达 4～6 m;沿海、沿河的沙滩地,如黄河故道冲积平原受地下水位的影响,根系深度仅 60 cm 左右。苹果根系的水平分布范围为树冠直径的 1.5～3.0 倍,乔砧树、土壤比较疏松的果园相对较广,矮砧树、黏性土壤的果园则相对较狭。尽管根系有潜力向更广范围延伸,但相邻植株的根系将限制其扩展,即使在高密栽植的果园,株间根系交错现象也很少发生。

(2)根系年生长动态　一年中,苹果根系的生长随时间推移呈周期性动态变化。一般情况下,盛果期苹果树的根系在一年内有 2～3 个明显的生长高峰。第一次发生在 4 月上旬至 6 月下旬或 7 月上旬,第二次约在 8 月中下旬,第三次在 9 月下旬至 10 月下旬。春季上层根(40 cm 以内)开始活动较早,下层根则较晚;夏季上层根的生长量较小,下层根的则较大;到秋季,上层根的生长又加强。处于土壤上层、下层的根在一年之内表现有交替生长的现象,这与土壤温度(土温)、湿度以及土壤通气状况等有关。

(3)根系生长与枝梢生长和果实负荷的关系　树体的生长结果状况及生长势对根系年周

期生长有重要影响。春季不同类型树体发根差异最大,小年树、弱树发根晚,发生量少,在萌芽后缓慢上升,不随春梢的迅速生长而降低,可持续到7月;大年树、旺长树在春梢旺长前达到高峰,之后下降形成低谷;丰产稳产树新根量随春梢旺长也有所下降,但仍能维持较高水平。春梢停长后,各类树体发根均达高峰,此次高峰发根量最大,持续时间最长,不同类型植株高峰大小各异,以弱树最低,丰产稳产树、小年树较高,旺长树高峰偏晚但时间长,可持续到秋梢生长期。秋梢停长后出现秋季高峰,但大年超负载树秋季高峰消失,并影响翌年春季(小年)新梢的发生。

根系的生长与枝梢生长状况、果实负荷的多少有关,但新梢生长并非简单地抑制新根发生,从而出现根梢交替生长现象,新梢旺长也要以一定量新根作为基础。根梢生长既互相促进,又相互矛盾,新梢生长与根系竞争养分,过度的新梢旺长将降低新根的发生,但根系特别是生长根的发生又需要新梢生长点产生的生长素刺激。果实超负荷和早期落叶会减少光合产物的合成及其向根系的运输,不仅影响秋根的生长,还会导致翌年春季新根发生量少而晚。

2. 芽

苹果树地上部的枝、叶、花都是由芽发育而成的。芽对树冠的扩展和枝干的更新复壮有重要作用。芽具有保护作用,可以适应不良环境,同时,芽也是繁殖器官,可以繁殖成与母体遗传性状一致的新植株。

(1)芽的类型　根据发育性质分为花芽和叶芽(图2-1)。苹果的花芽是混合芽,既可开花结果,又可抽枝展叶,以顶花芽为主,也有腋花芽。花芽芽体肥大、饱满,顶端较圆,芽基较细。元帅系品种的一些比较肥大的芽并不一定是花芽,称为中间芽,需要再生长一年才能形成花芽。腋花芽形成能力强的品种多具有早果的习性,通常情况下早熟、早中熟苹果品种的腋花芽较多,其次是中熟、中晚熟品种,晚熟、极晚熟品种的腋花芽较少。树龄越大,树势越弱,枝条越细弱,腋花芽的数量越少;幼旺树、强壮树、健壮枝的腋花芽较多。生长势中庸、主枝角度开张、光照条件好的树腋花芽较多,而树冠郁闭、通风透光不良的树腋花芽较少。

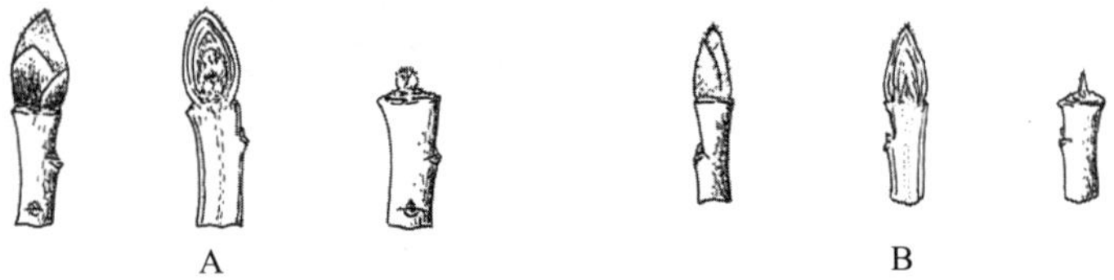

图2-1　苹果的芽

A. 花芽;B. 叶芽

根据萌发状态分为活动芽和潜伏芽。芽形成后翌年能够正常萌发的芽为活动芽,经一年或多年潜伏不萌发,受刺激后才能萌发的芽为潜伏芽。潜伏芽又称休眠芽,未受刺激的潜伏芽处于休眠状态或逐渐死亡。修剪时可以利用潜伏芽进行更新。

(2)芽的特性　包括萌芽率和成枝力、异质性、晚熟性以及潜伏力等。

①萌芽率和成枝力。是苹果修剪的重要依据。萌芽率低的品种应多甩放、轻短截,或者采用花后复剪的方法削弱顶端优势,促使多发中短枝。成枝力强的品种外围密生枝和内膛细弱枝应多疏少截,成枝力弱的品种外围一年生枝应适量多短截少疏枝。苹果不同品种的萌芽率和成枝力不同:金冠系品种萌芽率高,成枝力中等;元帅系品种萌芽率高,成枝力强;富士系品

种萌芽率低，成枝力强；国光系品种萌芽率低，成枝力弱；短枝型品种的萌芽率高，成枝力弱。

②异质性。芽在形成和发育过程中，由于内部营养状况和外界环境条件不同，芽的质量也有所差异。芽的质量直接关系到芽的萌发和萌发后新梢生长的强弱，一般是饱满芽萌发壮枝，次饱满芽发枝较弱，瘪芽不萌发。以只有春梢的一年生枝条为例，一般顶芽是质量最好的一个芽，顶芽以下为极短的一段瘪芽，再下为半饱满芽。如果一年生枝条分春梢和秋梢，则在春梢和秋梢的交界处有几个芽鳞痕，春梢、秋梢从基部到梢部的芽依次均为瘪芽、半饱满芽、饱满芽、半饱满芽、瘪芽，最后在秋梢的顶端有个大叶芽。芽的异质性与枝条上芽形成生长的时间有很大的关系，这是物候期的一种表现。

③晚熟性。苹果芽具有晚熟性，生产上可以通过摘心、喷施生长调节剂等促进幼树的芽早熟萌发，增加分枝数，加速整形。

④潜伏力。芽形成以后，处于休眠状态不萌发。随树龄的增加及枝干的衰老，潜伏芽萌发可以形成更新枝。

3. 枝

(1)枝的类型和特点　苹果的枝条分营养枝和结果枝两类。

营养枝依其长度分为徒长枝、长枝(两季枝)、中枝(一次封顶枝)、短枝和叶丛枝。不同类型的枝条，其停止生长的早晚和积累养分的能力不同。叶丛枝和短枝一般在萌芽展叶后3～4周即停止生长，养分积累早，且很少外运。短枝是成花的基本枝类，凡具有4片以上大叶的短枝极易成花，无大叶的短枝顶芽瘦弱，多不能成花。长枝生长量大，具有春秋两季生长，建造期长(一般90天，长者可达120天)，建造消耗大，具有强的激素合成和竞争营养物质的能力，光合产物可以运往枝、干、根中，起到养根、养干的作用，并能向根系提供激素活性物质，因而对树体具有整体性的调控作用。当长枝过多时，常造成根梢两极争相建造，树体旺长，中短枝得到营养物质少，不易成花。但当长枝过少或无长枝时，树体的整体物质交换能力弱而导致树体衰老，新根发生受影响。中枝是只有春梢无秋梢，有明显顶芽的枝条。这是一类仅有一次生长且功能较强的枝条，其影响范围较短枝大而较长枝小。徒长枝由潜伏芽遇到刺激萌发而形成，生长量大，以消耗营养为主，枝条不充实，芽子瘦瘪，除大枝更新时利用外，多疏除而不保留。

不同类型营养枝的功能不同，要达到优质丰产的目的，必须保持各种一年生枝在总枝量中占有适当的比例，即合适的枝类组成。红富士苹果丰产稳产优质的树体指标为：修剪后枝条总量7万～9万条/亩，最高不要超过10万条；长枝比例8%～10%，最高不超过12%，生长季长梢长度40～60 cm，秋梢占新梢的1/5～1/4；短枝比例60%～70%，其中4片大叶以上优质短枝比例占短枝总量的60%以上。长枝比例＜5%、短枝比例＞80%、优质短枝比例占短枝总量的比例＜30%的为弱树；长枝比例＞15%、短枝比例＜50%、优质短枝比例占短枝总量的比例＜40%的为旺树。

苹果结果枝类型通常分为四类，即短果枝(＜5 cm)、中果枝(5～15 cm)、长果枝(＞15 cm)及健壮长梢的腋花芽枝。大多数品种以中短枝结果为主，也有的品种有较多的长果枝。结果枝类型的比例反映花芽着生的位置、成花的难易，结果枝种类多的品种比较容易形成花芽，开始结果年龄也较早，而以短果枝结果为主的品种，开始结果年龄较晚。如红富士幼树以长果枝结果为主，成年树以短果枝结果为主。有的品种结果后抽生的果台枝可连年成花结果，有些品种的果台枝不容易成花，如元帅系短枝型品种的枝连续成花结果能力比普通型品种强，富士系品种连续结果能力差，在负载量较大的情况下容易出现大小年结果现象。

(2)枝的年生长动态　在年周期中枝条的生长大致分为三个阶段。

①叶簇期。新梢开始生长后7～10天，此期顶生组织细胞分裂旺盛，加长生长极缓，节间紧凑，芽内分化的叶片发生、展开，此期主要依靠树体上一年的贮藏营养。一年生枝中下部芽萌发的叶丛枝只有这一个生长阶段，随即形成顶芽。

②旺盛生长期。新梢顶生组织细胞分裂仍较快，但其下组织加长生长加速，节间变长。日平均气温达20 ℃左右时，即5月中旬左右，新梢日生长量最大，新梢出现第一次生长高峰，节间长、叶片大。若土壤水分充足，氮素营养丰富，旺长期可相应延长，持续30～45天(幼树较长，成龄树较短)，当年春梢基本形成。

③新梢生长转缓期。进入6月，新梢生长迅速转缓，节间变短，叶片由大变小；中长枝逐渐形成顶芽。但生长势强的新梢只是生长缓慢而不形成顶芽，到7月上旬进入第二次生长，7月中旬出现第二次高峰，8月下旬新梢停止生长，形成顶芽，通常称为秋梢。若生长停止过晚，顶芽的质量较差，甚至不能形成顶芽。春秋梢之间往往出现盲节。春梢或秋梢的长短依树龄、树势、品种、地区不同而异，个别的植株或枝条还有第三次生长，即形成春夏秋梢。第二次生长时除顶芽再次萌生外，新梢侧芽也能萌发抽生二次新梢，后者可使幼旺树枝量倍增，提早结果。

新梢的加粗生长和加长生长同时进行，前期速度缓慢，后期加快。多年生枝干的加粗生长发生在新梢生长转缓以后，其间叶片早期脱落则加粗生长受抑制。

苹果新梢长短与其生长历期有关，短枝、叶丛枝一般加长生长期仅10～15天，中枝为20～25天，长枝则为30～45天，带有秋梢的长枝可延长至90～100天或更长。苹果新梢生长的强度，常因品种和栽培技术的差异而不同。一般幼树期及结果初期的树新梢生长强度大，为80～120 cm，盛果期生长势显著减弱，一般为30～80 cm，盛果末期新梢生长势更弱，一般在20 cm左右。

(3)枝的特性　包括顶端优势和垂直优势。

①顶端优势。苹果枝条生长具有明显的顶端优势，同一枝条上不同位置的芽萌发后抽生新梢的长短和强弱也各不相同。一般情况下，枝条顶部的芽，生长力最旺盛，萌发抽生强枝，分枝角度小，直立生长；越向下的芽生长势越弱，分枝角度越大，基部的芽为隐芽不萌发；枝条弯曲部位的芽，其生长势超过顶芽，枝条因着生方位不同而出现强弱变化，是修剪时剪口芽的选择和撑枝、拿枝、扭梢等的重要依据。

②垂直优势。除顶端优势外，苹果枝条还有明显的垂直优势。一般直立生长的枝条长势旺，不容易成花。枝条拉平后顶端优势有所缓解，但处于枝条背上的芽容易萌发，形成背上直立枝，处于侧方的芽萌发后多形成中短枝，背下的芽不容易发长枝，多形成短枝。

按枝条生长特性可将苹果品种分为两大类，一类是普通型品种，另一类是短枝型品种。普通型品种生长旺盛，节间长，容易抽生长枝，树体高大，不容易成花，如元帅系列的红元帅、富士系列的长富2号等。短枝型品种生长势较弱，节间短，多抽生短枝，树体矮化，容易成花结果，如元帅系短枝型(新红星、首红、阿斯、俄矮二号、瓦丽短枝等)、富士系短枝型(宫崎短枝、福岛短枝、礼泉短枝、惠民短枝、烟富6号、龙富)、金矮生，以及嘎啦系的皇家嘎啦、丽嘎啦等。

4.叶片

(1)叶的形态　苹果叶为椭圆形或卵圆形，单叶互生，叶缘有钝锯齿，幼嫩时两面均具柔毛，成熟后正面柔毛脱落。不同品种和环境也会影响苹果叶片的形态。随着海拔的增高叶面积递减，而叶片厚度和比叶重则递增；随着矮化程度的加深，叶面积减小，叶片厚度增加，栅栏组织加厚，海绵组织变薄，栅海比明显加大，叶背茸毛也变浓。

(2)叶的生长发育　叶原始体开始形成于芽内胚状枝上。芽萌动生长，胚状枝伸出芽鳞外，开始时节间短叶形小，以后节间逐渐加长叶形增大，一般新梢上第七、第八节的叶片才达到标准叶片的大小。苹果成年树约80%的叶片集中发生在盛花后较短时间之内，这些叶片是在前一年芽内胚状枝(叶原基)上形成的。当芽开始萌动生长，新形成的叶原基也相继长成叶片，约占总叶数的20%，是新梢生长继续延伸而分化的后生叶(芽外叶)。

叶片的生长动态滞后于新梢的营养生长，叶片数量和叶幕形成的早晚则因枝条类型的比例而异。一般中短枝比例高时，叶片量大，且叶幕形成较早。盛果期的成龄树，80%～90%的叶幕形成于春梢停长期以前。但就单叶面积而论，发育枝的单叶面积常较大，尤其是发育枝中下部的叶片，从展叶到停长需15天左右。单叶的平均面积，因品种而异。例如金冠平均为35～37 cm^2，而红星仅为27～28 cm^2。

(3)叶面积指数和叶幕　苹果树适宜的叶面积指数为3.0～3.5，叶面积指数低意味着总光合产物少，产量低；叶面积指数高则会造成树冠郁闭，光合效率低，果实品质下降。生产中在保证适宜叶面积的基础上，要注意提高叶片的质量(厚、亮、绿)，并使春季叶幕尽早建成，秋季延迟衰老，减少梢叶过度建造及无效消耗。全树总叶片的自然分布构成叶幕。叶幕层的厚度和形状直接关系到树冠透光程度和光合作用效率，叶幕结构对苹果的产量、果实品质有决定性影响。叶幕过厚树冠内膛光照不足，内膛枝不能形成花芽，枝组容易枯死，反而会缩小树冠的生产体积。苹果叶幕的形状与树形有关，如采用主干疏层形叶幕为2～3层，第一、第二层叶幕厚度为50～60 cm，叶幕层间距80 cm，而开心形叶幕只有1层。叶幕外缘呈波浪形有利于提高光能利用率，是较好的叶幕结构。

5. 花

(1)花的形态　苹果花序为伞房花序，每个花序有5～7朵花，当树势衰弱或树势过旺时花芽发育不好，只有3～5朵花。苹果的花由花萼、花瓣、雄蕊、雌蕊、子房和花托构成。花瓣白色，含苞未放时带粉红色。

(2)花芽分化　苹果的芽在其发育初期，叶芽和花芽没有区别，只是发育到一定阶段后，有的芽具备向花芽转化的条件，芽内生长点的生理状态向花芽方向转化，进入生理分化期。苹果花芽的生理分化期在形态分化期之前1～7周。苹果生理分化的集中期在6月上旬。经过生理分化的芽继续形态分化，按顺序经过花序分化期、萼片分化期、花瓣分化期、雄蕊分化期和雌蕊分化期，至冬季休眠前完成形态分化。不同部位及不同类型的芽开始形态分化的时间不同，但均在休眠前完成雌蕊分化。解除休眠后，完成形态分化的花芽继续发育，至花芽萌动为止。从花芽萌动开始，雄蕊的孢原组织向花粉母细胞发展；同时，雌蕊出现胚珠突起。当花序伸出和分离时，花粉母细胞形成，进而形成双核花粉粒，需2～3周。在此过程中，雌蕊逐渐形成胚珠，花序分离时雌蕊中形成孢原细胞，花序分离后4～5天，胚囊形成。这些过程均依靠树体内积累的营养物质，因此，春季树体内贮藏营养的多少和分配方向与花器官的继续发育密切相关。花芽分化的早晚与树龄、树势有关。盛果期的大树花芽分化早，幼树生长旺、停长晚，花芽分化晚，同株树上短枝最早，中枝次之，长枝较晚，而腋花芽及副梢花芽分化最晚。

(3)开花习性　苹果花芽是混合花芽，一般日夜平均温度达 8 ℃以上，花芽即开始萌动，同一花序中，中心花先开。苹果自萌芽到落花所经历的时间，一般随品种、地区、环境条件而有不同，一般为 40～50 天。通常，早熟品种比晚熟品种开花早，老树比幼树早，短果枝比徒长性结果枝早。花期长短与温度及湿度有关，如一般盛花期为 6～8 天，气温冷凉，空气湿润则花期延长，高温、干燥则花期缩短。苹果单花开放寿命为 2～6 天，一个花序为一周左右，一棵树为 15 天左右，气温 17～18 ℃是苹果开花的最适温度。

(4)授粉受精和坐果　苹果多数品种自花结实率很低，需配置授粉树。花期温度是影响授粉受精的一个重要因素。花粉发芽和花粉管生长的最适温度为 10～25 ℃，不同品种的适宜温度也不同，花期较早品种的适宜温度低于花期较晚的品种。苹果花粉管在常温下，需 48～72 h 乃至 120 h 可到达胚囊，完成受精作用需 1～2 天。

苹果多数品种落花落果一般有三次高峰。第一次是落花，出现在开花后、子房尚未膨大时，此次落花的原因是花芽质量差，发育不良，花器官(胚珠、花粉、柱头)败育或生命力低，不具备授粉受精的条件。第二次是落幼果，出现在花后 1～2 周，主要原因是授粉受精不充分，子房内激素不足，不能调运足够的营养物质，子房停止生长而脱落。第三次落果出现在花后 3～4 周(5 月下旬至 6 月上旬)，又称六月落果或生理落果。此次主要是由同化营养物质不足，分配不均而引起的，如结果多，修剪太重，施氮肥过多，新梢旺长时落果较重。除以上三次落果外，某些品种在采果前 1 个月左右，果实增大，种子成熟，内部生长抑制物质乙烯、脱落酸含量增加，伴随着衰老的加剧，出现“采前落果”，尤以红星表现较突出。

6. 果实

(1)果实构造　苹果果实由花托和子房发育而成，子房下位，位于花托内，由 5 个心皮构成。子房内壁革质，外壁、中壁肉质。可食部分为花托，植物学上称为“假果”。果实表皮覆盖有蜡质及角质膜。

(2)果实发育动态　苹果果实发育呈 S 形生长曲线，即在生长初期和末期增长缓慢，而在生长中期生长迅速。果实生长初期主要进行细胞分裂，体积变化较小，但细胞数目急剧增多；生长中期果实细胞以体积增大为主；生长末期则以有机物质转化为主，如多糖、氨基酸、芳香类等物质的合成与积累。苹果果实的重量以成熟前 1 个月增长最快。达到成熟的果实，具有品种固有的色、香、味。不同品种从花瓣开始脱落到果实成熟，所需的天数不同。例如，在山东省，辽伏需要 70～80 天，藤牧 1 号需要 90～100 天，元帅、金冠需要 140～145 天，新红星等元帅系短枝型品种需要 150 天，富士品种需要 180 天以上。

(3)果实色泽　苹果果皮色泽，分为底色和表色两种。果皮底色在果实未成熟时，一般表现为深绿色。果实成熟时，将出现三种情况：①绿色消退，乃至完全消失，底色为黄色；②绿色不完全消退，产生黄绿或绿黄底色；③绿色完全不消退，仍为深绿色。果皮表色在果实成熟后，一般表现为不同程度的红色、绿色和黄色等三种类型。

二、苹果生长发育的环境条件

1. 温度

苹果喜冷凉干燥的气候，对苹果生长发育影响较大的主要是年平均温度、生长期积温、冬季最低温和夏季最高温等，温度过高、过低都对生长发育不利。苹果生长发育所需的温度条件为：年均温在 8～14 ℃，生长期(4—10 月)平均温度 16～20 ℃，最冷月的月均温高于－10 ℃以上，7—8 月最高温在 35.9 ℃以下，年平均积温在 3 000 ℃左右。休眠期温度过低容易引起冬季抽条，温度过高则需冷量不足，花芽分化不良。苹果需要在 3～5 ℃的低温下才能通过自然休眠，苹果在休眠期内可忍受－25 ℃低温，－30 ℃时会产生枝干冻害。

苹果开花期对温度反应敏感，温度是开花、授粉、受精和坐果顺利完成的重要限制性生态因子。一般平均气温在 8 ℃以上时花芽开始萌动，日温达到 15 ℃以上时多数苹果品种即开花，多数品种的花期适温为 17～18 ℃。不同品种花粉发芽的适温不同，一般在 10～25 ℃之间，高于 30 ℃时，花粉发芽明显受到抑制。例如，红星苹果花粉发芽适温为 15～20 ℃，花粉管生长最适温度为 25 ℃左右；金冠苹果花粉发芽适温为 25 ℃左右，花粉管生长最适温度为 20 ℃左右；国光苹果花粉发芽适温为 20～25 ℃，花粉管生长最适温度为 25 ℃左右。早春的倒春寒常易引起苹果花期受害而降低坐果率，花蕾可耐短时－3.85～－2.75 ℃低温，花期－2.2～－1.6 ℃，幼果 1.1～2.2 ℃即会引起苹果低温冷害。

夏秋季正值苹果新梢停长、花芽分化、果实发育成熟时期，因此夏秋季温度对花芽分化、产量和品质形成都有很大影响，以月平均气温在 16.5～22.5 ℃之间最为适宜。若夏季温度过高，其生态反应为果形指数变小，着色不良，果肉易发绵，成熟一致性差，果实香气、风味和耐贮性差。果实成熟期昼夜温差大有利于糖分积累，提高果实品质。

2. 光照

苹果树属喜光性树种，要充分发挥叶片的同化功能，需要 1 500 lx 以上的光照强度。据研究，金冠、红星等苹果光补偿点为 600～800 lx，光饱和点为 3 500～4 500 lx，在此范围内光照强度增加，光合作用增强。光照强度影响果实着色，如红色品种树冠中的入射光强为自然光强的 70%以上时，着色良好。光质对着色也有较大的影响，紫外光能诱发果实中乙烯的产生，促进花青苷的合成，有利于果实着红色。

光照不足时枝叶生长纤细，光合能力下降，树体养分消耗大于积累，花芽分化不良，果实小，着色差，品质不佳。树冠内的光照强度由外向内、由上向下逐渐减弱，并且随着叶幕厚度增加而减少。因此，在整形修剪时要注意树冠内的光照情况，通过合理增加枝条间的距离、落头开心、适当疏枝等方法改善光照条件；但光线过强也不利于光合作用，而且常引起高温伤害，造成枝干、果实日灼。

3. 水分

苹果树对空气的湿度要求较低，对土壤水分要求较高，适宜栽植在年降水量 500～800 mm 的地区，土壤相对持水量 60%～80%时最适宜根系生长。通常在春季萌芽前，树体需要一定的水分才能发芽，此期若水分不足，常延迟萌芽或导致萌芽不整齐，影响新梢生长。花期干旱或水分过多，常引起落花、落果，降低坐果率。新梢生长期需水量最多，对缺水反应最敏感，为需水临界期，如果水分供给不足，则削弱生长，甚至早期停止生长。花芽分化期需水量相对较少，如果水分过多则不利于花芽分化。果实发育期也需要一定水分，但过多易引起后期落果，还易造成果实病害。秋季干旱会使果树枝条及根系提早停止生长，影响树体内部贮藏营养水平，削弱果树越冬能力，影响翌年春季果树的生长发育。冬季缺水则会导致果树枝干冻伤或抽条干死。

4. 土壤

土层厚度、土壤质地和结构、理化性质、生物特征等土壤条件对苹果生长发育都有重要影响。土层厚 1 m 以上、排水通气良好、富含有机质、pH 6.5～7.5、含盐量在 0.15%以下、地下水位在 3 m 左右的沙壤土和壤土均适宜栽植苹果。需要注意的是，老果园砍伐后栽新苹果树会出现重茬障碍，新栽幼树根系发育受阻，树体生长不良，因此，老果园在新栽幼树前要对重茬土壤进行处理，可采用轮作、客土、施用微生物菌肥、葱树混作和土壤熏蒸等措施防控重茬障碍。

第二节　苹果常用树形及培养过程

苹果的树形很多，生产上在选择树形时可以从以下几个方面考虑：一是考虑品种特性，二是有利于早果丰产和优质，三是考虑果园立地条件，四是是否适宜于机械化作业。随着果树科学技术的迅速发展和果园机械化生产的需要，树形及其整形方法不断发展与变化，总的趋势是由高、大、圆形树冠向矮、小、扁形树冠方向发展，骨干枝级次逐渐减少，修剪方法则由复杂向简化发展。本节简要介绍几种苹果生产中常用的树形（二维码 2-1）。

二维码 2-1
苹果常用树形
（PPT）

一、疏散分层形

1. 树体结构

疏散分层形主干高 50～70 cm，全树有主枝 5～7 个。第一层 3 个主枝，层内距 20～40 cm，主枝基角 60°～70°。第二层 2 个主枝，第三层 1～2 个主枝（三杈枝落头）。第一层主枝距第二层主枝层间距 80～100 cm，第二层主枝距第三层主枝层间距 50～60 cm。基部三主枝各有侧枝 2 个，上层主枝各有侧枝 1～2 个。树高 4～5 m，冠径 5～6 m（图 2-2，彩图 2-1）。

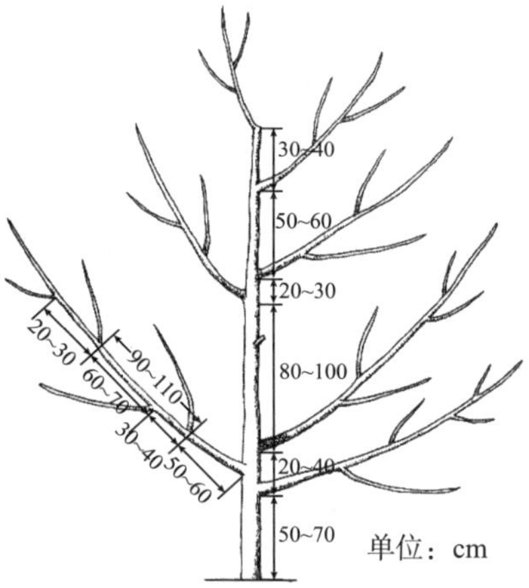

图 2-2　苹果疏散分层形

2. 整形要点

苗木定植后在 70～90 cm 处选留 4～6 个饱满芽定干。当年萌发多余的枝不必疏除，以增加枝量，促进树体扩大。

（1）第一年冬剪　选留第一层三大主枝，如果当年选不出 3 个，可先选 2 个，第二年再选第 3 个，主枝留 60～70 cm 短截。中心干延长枝最好选用第一或第二芽枝，留 60～80 cm 在饱满芽处短截。整形带内除选留中心干延长枝和主枝外，其余枝条均按结果枝对待，采用撑、拉、压、别、圈、拿等措施开张角度到 80°以上。第一主枝以下的枝条全部疏除。

(2)第二年冬剪　选留第一层主枝的第一侧枝和第二侧枝，在中心干上选留第二层的 2 个主枝。主侧枝枝头和中心干延长枝均在饱满芽处短截，其余枝条缓放不剪，按结果枝对待，注意开张角度，削弱生长势。疏除各级延长枝的竞争枝。

(3)第三年冬剪　继续选留第一层和第二层主枝的侧枝。前一年未选出第二层主枝的，在中心干上距第一层主枝 80～120 cm 处选留 2 个方位好、角度适宜的枝条做第二层主枝，留 40～50 cm 短截。中心干延长枝在饱满芽处短截，以培养第三层主枝。结果枝、竞争枝的处理同上一年。

(4)第四至第六年的修剪　继续按照树体结构特点的要求，进行主侧枝的培养，使树形达到既定目标。

3. 树形特点

疏散分层形适用于株行距为 4 m×6 m 以上的稀植果园。这种树形枝条多，树冠较大，产量高，适宜深厚肥沃的土壤，直立性强的品种。疏散分层形中心干明显，主枝 5～7 个，分 2～3 层。结构上强调培养基部三主枝，骨干枝级次多，但主从分明，树冠直径大于树高，呈半圆形。

二、小冠疏层形

1. 树体结构

小冠疏层形干高 50～60 cm，树高 3～4 m，冠幅约 2.5 m，中心干可直可曲。全树主枝 5～6 个，呈“3-2-1”排列，即第一层 3 个主枝，第二层 2 个，第三层 1 个，三层以上开心。第一、第二层层间距 70～80 cm，第二、第三层层间距 40～50 cm，层内距较小。第一层主枝上各培养侧枝 1～2 个，第二层主枝上各培养侧枝 1 个或不留侧枝。主枝角度较开张，以 70°～80°为宜，下层主枝开张角度大于上层，各主枝上合理配置中小型枝组(图 2-3，彩图 2-2)。

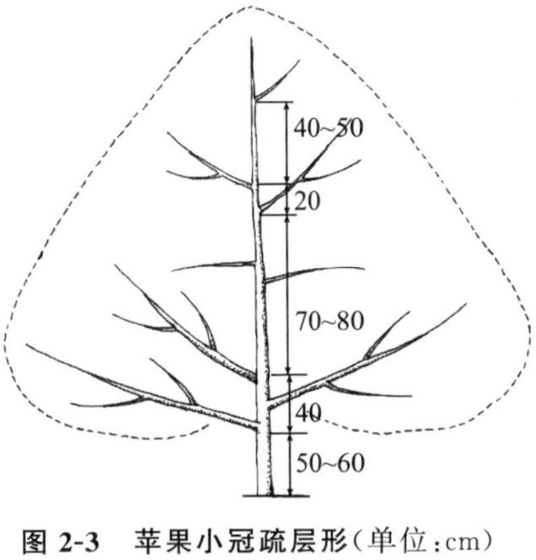

图 2-3　苹果小冠疏层形(单位：cm)

2. 整形要点

苗木定植后在 60～80 cm 处定干，刻芽，选出第一层主枝和中心干，长枝一律轻截或中截，中短枝缓放。第二年春拉枝，主枝基角 60°～80°，结果枝可拉平至 90°。第二、第三年冬剪，按整形的要求选留第二、第三层主枝，4 年后树冠基本成形。修剪时以轻剪缓放为主，对主侧枝延长头如有空间进行轻短截，否则一律缓放，以促发短枝，提早结果。

3. 树形特点

小冠疏层形由疏散分层形演变而来，其基本结构与疏散分层形相似，叶幕分布均匀(图 2-4)，骨干枝小而少，特别是侧枝少而小，结构简单，分枝级次低，修剪方法简单，易于成形。适用于株行距(3～4) m×(4～5) m 的中等密度栽植。

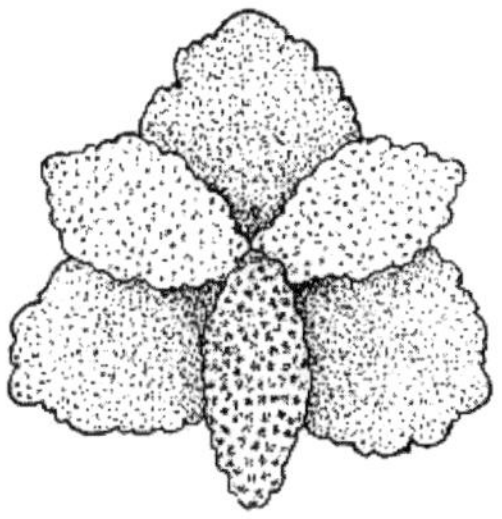

图 2-4　小冠疏层形叶幕

三、自由纺锤形

1. 树体结构

自由纺锤形干高 60～70 cm，中心干直立，中心干上均衡配备主枝 10～15 个，主枝上不留侧枝、不分层，主枝间距 15～20 cm，平展地向周围延伸，互相插空分布，下部主枝长约 1.5 m，越往上主枝越小，也越短，同方向主枝间距应大于 100 cm。下部主枝开张角度 70°～90°，其上留稍大型枝组；上部主枝角度稍小，其上留稍小型枝组。树高 3 m 左右，冠幅 2.5～3.0 m(图 2-5，彩图 2-3)。

图 2-5 苹果自由纺锤形

2. 整形要点

建园时要求苗木健壮，苗高 1.5 m 左右。定干高度 80～100 cm，萌芽前在剪口下 30 cm 的枝段内按所需主枝发生位置进行芽上刻伤，促发长梢，当年可抽生 3～5 个枝条，抹除过密新梢，对上部过强的主枝新梢(15～20 cm)摘心，控上促下，均衡势力。第二年，长势较弱的中央领导干于 30～50 cm 处短截，下部选方向适宜的进行双重刻芽促梢，上部新梢摘心控制其生长；对于长势较旺的中央领导干可长放不剪。主枝前期基本不短截或轻短截，单轴延伸，拉平缓放；3～4 年后，树冠基本形成。修剪过程中及时疏除直立、过旺、过大、过密枝，保持中心干的优势，对主枝应拉枝开角，缓和生长势，及时培养中小型结果枝组。

3. 树形特点

该树形呈下大上小的纺锤形，各级主轴间(中心干—主枝—枝组)从属关系分明，差异明显，中心干：主枝：枝组轴直径比例为 9：3：1，当主枝粗度超过中心干的 1/2 时应及时更新回缩。适用于株距 2～3 m、行距 4 m 左右的栽植密度。

四、细长纺锤形

1. 树体结构

细长纺锤形干高 50～60 cm，树高 2.5～3.0 m，冠径 2.0～2.5 m，在中心干上，均匀着生势力相近、细长、水平的 15～20 个侧生分枝，下部枝长 1 m，中部枝长 70～80 cm，上部枝长 50～60 cm 为宜。中心干延长枝和侧生枝一般可不短截自然延伸(图 2-6，彩图 2-4)。

2. 整形要点

(1)第一年　苗木栽植后，在距地面 70～90 cm 处定干，并于整形带内选 3～4 个不同方向的芽，在芽上 0.5 cm 左右处刻芽，促发分枝。当年 9—10 月将所发分枝拉平。对于成枝力强的品种，第一年冬剪时延长枝一般可不短截。

(2)第二年　中心干继续刻芽，抽生的第一芽枝继续延伸，其余侧生枝一律拉平，长放不剪，同一侧主枝相距 40～50 cm。对主枝的背上枝可利用夏季转枝和摘心的方法控制，使其转化成结果枝。

(3)第三年　冬剪时中心干延长枝仍可长放不截，依据树势决定是否换头。对直立枝可部分疏除，部分拉平缓放。

(4)第四至第五年　调整中心干生长势，弱的短截促发壮条，恢复生长势，强的疏除下部竞争枝，其余缓放不截。中下部主枝上培养结果枝组，稳定结果。疏除部分过密过强枝条，中心干长放。

(5)第六年之后　对水平状态侧生分枝优先促其结果，对于结过果的大龄主枝视其强弱进行回缩，过密的应当疏除，使整个树冠成为上下两头细，中间粗的纺锤形树冠。

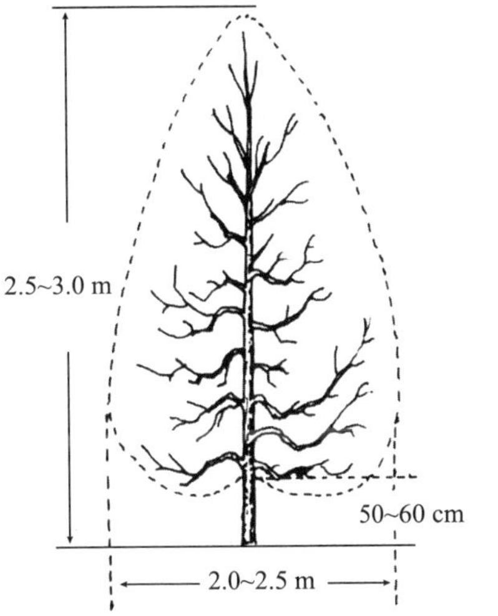

图 2-6　苹果细长纺锤形

3. 树形特点

该树形全树细长，树冠下大上小，呈细长纺锤形。适合株行距(1.5～2.0)m×(3.5～4.0)m的密植栽培。

五、高纺锤形

1. 树体结构

高纺锤形整体树形呈高细纺锤形或圆柱状，成形后树冠冠幅小而细高，平均冠幅 1.0～1.5 m，树高 3.0～3.5 m，主干高 0.8～1.0 m；中心干上着生 30～50 个螺旋排列的中小型结果枝组，平均长度 0.5～0.8 m，与中心干的夹角约 110°，同侧结果枝组上下间距约 25 cm。中心干与同部位枝组基部粗度比为(5～7)∶1，成形后高纺锤形苹果树秋季亩留枝量 8 万～12 万条，长、中、短枝比为 1∶1∶8(图 2-7，彩图 2-5)。

图 2-7　苹果高纺锤形

2. 整形要点

(1)第一年　如果采用一、二年生的苗木，定植后在饱满芽处定干，然后用木杆或竹竿扶正苗木使其顺直生长；如果选用三年生大苗，定植后可不定干或轻打头，仅去除直径超过中心干干径 1/3 的大枝和长度超过 50 cm 的枝条，同样用木杆或竹竿扶正苗木使其顺直生长。定干后在距地面 80 cm 处往上每隔 2～3 芽刻 1 芽，主干上从地面到 80 cm 之间的萌蘖全部疏除，侧生分枝长度 20～30 cm 时用牙签开张角度至 90°，8 月下旬至 9 月初把长度超过 50 cm、角度不开张的侧生分枝拉到 110°。冬剪时疏除中心干上所发出的强壮新梢(粗度大于 1/3 分枝处干径)，留 1～2 cm 的桩进行马耳形极重短截，保留长度 30 cm 以内的弱枝。中心干延长枝过强时可不短截，较弱时在饱满芽处短截。

(2)第二年　萌芽前在中心干分枝不足处进行刻芽或涂抹药剂(抽枝宝或发枝素)促发分枝。疏除主干从地面到 80 cm 之间再次发出的萌蘖。5 月上中旬将剪口发出的双枝或多枝疏除,留单枝,同侧上下间距小于 25 cm 的新枝条疏除。6—7 月当新梢长至 30 cm 左右时进行拿枝开张主枝基角。8 月中下旬对主枝进行拉枝,角度 100°～110°,确保中心干健壮生长。冬剪时疏除中心干上所发出的强壮新梢(粗度大于 1/3 分枝处干径),留 1～2 cm 的桩进行马耳形极重短截,其余弱枝可全部保留。中心干延长枝较弱时需在饱满芽处短截。

(3)第三年　萌芽前在中心干上光秃部位刻芽,促使中心干上主枝稀密适度、螺旋插空排列。对当年抽生新梢的管理与第二年相同。对前一年所留主枝上抽生的旺枝进行拿枝促使下垂,并对梢头摘心。冬季修剪时,中心干上所抽生的小主枝可以全部保留。适当疏除位置不合理、强壮的主枝,使中心干上主枝螺旋排列,同方位小主枝上下保持 25 cm 以上的间距。主枝上抽生的强旺枝和直立枝全部疏除,保持主枝单轴延伸。长势较强和比较长的主枝头可破顶芽,促发短枝,控制生长。

(4)第四至第五年　整形基本完成。夏季进行疏花疏果,根据干截面积控制负载量。冬季修剪时,去除中心干着生的过长和过粗的大枝,保留小的侧生分枝,同方位分枝上下保持 25 cm 以上的间距。结果后及时回缩结果枝,使结果部位始终靠近主干。

3. 树形特点

高纺锤形为欧洲广泛采用的树形。一般采用矮化自根砧栽培,适合株行距(0.8～1.5)m×(3.5～4.0)m,甚至更密的密植栽培。该树形没有永久性主枝,分枝与主干轴相差悬殊,主从分明,与细纺锤形树体结构相似,主要在中心干上直接着生结果枝组,上下冠径差别不大,树体比细长纺锤形还小,适用于密植栽培,具有结构简单、修剪容易、管理方便、成形快、结果早等优点。生产上要注意结果枝组的及时更新和加强土壤管理稳定树势,否则极易形成“小老树”,导致结果年限变短。

六、小冠开心形

1. 树体结构

小冠开心形依据主干高度和树冠大小可分为低干开心形、中干开心形、高干开心形和矮化开心形四种(图 2-8,彩图 2-6)。在生产中以中干开心形最易被果农所接受,高干开心形果实品质优良,比较丰产,适合乔化密植树的改造使用。

(1)低干开心形　树高 2.5 m 左右,干高 1.0 m 以下,在中心干 1.0～1.6 m 之间分布 2～4 个永久性主枝,主枝与中心干的夹角 50°～60°。主枝上通常不保留侧枝,而是在每个主枝上选留 3～4 个较大的结果枝组,下垂枝组平均长度 1.1～1.3 m。树冠呈扁平状,叶幕厚度 1.5～2.0 m。

(2)中干开心形　树高 2.5～3.0 m,干高 1.0～1.5 m,在中心干 1.0～2.0 m 之间选留 2～4 个永久性主枝,主枝与中心干的夹角 60°～70°。主枝上不保留侧枝,选留 2～3 个大型结果枝组代替侧枝的功能,下垂枝组长 1.3～1.5 m,树冠叶幕呈波浪状,厚度 1.5～2.0 m。

(3)高干开心形　树高 3.0 m 左右,干高 1.5 m 以上,在中心干 1.5～2.5 m 之间选留 2～

4个永久性主枝，主枝与中心干的夹角80°左右。每个主枝上选2～3个大型结果枝组代替侧枝的功能，下垂枝组长1.3～1.5 m，树冠叶幕呈波浪状下垂，厚度1.5～2.0 m。

(4)矮化开心形　树高2.0～3.0 m，干高1.0～1.5 m，在中心干1.0～2.0 m之间选留2～4个永久性主枝，主枝与中心干夹角60°～70°。每个主枝上留2个大型结果枝组，叶幕厚度1.3～2.0 m。

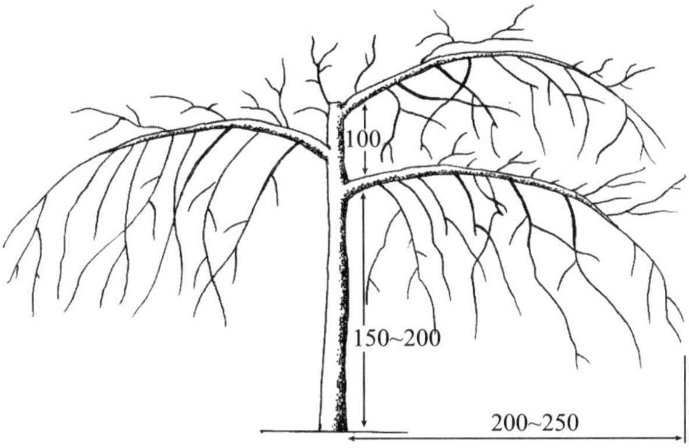

图2-8　小冠开心形(单位：cm)

2. 整形要点

小冠开心形的成形过程大体可分为三个阶段：即幼树阶段、过渡阶段、成形阶段(图2-9)。

(1)幼树阶段　定植后1～4年，主要任务是建立牢固的树体骨架，完成主干形的树体结构。定干高度80～100 cm，此期的修剪与纺锤形基本相同。通常在中心干上均匀排列10～12个主枝，主枝间隔20～30 cm，树高3.5～4.0 m。幼树期要短截中心干及主枝，持续2～3年，以选留培养主枝，主枝保持70°～80°的开张角度。主枝选留完成后，骨干枝枝头轻剪缓放。

(2)过渡阶段　通常是在定植后5～8年，其主要任务是由主干树形向开心树形过渡。此时主要的工作是落头开心、基部提干等措施。过渡期也是生长结果期，也称变则主干形阶段，这时要完成由主干形(垂直叶幕)向开心形(水平叶幕)的树形过渡，从有头到无头(开心)的过渡。5～6年开始要分批分次地落头开心和疏枝提干，通过环剥控制、促花结果，逐渐疏除，冬剪时可逐年由基部向上疏除1～2个主枝，同时向下落头开心。到过渡期结束时，全树主枝数量由原来的10～12个减少至4～6个，树高由3.5～4.0 m降低至3.0 m左右。

(3)成形阶段　是在栽植后9～10年的开心树结果时期，此时小冠开心形的树形结构趋于稳定，整形修剪的主要任务是进一步完善树体结构，培养下垂结果枝组。在成形期一方面需要重视培养枝组，将主枝上原来自由分布的结果枝，逐步转化为合理分布的大中小型结果枝组；另一方面，随着枝组的增大，主枝的结果体积也在扩大，过渡期保留的4～6个主枝，上下左右之间交叠现象越来越明显，需分年疏除1～2个主枝，全树最终留2～4个永久性主枝。前期要注意主枝上扇状枝群的缓慢扩展和结果枝组的下垂延伸，以扩大立体空间；后期注意主枝和结果枝组的维护和更新，主枝枝头明显衰弱时，可由背上萌生枝更新。成形后可维持经济寿命30年以上。

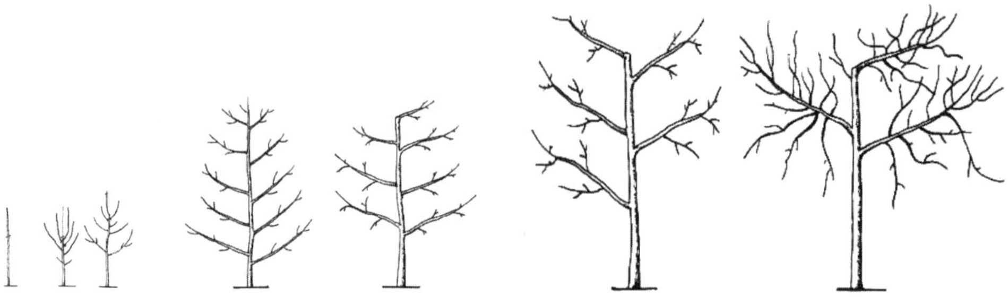

图 2-9　小冠开心形整形过程

A. 幼树阶段；B. 过渡阶段；C. 成形阶段

3. 树形特点

小冠开心形也称珠帘式整枝，适用于乔砧普通型品种，株行距 5 m×5 m、5 m×6 m、6 m×6 m 等中等密植的果园。该树形具有修剪量轻、成花易、结果早、丰产优质等特点。经烟台、北京、运城等地试验证明，适用于乔砧富士苹果树，可由小冠疏层形、纺锤形改造而成。

小冠开心形的特点如下：树体结构由主干形→变则主干形→开心形转变，在动态变化的整形过程中，永久性主枝和临时性主枝，分别培养利用，充分体现成形与结果并举，以果控冠稳定树势。冠形较小，成形较快，干高较低，主枝上无侧枝，结果枝组组型较小，多为中小型的下垂枝组(图 2-10)。

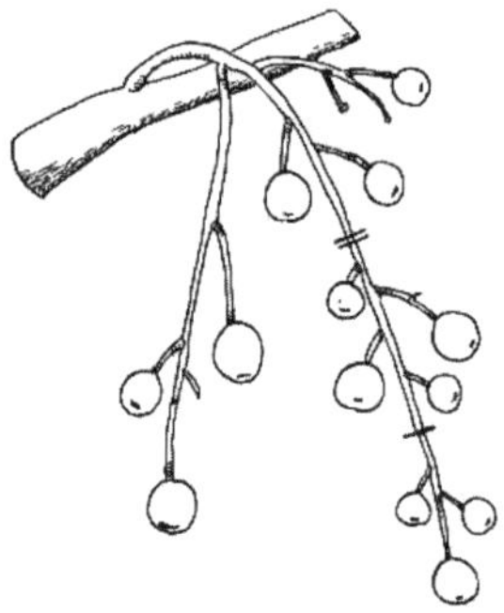

图 2-10　苹果下垂结果枝组

小冠开心形整形修剪的原则是“轻剪长放、疏缩为主，利用壮枝、旺枝缓势，促生中壮短枝、有利成花结果”。幼树阶段多留长放、加速扩冠，缓势促花、以果控冠。进入结果期后修剪要轻重结合、缩缓结合，注意培养三年生以上的结果组，充分利用平斜中壮枝、背上枝和果台枝结果。

生产中郁闭的果园也可以改造成小冠开心形，矮密果树改造成小冠开心形需要遵循的原则是“提早落头、高留主干、长放结果、适度间伐”。

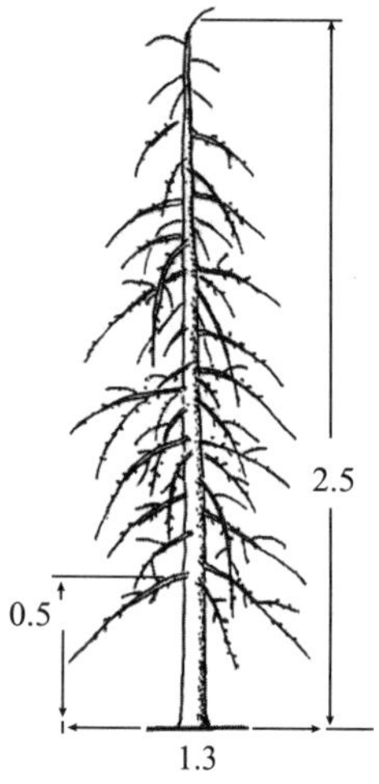

图 2-11　苹果圆柱形(单位：m)

七、圆柱形

1. 树体结构

圆柱形树形轮廓呈细长圆锥形，树高 3 m 左右(落头后到 2.5 m)，干高 0.5 m 左右，枝组数 25～27 个，枝组开张角度 95°～110°，树冠下部枝长 80～120 cm，上部 40～60 cm。枝组间距 10 cm 以上，呈螺旋状依次向上排列(图 2-11，彩图 2-7)。

2. 整形要点

定干高度依苗木质量、立地条件等而定。一般定干高度为

80～100 cm，要保证剪口下有 8 个以上的饱满芽。定干较高的苗木，萌芽前距离地面 50 cm 处开始，向上每 2～3 芽目伤 1 个。生长季抹除距地面 50 cm 以内的芽或嫩梢。当新梢长到 60 cm 时拿枝开角，秋季对大于 100 cm 的长枝进行拉枝。

(1)第一年冬剪　定干当年剪口下抽生的 5～10 个枝条，其中一般有 2～3 个竞争枝，选其中位置好、长势旺的为中心干延长枝，不短截，其余疏除，对下部所发弱枝可全部保留。

(2)第二年冬剪　为扶持中心干优势，新抽生枝要间隔 5～10 cm，呈螺旋状依次向上排列，疏除延长头竞争枝、直立枝和过密枝。各枝头要采取单轴延伸，切勿短截，对保留枝组要及时拉枝到位，使其保持在 95°～110°开张角度。

(3)第三年及以后冬剪　按上述要求，每年去除竞争枝、内向枝、过旺直立枝、垂直枝、交叉枝等。注意加大旺枝角度，缓势促发短枝，对个别的衰弱枝要适当回缩。

(4)第五年　基本成形，进入正常结果状态。

另外一种培养方法是采用半成品苗定植，定植后剪砧促进接芽萌发，夏季促进接芽生长，并通过摘心促发分枝，加快整形(图 2-12)。

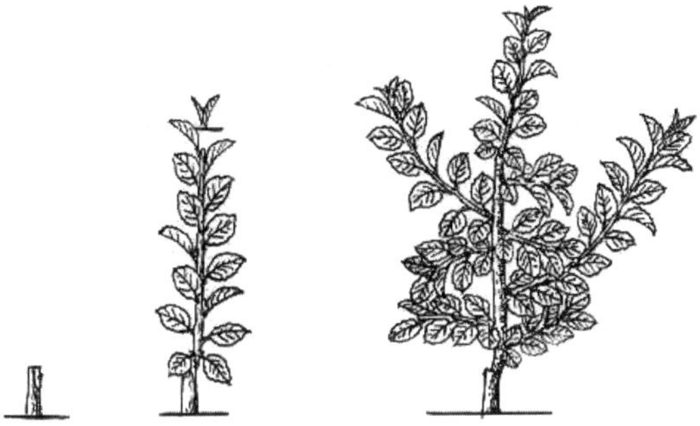

图 2-12　苹果圆柱形的培养

3. 树形特点

圆柱形是在纺锤形基础上改进形成的一种无支柱树形，适用于树势中等的矮化中间砧或短枝型品种，株行距(1.2～1.5)m×4.0 m。该树形上尖下大，挺拔、规范、整齐壮观，干枝比为 1∶(0.2～0.3)，通风透光，可以从根本上解决密植果园旺长、郁闭、产量低、品质差的问题，适用于新栽密植果园或郁闭果园的改造，技术操作简便。

八、一边倒树形

1. 树体结构

一边倒树形全树无主干，主枝与地面夹角 45°～55°，主枝长 3.5 m，树高 2.5 m。一边倒树形的倒向，南北行向西倒，东西行向向南倒，不能向北倒(图 2-13)。

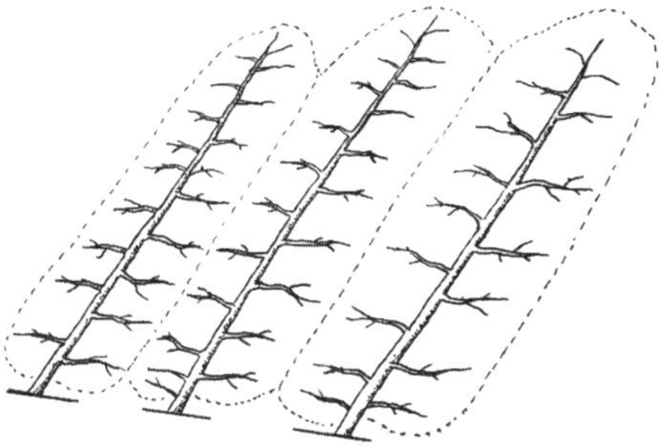

图 2-13　苹果一边倒形

2. 整形要点

根系小的苗木在 0.5 m 左右定干，根系大的可不定干。萌芽后每株只留一个延长头任其生长，其他枝条不抹芽，不打头。树干上的枝条长到 30 cm 时全部捋平，再在树干两边插上竹竿，把捋平的枝绑缚在竹竿上，使之都平铺到行向上来，树体呈竖着的鱼刺状扇面。8 月中下旬，将树干与地面呈 70°拉开，使树干变成主枝。不论南北行向西倒、还是东西行向南倒，都必须向着下一行两棵树的中间方向拉，实际方向为南北行稍向南 5°倾倒，东西行稍向西 5°倾倒。拉枝时不要把主枝拉成弯弓，主枝要保持斜生而顺直。拉枝后，凡是长到 30 cm 的直立枝及时捋平，以防长成背上直立旺枝。当主枝伸展到 3 m 左右时，第二次拉枝、定形，将主枝拉至与地面夹角 45°～55°，并保持主枝顺直而斜生。

主枝梢头不留果，否则梢头下垂影响主枝背后的枝、叶、果见光。当主枝垂直投影超过下一行时，应对主枝进行回缩，延长头弱时回缩到壮枝壮芽处，延长头壮时回缩到弱枝弱芽处，此后连年如此。背上直立枝有空间的及时弄平，无空间的疏除。背后下垂枝要及时疏除，两侧下垂枝太长的回缩。两侧的枝条可以小交叉，对大交叉枝要及时回缩。两侧过密枝要及时疏除。两侧的其余枝条全部缓放促进成花结果。

3. 树形特点

一边倒树形单主枝，无主干，无侧枝，主枝上直接着生结果枝组，全园所有主枝倾向一边，主枝顺直而斜生，树体呈鱼刺状扇形，整齐划一，至简至易。适宜的株行距为 1.25 m×2.50 m。可实现 2～3 年完成树形，3～4 年丰产。成形后无上下遮光现象，没有内膛光秃现象，全树结果，无效消耗的营养少，优质果率高，果实品质优。

第三节　苹果整形修剪特点

一、整形修剪特点

1. 干性强

苹果树的干性较强，但不同品种之间也有差异，金冠、国光的干性最强，而青香蕉、红富士的干性相对稍弱，采用矮化砧木时树体干性会进一步减弱。整形时，宜采用具有中心干的树形，如小冠疏层形、自由纺锤形等；修剪时，对中央领导干宜采用弯曲上升的办法，以控制树冠上部的生长势，防止出现上强下弱的现象。矮化自根砧嫁接的苹果树，常采用高纺锤形，其成功的关键在于有一个强壮的中心干，所以幼树期整形时需要有竹竿或立架支撑来保证中心干的直立生长，修剪时注意及时疏除过粗的主枝，拉开干枝比，保证中心干的优势。

2. 萌芽率低，成枝力强

大多数苹果，特别是富士系苹果，萌芽率较低，成枝力较强。成龄苹果树主要以短果枝结果为主，所以在整形修剪时萌芽率低的品种应多甩放、轻短截结合刻芽，或者采用花后复剪的方法削弱顶端优势，促使多发中短枝。成枝力强的品种，树冠枝量过多而易引起通风透光不良，内部结果少，产量低。修剪时要注意多疏剪，少短截，少留骨干枝。应加强生长季的修剪，采取拿枝、扭梢、拉枝等方法缓和新梢长势。

3. 顶端优势强

苹果枝条顶端优势明显，极性强，对修剪反应敏感。采用小冠树形时，整形修剪期间要尽量轻剪缓放。短截过重易造成枝条旺长，发枝量大，枝条长势旺，树冠易郁闭。长枝缓放，有利于促进侧芽的萌发，形成较多粗壮短枝，有利于早花早果。苹果树顶端优势强，容易上强下弱。修剪时可对中心干延长枝采用弱枝换头，控制中心干增粗快、生长势旺；通过开张角度、在弱芽处短截促进多发分枝等措施控制上强。另外，当枝条角度较大时，背上常萌生直立徒长枝，若不加处理易变成竞争枝扰乱树形，出现“树上长树”。一般采用疏除的方法，也可采用极重短截法培养成紧靠骨干枝的小型结果枝组，还可将其基部扭伤拉平后甩放培养成单轴型结果枝组。

二、不同发育阶段的修剪特点

不同树龄阶段苹果树的修剪侧重点不同，幼龄期以扩大树冠为主，初果期以平衡营养生长和生殖生长、培养结果枝组为主，盛果期以维持良好的树体结构为主，衰老期以更新复壮为主。

1. 幼龄期修剪

幼龄期修剪的主要目的是促进树冠扩大，提早成形。在幼树修剪时，一般要求以轻剪长放多留枝为主，增加枝量，使其迅速形成良好的骨架。这样可以加速结果枝组的形成，有利于提前结果和增加产量。

整形时，对于骨干枝的延长枝进行适度短截，在枝条中部饱满芽处留外芽短截，并注意开张枝条角度。骨干枝上要少结果或不结果，防止早衰。留下的辅养枝要尽快培养成结果枝组，常用轻剪缓放的方法促进成花。对骨干枝的延长枝生长有影响的竞争性枝条，要进行重剪，发枝后再进行长放。处于骨干枝侧面、成斜生状态的枝条，可进行中截或轻截，促发分枝，培养成结果枝组。骨干枝背上的强旺枝，有空间的压倒、压平长放，培养成结果枝组，徒长枝要疏除。中庸枝、弱枝均长放，促成花，早结果。要注意结果枝组与骨干枝的从属关系，当结果枝组可能影响骨干枝的生长时，要坚决控制结果枝组。

2. 初果期修剪

初果期修剪的主要目的是继续培养各级骨干枝，迅速扩大树冠，尽快完成整形工作；促进营养生长向生殖生长转化，培养好结果枝组，做好开花结果准备。

(1)骨干枝的修剪　树冠已长到标准树形要求的大小时，各级骨干枝的延长头甩放不剪，以缓和树势，促发短枝，多成花芽，以果压冠，稳定树冠大小。对稀植大冠树，需要继续扩大骨干枝，延长头留 40 cm 左右短截。骨干枝之间应保持良好的从属关系，即中心干生长势要强于主枝，主枝强于侧枝，下层稍强于上层，同层、同级长势均衡。若出现上强下弱，主枝强于中干，侧枝强于主枝，同级枝强弱悬殊等不良倾向时，可用抑强扶弱法加以调整。旺者用开张角度、少留辅养枝、多疏少截、多留花果、弱枝弱芽带头等方法抑制；弱者用相反的方法扶持。

(2)辅养枝的修剪　辅养枝在不影响骨干枝生长和通风透光的前提下应多留，以便充分利用空间，扩大营养面积，增加结果部位，提高前期产量。辅养枝应采用轻剪、缓放、捋枝、变向以及结合夏季环剥等措施，促进成花。对一部分已结果的，而且连年缓放、生长势衰弱，或体积过大、妨碍骨干枝生长、影响通风透光的辅养枝，应及时疏除或回缩改造成体积适宜的结果枝组。若有夏季控制不当的徒长枝、竞争枝，应当疏除，以免影响光照和扰乱树形。尤其是由修剪不当造成的多年生、体积大、长势强的直立枝和竞争枝等，应果断疏除。

(3)结果枝组的培养　结果枝组的培养方法很多，最常用的有两种：一是“先放后缩法”，即对一年生枝不剪长放，待成花结果后再回缩，此法培养出的多为中小型单轴枝组，结果早，在幼树和初果树上应用较多。二是“先截后放再缩法”，此法使用较多，如对一年生枝轻短截或戴帽剪，促发中短枝，成花结果后，适当回缩；对一年生枝先中短截，促生分枝，扩大枝组体积，再轻剪缓放，促其结果，可形成大中型枝组。

3. 盛果期修剪

盛果期修剪的主要目的是维持良好的树体结构，改善通风透光条件，培养与更新结果枝组，保证树势健壮，实现丰产、稳产和优产，最大限度地延长盛果期的年限。

(1)维持良好的树体结构　根据既定树形结构要求，衡量树体骨架是否合理。对因整形修剪不当而多留的主侧枝及失控的超大型辅养枝，应果断疏除，使树体结构合理。对长势过旺的主枝，应开张角度，多留花果，多疏旺枝，削弱长势；对结果多而下垂变弱的主枝，回缩换头，抬高梢角，减少花果量，恢复长势；对体积过大的主枝，应缩短长度，并缩剪部分大枝，缩小体积，维持良好的树体结构。

(2)改善光照条件　进入盛果期的树，枝叶量大，树冠易郁闭，光照条件差，常造成下部主枝变弱、上部强旺、内膛小枝干枯、结果部位外移等不良倾向。幼树期至初果期层间留下的辅养枝，除回缩改造成结果枝组外，过密的适当疏除；过长过弱的下垂枝，应及时回缩。背上多年生枝组，压缩控制体积，保持合理的层间距和叶幕厚度。当中心干已经达到树高要求时，对中心干延长枝采用回缩修剪，以达到控冠和通风透光的目的。当主枝延长枝过长导致株间、行间交叉时，也要进行回缩修剪。

(3)结果枝组的修剪　强旺枝组营养枝多而旺，长枝多，中短枝少，花芽不易形成，结果不良。这类枝组应疏除旺长枝和密生枝，其余枝条尽量缓放，同时，夏季加强拿枝、扭梢，缓和长势，促进成花。中庸枝组营养枝长势中庸健壮，长中短枝比例适当，容易形成花芽，结果稳定。这类枝组要通过修剪保持其连续结果的能力，对一部分形成花芽的果枝不剪，使其当年结果；另一部分轻剪或不剪，使其当年形成花芽，下一年结果；其余枝条中短截，促其发枝。衰弱枝组一般中短枝多，长枝少，花芽多，坐果少。这类枝组应疏除过量花芽，减轻负担，采取去远留近、去斜留直、去老留新、去密留稀、去下留上的更新修剪方法，恢复枝组长势。

4. 衰老期修剪

进入衰老期的苹果树生长势减弱，产量减少，病虫害发生严重，新梢生长量少，成花多，但坐果率低，果实变小，品质变差。树体遭受病害特别是腐烂病为害后缺枝少叶，树冠不整齐。所以，衰老期修剪的主要目的是更新复壮，恢复树势。

衰老期的修剪的主要任务是更新骨干枝和结果枝组，恢复树势，延长结果年限。以回缩和疏枝为主，通过减少生长点来促发健壮枝条，重新培养结果枝组。依据更新的程度可分为枝组更新、主枝更新等。修剪时应疏除过多的短果枝，对长果枝多短截，减轻树体负担，促进萌发健壮新梢。新生营养枝在饱满芽处短截以增强生长势。若树势极度衰弱，主侧枝的延长头很短，甚至不能抽生枝条时，要及时回缩换头，抬高枝头角度，恢复长势。后部潜伏芽发生的徒长枝，要充分利用，改造培养成新的结果枝组。树冠不完整的衰老树，要利用强壮徒长枝更新主枝，培养形成新的树冠。衰老树愈伤能力弱，应避免造成大伤口，一般不要疏除大枝。

三、不同物候期的修剪特点

不同季节修剪的目的不同，解决的主要问题不一样，修剪方法也不同。修剪时期与方法要依据苹果的生物学特性、品种的生长结果习性及生长结果过程中存在的问题，灵活运用。

1. 休眠期修剪

落叶后至翌年春芽萌动前为苹果树的休眠期，休眠期修剪非常重要。休眠期修剪主要整修果树的骨干枝条和衰老枝条，以及剪除病枝、虫枝，刮除粗老树皮，以减少或消灭越冬的病虫。

苹果树休眠期修剪的适宜时间一般在1月中旬至3月上旬。过早，剪口易受冻害，形成干桩；过晚，则会削弱树势。品种不同，冬剪时期也不同。先剪发芽早、成熟早的品种，后剪发芽晚、成熟晚的品种。同一品种树龄、树势不同，修剪的适宜期不同。一般壮树发芽较早，要适当早剪，弱树则应晚剪；成年树宜早剪，初龄树晚剪；病虫为害的树晚剪，旺树可推迟到萌芽前修剪。

苹果树冬季修剪程度和修剪量的确定主要考虑树龄、花芽量、树体强弱和品种特性。幼树、初结果树修剪量要小，修剪程度要轻，注意培养树形和结果枝组；盛果期树要适当重剪，注意更新结果枝组；衰老期树重剪，更新结果枝组。花芽量大的果树修剪量要大些，修剪程度适当加重。严格控制花芽总量和花、叶芽比例，花、叶芽比例一般为1∶20。对花芽少的小年树，要轻剪多留花芽；对没有花芽的枝和枝组要重剪，更新结果枝组。树势旺的苹果树，在修剪时注意轻剪长放，去直立强旺枝，开张主枝角度，使其水平生长或微下垂生长；生长健壮的苹果树，则可采取缓、截结合的修剪方法，维持正常生长；树势弱的苹果树，可采取重剪，留强枝或在饱满芽前刻伤，促发壮枝。萌芽力和成枝力强的品种，如富士、红星等品种，易造成树冠郁闭，内膛光照不良，修剪量宜大，修剪时要多疏少截、留中庸枝。

冬季修剪要围绕培养和保持树形这一核心，所使用的修剪方法主要有缓放、短截、回缩、疏枝、拉枝等。幼树注意树体结构的培养，成龄树注意生长势的调整，力争长势不衰，各部位长势平衡，营养生长与生殖生长基本平衡，注意更新复壮问题。

2. 生长季修剪

生长季修剪一般可分为春季修剪、夏季修剪和秋季修剪。生长季苹果树各类生理活动旺盛，对各类修剪操作反应较为迅速而明显，可以对生长发育不正常的枝及时进行调整，避免“秋后算账”式修剪造成的浪费。尤其通过对地上部的修剪操作，在调整枝叶花果的同时，对根系也会迅速造成影响。因此，生长季修剪容易缓和树势，促进植株中庸健壮生长，促进早结果。

（1）春季修剪　从春季树液流动后，萌芽前开始至盛花期末结束，即3月上旬至4月下旬，最迟不超过5月上旬，40～50天。

①花前复剪。一般在萌芽后到开花前进行，是冬季修剪的继续和补充。复剪的主要任务有：一是对冬剪时遗漏枝条的处理。冬季漏剪的病虫枝、干枯枝、密生枝和细弱枝等，应当疏除或缩剪至适宜部位。二是对大年树花量的调整。成花多的大年树，冬剪中留花量往往偏多。首先，对串花枝进行回缩，使留花量与枝条的承受能力相适应。对长而细弱的串花枝应适当重缩短留，一般只留2～4个好花芽即可；对长而粗壮的串花枝，应轻度回缩或不缩。腋花芽一般质量较差，回缩时尽量利用顶花芽结果。其次，对花芽稠密处的中长果枝进行破花剪，即只剪去花芽顶端，促其下部生成短枝，当年成花，翌年结果，做到“以花换花”。最后，要疏掉过多的

衰弱果枝和密生果枝，留壮枝壮芽结果，使花芽分布合理，提高果品质量。三是对花量少的小年树，冬剪时留枝量往往偏大，此时对一些过密的无花枝和枝组应疏除，以解决光照。对长势较弱延伸过长的无花枝条，适当回缩，促发新枝，减少成花；对冬剪时误认为有花而实际无花的中长枝及果台枝未动剪者，进行短截，促其发枝。四是对正处于扩冠阶段或长势衰弱的树，如果骨干枝头有花应将花疏除或缩剪至叶芽处，以减轻枝头负担，保持枝头长势，有利于树冠扩大。

②刻芽。其对象主要有三种：一是对缓放枝条刻芽促发中短枝。尤其是富士品种，修剪时长放枝多，这类枝前端发枝后部芽潜伏，易形成光杆，影响结果。春季萌芽前对缓放枝刻伤侧芽，可促发中短枝，克服光杆现象，有利于成花结果。二是对已形成光杆的多年生枝刻芽促枝。萌芽前在光秃带进行定距离（相隔 15～20 cm）刻芽，刺激萌芽发枝。若光秃带无明显的芽，刻伤后隐芽也可萌发抽枝。三是刻芽促生主枝。对整形期的树，特别是高纺锤形树，在中心干延长枝上每隔 3～5 芽刻 1 芽（需要抽生主枝的部位），可促生长枝，克服等位发枝，防止发生“卡脖”现象，有利于整形。

③拉枝开角。春季树液开始流动后，根据树形要求，采用撑、拉、别、坠、缚引等办法，将主枝开张到树形要求的角度，特别是基角要打开。辅养枝开张到 80°～90°，甚或下垂。从方位角上要将三主枝调整到互为 120°左右，让其各占一方。将辅养枝一律拉到主枝之间的空档处，为主枝生长打开光照和空间。

④抹芽除梢。冬剪疏枝后的剪（锯）口容易发出大量萌蘖，拉枝后背上的萌芽也容易形成直立徒长枝。对这些无用的芽应及时抹除，可减少养分消耗，改善通风透光状况，减轻以后夏剪和冬剪的工作量。

⑤花期环剥。是促进坐果的重要措施。4 月下旬在盛花期对红富士苹果进行主干环剥，剥口宽度 3～4 mm。元帅系品种在主干环割一道，均可显著提高坐果率。

（2）夏季修剪　指在夏季新梢旺盛生长期进行的修剪，从苹果盛花期末一直到春梢缓慢生长期都是夏季修剪的时期，即 5 月上旬至 8 月上旬，约 90 天。生产中夏季修剪多集中在 5 月下旬至 6 月上旬进行，主要目的是促进花芽分化。在幼树和旺树上，夏季修剪的效果较为明显，细长纺锤形、高纺锤形等小冠树形，尤其重视夏季修剪。夏季修剪方法包括抹芽、摘心、剪梢、疏梢、扭梢、捋枝、拿枝、环割、环剥、枝条开角等，可根据具体情况灵活运用。

①摘心。5 月中旬大枝上萌生的背上旺长新梢长至 20 cm 左右时，留 5～7 cm 摘心（夏季剪梢）促发二次枝，增加新梢数量。摘心后二次枝又旺长的可在 7 月上中旬再次摘心，有利于花芽形成，把直立枝改造成结果枝组。当果台副梢长至 6～7 片叶时进行摘心，可以提高坐果率，尤其是元帅系品种。

②扭梢。其对象是影响主枝生长，扰乱树形的背上枝、直立枝、竞争枝、内向枝、并生枝、斜生枝、交叉枝等。这些枝条生长旺盛，但又不宜直接疏除，可以扭梢控制促进成花。扭梢时间通常是在 5 月下旬至 6 月上旬，过早容易折断，过晚易带毛茬，不易愈合。扭梢后，基部易抽出新的直立枝，要及时抹芽或疏除。同一主枝扭梢不宜太多，应根据树体大小扭梢 3～5 个，其余全部疏除。枝背上空间较大的地方，等新梢长到 35 cm 以上时，在半木质化部位扭梢，这样既可充分利用背上优势成花结果，又不影响光照。

③拿枝。7—8 月新梢木质化时，对于一些长势强旺的较大枝条，将其从基部弯成水平或

下垂状态，缓和生长，促进中短枝形成。

④疏梢。其主要对象是位置不当的直立枝、徒长枝以及扰乱树形的枝条，如树冠外围、上部和内膛的直立枝、细弱枝或挡光的枝条。疏梢可以改善光照条件，有利于枝条充实、花芽分化和提高果实品质，疏梢不要过早过重。许多果农在果树坐果后就大量疏除新梢，这样既造成停长的花枝再次萌发生长，影响花芽形成，又由于疏去大量叶片，减少光合产物的形成，不利于树体健壮生长。

⑤环剥、环割。只在旺树的辅养枝、临时性枝组、二年生枝条或者大年树上应用。一般环剥宽度以剥口处枝干直径的 1/10 为宜，最宽不得超过 1 cm。环割圈数多为 1～2 圈，间距 5～10 cm。

(3)秋季修剪　是在 8 月至落叶前进行的修剪。秋季修剪的主要任务是去除树冠内的病虫枝、交叉枝、重叠枝、细弱枝、徒长枝以及过密、过多、质量较差的老叶，改善树冠内的通风透光条件，增加树体营养积累和促进果实着色，提高枝芽质量。秋季修剪宜轻不宜重，修剪过量会引起树体徒长冒条，不利于越冬。幼旺树秋剪可使秋梢及时停长，促使枝条充实，从而提高幼树的抗寒越冬能力。对枝叶密集树秋剪可改善光照，枝条营养积累增多，有效减缓旺树长势，增加优质短枝，复壮内膛枝组，为早果丰产创造良好的条件。

①拉枝。8 月上旬秋梢旺盛生长期，对角度小、内膛密闭的旺长树，及时开张各类枝条的角度，一般要将主枝角度拉到 75°～80°，高纺锤形树甚至要拉到 100°～110°。

②捋枝。在 8 月上旬至 9 月下旬，当新梢接近停长或已木质化时，对中心干延长头下部萌发的 3～5 个当年生直立新梢或主枝背上竞争枝，以及树冠内膛一、二年生未成花的旺长辅养枝进行捋枝软化，抑制顶端生长，为当年或翌年形成花芽奠定基础。

③疏枝。8 月上旬至 9 月下旬，对有中心干的盛果期大树，首先疏除严重影响内膛光照、扰乱树体结构的层间大枝，同时压缩位于主侧枝背上的强旺高大枝组，打开“天窗”。其次，对初结果树和二、三年生幼树要疏除外围直立枝、竞争枝、内膛过密的徒长发育枝以及剪锯口和环剥(割)部位后部萌生的幼嫩新梢，以防止营养消耗。最后，稀疏“裙枝”。要疏缩低位枝组，增强“下光”，改善地表空气流通状况，促进内膛和下部枝叶生长，有利于果实增色。

④轻剪摘心。8 月上旬至 9 月中下旬，对未停长的辅养枝一律进行轻截摘心或戴帽修剪。密植果园外围延长头每长 25 cm 摘心一次，内膛枝梢每长 15 cm 摘心一次，摘至半木质化处。这样便可抑制树体旺长，充实枝芽发育，增加树体枝量，促进腋芽肥大饱满，尤其是二次梢花枝的形成，而且还可促使结果部位紧凑，树势生长缓和，有利于安全越冬。

第四节　苹果整形修剪实践

一、郁闭果园的改造

20 世纪 80—90 年代发展的苹果园，许多采用的是乔砧密植栽培模式，目前正处盛果期或盛果后期，绝大多数已经郁闭或严重郁闭，通风透光条件不良，造成管理困难，病虫害发生较重，总体果品产量、质量水平不高，制约苹果产业的绿色高质量发展，亟须优化改造。

1. 郁闭园改造目标

郁闭园改造目标：行间作业带 0.8～1.0 m；果园覆盖率 70%～75%；树冠透光率 25%～30%；每亩产量 3 000～4 000 kg；优质果率 85%以上。

2. 郁闭园改造技术

(1)间伐降密　依据栽植密度、树龄、树冠大小等因素，可以采取一次性间伐和计划间伐两种模式。

①一次性间伐。对树龄 15 年生以上的严重郁闭的高密度果园[株行距(2～3)m×(3～5)m]，小行距采取“隔行挖行”、大行距采取“隔株挖株”的方式实施一次性间伐，使栽植密度降低一半。也可运用选择性间伐(挖除腐烂病株或低效劣株)方式，减少栽植株树。

②计划性间伐。对树龄 10～15 年生的郁闭较重的中密度果园(如株行距 3 m×5 m、3 m×4 m 等)，采取计划性间伐模式。首先，确定永久行(株)与临时行(株)，实行分类修剪。对永久株(行)要注意扩大树冠，培养合理的树体骨架结构和结果枝组；其次，对临时株(行)进行落头、疏枝以及疏除或回缩影响永久株生长的大枝，逐年压缩树冠体积，2～3 年后伐除。

(2)改形疏枝　间伐后的果园，群体密度和总枝量减少一半左右，保留植株的生长发育空间扩大，对于保留树的整形修剪，树形上要改“小冠形”为“大冠形”，整形上要改“控冠”为“扩冠”，采取提干、落头、疏枝等技术措施，调减主枝数量，修剪方法上以长放、轻剪为主。

①适宜树形的选择。根据保留树的基础树形和间伐后的株行距等，选择开心形(图 2-14)、五主枝开心形(图 2-15)、大冠开心形(图 2-16)、改良纺锤形(图 2-17)等树形。

②提干。小冠(主干)疏层形树体，通过疏除距离地面太近的主枝、辅养枝等措施，将主干提高到 0.8 m 以上；通过撑枝、拉枝等措施改善主枝角度，提升树冠有效结果体积；圆柱形、纺锤形树体，通过对基部分枝分年回缩、变向、疏除等综合措施，逐步将树干抬高至 0.8～1.0 m。提干分 2～3 年完成。同一株树上不要一次同时去除 2 个对生枝或轮生枝，防止对树干造成对口伤害。

③落头。选择在分枝角度适中、长势中庸、粗度为中干的 1/3～1/5 的骨干分枝(或上层主枝)处锯除中心干落头，以骨干分枝(或上层小主枝)带头。

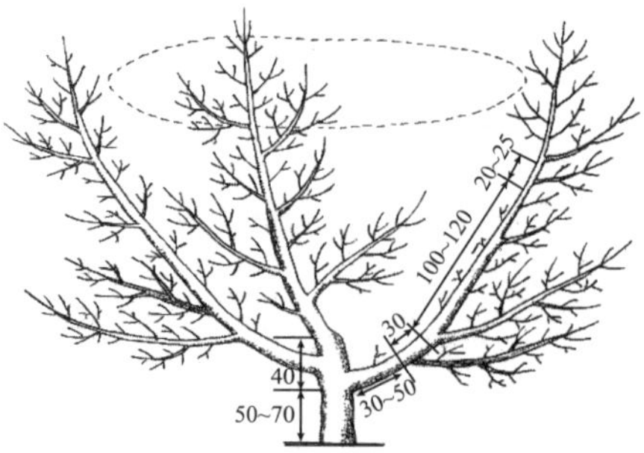

图 2-14　苹果开心形(单位：cm)

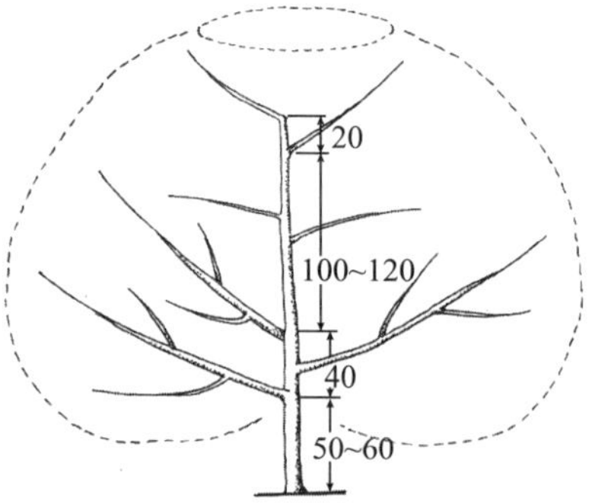

图 2-15　苹果五主枝开心形(单位：cm)

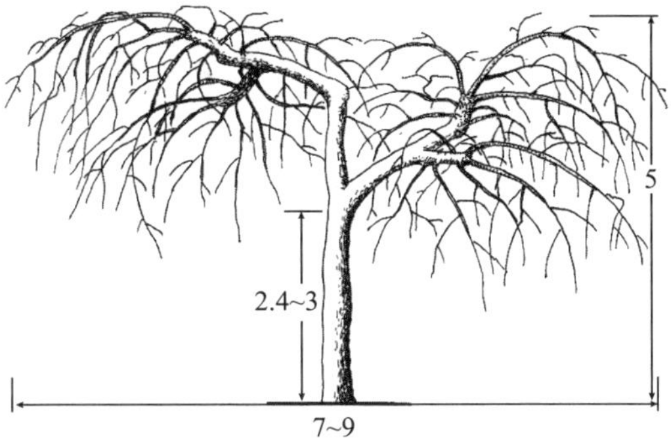

图 2-16　苹果大冠开心形(单位:m)

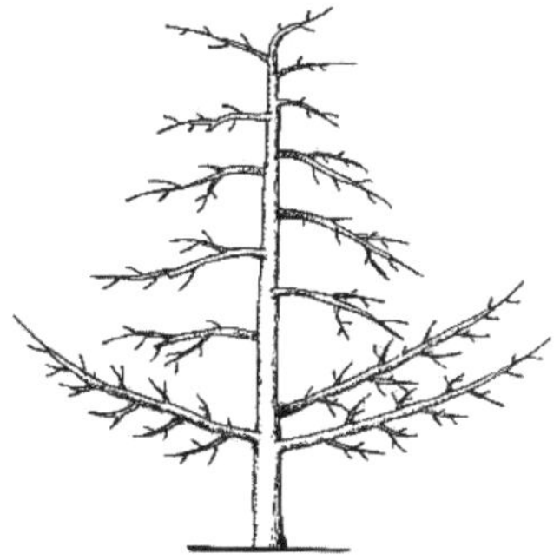

图 2-17　苹果改良纺锤形

④疏大枝。在选留好永久性主枝的基础上,对一、二层主枝之间以及层内过多、过密的骨干枝和中干上多余的辅养枝、过渡枝分年逐步疏除。先疏除轮生、对生和重叠的主侧枝,每年疏除 1～2 个大枝,最终保留 4～6 个主枝。疏枝以冬季为主,夏季为辅。

⑤主枝修剪。注意培养主枝向被伐除行(株)的空间部位伸展,加快培养主枝延长枝。选留强壮延长枝带头,疏除树冠外围特别是主枝延长头附近的竞争枝和密生枝,以保持树冠扩张生长的明显优势。采取轻剪、长放、多留枝的修剪方法,在间伐后 1～3 年,减少修剪量,保持较多留枝量,保持果园产量。

(3)结果枝组培养与搭配　间伐、改形后的果园,在优化树体骨架结构、培养高光效树形基础上,要注意结果枝组的培养、更新与搭配、分布。

①优质结果枝组培养。充分利用着生在主侧枝两侧以及树冠内膛的平斜、健壮营养枝,通过放、拿、捋、拉等方法,培养形成大量的单轴延伸的下垂状结果枝组或结果枝组群,填补枝组空缺。对连续多年结果的老龄结果枝组通过回缩修剪进行更新复壮。拉枝多在春季或秋季进行。

②枝组搭配与分布。在结果枝组培养过程中,应注意大中小型结果枝组的合理搭配与空间分布。主要利用着生在主枝或侧枝两侧的大中型结果枝组或枝组群为主,小型结果枝组为辅。空间布局上以不交错、不重叠,插空分布为原则。

二、苹果矮砧密植园的修剪

以往整形修剪在果树管理中具有极为重要的地位,有"一把剪子定乾坤"的说法,"三大主枝"树形在人们的心中根深蒂固。随着现代果园的不断发展,苹果整形修剪技术也在不断地更新。现代苹果园栽植实行的是宽行密株的栽植方式,一般株行距(0.8～1.5)m×4.0 m,所以以往常规的修剪方法不再适应现代果园的修剪需要,必须根据栽植密度和果树生长势特点等采取新的适宜的整形修剪技术。苹果矮砧密植园的修剪应注意以下几个方面:

1. 选用适宜树形,简化树体结构

树形宜采用细长纺锤形或高纺锤形。无论哪一种树形,其结构特点都是在中心干上直接着生枝组。修剪时要根据密度的不同控制树冠的大小:一要注意控制枝条的粗度与主干粗度的适宜比例，栽植密度越大，则干枝比应越大；二要注意控制枝条的开张角度，栽培密度越大，枝条的开张角度也越大；三要注意控制枝条的数量，栽植越密时，单株枝条的数量应越多，每个枝条的体量要尽可能缩小，修剪以轻剪长放为主，基本不短截。

2. 防止郁闭，保持果园通透

矮化密植栽培主要采用宽行密植，行距较大，矮化郁闭重点表现为株间交叉，因此防止株间交叉则应成为管理的重点，生产中主要通过拉枝进行控制。一般栽植密度越大，枝条开张的角度也相应越大。矮化密植栽培主要采用纺锤形（圆柱形），纺锤形（圆柱形）由于中心干上留枝较多，中心干上分出的枝均应保持单轴延伸，不能有大型的分枝，否则极易导致光照恶化。

3. 立体结果

矮化密植栽培靠群体增产，可将单株作为结果枝组对待，要突出立体结果优势。生产中要注意干枝比的控制，一般栽植密度越大，则干枝比也越大，如采用高纺锤形，亩栽植 130 株以上时，中心干与主枝级差不能小于(6～7)∶1。

4. 防止早衰

矮化苹果树长势偏弱，易成花，进入结果期早，如果控制不当，极易过量结果。过量结果会削弱树势，极易出现早衰现象，会限制果实品质的提高，也会缩短结果年限。防止早衰应主要从四个方面着手：一是控制结果量，主要通过对结果枝数量及花芽量的控制，亩产量保持在 3 000 kg 左右，对多余的结果枝和花芽进行疏除，平衡营养生长和生殖生长。二是切忌进行环剥，虽然环剥短期内能够实现快速成花结果，但易形成“小老树”。三是加强肥水管理，满足苹果树枝叶生长和果实发育的需求。四是加强对结果枝的更新，结果枝随着枝龄增加，结果能力会由盛转衰，出现老化现象。结果枝老化后要及时进行更新，始终保持壮枝结果，特别是连续结果多年的枝，要及时疏除或回缩。

三、结果外移树的修剪

1. 树体表现

结果外移树树体主枝基部光秃或基部枝条小且弱，树冠内膛空虚，甚至内膛 50～100 cm 的空间内无结果枝，只有树冠外围结果，产量很低。形成原因主要是管理不当，放任枝条生长，主侧枝量过多，外围枝量大；拉枝跟不上，角度不开张；层间距达不到要求；树势上强下弱，导致上大下小；枝条单轴延伸，只缓放不回缩，内膛枝条只疏不截。

2. 修剪技术

(1)提干、落头　对主干上离地面不足 1 m 的骨干枝逐年疏除，提高主干高度，有利于通风透光、果园作业和减小营养物质的消耗。对盛果期的树，不论上强下弱或是上弱下强都要落头开心，打开“天窗”，改善树体内部的通风透光条件。

(2)疏枝　对中心干上的重叠枝、对生枝、基角较小且直立的骨干枝逐年疏除，改善内膛光照，促发结果枝组。疏除主枝上的大型侧枝、副侧枝，减少主枝上的级次，使主枝上直接着生结果枝组。

(3)光秃带刻芽　3—4 月萌芽前对主枝内膛光秃带进行刻芽,促发新的结果枝组。

(4)拉枝　主枝拉开角度为 90°～100°,削弱顶端优势,缓和树体外部生长势,使内膛有更多的枝萌发。

四、不同品种的整形修剪

1. 富士系品种的修剪

富士系是日本农林水产省果树试验场盛岗支场,用国光和元帅为亲本杂交育成的晚熟品种,后又从富士中选育出果实着色、株型、熟期不同的芽变系品种,如着色优良的岩富 10 号、长富 2 号、烟富 3 号和烟富 8 号等,短枝型的宫崎短枝、惠民短枝和烟富 6 号等,熟期提前的早熟富士等。生产上将富士的着色系通常统称红富士。

(1)普通富士　其树势强健,干性较强,树姿开张,萌芽率高,成枝力强,潜伏芽寿命长,更新容易。幼树生长旺盛,四、五年生开始结果,多以中果枝和长果枝结果。成龄树树势稳健,以中短果枝结果较多,坐果率高,腋花芽也有一定的结果能力。中庸树产量稳定,果枝连续结果能力弱。普通富士修剪上宜轻不宜重,轻剪有利于缓和树势,提高产量和质量;短截过多,易发旺枝,推迟幼树结果期,影响产量和质量。

幼树期、初果期树以开张主枝角度为主,中心干上少留辅养枝。骨干延长枝适当轻剪长放,枝头少留新梢。注意疏除竞争枝、内膛徒长枝和直立枝,缓放平斜、中庸枝。注意抑制旺长,促发短枝结果。中长枝结果后,应及时回缩。长势过旺的树,可在萌芽时修剪,以缓和树势。

成龄树的修剪应以稳定树势和产量为重点,注意枝组更新复壮等。对于单轴枝组更新复壮,结果后或连续结果二年后,应及时回缩更新。多头枝组,可采取先端缓放结果,后部短截预备的修剪方法,使其交替结果。注意疏除内膛过密枝和徒长枝,改善冠内光照,缓放平斜中庸枝,促进短枝结果。对于多年生枝,在二年生枝段生有 2～4 个短枝时,可连续缓放或是在盲节处短截;在二年生枝段上有中长枝时,宜疏除长枝,保留中枝,母枝留盲节轻剪;在二年生枝段着生短果枝时,宜在一年生枝基部轮痕上部的弱芽处剪截。中庸枝缓放,结果后回缩,可培养成小型枝组;中庸枝中度短截,培养中型枝组。对于健壮发育枝,有较大发展空间的,应连续中短截,培养大型枝组;空间较小时,可重剪后培养小型枝组。

盛果期果枝易衰老,隔年结果严重,应注意及早更新复壮。枝条密挤且结果又多时,下垂果枝的果实着色不良。所以,留枝数量不宜过多,枝条之间,也应保持一定的间隔。

富士系腋花芽较多,果实质量也好,当花量较多、枝条上同时着生有顶花芽和腋花芽时,可以剪去顶花芽,保留腋花芽结果,延缓结果部位的外移。下垂长枝上的果实,着色较差,影响外观质量,也容易衰弱,应及时更新复壮;下垂生长的短果枝,所结果实果形端正,着色好,应注意保留。

(2)红富士　其树势健壮,幼树营养生长普遍偏旺,干性也较强,新梢生长量大,树冠成形较快。进入结果期以后,特别是大量结果以后,树体长势逐渐缓和。

红富士萌芽率较高,成枝力也较强,但幼龄期间萌芽较少,长枝较多,幼树修剪时,短截不宜过重,也不宜过多。对长放的辅养枝,应通过捋枝、环割或刻芽等措施,促其萌芽,增加中短枝数量。红富士幼树生长旺盛，总枝叶量多，整形修剪时，应顺应其生长发育规律，促其多分枝，快长树，为早果丰产打好基础。红富士幼树具有明显的腋花芽结果习性，修剪时应注意保护和利用腋花芽，争取早果丰产。红富士果枝的连续结果能力较差，修剪时应选好、留足结果枝，以保持连年优质、高产和高效益。结果后应保证肥水供应，防止长势变弱，保证连年丰产、稳产。

红富士枝条，经拉枝或捋枝后，可以明显地促发中短枝，有利于花芽形成。当年生新梢捋枝后，由于长势缓和，可促进侧芽充实、饱满，可使中上部形成腋花芽。环割和环剥有利于幼树成花，但易削弱树势，特别是成龄大树，应用时须慎重、恰当，并掌握好适宜的深度和宽度，以防造成不良后果。对直立枝和竞争枝以及内向枝，进行扭梢处理，促花效果明显，但扭梢的数量不宜过多，以不超过背上新梢总量的1/10左右为宜。在春季发芽前，进行目伤处理，可促进缺枝部位萌发新枝。

红富士苹果进入盛果期后，需要保持良好的通风透光条件和丰满的树体结构。当树冠超过一定高度后，需要及时落头开心，控制树冠高度。适宜的树冠高度，以行距的80%左右为宜。落头不要过急，以在2年之内完成为好。进入盛果期的红富士苹果，在肥水供应不足或修剪调控不当时，很易出现大小年结果现象，应通过调整花量，加强肥水管理，加以克服。

(3)短枝富士　其萌芽率高，枝量增加很快，短枝多，长枝少，短枝顶芽较易形成花芽，长枝缓放后容易成花，短截后所促发的短枝，也易成花。宜选用树冠矮小、骨干枝级次低而少、成形快的细长纺锤形或高纺锤形。

短枝富士修剪的主要任务是调节树势和控制花量。短枝富士成花容易，坐果率高，当花量过大时，可通过花前复剪，调整花、叶芽比例，疏除过多花序，使花枝率调整到20%～30%，坐果后及时疏果。短枝型品种本身有结果早、结果多的特性，不必采用促进花芽分化的技术。

短枝富士幼树修剪原则是轻剪少截，主要疏密枝、直立枝、位置不适当的徒长枝。竞争枝不短截，待结果后枝条压弯下垂时，再回缩更新。高寒地区的果园，可以适当增加短截数量，以求增加枝量，增强生长势。高温多雨肥水较好的果园，树体生长旺盛，修剪时应以疏为主，尽量轻剪少截，注意加大骨干枝的开张角度。

(4)早生富士　其生长势旺，顶端优势强，萌芽率高，成枝力强。应以夏季修剪为重点，采用撑、拉枝的办法，开张角度，采用环刻、摘心、扭梢、秋剪和施用生长抑制剂等措施，控制旺长，缓和树势，促进成花。

2. 元帅系品种的修剪

元帅系品种原产美国，中晚熟，代表品种有元帅、红星、新红星以及以后的第四代、第五代短枝型芽变品种。

元帅系品种树势强健，树冠直立，生长旺盛，干性较弱，枝条软，树冠容易偏斜。幼树枝条分枝角度小，直立旺长，萌芽率高，成枝力强，自然生长时很难成花结果，需连年缓放多年后，短枝才能形成可靠的顶花芽，幼树长果枝坐果好。元帅系品种枝条粗壮，易生徒长枝，修剪反应敏感，树势不易平衡，重剪易旺，轻剪易弱，应维持树势中庸，是最难修剪的品种。结果后树姿逐渐开张，坐果率低，短枝连续结果能力差，结果后树势易衰弱，成枝力明显减弱。潜伏芽少，但寿命较长也容易萌发，所以衰老枝仍能更新复壮。元帅系品种树体对伤口反应敏感，伤口较大时愈合慢，环剥、环割过重时易造成枝条死亡，尽量不要在骨干枝上环剥。元帅系品种以短果枝结果为主，幼树上有一定数量的中长果枝，开始结果晚，有“一年枝、二年芽、三年花、四年果”的说法。幼树需4～5年才开始结果，以二至五年生短果枝的结果能力最强。

幼树开张主侧枝角度是整形修剪的基础。元帅系的幼旺树应重视夏剪，少短截，多用曲枝、别枝、扭伤等措施。元帅系成花困难，扭梢一周后，再把枝条重新扭动，破坏愈伤组织可提高扭梢成花效果。

元帅系品种主枝“邻接”时易导致“卡脖”，使中心干生长弱，影响上部骨干枝的培养，造成下强上弱，因此主枝的排列以“邻近”为宜。主枝要拉枝开张角度，主枝延长头在修剪时常采用换头的方法开张角度。元帅系品种的背上常形成“锥形枝”，有一个大顶芽，修剪时破顶芽后易萌发短枝，形成结果枝结果。元帅系品种的发育枝常采取甩放的修剪方法，甩放后在顶部萌发1～3个长发育枝，下部则为一串短枝。修剪时既要处理顶部发育枝，以利于养分集中和通风透光，又要避免下部短枝跑条，以积累营养促进花芽分化。修剪方法如下：单长枝不剪继续甩放，如枝头较高可以别枝、“戴帽”剪；双长枝可以去一留一，按母枝势力强弱来定取舍，母枝强的去直留平，母枝弱的去平留倾斜；三长枝，疏掉中间的长枝。

3. 金冠系品种的修剪

金冠系品种生长发育特点以金冠为代表，较容易管理和丰产，整形修剪比较容易。

金冠树势健壮，树冠较开张，生长健壮，树冠高大。干性强，顶端优势明显，基部三大主枝邻接不易“卡脖”，如果中心干上缺少辅养枝，也有“掐脖”的可能。金冠枝条萌芽率高，成枝力中等。由于干性强容易产生上强下弱，应加强下层主侧枝的管理。枝条硬而脆，结果过多容易折断。幼树萌芽率高，成枝力强，但分枝角度大，封顶枝多，容易成花结果，旺树秋梢腋花芽结果好，且果枝连续结果能力强。随树龄增大和结果增多，成枝力和生长势迅速减弱。枝条耐短截，修剪反应不敏感，但细弱发育枝不能短截，否则越截越细，应当培养粗壮时再截。潜伏芽少，寿命长且容易萌发，衰老枝容易更新复壮。

幼树整形时，基部主枝可以邻接，中心干可适当弯曲，以防上强下弱。结果枝组培养时可用各种方法，要注意有放有截，以防树势早衰。枝组修剪注意去直留平，去弱留强，去远留近，控制结果部位外移。

4. 国光系品种的修剪

国光主枝开张角度小，幼树树冠较直立，生长旺盛，树冠高大，干性强，枝条较软，有上强下弱现象。幼树萌芽率低，成枝力弱，不易成花结果。修剪反应不敏感，不容易培养骨干枝，应及时开张角度。长枝缓放和轻剪后中下部的芽常不萌发，形成光腿枝。结果后枝条角度开张，萌芽率有所提高。潜伏芽多，寿命长，容易萌发，有利于老树和衰弱枝的更新修剪。幼树以中长果枝结果为主，大树短果枝逐渐增加。坐果率极高，连续结果能力强。延长枝短截时不宜留枝过长，防止“光腿”。基部三主枝的选留原则为苗木强壮时可邻接，弱苗宜邻近。中心干可用竞争枝换头使其弯曲生长，以防上强下弱。幼树可以采用早春剪掉萌芽枝段和刻芽的方法促使多萌发枝条。结果枝的培养采用先放后缩与先截后放、连续短截等方法相结合的方式。长枝要在中下部重截。直立枝或旺枝，易单条独伸生长，可按枝势在年界轮痕上戴帽修剪。

本章小结

整形修剪是苹果栽培管理中一项重要的技术措施。通过整形修剪，可以调节果树与环境（特别是光照）间的关系、植株各部分和各器官间（地上部与地下部、营养生长与生殖生长、同类器官间）的均衡关系、树体的营养状况等，最终达到提早结果、丰产稳产、提高果实品质、保持树体健壮、提高果树抗逆力、降低生产成本和提高工作效率的目的。

省力化栽培是现阶段苹果生产的发展趋势，整形修剪也要适应这一趋势，所以简化修剪势在必行。矮化密植是现代苹果园的发展方向，树形结构上要由大冠形向小冠形发展，由多级次、多层次的树形结构向少级次、少层次的树形结构发展，采用适合品种特性、密植栽培和易于修剪的高光效、省力化树形，保证苹果早果、优质、省力、高效。

不同树龄阶段、不同物候期的修剪目的不同，修剪时要根据不同品种的生物学特性，结合当地环境和气候条件以及树势，制订合理的整形修剪方案。树龄大的老果园要注意防止树冠郁闭、结果部位外移。整形修剪做到因树修剪、随枝作形，平衡树势、主从分明，轻剪为主、轻重结合，因地制宜、注重效益。

复习思考题

1. 简述苹果整形修剪的理论依据。
2. 简述苹果生长发育的环境条件。
3. 比较苹果不同树形的树体结构特点。
4. 简述苹果不同树形的整形过程。
5. 简述苹果整形修剪的基本原则。
6. 简述苹果不同树龄阶段的整形修剪特点。
7. 简述苹果不同物候期的整形修剪特点。
8. 简述郁闭果园改造技术方案。
9. 简述结果外移树改造技术方案。
10. 简述不同品系苹果的整形修剪特点。

（葛顺峰　编写）

第三章 梨的整形修剪

梨(*Pyrus* spp.)是蔷薇科(Rosaceae)苹果亚科(Maloideae)梨属(*Pyrus* L.)的落叶乔木果树,我国南方和北方均有栽培,栽培面积和产量位居世界首位。世界梨属植物约30多种,原产我国13种,其中秋子梨(*P. ussuriensis* Maxim.)、白梨(*P. bretschneideri* Rehd.)、沙梨(*P. pyrifolia* Nakai)和新疆梨(*P. sinkiagensis* Yü)构成了我国梨生产的主栽品种,此外也有西洋梨(*P. communis* L.)引入栽培。

第一节 梨的生长结果习性

梨树各器官的生长发育及生长相关性是梨树整形修剪的生物学基础。梨树由地上部树冠(枝、芽、叶、花和果实)和地下部(根系)组成,包括根、茎(芽)、叶等营养器官以及花(花芽)、果实(含种子)等生殖器官。果树整形修剪的目的之一是维持地上部和地下部的均衡生长、营养生长和生殖生长的均衡关系。

一、梨的生物学特性

1.根系

梨树实生根系的直根粗壮发达,侧根发育因树种、品种而异。杜梨主根上的侧根较短,多数单根着生;沙梨的侧根多呈簇状生长,集中分布在主根上部。梨树根系无论粗细,断根后都不易愈合,但伤口可以发生新根,因此,切断主根可以促发侧根生长。梨树定植后,断口处萌发的新根,早发生的、生长强的粗根代替主根向下延伸而形成垂直骨干根。垂直根向下生长逐年转弱,侧生根相应转强。上层侧根中强者发育成侧生骨干根,角度大的向水平方向延伸形成水平骨干根,而弱者发育成须根。树体结果后,骨干根数量稳定,垂直生长达到最大深度,每年发生的强旺根都集中在原根先端,以水平伸展为主,在水平根上再发生垂直根和斜生根,根系占有空间呈波浪式扩大。盛果期梨树的根系占有空间最大,随着树龄增加,根系向心方向更新,根系占有空间呈波浪式缩小,直至大骨干根死亡。

梨苗木以嫁接繁育为主,采用实生砧木或无性系砧木,苗木移栽定植时经过断根处理促进侧根和不定根生长。根系分布受砧木、树种、品种、土质、土层结构等影响,梨树实生砧木根系的垂直分布深 2～3 m，水平分布为树冠冠幅的 2 倍左右，少数可达 4～5 倍。初果期和盛果期梨树的根系集中分布在 20～60 cm 之间土层，80 cm 以下根系较少；水平分布则以树干为中心，近树干最密集，越远越疏，树冠外根系渐少。整形修剪方式也影响根系分布。

梨树根系在年生长周期中一般有两个典型的生长高峰。新梢缓慢生长和停长期（5—6 月）根系快速生长，出现第一个生长高峰，形成春根；果实采收后（9 月中下旬至 10 月下旬），根系出现第二次生长高峰，形成秋根。春根的数量多于秋根，分枝多而细，但秋根的吸收根多于春根，吸收能力和抗逆性强，能保证秋季叶片的同化能力、树体营养积累和翌年早春树体生长。根系生长受树种、砧木、树龄、土壤、气候等因素影响，根系生长高峰时期表现多样化，如幼树和旺树在春季萌芽至新梢旺盛生长前，出现一次根系生长高峰，而老弱树在秋季无根系生长高峰出现。

梨根系无明显的自然休眠现象。根系在萌芽前土温约 0.5 ℃时开始生长，在 6～7 ℃时活动明显，21～23 ℃生长最快，27～30 ℃及以上时生长相对停止。土壤水分含量 15%～20%时（田间持水量的 60%～80%）适合根系生长，低于 12%时根系生长受抑制。土壤孔隙率（通透性）40%时根的再生力最强。

2. 芽

（1）芽的类型　按性质和生理状态将梨芽分为花芽、叶芽、副芽和潜伏芽四种。

①花芽。混合花芽，外观肥大，顶生为主，存在一些侧生的腋花芽。沙梨品种容易形成腋花芽，一般顶花芽的结果质量优于腋花芽。

②叶芽。着生在枝条顶部（顶生）或叶腋（侧生）。相比花芽，叶芽芽体瘦小，萌发后只抽枝长叶。

③副芽。着生在枝条基部侧方的叶芽，由腋芽萌发而形成。在原来的腋芽（母芽）鳞片形成初期，最早形成的两个鳞片基部存在着潜伏性的薄壁细胞，随着腋芽萌发逐步发育形成副芽，芽体小而不显现。

④潜伏芽。大多着生在枝条基部的叶芽，包括副芽和瘪芽。芽形成后，经一年或多年潜伏不萌发，受刺激后才能萌发。潜伏芽也称休眠芽，未受刺激的潜伏芽处于休眠状态或逐渐死亡。梨树枝条基部瘪芽少、副芽多，潜伏芽多数是由副芽转化而来的，侧芽形成的潜伏芽较少。梨树的根上也有不定芽，萌发后可形成根蘖，潜伏芽和不定芽不易区分。

（2）芽的特性

①芽的异质性。梨芽的异质性表现为除基部有 2～3 个盲节（无肉眼可见的芽）、向上 2～3 个弱芽外，其余均为饱满芽。

②芽的早熟性和晚熟性。梨芽具有晚熟性，生产上可以通过摘心、喷施生长调节剂等促进芽早熟萌发，形成多分枝，扩大树冠。

③萌芽率和成枝力。梨萌芽率和成枝力因树种、品种、树龄、树势等不同而异。二者均以树冠外围的、经过轻剪的一年生延长枝为观察对象，记录第二年的萌芽状态和新梢长度，以剪口下抽生 15 cm 以上长枝的平均数量表述成枝力强（≥4 条）、中（3～4 条）和弱（<3 条）。秋子梨各品种萌芽率高、成枝力弱，白梨萌芽率和成枝力中等，沙梨一般萌芽率高、成枝力弱，西洋梨大多萌芽率高、成枝力中等。萌芽率高、成枝力强的品种修剪时多疏少截，以防枝条过密、树冠郁闭；成枝力弱的品种则需适当短截，促发新枝，维持生长势。

④潜伏力。梨芽潜伏力强，潜伏芽的寿命长达十几年，甚至几十年，易于更新复壮，潜伏芽寿命受树体营养条件和栽培管理技术影响。

梨树萌芽率高，成枝力弱，中短枝多，易于成花。梨树枝条适当控制顶端优势，加强肥水，易于转化为结果枝，如一年生发育枝侧芽萌发抽生短果枝，翌年短果枝开花结果的同时抽生各类果台枝(又称果台副梢)。具有腋花芽结果特性的品种，其一年生枝上可直接形成腋花芽。不同树种和品种成枝力强弱和树势强弱不同，树冠变化多样，自然形成圆锥形、半圆形或圆头形。

(3)芽的年生长动态　叶芽着生在枝条顶端或叶腋，年生长动态可分为四个时期：

①第一时期。自春季叶芽萌动时起至所在节位叶片停长后。随着幼茎各节生长，自下而上逐渐形成腋芽原基。随着所在节的伸长与节上叶片的增大，芽原基进入鳞片分化期，叶片停长后不久，即暂停分化。

②第二时期。自夏季至冬季休眠。鳞片形成后进入叶原基分化期，并生长幼叶。一般分化叶原基 3～7 片，冬季休眠暂停分化。大多数芽在此期叶片数已确定，之后不再增加，叶原基数量决定新梢长短。

③第三时期。萌芽前。营养条件好的芽持续分化叶原基，中短梢可增加 1～3 片叶，中长梢可增加 3～10 片叶。

第一至第三时期均在芽内进行，称为芽内分化。中国梨品种芽内分化的叶片数不超过 14 片，西洋梨品种不超过 6～8 片。

④第四时期。芽萌发后，先端生长点仍能继续分化新的叶原基，增加节数，直至新梢停长。此次分化是在芽外进行的，称为芽外分化。顶芽或生长势强旺的芽具有芽外分化阶段，形成强旺的长梢或徒长枝。西洋梨的中长梢有芽外分化生长，基部节间短的 6～8 节来自芽内分化，上部节间较长的节位来自芽外分化。

3. 枝

(1)干性　梨树干性强，自然条件下梨树具有明显的主干，下接根部，上承叶、花和果实等。梨树顶端优势强、先端优势也强，层性明显，表现为位于茎干顶端的芽易于萌发并形成长梢；而位于其下部侧芽萌发受抑制，抽生中短枝，生长势弱，基部芽不萌发。随着树龄增长，强弱枝差异化生长，使树冠中大枝呈现层状分布。树冠内枝条生长具有垂直优势，表现为直立枝生长最旺，斜生枝次之，水平枝再次，下垂枝生长最弱。

(2)树冠　梨幼树枝条常直立，树冠多为圆锥形，开花结果后树冠开张成圆头形或自然半圆形。因树种和品种的树势强弱以及成枝力等差异，自然树形有所差异。生长势强、萌芽力和成枝力强的品种如金川雪梨，树冠紧凑直立；而生长势强、成枝力低的日本沙梨品种，幼树直立紧抱，结果树为稀疏的自然半圆形或圆头形。鸭梨、茌梨等枝条长软而弯曲，幼树呈乱头形，大树为自然半圆形。整形修剪可以采用小冠疏层形、纺锤形、圆柱形等有主干树形，或 Y 形、开心形、棚架树形等无中心干树形。

(3)枝梢类型　梨树枝条上的芽，除先端数芽可形成长枝外，其余发育成中短枝。徒长枝节间长，芽体小，生长不充实，多发生在枝条背上，或树冠内膛因受重短截刺激而萌发，修剪时若无空间以疏除为主。

结果枝上着生花芽，萌芽后抽生枝叶、开花结果。梨树外围的健壮果枝结果后，果台上一般能抽生 1～2 个中长果台副梢，其他部位的果台，只能抽生 1～2 个短果台枝。不同品种果台枝数量和连续结果能力有所不同。鸭梨短果枝结果后，果台抽生较短的果台枝，有连续结果和更新能力，经过数年抽生分化，形成短果枝群，俗称“鸡爪枝”。

(4)新梢的年生长动态　包括加长生长、加粗生长的动态。

①加长生长。梨树枝条加长生长是通过顶端分生组织分裂和节间细胞伸长实现的。新梢生长经过几个阶段，呈现单S形生长曲线。开始生长期，从萌芽至第一片叶分离。旺长期，新梢伸长快，叶片数量和面积增长快，新梢长度与持续时间取决于雏梢节数。缓慢生长期，细胞分裂和生长逐渐降低和停止，新梢转入成熟阶段。在生长期内，长梢具有2～3个生长高峰，分别是冬前雏梢、冬后雏梢和芽外新梢生长期；中梢有1个生长高峰，为冬前和冬后雏梢生长期，短梢仅有1个高峰，为冬前雏梢生长期。鸭梨新梢4月中旬萌芽，短梢在4月下旬、中梢5月上中旬、长梢在5月底或6月初停止生长，因中长梢生长无明显的停长阶段，外观上表现为一次生长，无春秋梢之说。

②加粗生长。梨树新梢加粗生长，是枝条侧分生组织形成层分生活动的结果。加粗生长与加长生长同步发生，但比加长生长慢且停止生长的时间晚。在梨树进入休眠前，枝条还有一定程度的加粗。同样，梨树大枝和主干的加粗生长是形成层活动的结果，受内源激素和树体营养共同调节。当树体叶面积达最大面积的70%左右时，养分即可外运供加粗生长，6—8月加粗生长最为旺盛。

4. 叶片

(1)叶的生长　叶片是有限营养生长器官，自叶原基出现之后开始发育，随着新梢生长，叶片数量和叶面积逐渐增加，叶片成熟后生长减缓。梨叶片从展叶至停止生长所需天数因种类、枝条和着生部位而不同，一般16～28天。同一枝条上不同部位叶片大小不同，受树体营养条件和光照等环境条件影响，基部和上部叶片停止生长早。一般短梢顶部叶片大，中梢和长梢中部叶片大，通常以树冠外围新梢中部的叶片为代表性叶片。

梨树叶片从萌动至展叶约10天，全树叶片迅速生长期在4月下旬至5月上旬，约15天。展叶后25～30天(5月下旬)，叶片停止生长，全树叶片在几天内显现出油亮光泽，生产上称“亮叶期”。亮叶期表示中短枝的叶面积已经形成，叶片功能最强，顶芽进入质变期，是促进花芽分化、果实膨大和根系生长的重要时期。5月下旬以后形成的叶，多是长梢芽外分化产生的，在新梢停长后光合效率增高，对花芽分化及果实前期生长不利，但有利于后期的营养累积。

(2)叶面积指数和叶幕的形成　梨树适宜的叶面积指数约3.5。叶面积指数低单叶光合作用强，但总光合产量低，叶面积指数高则树冠郁闭，功能叶比率降低，寄生叶增多，光合效率低，果实品质下降。适当的叶幕厚度和叶幕间距是合理利用光能的基础。生产上常以叶果比指导疏花疏果，确保树体合理的负载量。

5. 花

(1)花芽分化　果树芽轴的生长点经过生理和形态的分化，形成各种花器官原基的过程，称为花芽分化，经历生理分化、形态分化和性器官形成三个时期。

①生理分化期。是花芽形成的敏感时期。这一时期是鳞片形成与芽轴加长生长期。鳞片逐渐增大，芽轴加长生长至一定节位，芽的生理可塑性丧失，成为叶芽或花芽。芽内鳞片数目和大小与花芽形成有关，白梨顶花芽具有14～19片鳞片、日本梨花芽10～20片、西洋梨花芽

多为 11～16 片。

②形态分化期。芽内生长点增大，顶端逐渐变平，标志形态分化期开始。梨芽的分化呈外始式，即从萼片原基分化开始，依次分化花瓣、雄蕊和雄蕊原基。落叶前，各器官完成分化，进入休眠状态。梨花芽分化期相对集中和稳定，花芽分化开始早，分化速度慢，花芽质量好。相反，花芽开始分化迟，分化速度快，使花芽分化期相对集中和稳定，但因发育时期短而营养不足，发育不良。

③性器官形成期。萌芽前后，花芽进入性细胞的形成阶段。花芽继续雌蕊、雄蕊的分化和其他部分的发育，到芽鳞完全脱落、花序分离时，已形成成熟花粉粒和单核胚囊。开花后，单核胚囊继续发育为成熟胚囊。

(2)开花　梨树开花需要 10 ℃以上的气温，14 ℃以上开花快，北方地区 4 月上旬至 5 月上中旬开花，历经花芽开绽期、露蕾期、花序分离期、露冠期、开花初期、盛花期和落花期，持续 7～12 天，因树种、品种、栽培地区、气候条件而异。梨树的花为伞房花序，每花序一般有 5～10 朵花：少花(每花序 5 朵花以下)的品种如明月、慈梨，中花(每花序 5～8 朵)品种如鸭梨、长十郎等，多花(每花序 8 朵以上)品种如二十世纪、京白梨、苹果梨等。梨花序的边花先开，中心花后开，但边花分化的次序与开放次序不完全一致，边花质量有所差异。受花期温度和授粉条件影响，砀山酥梨 2～3 序位、黄花梨 2～4 序位、丰水 3～4 序位、京白梨 3～5 序位花坐果好，生产中建议疏果时留第 3 序位果较为稳妥。

梨大多数品种存在自交不亲和现象，自花结果率低，栽培时必须配置授粉品种。梨易出现花粉直感现象，应注意授粉树的选择与配置。

(3)结果习性　始果年龄因树种、品种而异，一般沙梨较早(3～4 年)、白梨次之，秋子梨晚(5～7 年)，品种间差异也较大。梨树一般以短果枝和短果枝群结果为主，中长果枝结果较少，但不同树种、品种、树龄有所差异。秋子梨的多数品种、白梨的雪花梨和慈梨、沙梨的幸水和新世纪等，具有长果枝和腋花芽结果能力，结果初期树易见中长果枝和腋花芽结果。生长健壮树(或枝)及时修剪，促发副梢结果，可形成中长果枝及腋花芽。梨树进入丰产期的树相指标是形成较多的短果枝。

梨树多数品种的果台枝易形成短果枝群，能连续结果。管理较好、修剪适当的短果枝群，连续结果能力可达 10 年左右，如鸭梨。修剪上应及时更新复壮，维持生长势，延长结果年限。

6. 果实

梨果实属于假果，由子房、花托或花被共同发育而成，食用部位是肉质的花托，子房发育为果心，胚发育为种子。果实大小主要决定于细胞数量、细胞体积和细胞间隙的大小。细胞分裂包括花前子房期和花后幼果期，花前细胞分裂，开花时暂停，授粉受精后继续分裂，占果实发育期的 1/5 左右。鸭梨果肉细胞分裂自盛花后持续 25 天左右，巴梨、二十世纪和晚三吉自开花之日起，分别至 28 天、37 天和 45 天果肉细胞分裂停止，细胞分裂期的长短与果实成熟期有关，晚熟梨果实细胞分裂期长。果皮细胞停止分裂时期晚于果肉细胞。伴随着细胞分裂，细胞体积开始增大，在细胞停止分裂后，细胞体积持续增大，细胞间隙增大，直至果实成熟。

以果实生长时间为横坐标、果实鲜重或体积或直径(纵径和横径)增长为纵坐标，绘制生长曲线，梨果实呈现单 S 形的“慢—快—慢”生长模式，即幼果期生长缓慢，果实膨大期快速生长，果实成熟期生长减缓。坐果初期，子房开始膨大至种胚出现，胚乳细胞大量增殖，花托和果心细胞迅速分裂，果实纵径快速生长早于横径。种胚发育阶段，纵横径增长变缓，果肉中的石细胞发育至固有的数量和大小。种胚发育完成后，果径增长变快，直至果实成熟期。果实体积和重量增长基本同步，呈正相关。

二、梨生长发育的环境条件

1. 温度

温度是梨树重要的生存因子之一，影响梨树的自然分布，主要是冬季低温、年均温度和生长期积温。维持树体生命和生长发育要求一定的温度范围，即最低、最适和最高三基点温度。最适温度下果树生长发育正常，开花结果良好，最低和最高温度分别是生命活动与生长发育的下限和上限，抑制果树生长。

(1)冬季低温　1 月平均气温是决定梨树分布的北界指标，秋子梨的栽培区北界温度是 −38 ℃，白梨和沙梨不低于 −10 ℃，西洋梨不低于 −8 ℃。不同树种品种的梨耐寒能力所有不同，秋子梨可抵抗 −35～−30 ℃，白梨 −26～−23 ℃，沙梨和西洋梨 −20 ℃左右低温，苹果梨、明月等较其他品种耐寒性强。

需冷量不足导致不萌芽开花或萌芽不整齐，叶片生长不良，开花坐果不良。树种、品种间需冷量差别较大，以秋子梨需冷量最高，沙梨的梨需冷量最少，有的品种无明显休眠期。冬季低温时数是落叶果树分布的南界指标。

(2)生长积温和年均温度　梨完成生长发育过程需要一定的积温，以活动积温或有效活动积温表示。生长期短、热量不足时不能完成梨的年生长发育过程，生产上常以≥10 ℃的天数不低于 140 天作为梨树经济栽培区的北界指标。梨树生长的生物学零度在 5 ℃左右，开花、花粉萌发、花粉管生长都要求 10 ℃以上的气温，14 ℃以上开花较快，24 ℃花粉管生长最快，4～5 ℃时花粉管受冻，0 ℃以下低温使花器受冻。梨花芽分化适宜温度在 20 ℃左右，果实成熟过程中昼夜温差在 10～13 ℃之间有利于着色和糖分积累。

梨树生长期温度过高不利于生长发育，超过 35 ℃以上容易产生生理障碍。秋子梨在年平均气温大于 13 ℃的地区，白梨、西洋梨在年平均气温大于 15 ℃的地区不宜栽培。

2. 光照

光照是果树光合作用的能量来源，提高果树光合效率是实现丰产优质的主要途径。整形修剪目的之一是改善果树的光照条件，提高果实品质。果树接受的主要光源来自太阳辐射照射到树冠上方和侧方的直射光和散射光，来自土壤及周边物体的反射光，可改善树冠下部的叶片光合作用。叶幕配置影响光的吸收与穿透，自然光强随着叶面积增加而递减，果园一天内需要 3 h 以上直射光照射，以保证光合作用。树冠内若低于 30％的全光照，则果实品质不良。

叶片是截获光照并进行光合作用的器官。叶片生长发育和生理功能受光照条件影响，具有光适应性，强光照射形成的阳生叶和弱光照射形成的阴生叶在形态结构和生理功能差异明显。阳生叶叶片厚，栅栏组织分化度高，光饱和点高。梨树喜光，需年日照为 1 600～1 700 h。据报道，不同品种的光合作用能力差异性显著，红香酥、巴梨、崇化大梨、新高、美人酥等净光合速率高于红茄梨、红巴梨、鸭梨、绿宝石、满天红、七月酥等，高于玉露香、阿巴特、慈梨、黄冠、金川雪梨、康佛伦斯、早红考密斯、砀山酥梨、雪花梨、锦丰等。梨光合作用的日变化(净光合速率)曲线具有单峰和双峰(光合“午休”现象)两种类型,受内因(品种特性、枝条类型、叶位与叶龄等)、外因(光照强度、温度、水分等)和栽培措施的影响。整形修剪影响叶幕分布和冠层形成,良好的树形结构有利于光合产物的形成和积累,棚架整形的丰水梨树净光合速率高于开心形和小冠疏层形。

3. 水分

水分是植物体内的重要组成成分,维持细胞膨压和正常生理活动。梨适宜栽培地区的年降水量为 190～1 400 mm,但在树种、品种间差别较大,一般沙梨需水最多,在年降水量 1 000～1 800 mm 地区生长良好;其次为白梨、西洋梨,适宜在年降水量 500～900 mm 地区生产;秋子梨最耐旱,对水分不敏感。

需水临界期是指植物对水分胁迫特别敏感的生长发育阶段。在梨树的年生长周期中,对水分需求是不同的,新梢生长和果实膨大期需水量最大,对缺水反应最为敏感,对花芽形成和果实的产量与品质形成的影响较大。梨树比较耐涝,在浅流水中可存活 20 天以上,但在高温死水中仅能存活 1～2 天。根系适宜土壤含水量为田间持水量的 60%～80%。

4. 土壤

梨对土壤要求不严,沙土、壤土、黏土都可栽培,但以土层深厚、土质疏松、排水良好的沙壤土为好。不同砧木对土壤适应能力不同,沙梨、豆梨喜好偏酸性土壤,杜梨喜好偏碱性土壤,在 pH 为 5.4～8.5 时均可生长,最适范围为 pH 5.60～7.25。梨较为耐盐,在土壤中总盐量 0.14%～0.20%时可正常生长,受害极限为 0.30%,杜梨耐盐性优于沙梨、豆梨。

第二节　梨常用树形及培养过程

整形是把树体培养成一个具有较大光合面积、能负担较高产量、便于管理的合理树体结构,修剪则利用各种方法控制树体枝梢数量、方位及生长势。梨树的整形修剪根据梨树的生物学特性,综合利用各种修剪方法,将树体建造成具有合理结果和外观形状,最大限度地利用空间和光热资源,生产高产量和高品质的果实。梨树生产追求“省力化、优质栽培”,简化修剪势在必行,从传统的主干、主枝、侧枝和结果枝组四级结构,简化为“主干、主枝、结果枝组”的三级结构或“主干和结果枝组”的二级结构,便于果园栽培管理。新建梨园建议采用有中心干树形的小冠疏层形、纺锤形、圆柱形,以及无中心干树形的双臂形和水平棚架等网架式树形(二维码 3-1)。

二维码 3-1
梨常用树形
(PPT)

一、小冠疏层形

1. 树体结构

小冠疏层形树高 3.0 m 左右,冠径约 2.5 m,主干高度 60～70 cm。中心干上有主枝 5～6

个，分2～3层排列，第一层3个主枝，第二层2个主枝，第三层1个主枝或无。若为二层主枝，层间距约100 cm，层内间距约30 cm；若为三层主枝，第一与第二层间距约80 cm，第二与第三层间距约60 cm，层内间距约20 cm。第一层主枝开张角度60°～70°，配置1～2个侧枝或直接着生各类结果枝组；第二和第三层的主枝开张角度50°～60°，不留侧枝，合理配置结果枝组，成形后落头开心（彩图3-1）。

2. 整形要点

（1）定植当年　定干高度为70～100 cm，剪口下留6～8个饱满芽。萌芽前剪口下第三至第五芽刻芽，促发长枝，保证主枝间生长势均衡。整形带以下的芽全部抹除。

夏季选择位置居中、生长健壮的直立新梢作中心干延长枝，同时培养方向、角度、长势合适的新梢作基部主枝。其他竞争枝待新梢半木质化时，对长梢进行摘心或扭梢处理作层间辅养枝培养。秋季对角度小、长势旺的主枝拉枝，基角约60°，调整方位角达120°。拉枝角度不可过大，以防中心干长势强旺，造成上强下弱。冬季修剪时选择剪口下长势中庸的第一侧枝或第二侧枝作为中心干，疏除其中一个旺枝。从其下部的分枝中选留3～4个长枝作为第一层主枝培养。根据枝梢生长势，短截中心干（剪留80～90 cm）和主枝（剪留40～50 cm），以促进生长和分枝。生长势较强的中心干或主枝，轻短截（剪去顶端的几个芽）；生长中庸的可轻短截或在生长较充实的饱满芽处短截。主枝短截时，剪口留外芽，或采用里芽外蹬的方法开张角度。主枝数不足的幼树，可采用刻短枝方法，促进抽生长枝，不宜重截中心干促发长枝。

弱苗或在春季栽植过晚，若定干后不能发出理想分枝，则在中部饱满芽处短截，第二年再定干。定干后分枝极少的苗木，如成枝力极低的品种，定干后剪口下往往只发生2个中长枝和一些短枝，留弱的中长枝作为中心干，其下2～3个短枝刻芽，促进抽生长枝。整形带以下萌发旺枝的小老苗，在分枝处剪除原中心干，利用旺枝重新定干。

（2）第二、第三年　轻剪缓放、冬夏结合、充分利用短枝抽生的长枝进行整形。萌芽后在中心干延长头下面选留2～3个插空生长的长枝作为辅养枝，充当第一、第二层主枝间的过渡层，6—7月对其开张基角，秋季拉平，控制生长。将选留的第一层3个主枝开张角度至70°左右。

冬季修剪时，短截中心干延长枝（剪留50～60 cm）和基层主枝（剪留40～50 cm），疏除竞争枝，其他枝条轻剪长放。对上一年短枝上促生的长枝，短截培养，使之形成足够的主枝数量。在中心干上距第一层主枝约80 cm处，选出第二层主枝2个短截修剪。

第三年重点培养第二层和第三层主枝。萌芽后及生长期内，基层主枝每个培养2个侧枝，按奇偶相间顺序选留，第一侧枝距中心干20～40 cm，第二侧枝在第一侧枝对面，二者相距50 cm。冬季修剪时，在中心干延长枝短截（剪留50～60 cm）培养第三层主枝。主干原整形带上、中心干上以及主枝的中后部萌发的一些短枝，多抽生出长枝，也会在主枝背上形成一些徒长枝。疏除背上旺枝和过密枝，其余培养成辅养枝或不同类型的结果枝组。

（3）第四、第五年　第四年进入结果期，第五年梨树树体结构基本形成。冬季修剪方法以疏除和缓放为主，调整骨干枝的角度和方向，平衡主枝间及上下层间的树势；内膛枝轻剪缓放，促进成花结果，控制树势；培养各种类型的结果枝组；外围延长枝缩放结合，控制伸展范围，特别是向株间生长的枝条，有缩有放，避免交叉重叠，疏除密挤枝和背上枝，改善树体通风透光条件。

3. 树形特点

该树形符合梨树的自然生长规律，整形容易，易于学习和掌握。树体骨架牢固，寿命长，透光性好。不足之处是有效结果体积小，控制不好时容易形成上强下弱或上弱下强的现象，造成层性和主从关系不明。适宜株行距为(2～3)m×5 m 的栽植密度。

二、自由纺锤形

1. 树体结构

自由纺锤形树高不超过 3 m，冠径 2.5～3.0 m；主干高 70～80 cm，中心干上均匀着生 10～15 个主枝，主干与主枝的粗度(直径)之比为(2～3)∶1，开张角度 70°～90°，上层主枝开角大于下层。主枝间距 15～20 cm，向四周错落生长，螺旋式上升排列，同向主枝间距大于 50 cm。下部主枝长度 1.5～2.0 m，由下及上主枝逐渐短、小，形成“下大上小”的纺锤形。主枝上无侧枝，单轴延伸，着生短果枝和中小型结果枝组(彩图 3-2)。

2. 整形要点

(1)定植当年　生长健壮苗的苗进行“高定干、低刻芽”。在苗木 1 m 处定干，维持最终 70～80 cm 的干高。在剪口芽下约 30 cm 的整形带内，留 6～8 个壮芽。除第一、第二芽外，对整形带内的芽进行双重刻伤(深刻两道)或涂抹发枝素，促进萌芽。选择方向和位置适合的枝条培养为 3 个主枝，其余按辅养枝培养。春季新梢长至半木质化程度时牙签或开角器开角，秋季主枝开张角度 85°～90°，辅养枝拉平。疏除中心干上过密新梢，摘心过旺枝，维持中心干的生长势。生长弱的苗木重短截，重新萌芽生长，待新梢 80 cm 以上时摘心，促发二次枝。冬季对中心干延长枝留 50 cm 短截。

(2)第二、第三年　春季萌芽前，在中心干延长头上选择间距、位置适当的芽刻伤，涂抹发枝素，促发新梢，春季牙签开角，夏末拉枝，培养第二批主枝。其他侧枝采用抹芽、摘心控制长势等。对第一批选留的主枝轻剪长放，每 20～30 cm 选留一个枝组，培养两侧和背下枝组。冬季中心干延长枝留 50 cm 短截，剪口芽留上一年剪口芽对侧。疏除主干整形带下的枝条、主枝上距主干 20 cm 以内的直立枝和徒长枝。延长头前部的直立枝可重短截，三头枝可疏除竞争枝。第三年按同样方法，培养第三批主枝；第二批主枝上培养结果枝组，疏除第一批主枝上过多的花果。

(3)第四、第五年　继续选留主枝和辅养枝，当主枝数量达 12～15 个，树冠基本成形，中心干不再短截，保持中心干的优势。冬季修剪时可在最上面的主枝处落头，逐年疏除中心干上过多的辅养枝。主枝错落排布，螺旋上升。

主枝上的新生枝、背上的直立枝有空间者扭枝下垂，无空间的冬剪时疏除；平行枝甩放不剪，个别过长枝冬剪时疏除。主枝单轴延伸，两侧小型枝组像鱼刺一样自然分生，1 m 范围内留约 10 个小型枝组。

幼树期多留一些枝条作为辅养枝，结果后逐年疏除重叠、夹角小、方位不正和影响光照的辅养枝。

3. 树形特点

该树形树冠紧凑，通风透光好，成形快，结果早。适合于株行距为(2～3)m×(4～5)m 的栽植密度。

三、细长纺锤形

1. 树体结构

细长纺锤形主干高度 70～80 cm，树高 3.0～3.5 m，冠径 2.0～2.5 m。中心干上直接着生 15～20 个小型主枝，主干与主枝的粗度(直径)之比为(4～5)∶1。主枝均匀分布，间距 15～20 cm，同向主枝间距 40～50 cm，外观呈细宝塔形。主枝开张角度 80°～90°，主枝长度 1.0～1.5 m，单轴延伸，其上着生小型结果枝组(彩图 3-3)。

2. 整形要点

(1)定植当年　定干高度同自由纺锤形。壮苗不定干，弱苗在饱满芽处定干。对剪口下 30 cm 整形带内，方向合适的芽，春季刻芽。发出的枝条，控制竞争枝生长，保证主干的生长势。萌芽后抹除主干上整形带下的萌芽。当新梢长至 15 cm 左右，开角至 80°～90°。秋季选择分布均匀、间距合适的新梢 3～4 个作主枝，拉平主枝。冬剪时疏除其他枝条。

(2)第二、第三年　第二年萌芽前，在中心干分枝不足处刻芽，促发新枝。萌芽后中心干延长枝上保留顶芽，抹除顶芽下方 10 cm 内的全部芽体。夏剪疏除生长势过强过旺的枝条，控制主枝的生长势。秋季选留主枝 4～5 个，对长度达 1 m 以上的主枝拉平。枝长不足 1 m 的，任其生长。冬剪时疏除过强的竞争枝和过密的主枝，促进主干生长。中心干、主枝和辅养枝均保持单轴延伸。

第三年春季萌芽前后，对中心干延长枝上空缺的部位，按树形结构要求，在需要抽生主枝的芽上方约 0.5 cm 处刻伤，刺激抽出新梢，培养 4～5 个主枝。在选留的主枝上，距中心干 20 cm 以外，侧芽(背上芽除外)可以全部轻刻芽，促发中短枝，缓和树势，促进成花。主枝基部粗度为主干的 1/3 左右时，及时回缩更新。

(3)第四、第五年　采用类似第三年的方法进行修剪。当中心干已达 3.5 m，可缓放不剪，破除顶芽，控制其生长势。主枝保持单轴延伸，对其背上的强旺梢要采用扭梢、摘心、回缩、疏枝等措施综合控制，促进成花结果。

细长纺锤形树体第三、第四年开始结果，第五年达到一定的产量。整形修剪以维持细长纺锤形树形轮廓，夏剪通过拉枝、摘心、疏剪等手段调整树体结构，均衡树势，稳定结果。中心干延长头继续缓放不短截，稳定结果后落头到弱枝处。

3. 树形特点

该树形适合于株行距为(1～2)m×4 m 的栽植密度，矮化或中间砧梨树需设立支架。整形技术简单，易于管理，早果丰产。

四、圆柱形

1. 树体结构

圆柱形干高 60～70 cm，树高约 3.0～3.5 m，冠径 1.0～2.0 m，外观呈圆柱形。树体中心干强壮，直接着生 20～25 个大中型结果枝组，其基部粗度为中心干粗度的 1/3～1/2，均匀分布，间距 10～15 cm，主枝基角 70°～90°（彩图 3-4）。

2. 整形要点

（1）定植当年　定植壮苗（粗度 1.2 cm 以上，高度 1.6 m 以上），不定干。苗木基部 60 cm 以上、顶端 30 cm 以下，全部刻芽促分枝。在萌芽前，在芽体上方 0.5 cm 处刻芽，深达木质部，长度大于 1/2 周长。抹除中心干 60 cm 以下的萌蘖和新梢，确保中心干直立生长。质量差的苗木高度不够，栽植当年刻芽难以整形，采用“低定干，留单枝促旺长”的方法，使中心干当年生长高度达 2.5 m，为翌年春季刻芽促枝奠定基础。

（2）第二、第三年　第二年，春季萌芽前后 1 周内，对中心干延长枝继续刻芽或涂抹发枝素，促发分枝。新梢达 25 cm 以上时开张基部角度至 70°，枝条长度控制在 40 cm 左右，适当控冠促花。冬季修剪时，疏除主干上过密的枝、并生的枝，以及树体顶端过大过粗的枝条，尽量多保留枝条结果。

第三年，部分枝组开花结果，以果压冠。春季对生长高度未到 3 m 左右的树，在中心干光秃部位继续刻芽，促发分枝。夏季对枝组延长头过长的新梢可留 20～25 cm 摘心，控制旺长，促进下部芽体饱满；过大的结果枝组增加留果量；对不结果或结果少的枝组环剥控制生长。冬季，疏除顶端竞争枝、背上枝、粗度超过主干 1/3 的小型枝组与过密的小型枝组；高度在 3 m 以上的树，可选枝头下部较弱的一年生直立枝作为顶端带头枝，替换原头，并将上面强带头旺枝疏除，保持枝组单轴延伸。幼树以疏剪为主，不短截回缩。

（3）第四、第五年　盛果期树，以疏剪为主，缩放结合。生长季注意控制背上枝，通过疏除过多的新梢控制较粗的结果枝组，保持枝组均衡生长。由于圆柱形的树冠小，生长三年后枝组若无发展空间，须及时更新枝组，去大留小。枝组基部粗度超过中心干的 1/3 时，利用附近或枝组后部的分枝进行更新。树冠下部的结果枝组留 1/3～1/2 长度的枝轴进行回缩。最终将结果枝组控制在 20～25 个。

3. 树形特点

该树形呈圆筒形，树冠上下冠径相近，修剪量小，结果早，但枝组需要不断更新，否则容易失去平衡。适合生长势中庸或偏弱、易于成花的沙梨或西洋梨品种。适合株行距为（0.75～1.00）m×（3.5～4.0）m 的栽植密度，矮化及矮化中间砧梨树，须设立支架。

五、水平棚架树形

1. 树体结构

水平棚架树形无中心干，包括水平形、漏斗形、折中形等。

（1）水平形　干高 180 cm 左右，主枝 2～4 个，接近水平，每个主枝上配置 2～3 个侧枝，侧枝与主枝呈直角，侧枝上配备结果枝组。适用于平地，主枝背上易发徒长枝，枝顶端不容易向下（彩图 3-5）。

（2）漏斗形　干高 50 cm 左右，主枝 2～3 个，主枝与主干夹角 30°左右。适用于缓坡地，主枝与棚面结合部位易发徒长枝，枝顶端容易向下，管理不便（彩图 3-6）。

(3)折中形　是改良树形，干高 80 cm 左右，主枝 2～3 个，主枝与主干夹角 45°左右，每个主枝上配置 2～3 个侧枝，主侧枝粗度比约为 2.3∶1；每个侧枝上配置若干个中小型结果枝组（彩图 3-7）。目前，折中形树体结构简单，修剪量轻，整形容易，操作方便，节约用工，在生产中应用较多。

2. 整形要点

(1)定植当年　利用竹竿、纤维竿等固定苗木，定干高度 80～100 cm。萌芽后，待新梢生长 20 cm 左右，选留 3～4 个不同生长方向的健壮枝梢为主枝，保持其直立生长。落叶后，主枝拉成与主干呈 45°，三主枝间相互呈 120°，四主枝间相互呈 90°，绑缚固定在支柱上，留壮芽短截。

(2)第二、第三年　第二年继续培育主枝，并选留侧枝。保持主枝与主干呈 45°，主枝延长枝直立生长。每主枝上选留 2～3 个侧枝，其背上枝、背下枝尽早抹除。第一侧枝距主干距离 60～70 cm，其下枝、芽要全部抹除。在第一侧枝的对侧、间距第一主枝 50～60 cm 处选留第二侧枝。第三年继续培育主侧枝，并选留副侧枝。在主枝上选择与第一侧枝同侧的、间距第二侧枝 40～50 cm 的侧生新梢作为第三侧枝培育，对其及时摘心控制生长，保持主枝延长枝的生长势，对其他新梢连续摘心控制生长。此时幼树在主侧枝上均有花芽，萌芽前抹除花芽，以防影响枝梢生长及后期树冠扩大。主枝仍未培育好的树，顶芽发出的新梢要保持垂直生长优势。

第三年树体骨架基本形成，继续调整主侧枝的主从关系。在每个侧枝上选留 2～3 个副侧枝，选留方法同侧枝选留。6 月上中旬枝梢停长后、尚未硬化前，加大主枝、侧枝、副侧枝的生长角度，以免后期引缚时折断。副侧枝选留后，树体高度已超过棚面（网架高度 1.8～2.0 m）。冬季落叶两周后，将主枝延长枝、侧枝、副侧枝超过棚面的部分引缚在棚面上，在枝梢的韧性范围内水平固定。但保持主枝的延长枝顶端垂直，其顶部用竹竿竖直固定，切忌将主枝尖端拉平；侧枝顶端留壮芽短截后，与棚面保持 45°，用竹竿固定；副侧枝在其相互错开的情况下水平引缚。

(3)第四、第五年　第四年继续培育侧枝，重点培育副侧枝。第四年后，生长量逐步增大，生长发育良好的树体具有 3～4 个主枝、9～12 个侧枝以及 18～36 个副侧枝。整形修剪的关键是保持主枝顶端的生长势，平衡生长与结果，合理负载量。主枝及其延长枝上不宜结果，每一侧枝控制在 4 个果以内。在四年生主枝上的合理部位选择方向、长势等适合的枝梢培养成侧枝的后备枝。

3. 树形特点

水平棚（网）架栽培是日本和韩国梨生产中最普遍的栽培方式，适合生长势强的品种如幸水等，永久树的株行距为 5 m×6 m；长势中庸的品种如新水、丰水、新高等，永久树的株行距为 4 m×4 m。该树形抗风能力强，顶端优势分散，骨干枝主从分明，易于形成花芽，早果丰产，田间操作方便，提高工作效率。

六、双臂顺行式树形

1. 树体结构

双臂顺行式树形无中心干，主干高 1.2～1.3 m，平棚架面高 1.7～1.8 m。两个主枝顺行向左、向右延伸，与主干呈 45°，分枝点距棚面垂直距离 50 cm 左右。主枝上培养由一个“反向枝”和其上着生的两个单轴结果枝组组成的 F 形大型结果枝组，填补主干上部“漏斗形”及其向行间架面延伸的空间，上架后主枝上直接均匀着生单轴结果枝组，垂直伸向行间填补架面空间。每个主枝共着生单轴结果枝组 9～10 个，单侧间距 40 cm 左右。主枝和结果枝组先端延长枝角度抬高引缚，保持其生长优势(彩图 3-8)。

2. 整形要点

(1)定植当年　目标是培养粗壮主干。半成苗定植的，定植后加强肥水管理，使嫁接芽长出的枝梢长度达 2 m 以上；成苗定植的，在嫁接口以上 20 cm 左右留 2～3 芽重截，萌芽后选留 1 个旺枝，当年长出 2 m 以上旺枝，立竹竿进行垂直诱引(呈 8 字形绑缚，防止生长后期缢伤主干)。冬剪时选择健壮芽定干，定干高度 130 cm 左右。

(2)第二年　目标是培养顺行向的两大主枝。剪口芽生长至 20 cm 时，留 3 片叶重摘心，其上再抽生的枝条进行扭枝或圈枝处理，冬季修剪时回缩至剪口第二芽萌发的枝梢处。剪口下第二、第三芽作为主枝培养，选择垂直行向芽，防主枝上架时拉劈。垂直诱引剪口第二、第三芽抽生的枝条至平棚主线及平棚架面上的抬高诱引线上，保持其直立生长，避免先端下垂。秋季(枝条停长后)拉开枝梢基角，绑缚固定于主枝定位线及平棚架上架处，枝梢先端不绑平，保持其上翘状。生长季节对主枝以外的枝条进行控制，保持少量的枝梢作为辅养枝。第二年冬季修剪时在主枝先端充实处，选侧位芽进行短截，保持主枝延长枝与水平线呈 30°～45°生长角度。疏除主干上辅养枝及主枝上的二次枝。

(3)第三年　目标是培养垂直行向的结果枝组。主枝上培养 F 形和单轴结果枝组。生长季节抹除背上枝梢，保留侧位及背后抽生的枝条。至此，“双臂顺行式”树形整形修剪基本完成。

此后的整形修剪任务主要是及时疏除主枝基部过旺的结果枝组，主枝延长枝呈上翘状，保持主枝顺利向架面延伸；及时培养更新枝，替换基部光秃的结果枝组，保持结果枝组年轻化。

3. 树形特点

该树形是一种新型棚架栽培树形，采用“两线一面”或“三线一面”架式，修剪技术简单，省力轻劳，便于机械化操作。适合株行距(4～5)m×(3～4)m 的“宽株窄行”定植梨园。

七、Y 形

1. 树体结构

源自韩国 Y 形及其改良树形，Y 形棚架在 0.8 m、1.5 m、2.0 m 处设置 3～4 道牵丝(彩图 3-9、彩图 3-10)。无中心干，主干高约 60 cm，两主枝呈 V 形(双干 Y 形)，或两个单株分向左右倾斜而呈现 V 形(单干 Y 形)。双干 Y 形的两个主枝向行间伸展，V 形夹角为 80°～90°(彩图 3-11)；单干 Y 形的主枝向行间倾斜 40°～50°(彩图 3-12)。主枝上无侧枝，其上培养中小型结果枝组，架顶枝条间距 2 m 左右，树高 2.5～3.0 m。每个主枝着生单轴结果枝组 12～14 个，枝干比控制在 1∶(3～6)，单侧间距 30～40 cm。

2. 整形要点

(1)定植当年　建议栽植大苗、壮苗，苗高 1.5 m 以上，基部粗度 1 cm 以上。双干 Y 形的定干高度 60～80 cm，选择方位和角度适宜的一个饱满芽培养第一主枝，抹除其下方的第二、第三芽，培育第四芽抽生的枝条为另一主枝，其余枝及时抹除。当新梢长度 10～15 cm 时牙签开角 45°左右，1.2 m 以上的当年生枝，倾斜 60°左右引缚，缓和树势。二大主枝背上直立芽在萌发后抹除。单干 Y 形则低定干，干高 30～40 cm，促进萌芽与树体生长。

(2)第二、第三年　此时期是加快主枝生长及提早形成树冠的关键期，在高 1.5 m 处再固定一道牵丝，控制 Y 形。对主枝适宜方位和角度的腋芽进行刻芽，促发新枝，培养结果枝组。主枝延长枝一般不短截，若树势较弱，对主枝延长枝可轻度短截，相邻植株主枝间呈平行状态。主枝延伸到 2.5 m 以上时，应进行去势修剪，留弱枝换头，控制主枝不再向外延伸。对于主枝内膛着生的直立枝、密集枝、过长枝及病虫枝一律疏除，使树体通风透光，促进花芽形成。分枝形成不好的，需要重新定干培养。在二大主枝上培养中小型枝组，以小型枝组为主。

单干 Y 形则是将树体主干向行间方向倾斜引缚，距地面约 60 cm 留第一枝组，枝干固定在牵丝下方。枝组排布和修剪方式同双干 Y 形。

(3)第四、第五年　Y 字树形已经形成，每主枝上配置小型枝组 10～12 个。先甩放后回缩法培养小型结果枝组，先截后放再回缩法培养中型枝组。每年注意及时去除背上枝，控制主枝高度在 2 m 左右，拉开主枝角度，及时调整拉枝的位置。

此后的整形修剪任务要确保主枝先端枝条的生长势。以中短果枝结果为主，尽量使开张角度大的枝条结果。随着树龄增加，对主枝重截，及时疏除徒长枝，保证内膛通风透光。及时培养更新枝，替换基部光秃的结果枝组，保持结果枝组年轻化。

3. 树形特点

该树形树冠形成快，早果丰产，修剪技术简单，省力省工，便于机械化操作，但易出现上强下弱、前旺后弱等现象。适宜株行距(1.5～2.0)m×(3～4)m 的梨园和先端生长势强的树种品种。

第三节　梨整形修剪特点

梨树常见的栽培品种来自秋子梨、白梨、沙梨、新疆梨和西洋梨等五个种及其杂交种，不同树种品种的生物学特性存在差异，整形修剪要根据树种、品种的特性而有所调整。与其他果树树种相比，梨具有独特的枝芽生长和开花结果习性，其整形修剪技术特色鲜明。

一、整形修剪特点

1. 轻剪缓放

梨树树体顶端优势明显，极性强，对修剪反应敏感，整形期间要尽量轻剪。修剪过重易造成旺长，短截过度时树冠易郁闭。梨树萌芽率高，成枝力低，长枝缓放后，侧芽萌发多，可形成很多短枝，有利于早花早果。幼树也可以通过短截、刻芽等增加枝量，促进早果。

2. 开张角度

梨树干性强，分枝角度小，幼树枝条生长直立，因此，在幼树期要注意开张枝条角度，避免骨干枝单轴延伸过快，常通过刻芽增加枝量。主枝基角开张可在50°以上，对发枝极少的日本梨品种，主枝开张角度不低于60°，以防主枝出现“光腿”现象。此外，梨树枝条比较脆硬，开角时易于损伤，幼树期要及早开角。竞争枝角度小，不适宜作骨干枝，或疏除或摘心、扭梢等作辅养枝培养。

3. 控制上强

梨树干性强，先端优势强，枝条间生长势差异大，幼树期容易出现上强下弱现象。修剪时可对中心干延长枝采用弱枝换头、上部强旺枝疏剪回缩，抑上促下；在中心干采用发枝部位刻芽促分枝、基部多留枝、适度开张角度等措施控制上强。

4. 减少疏除

梨树多数品种萌芽率高，成枝力弱，树冠内枝条稀疏，特别是幼树期，轻剪多留枝，多留抚养枝和各类小枝，前四年基本不疏枝。对已发生的长枝要设法利用，如通过改变方向、位置、长势等，使之成为有用的枝条，结果后疏剪成大小型枝组。

5. 短果枝群精细修剪

成年梨树80%～90%的果实产自短果枝和短果枝群，精细修剪短果枝群是梨树修剪的重要特点之一。短果枝结果后，很少发出中长枝，多为短果台枝(芽)。若果台枝连续结果不修剪，则生长衰弱，影响果实品质。因此，盛果期树需及时更新复壮短果枝群，疏除“下、弱、远”的枝芽，保留“上、壮、近”的枝芽，将枝群内部小更新与大枝回缩更新相结合，维持树体生长势，避免出现大小年结果现象。

此外，梨树潜伏芽寿命长，重回缩并配合土壤水肥管理，仍可发生新枝，有利于枝组和树体的更新复壮。

二、不同发育阶段的修剪特点

1. 幼树期

幼树期整形修剪目的是尽快成形，形成牢固的骨架，缩短营养生长期，提早开花结果。此期中心任务是整形，即按树形要求，培养骨架，扩大树冠。对主侧枝或中心干等骨干枝的延长枝适度短截，促生分枝，保持生长量和生长势，不能因追求早花早果而忽视树形培养。

(1)延长枝和竞争枝修剪　利用剪口芽调节枝条延伸方向，当主侧枝伸展的方向和角度适宜时，剪口芽留外芽；若是主侧枝伸展方向不合适，利用侧芽调整；当主侧枝延长枝角度偏高时，利用“里芽外蹬”开张角度，将“蹬”出的枝梢留作延长枝。此外，可利用撑枝、拉枝、拿枝、扭梢等方法，改变枝条的角度和方向。

竞争枝常采用以下三种方法处理：①过旺者或无空间者疏除；②有空间者培养为结果枝组；③代替延长枝，将原延长枝疏除。梨树竞争枝一般不采用重截或极重截，也不宜将延长枝和竞争枝同时重短截，更不宜将竞争枝缓放不剪。但若出现竞争枝的生长势明显弱于延长枝的情况，可保留竞争枝。

注意树体各级分枝的主从关系，主枝生长势要强于侧枝，主干树形的中心干生长势要略强于下层主枝。否则，会造成主从不分，树形紊乱的现象。这种主从关系从幼树期就要注意培养和调整。幼树期主从不明最常见的就是主枝多头(对生枝或三叉枝)延伸，形成“弹弓叉”“三叉枝”等现象，需依据枝条长势综合运用疏除、缓放、短截等修剪方法突出延长枝的生长优势。延长枝长势弱时，应采取一定的办法，如适当重截来增强长势；实在无法扶持时则进行换头；延长枝下附近有长势较强的侧枝时，应予以控制，压低其角度或予以疏除。

(2)平衡树势　梨树幼树常出现树体长势不平衡现象，如中心干生长过旺(上强下弱)、主枝之间长势不均等。不平衡现象宜早解决，不留至结果期，以免难以处理。

上强下弱树形，要抑上促下。可采用的方法有：疏去原中心干延长枝，利用长势较弱的竞争枝或剪口下第三枝作中心干，使中心干弯曲上升；疏去中心干上长势较旺的大枝，减少上部枝量；基部适当多留枝；主枝开张角度不要太大，以免加重上强现象发生等。

主枝间长势不平衡的树形，可采用旺枝开张角度、弱枝抬高角度的方法。不宜单独采用重短截方法调控枝条生长势，特别是对强旺主枝保留基部、次饱满芽甚至瘪芽的重短截，控制其长势的方法更不可取。

(3)轻剪缓放多留枝　对幼树期树体上萌发的骨干枝以外的枝条，除对发生部位不适宜、过于扰乱树形的枝条进行疏除，对竞争枝适当处理外，其余的一般都应尽量保留，有的作为辅养枝，有的用来培养结果枝组，即使是背上枝条，也可于生长季节将其开张角度培养成结果枝组。对于所保留的枝条，应实行轻剪缓放，促进成花。

2. 初果期

进入初结果期的梨树，枝量迅速增加，开始开花结果。整形修剪的中心任务是继续完成整形，调整树体结构和长势；多留辅养枝，充分利用辅养枝结果；大力培养结果枝组，为盛果期奠定基础。

(1)树体结构的调整和完善　初果期树体顶端优势强，易出现中心干过强现象，上部发育枝多且旺，成花少，可采用换头方法加以控制。此外，需及时疏除树冠内密挤交叉枝和背上直立枝；调整主侧枝延伸角度和方位，过高者利用背后枝换头，过低者利用背上枝换头；加大骨干枝尖削度，使骨架牢固。

(2)辅养枝利用和控制　中心干和主枝上保留下来的辅养枝，是初果期的主要结果部位，其枝叶制造养分，辅养树体。辅养枝多轻剪缓放，促使花芽形成；结果后有空间者按永久性辅养枝培养，并疏除其上旺枝，维持开花结果；延伸过长的辅养枝及时回缩更新，防止结果部位外移；采用“逢三去中间”的原则，疏除过密辅养枝，全树花量充足，可一次性疏除，花量不足的留花芽去发育枝，结果后再疏除。

(3)结果枝组类型和配置　树冠内以中型结果枝组为主，大型枝组占空间，小型结果枝组填补空间。密植梨树，以中小型枝组为主，大型枝组为辅。

有些萌芽力高、成枝力极低的品种，易形成短果枝，且不易发生长果台枝的品种，如早酥梨和黄金梨等，对其长枝连续缓放，将其培养成单轴长辫形枝组。对发育枝连续短截培养，则形成多轴紧凑型枝组，成枝力强、果台枝发达的品种可培养成多轴紧凑型枝组。多轴紧凑型枝组虽结果量上升慢，但结果稳定，容易更新复壮，结果年限长。短果枝群是梨结果枝组的一种特殊形式。由于梨的某些品种短果枝结果后抽生的果台枝，仍为短枝或短果枝，如此多年结果后，即形成由很多短果枝聚积而成的短果枝群。

一些梨品种如黄金梨、黄花梨、丰水、苍溪雪梨、脆绿和西子绿等，具有腋花芽结果特性。腋花芽所形成的果实小、质量差，应依据花芽量适当短截。若花量少时，在长度 30～50 cm 的腋花芽枝上，剪留 3～5 个腋花芽，使其结果后形成小型结果枝组。

3. 盛果期

梨树一般在 5～6 年以后进入盛果期。此时树体骨架已形成，结果枝组布满树冠；树体生长势规律性变化，表现为盛果初期生长势较强、中期强健、后期下降，旺长枝条出现“复幼”现象；枝量增加，可能郁闭，结构混乱，光照不足；结果能力强，产量逐年增加至最高水平。整形修剪目标是调整生长势，维持树冠大小，维持其良好的结果能力。梨树寿命长，正常管理时盛果期可维持 20～30 年及以上。盛果期整形修剪的主要原则如下：

（1）限制树高，调控主侧枝延长枝　密植梨园树高一般控制在 3.5 m 以下，对于有中心干的梨树，进入盛果期后要适时落头。向行间伸展的主枝延长枝延伸至一定范围后，缩放结合，控制其生长。有空间的则轻剪，短截延长枝的 1/4～1/3，刺激发枝，保持一定的生长势；无空间的则在适宜分枝处回缩。选用中弱枝带头，控制主枝前部的生长势，达到抑前促后的目的。保留行间 2 m 左右的作业道。向行内伸展的主侧枝，一般在进入盛果期后即可间隔的出现交叉碰头现象，修剪时根据其生长和花芽情况，有缩有放，互相让路。

（2）控制背上大型枝组　背上大型枝组有空间者，选留合适的斜生枝回缩，改成中型枝组；无空间以及无合适的回缩部位时则疏除，特别是花芽少的背上大型枝组，若附近有较好的中小型枝组，可一次性疏除。

（3）疏除过密枝和交叉重叠枝　整形前期留下的枝组，包括临时性辅养枝，进入结果多年后，由于枝组扩大和枝量增加，无空间的枝可疏除，交叉重叠枝有放有缩，达到“大枝稀，小枝密；外围稀，内膛密”的效果。

（4）三套枝修剪　在冬季修剪过程中，选留一部分结果枝，用于当年开花结果；缓放一部分枝条作为预备枝，使其当年形成花芽，用于下一年结果；短截一部分营养枝，促发分枝，增加枝叶量，第二年形成花芽，用于第三年结果。此种修剪方法，可调整结果枝与营养枝比例，克服大小年结果现象。

（5）结果枝组的修剪　根据生长发育规律和生长结果状况，调节结果枝组大小，更新复壮，维持其健壮生长和结果能力。大型枝组可缩剪为中小型枝组，无结果能力者疏除，另培养新枝组替代。

结果枝组更新是指通过修剪使结果枝组内或结果枝组间的果枝，轮换交替结果，保证每年都有一定的果枝结果，防止出现大小年结果现象。当然也包括培养新结果枝组替换无结果能力的老结果枝组。结果枝组复壮指大中型结果枝组衰弱时，通过修剪调节，恢复其长势和结果能力。当枝组后部出现短枝顶芽瘦弱，连续多年不成花时，被认为是开始衰弱的表现，其复壮方法包括：疏前养后，疏除枝组前部萌发的旺枝，避免生长势外移，使枝组紧凑；回缩复壮，回缩至适宜的分枝处，壮枝壮芽带头，既改变枝组的延伸方向，使枝组弯曲延伸，迫使养分流向后部分枝，又缩短枝轴；衰老枝组采用去弱留强、去斜留直、去密留稀、少留花果等方法。

生长健壮的小型枝组，其上多为短枝或短果枝，不必进行修剪。生长健壮的中型枝组，有空间则适当短截先端营养枝，促进分枝和向前延伸；无空间则弱枝带头，多留花果，以果压势。生长势弱和结果能力下降的中型枝组，则回缩改造为小型枝组；内部果枝轮换更新，使其结果部位不远离骨干枝。生长势中庸的大型枝组，前后长势相近，成花结果正常，维持枝组内结果枝、预备枝和营养枝的比例，延长枝缩放结合，以实现枝组内轮换结果；长势衰弱的大型枝组，回缩复壮，防止枝组生长势外移，造成枝组前强后弱的状况；背上直立的大型枝组改变其延伸方向，下垂者抬高角度。

短果枝群的修剪，以短果枝群结果为主的品种，采用去弱留强、去平留斜、去远留近等方法，精细修剪。每个短果枝群中留不超过 5 个短果枝，其中 2 个结果，2～3 个作预备枝，破顶芽修剪。

4. 衰老期

衰老期的修剪目标是培养和利用更新枝，恢复树冠，延迟衰老。修剪以控（花果量）为主、促控结合，以重（重截回缩）为主，轻（轻剪）重结合。

（1）下落中干，回缩主枝　衰老树根系和树冠均有向心生长现象，新生的枝、根靠近树干部位。降低树高，减少树冠，缩短冠根距离，有利于树冠和根系的营养交换和树冠恢复。

有中心干树形，中心干下落至主枝或大型辅养枝处，而且其对侧处最好有一个“跟枝”，有利于对回缩伤口的遮光保护和营养输送，加速伤口愈合。骨干枝回缩复壮，采用背上枝换头，以抬高骨干枝和枝条的生长角度，复壮生长势。主侧枝全部回缩至壮枝和壮芽，结果枝组去弱留强，集中养分供给花果生长。

（2）更新枝组，育新为先　适当多利用背上枝组，适度减少负载量，分期、分批更新结果枝组。选择大中型枝组，在拟回缩部位，先通过环剥、绞缢等方法促发新枝，培养 1～2 年形成枝组后，再回缩去除原枝。衰老树初期，可将枝条回缩至二、三年生部位，选留生长直立、健壮枝条作为延长枝，促使后部复壮。

梨树潜伏芽寿命长，树体严重衰老时，通过重剪刺激，利用隐芽所萌发的徒长枝，一部分在枝条饱满芽处连续中短截，培养骨干枝，扩大树干；另一部分通过缓放、短截等并用，培养新枝组。一般通过 3～5 年调整，即可恢复树势。

三、不同物候期的修剪特点

1. 休眠期的修剪

梨树休眠期的修剪在秋季落叶后至春季树液流动以前进行，也称冬季修剪。休眠期树体贮藏养分较为充足，修剪枝芽有利于集中利用贮藏养分，促进树体生长。采用疏除、回缩、短截等修剪方法，疏除病虫枝、密生枝、徒长枝、过多过弱的花枝等无用枝条，回缩过长过大的辅养枝、大型枝组或衰弱的主枝头等，短截一年生延长枝，以扩大树冠和延长生长，调整骨干枝和结果枝组的角度和生长方向。大的剪锯口须涂抹伤口愈合剂进行保护。

2. 生长期的修剪

生长期的修剪在春季萌芽后至秋冬落叶前进行，包括春季、夏季和秋季三个时期，统称夏季修剪，目的是改善树体内通风透光条件，提高内膛枝芽质量。芽萌动后，可进行花前复剪，疏除枝干上过多萌芽，减少养分消耗。对生长过旺、萌芽率低、成枝力弱的品种，可采用延迟修剪，去除先端萌芽，促进腋芽萌发并削弱树势。夏季在新梢旺盛生长期采用摘心、扭梢、开张角度等方法，缓和树势，改善内膛通风透光条件。秋季在新梢停长至落叶前，采用疏除过密或过大枝、拿枝、拉枝、开张角度等方法进行修剪。由于带叶修剪，生长季修剪养分损失比较大，总体削弱树体生长，以轻剪为主。夏季修剪可减轻冬季修剪用工，常常冬夏剪相结合，以提高整形修剪效果。

第四节　梨整形修剪实践

一、老、劣梨园的改造

当梨园存在品种老化，果品市场竞争力弱；树体衰老，产量低；密度过大，品质差；树形混乱，经济效益低等任何一种情况，均需要改造。老、劣梨园改造技术包括：高接换优，更新品种；科学间伐，改变密度；改变树形，调整树体结构；伐树更新，重新建园等。

1. 放任树的修剪

多年放任不修剪的树大枝多而密，无主次之分，内膛枝直立、交叉混乱，树冠内透光性差，结果枝组少且寿命短。整形修剪的基本原则是：因树修剪，随枝做形，多疏少截，不急于求成。

(1)确定骨架，调整从属　树形结构的调整是修剪改造的核心工作，关系到骨干枝的牢固性和树冠的通风透光性。根据目标树形的结构需要，从通风透光的角度，在现有的大枝中选留永久性骨干枝，多余大枝根据从属关系，分 2～3 年逐步疏除。对辅养枝和其他过密过强枝条，采用疏除、回缩、环刻、拧枝等方法进行清理和控制，为骨干枝生长留出空间和养分。

(2)开角缓势，控冠整枝　对选留大枝用撑、拉、压、换头等方法开张主枝角度，削弱其生长势，缓上促下、缓外促内，促进开花结果。

(3)疏控外围，充实内膛　树冠过高时落头处理，疏除外围密挤枝、竞争枝。树冠内疏除病虫枝、过密枝、直立枝，调整各类结果枝组，在树冠内培养大中型结果枝组。

2. 大小年树的修剪

梨树进入盛果期后，坐果率高的品种一旦留果量多，或肥水不足，营养生长与生殖生长的关系失衡，易于出现隔年结果，即大小年现象。

(1)大年控果促花　大年树应控制结果负载量，以节省养分，促进当年的花芽分化。多疏除花芽，多留预备枝，适当回缩花芽量过多的结果枝组。中长果枝打头去花，保持营养生长，破顶换花，在当年形成花芽；中庸营养枝缓放不剪，使其形成花芽在小年结果；生长势弱的结果枝组去弱、去密，选留壮芽和壮枝带头。适当疏除过多、过密的辅养枝和大型结果枝组。

(2)小年保果抑花　小年树多留花，多结果，少留预备枝，保证小年产量。对生长势健壮的一年生枝多短截，保留 1～2 个饱满芽短截，促发新枝，抑制当年的花芽分化。结果枝组在有花的分枝上回缩；无花芽的结果枝组，多短截其上的分枝，少缓放，以减少大年的花芽量。

(3)三套枝培养　按照结果枝、预备枝和营养枝的三枝配套原则，培养结果枝组，既保证当年的结果枝，又留足第二、第三年的预备结果枝，每年轮替结果和更新老枝，可以避免大小年现象，最终达到稳产丰产。

二、不同树种、品种的整形修剪

梨树在我国生产栽培的品种很多，不同树种、品种在树体生长势、萌芽率、成枝力和开花结果习性等方面有一定差异，整形修剪技术需要根据树体生长特性进行相应的调整。

1. 秋子梨系品种修剪

生产中栽培较多的秋子梨系品种是南果梨、京白梨、鸭广梨、小香水、花盖梨等。秋子梨适合冷凉及较寒冷地区栽培，对土壤及立地条件要求不严。秋子梨树体高大，干性中强，寿命较长；枝条细软，树冠多开张；芽体小，萌芽率高，成枝力较强，顶芽延伸力强。幼树中长枝比例高，短枝比例低，成花晚。多数品种以短果枝结果为主，部分品种具有腋花芽结果特性，不易形成短果枝群，果台枝连续结果能力差，枝组更新能力弱。

整形修剪宜采用有中心干的小冠疏层形、纺锤形等树形。一年生枝宜少短截多长放，适当疏除；枝组间距适度增加；减少外围留果量，防止骨干枝头下垂，保证延长枝正常延伸；及时回缩多年生枝结果枝，抬高枝头，恢复生长势。

(1)南果梨　自然实生品种(也称为“偶然实生品种”)，原产辽宁鞍山。幼树树姿直立，极性强，抱合生长。成年树树体高大，生长健壮，树冠开张，先端披散下垂。萌芽力和成枝力强，延长枝第二芽极易形成竞争枝，潜伏芽寿命长。以短果枝结果为主，容易形成腋花芽，短果枝群连续结果能力强。幼树期短截中心干和主枝延长枝，其余枝条不短截。短截过多易造成树冠郁闭，有空间的强旺枝采用先放后截的方法培养枝组，枝条缓出花芽以后适当回缩。盛果期树结果枝和营养枝比例保持在 1∶(2～3)，注意控制树冠外围和上层枝量，保证树体通风透光。

(2)京白梨　原产北京门头沟区。树势健壮，成枝力强，长枝短截后可萌发 3～4 个长枝。幼树枝条直立，大树较开张，枝条细而密，结果后易下垂。以短果枝结果为主，果台枝多为 1 个，少数 2 个，连续结果能力差，不易形成短果枝群，短果枝寿命短。中长营养枝和果枝延伸能力强，分枝能力强，隐芽寿命长，利于枝组和骨干枝更新。幼树期整形修剪，长留骨干枝延长枝，适当多短截，有利于扩大树冠和增加枝条密度。盛果期修剪，疏除过密长枝，以改善光照条件。小型枝组或短果枝都不耐修剪，可不修剪。利用中长枝缓放培养枝组，结果后可回缩至强分枝处。骨干枝两侧枝组，短截延长枝，甩放其上的中长枝或果枝。

2. 白梨系品种修剪

白梨系品种在我国分布广、栽培多，代表性优良品种包括砀山酥梨、雪花梨、鸭梨、秋白梨、慈梨、苹果梨等。大多数品种树体高大，干性强，寿命长。幼树枝条较直立，生长旺盛，随树龄增大树冠逐步开张，萌芽率高，成枝力中等或较弱，短枝多。以短果枝结果为主，部分品种具有中长枝结果和腋花芽结果能力。潜伏芽寿命长，骨干枝易更新。果台枝数量因品种而异：鸭梨、栖霞香水梨、黄县长把梨等果台枝多为 2 个，短而健壮，易于形成短果枝群；雪花梨、慈梨等果台枝多为 1 个或没有，结果后自疏现象严重；秋白梨果台枝发生能力介于二者之间。

整形修剪宜采用有中心干树形，注意防止上强下弱，限制极性生长，开张主枝角度。幼树少疏，延长枝长留，主枝开角不宜过大，以免中干过强。辅养枝适当甩放，拉大角度，促进短枝形成花芽。树冠内膛容易形成多年生大枝，需及时疏除、回缩，以改善树冠内通风透光状况。及时更新枝组，特别是短果枝群的更新复壮，维持枝组结果能力。

（1）鸭梨　原产河北，在河北、山东、山西、陕西等地广泛栽培。树体生长势中强，萌芽率高，成枝力弱。长枝短截后，一般萌发 1～2 个长枝。长枝甩放，顶芽延伸力强，其下发生少量中枝、大量短枝，易形成腋花芽。枝条自然开张，并有弯曲现象。大树以短果枝结果为主，果台枝少或无，连续结果能力强，形成“鸡爪枝”式的短果枝群。

幼树较开张，生长势中等，长枝较少，短枝较多。幼树整形时，一年生枝适当短截或刻芽，促发中长枝形成，再甩放促生短枝。主枝延长枝短截，以利于扩冠；其余枝条应轻剪缓放不疏枝，以利于结果，结果后酌情回缩。盛果期树，短果枝群进行细致修剪，短果枝多，可短截中长果枝，作为预备枝；对分枝多而生长弱的果枝群，疏弱枝弱芽，集中养分。有空间者，中长果枝先截后放，培养大中型枝组。鸭梨隐芽更新能力差，结果后期适当保留树冠内徒长枝，用于更新复壮。

（2）雪花梨　原产河北，在北方梨产区广泛栽培。树体干性强，生长势中强，萌芽力和成枝力中等。长枝短截后，可萌发 2～3 个长枝。枝条分枝角度小，幼树直立，大树开张。以短果枝结果为主，中长果枝及腋花芽结果能力强。果台枝一般是 1 个或无枝果台，不易形成短果枝群，短果枝寿命短，结果部位外移快。

幼树修剪以轻剪长放为主，多留枝。主枝延长枝长留，以利于开张角度，防止中心干过强，或树体出现上强现象。雪花梨枝条较软，为了形成牢固的树体骨架，各级骨干枝延长头短截留长度 50～60 cm。剪口留外芽，以利于开张枝条角度。结果树根据先截后放或先放后缩的方法，培养各类结果枝组。短果枝不必修剪，注重更新中长枝形成的枝组。雪花梨容易出现大小年结果，应按照三套枝修剪方法，保留约 35％花芽结果，缓放 30％中庸枝使其成花，短截 35％中枝使其发枝，保证每年有足够的结果枝，并形成强有力的预备枝。及时疏除细弱枝，以集中营养保持壮枝结果。雪花梨果台抽枝能力低，冬剪时利用破台换枝的方法，修剪结果 2～3 年的细弱果台枝，刺激果台抽梢。短截过量花枝，刺激形成新的果枝，以花换花，稳定产量。

（3）砀山酥梨　原产安徽砀山及其周边地区，是我国中部地区的优良品种之一。树势较强，萌芽率高，成枝力中等。以短果枝结果为主，腋花芽结果能力强，果台枝 1～2 个，连续结果能力弱。

幼树生长直立，分枝角度小，修剪时注意轻剪长留，下部主侧枝要早开角，多留枝，以牵制中心干的过旺生长。中心干过强者，可通过环剥、绞缢等方法削弱。结果枝组可采用先放后缩的方法培养，小型枝组无须每年修剪，大中型枝组需缩前促后，防止结果部位外移。短果枝和短果枝群受修剪刺激，易形成健壮中长枝，枝干及结果枝组易于更新复壮。

（4）佛见喜　原产河北兴隆和北京平谷交界山区，来源不详。树势中等，干性强，树姿半开张，萌芽力强，成枝力中等。以短果枝结果为主，果台枝 1～2 个，连续结果能力中等。

宜采用圆柱形树形、自由纺锤形等有中心干树形。树高控制在 3 m 以内，以利于防鸟网铺设及栽培管理。通过刻芽、拉枝等方法，圆柱形三年可完成整形，中心干上培养20～25个结果枝组，枝组的枝轴与中心干夹角以70°～90°为宜，在新梢长至25 cm时，用牙签开张角度。通过加强肥水管理、以果压冠以及少疏多留和短截长放等方法培养中庸略强的树势，控制树高和冠幅。在不影响树体结构的前提下尽量多留枝，合理疏剪重叠枝、交叉枝、直立枝，增加结果部位。

(5)玉露香　亲本"库尔勒香梨×雪花梨"。幼树生长势强，结果后转中庸，树冠中大，树姿较直立，萌芽率高，成枝力中等，长枝短截后可抽生1～2个长枝。幼树以中长果枝结果为主，成龄树以短果枝结果为主，中长果枝及腋花芽具有结果能力。

幼树期提倡刻芽、拉枝、甩放、少疏枝，加速成形，促进早结果。盛果期避免树体郁闭，控制内膛枝、徒长枝，保证通风透光。结果后期的树适当增加修剪量，增强树势，延长结果寿命。及时回缩多年连续结果形成的短果枝群和衰弱枝，维持结果能力。

(6)黄冠　亲本"雪花梨×新世纪"。树势强，萌芽力强，成枝力中等。以短果枝结果为主，幼树具有腋花芽结果能力。果台枝多为2个，连续结果能力强。

幼树以轻剪缓放为主，主枝延长枝轻剪，避免外围枝条过多和结果部位外移。通过拉枝、刻芽、扭梢、拿枝等缓势修剪，促花促果，防止枝条中后部光秃。

3. 沙梨系品种修剪

沙梨原产于温暖湿润的我国南方和日本，代表性品种包括二十世纪、新世纪、丰水、圆黄等。树冠小，干性中强或较弱，寿命短。枝条粗壮直立，不开张。幼树生长旺，成年树生长中庸或偏弱。萌芽率高，成枝力弱，短枝多，大枝稀疏。日韩梨果台枝多为2个，粗短健壮，易形成短果枝群，大枝不耐更新；我国沙梨果台枝少，不易形成短果枝群，但老枝更新能力强。

整形修剪宜采用棚架整形、圆柱形、细长纺锤形、小冠疏层形等树形。幼树发枝少，应少疏除多留枝，采用短截或刻芽等方法促发枝，以填补空间。成年树需及时调整和培养结果枝组。对于易形成短果枝群者，精细修剪短果枝群；对不易形成短果枝者，可通过枝组缩放和果台枝短截来复壮枝组。原产我国的沙梨品种，骨干枝更新能力强，对一些衰弱或后部光腿的骨干枝，可重落头回缩，更新树冠。日韩梨品种多半不耐大枝更新，注意维持原骨干枝结果。

(1)新世纪　日本选育，亲本为"二十世纪×长十郎"。树势中庸，分枝角度较大，幼树树冠较开张。萌芽力高，成枝力中等，短截后可萌发2～3个中长枝。以短果枝(群)结果为主，易抽生果台枝和连续结果。

整形定干时，刻芽或涂抹发枝素，促进剪口下萌发较多的主枝和尽快成形。初果期树多利用中长果枝结果和培养中小型枝组。短果枝结果后萌发出健壮的果台枝，不需修剪，可形成良好的小型枝组。盛果期树以短果枝和短果枝群结果为主，果台健壮，易抽生果台枝和连续结果，需及时更新复壮。

(2)秋月　日本选育，亲本"(新高×丰水)×幸水"。生长势强健，枝条粗壮，树姿开张。枝条萌芽力低，成枝力较高。以短果枝结果为主，中长枝及腋花芽具有结果能力，大小年结果现象不明显。易抽生果台副梢，多为短枝，连续结果能力中等。

幼树期修剪时，对发育枝轻剪长放，配合拉、坠、别，促进成花，切忌剪截过重，特别是主枝延长枝要轻剪，一般剪留长度为70～80 cm。对主枝，在生长季节要拉枝开张角度。幼树培养结果枝组，可先放后缩。要保留适当的预备枝，缓放成花，实现结果枝和预备枝交替结果。初果期，中长果枝结果后顶端发生的较多果台枝，应适当回缩，以防止结果部位外移。

(3)翠冠 亲本"幸水×(新世纪×杭青)"。树势强健，树姿较直立，萌芽率高，成枝力强，长中短果枝均能结果。幼树以长果枝结果为主，成龄树以短果枝结果为主，花芽易形成，花量中等，坐果率高，无明显大小年现象。

翠冠梨幼树宜多轻剪长放，当年生枝少疏除或不疏除，除留作主枝或侧枝外，将其培养成结果枝组。幼树期剪口芽和上位芽易抽发直立强壮枝，宜多采用里芽外蹬及撑、拉等方法开张枝角，缓和树势，以利于早成花、多成花、早丰产。主枝开张角度60°为宜。部分一年生枝顶端簇生2～3个叶芽，萌发后形成簇状新梢，保留1个新梢，其余抹除，保证单轴延伸。中心干树形，疏除中心干顶端附近的枝条，促进中心干中下部芽的成枝率，以防树冠上强下弱。果台枝连续结果能力较差，树势容易衰弱，应适当多短截，以保持树体的生长势。

(4)苏翠1号 亲本为"华酥×翠冠"。树势中庸，树姿较开张，萌芽力强，成枝力中等。一年生枝易于形成腋花芽，结果后大部分形成短枝枝组，也可形成1～2个长枝，早果丰产性好。幼树以中短果枝结果为主，盛果期长中短果枝均可结果，果台枝结果能力中等。

幼树期萌发枝条比较少，修剪应多留枝，多短截或刻芽，有利于整形和扩大树冠，便于培养结果枝组；盛果期树内膛容易枯枝，形成光秃大枝，对结果枝组的长中短果枝和短果枝群要精细修剪，控制结果部位外移。

(5)圆黄 韩国选育，亲本组合"早生赤×晚三吉"。树势中强，树姿开张，枝条萌芽力强，成枝力也较强，枝条分生角度大。果枝结果后可萌发1～3个果台枝或芽，多为一个长果台枝或一枝一芽，或仅发一个果台芽。长果台枝具有腋花芽结果能力。

初结果树以中长果枝的腋花芽结果为主，分枝易延伸成中长枝，同时成花，形成松散的结果枝组。进入盛果期后，转变为以短果枝结果为主。整形修剪应注意结果枝组培养和更新，可采用连续缓放法培养成单轴长辫形枝组。长果枝轻短截形成预备枝，中果枝缓放，利用前部几个发育较好的花芽结果，待结果后回缩成枝组。适当疏除过多的中长果枝和腋花芽，以节省树体养分，避免出现大小年结果现象。

(6)黄金梨 韩国选育，亲本组合为"新高×二十世纪"。生长势强，树姿半开张，萌芽力强，成枝力中等，短枝比例高。以短果枝及短果枝群结果为主，也极易形成腋花芽，早果丰产性能好。果台副梢1～2个，具有连续结果能力，长果台枝具有腋花芽结果能力。成花结果多，当遇到土层薄、肥水管理跟不上的情况时，易造成树势衰弱。

幼树要适当轻剪缓放和多留枝，连续缓放或轻短截，以培养结果枝组。大量结果后，要及时回缩结果枝组，避免形成无枝的空果台，使结果部位外移。精细修剪短果枝群，去弱留壮，去远留近，维持其结果能力。在初果期和花量少的年份利用腋花芽结果，但树势较弱时要适当回缩，以便集中养分，维持树体营养生长和生殖生长均衡。

4.新疆梨系品种修剪

新疆梨系品种以库尔勒香梨为代表品种。新疆梨树体高大，干性强，冠形开张，萌芽力中等，成枝力强，幼树生长势强，长枝多，枝头柔软。以短果枝结果为主，长果枝和腋花芽也可结果，结果能力强，易于稳产高产。

整形修剪宜采用有中心干树形，注意限制树冠扩大和大枝更新，疏剪短果枝和回缩多年生枝，以保证高产优质。

5. 西洋梨系品种修剪

我国目前生产上栽培的西洋梨系品种由欧美引入，包括巴梨、阿巴特、茄梨等。西洋梨树冠大小因品种而异，干性强，寿命短。幼树生长较旺，枝软而直立，树冠不开张。结果树结果部位外移使骨干枝开张下垂，芽体小，萌芽率高，成枝力较强，枝条容易密挤，骨干枝不耐更新。有的品种如巴梨、三季梨等，短枝比例高，易成花，结果早，短果枝易于形成短果枝群，果台枝连续结果能力强；有的品种如茄梨、日面红等短枝比例低，结果晚，不易形成短果枝群，果台枝连续结果能力差；有些品种如红巴梨和红安久梨，具有腋花芽结果特性。

本章小结

梨树整形修剪是梨园栽培管理中技术含量最高的管理环节，影响梨园产量、果实品质和长期收益。整形是通过修剪及相应的技术措施，把幼树树体培养成一个有较大光合面积、能负担较高产量、便于管理的合理树体结构。修剪则利用各种方法控制树体枝梢数量、方位及生长势，包括短截、疏除、回缩、缓（甩）放、开角、刻芽、环剥（刻）、拿枝等。整形修剪的目的是调节个体与群体结构，提高光能利用率，有效地利用空间；调节植株各局部的均衡关系，如地上与地下部的平衡，营养生长与生殖生长的均衡，同类器官间的均衡等；调节植株的营养状况，如去除病虫枝、细弱枝和徒长枝等，减少营养的无效消耗，提高产量和改进品质。

梨树生长和结果特性是指导整形修剪的理论依据，包括干性强弱和生长势、枝条萌芽率和成枝力、结果枝类型、短果枝群连续结果能力等。梨的主要栽培品种来自秋子梨、白梨、沙梨、新疆梨和西洋梨五个种及其杂交种，种类繁多，深入了解不同梨树种、品种的生物学特性，有助于制订合理的整形修剪方案。省力化栽培是现阶段果树生产的发展趋势，简化修剪势在必行，需改变传统大树冠、多级次骨干枝的整形模式，采用适合品种特性、密植栽培和易于修剪的高光效、省力化树形，保证梨园丰产、稳产、优质。

复习思考题

1. 梨整形修剪的理论依据是什么？
2. 比较几种中心干树形的树体结构特点与整形过程。
3. 比较几种无中心干树形的树体结构特点与整形过程。
4. 简述梨整形修剪特点。
5. 简述梨树不同生长发育时期的整形修剪特点。
6. 举例说明梨不同树种、品种的整形修剪特点。
7. 简述梨不同修剪时期的修剪方法。
8. 简述如何确定某个梨园的整形修剪方案。

（朱元娣　编写）

第四章

葡萄的整形修剪

葡萄是葡萄科(Vitaceae)葡萄属(*Vitis* Linn.)植物,是我国南北方多数省区均有栽培的果树之一。葡萄属植物分为真葡萄亚属和麝香葡萄亚属,真葡萄亚属包括68个种,麝香葡萄亚属有3个种。起源于我国的真葡萄亚属约有30个种,目前生产中广泛栽培的主要是欧洲葡萄(*V. vinifera*)及欧美杂种(*V. vinifera* × *V. labrusca*)。葡萄是多年生木质藤本类果树,茎段相对柔软,具有攀缘特性,栽培生产中需要通过整形修剪使其枝蔓空间分布合理,保持树形,延缓衰老,调节树体各部分、各器官间的均衡,调节营养物质、水分的供应,改善光照条件,达到连年优质、高产、高效的目的。

第一节　葡萄的生长结果习性

葡萄树由地上部分(包括枝、芽、叶、花和果实等)和地下部分(根系)组成,根、茎、叶属于营养器官,而花序、果实、种子等属于生殖器官。

一、葡萄的生物学特性

1. 根系

葡萄苗木以扦插繁育和嫁接繁育为主,嫁接繁育时采用实生砧木或无性系砧木,因此,生产中葡萄根系包括实生根系和茎源根系两类。葡萄的大部分根系垂直分布在距地表1 m的范围内,个别可深达6 m,甚至12 m,在距地表0.6 m的区域内,细的侧根构成吸收面积的主要部分。葡萄根系水平分布常在植株周围3 m范围内。

葡萄幼树在前几年中根系以扩大式生长为特点,表现为根系延长生长迅速,骨干根首先横向扩展占领最适宜的土壤空间。通常多集中于40 cm左右的土层中,只有少量根在后期向下部土层扩展,遇到不适宜土层,如黏板层、石层,则反向两侧或向上生长。土壤紧实、积水、缺氧是造成底层根系分布少的主要限制因素。成龄树根系以更新生长为主,大根在不断加粗,细根的延长生长趋缓,地上部营养生长也趋缓,生殖生长进入最佳时期。

春季天气转暖,土壤根层温度达到7~9 ℃时,欧洲葡萄的根系开始吸收活动,表现为“伤流”。当地温上升到15 ℃左右,地上部萌芽1~2周之后,葡萄的根系开始生长。适宜葡萄根系生长的最佳土壤温度为 25 ℃，湿度为田间最大持水量的 60%～80%。葡萄根系在适宜条件下全年皆可生长，没有自然休眠期。在自然条件下由于环境的限制，如冬季低温，根系处于被迫休眠状态。

在整个生长季中，葡萄根系一般有 2～3 个生长高峰，主要生长峰出现在春末夏初，有大量新根发生，表现为生长量大，持续时间长；其次出现在秋季，发根量小于春季，此时正值植株储备越冬时期，加强土肥水管理能够增加贮藏营养，有利于植株安全越冬。在一年一收的模式下，根系生长高峰一般出现在春夏之间新梢停止生长及果实采收后。根系生长高峰与果实发育相反，当年的结果量会明显影响根系生长。随着秋天温度下降，根的生长逐渐减缓并停止，粗根末端木质化，吸收根不发生木质化，于冬季大量死亡，极少数细根保持白色状态越冬。根系生长与地上部生长势、温度条件、土壤湿度和养分状况等相关。葡萄根系与地上部器官呈交替生长的现象，根系年周期生长变化是根系与地上部器官综合平衡的结果。

2. 芽

芽是枝、花或花序尚未发育前的雏体，是没有伸长的枝条，是果树在长期的进化过程中，所形成的适应不良外界环境条件的一种形式。在两个年度的生长发育中，芽起承前启后的作用。根据萌发时间来分，葡萄的芽可以分为三类：冬芽、夏芽和隐芽。

(1)冬芽　为复芽，包括 1 个主芽和 2～6 个预备芽(副芽)。晚熟性芽，当年秋季发育饱满，翌年春天主芽萌发长成新梢。外表被覆有 2 个鳞片，里面密生绒毛，起保护作用。主芽位于芽眼中央且最大，通常比较发达，是一个压缩的新梢原基，有节和节间。依据冬芽的发育程度不同，主芽中可有 10～13 个节位形成，其上交替着生幼叶原基、卷须原基和花序原基。一年生枝条每一节冬芽的分化时间和质量不同，以中部芽较好。

冬芽的主芽受到摘心、机械损伤等刺激，也可在当年萌发长成副梢，即冬芽副梢，并在其上开花结果，因此，葡萄一年能多次结果，这也是我国南方葡萄一年两收的基础。

(2)夏芽　新梢每节的叶腋处有 1 个夏芽，与冬芽并生，属于早熟性芽。夏芽为裸芽，一般展叶后 20 多天即成熟，可萌发为夏芽副梢。夏芽副梢的叶腋内又能形成夏芽，一年中主梢上可多次抽生夏芽副梢，多次形成花芽，开花结果，出现二次果、三次果等。南方鲜食葡萄栽培上也可利用夏芽副梢结二次果，实现一年两熟，提高种植效益。

(3)隐芽　又称休眠芽。冬芽中的副芽常不萌发，围绕在主梢基部而成为隐芽。冬芽中的主芽由于某些原因未萌发，也潜伏成为隐芽。隐芽的寿命较长，重剪可刺激萌发，因此可利用隐芽更新枝蔓，复壮树势。

3. 枝

(1)骨干枝　葡萄的骨干枝包括主干、主蔓、侧蔓等，其主要作用是构成树体骨架和支撑，并起到疏导、贮藏养分的作用。

(2)新梢　也称为主梢，由一年生枝上冬芽中的主芽萌发而来，属无限生长型。由节和节间组成，在节的一侧着生叶，另一侧光秃或者着生卷须或花序。叶腋中有冬芽和夏芽，冬芽一般当年不萌发，夏芽当年萌发成副梢。在新梢基部第三至第五节处着生花序或无，着生花序的新梢称为结果枝，无花序着生的新梢称为营养枝。

新梢是葡萄着生叶、芽、花和果实的重要营养器官，是构成树冠的基本器官。不同葡萄品种新梢枝势存在差异，部分种或品种下垂，表现为新梢细长、柔软，直立性差，往往朝下弯曲生长；有些品种新梢粗壮，直立性强（即枝势直立），如佳利酿；有些则介于二者之间，枝势半直立或半垂斜。枝势是决定不同品种适宜的树形、修剪、绑缚方式，甚至是株行距的重要依据之一。

欧亚种葡萄节间部分通常无其他器官，但在温室或潮湿环境下可长出气生根，扦插时有些品种节间也能生根。有些品种节间表面光滑，无沟纹凹陷或凸起；有些品种节间则棱角明显即多棱。节间横切面大致是卵圆形，宽大的一侧叫腹面，是节上生芽的一侧，窄的一面叫背面，即枝条有背腹性。节间长短是种、品种特征之一。野生种，如河岸葡萄、霜葡萄、夏葡萄、冬葡萄等，节间极长，可达 20～25 cm，新梢长度可达 12 m；而栽培种，如欧亚种、美洲种，则节间中长，一般为 5～15 cm，新梢长 2～5 m。同一品种节间长短与树势、整枝方式等有关。

新梢生长是由单轴生长和假轴（合轴）生长交替进行的。单轴生长指由新梢顶芽向前生长延长的方式；假轴生长指新梢顶端侧芽生长点抽生新梢，将顶芽挤向一边，并代替顶芽向前延伸，此时顶芽即成为卷须或者花序。最初的生长是顶芽抽生枝条，即单轴生长模式；随着节数增加，形成层不断分裂，促使茎的加粗，当新梢长到 3～6 节时，开始假轴生长。两者交替生长，使得新梢上的卷须呈现规律性分布。

（3）一年生枝　是指新梢在秋季成熟落叶后到翌年芽萌发前的枝条。一年生枝大多数是由二年生枝上发出的，也有从多年生部位的隐芽发出的。优良的一年生枝是葡萄次年生长和结果的基础。一年生枝一般略呈扁平形，形态上具有背腹性。

（4）结果母枝　是指着生结果枝的枝蔓，多为二年生枝。

（5）副梢　是指新梢叶腋间由夏芽或冬芽萌发形成的枝条，分别称为夏芽副梢和冬芽副梢。副梢的叶腋间仍然有夏芽和冬芽之分，当年萌发后形成二次副梢，依此类推形成三次副梢或多次副梢。

萌芽后葡萄的新梢随着气温的升高而逐渐加快生长，气温上升到 15 ℃以上时，进入加速生长阶段，20 ℃以上生长最快，日生长量可达 5～6 cm，持续到开花期。由于开花及根系生长的竞争，新梢生长明显放缓。坐果后新梢的生长速度重新增加，此时生产中由于摘心作用，顶端主芽抑制作用消除，副梢也进入旺盛生长阶段，持续到 7 月下旬或 8 月初进入转色期，新梢生长减缓。夏季高温抑制新梢生长，到 38 ℃生长停止。8 月新梢开始进入成熟阶段，从主梢基部往上一节开始成熟变色，直至秋季落叶枝条进入成熟休眠阶段。成熟的枝条呈现品种特有的色泽和条纹，节部明显，冬芽饱满，含水量下降到 60 %以下，有大量的淀粉贮藏积累。

4. 叶片

栽培葡萄的叶为单叶，互生，由叶柄和叶片组成，叶柄较长，基部凹形膨大。叶片通常较大，有锯齿和深浅不同的裂片，通常有五裂片，形成 2 个上侧裂、2 个下侧裂和 1 个叶柄洼。叶片形状有肾形、圆形、心脏形及卵形等。叶片大小、形状、裂刻深浅和形状、叶柄洼、叶齿以及绒毛等特征，根据葡萄种类和品种不同有差异，可作为鉴定品种依据之一。美洲种葡萄一般叶形较大、较厚，色泽较深，三裂，裂刻浅或全缘，叶背密生毡状绒毛；欧亚种葡萄叶形较小，色泽较浅，五裂，裂刻深，叶背无绒毛。

新梢叶片展叶后第一周发育缓慢，第二或第三周进入迅速生长阶段。不同节位叶所需的生长发育时间不同，基部叶需要 30～40 天，中部叶 25～30 天，上部叶 20～25 天。单叶的一生经历四个时期。第一阶段为嫩叶期，在此期间叶片达到应有的大小和厚度，前期生长主要依靠贮藏营养或其他成龄叶片的提供的养分进行生长，达到 2/3 大小时自身制造的营养基本可以自给自足，后期则略有节余。第二阶段为成龄期或功能期，持续约 2 个月，叶片的光合生产进入旺盛阶段，有大量的光合产物输出到周围的果穗、新梢幼叶和新根，同时也有部分输入枝干、大根，供其加粗生长和贮藏营养物质。至后期叶片光合功能趋缓，叶片进入第三阶段即衰老前期，持续约 5 周，制造碳水化合物的能力明显降低，营养集中供应果实成熟和枝干贮藏。最后，叶片进入第四阶段老龄期，表现功能衰退，细胞质解体，叶内光合产物向外转移，花色素显现，白色品种叶片由绿变黄，黑色品种有的叶全部变红，如佳美、紫北塞；有的叶部分变红，如品丽珠、佳利酿；也有的仅边缘或锯齿变红，如西拉、赤霞珠。随着气温下降，叶柄基部产生离层，在秋风作用下开始落叶，完成一生使命。

基部叶最早进入衰老期，因此，果实转色后摘掉基部老叶以使果穗曝光上色，并不会对植株的光合生产造成很大影响，相反，保护好新梢上部功能叶或副梢的成龄叶，不仅有利于果实的成熟，还有利于促进根系的秋季生长和树体的营养积累，进而有利于树体越冬。干旱、病虫害及涝灾都能使叶片衰老而提前落叶。

5. 花序

葡萄花序类型为圆锥花序或复总状花序，由花序梗、花序轴和花朵组成。花序轴包括主轴和各级分支的轴，一般有三级分支。花序在冬芽中形成，其数量在萌芽前已经确定。花序的形成与营养条件极为密切，营养条件好，花序形成则好；营养条件不良，花序的分化也不好。花序一般着生在结果枝的 3～8 节上。欧亚种葡萄每个结果枝上有 1～2 个花序；美洲种葡萄有 3～4 个或更多花序，但花序较小，欧美杂种葡萄一般有 2～3 个花序。花序上的花蕾数量因葡萄品种和树势而不同。发育好的花序一般有花蕾 200～1 500 个，多的可达 2 500 个以上。同一个花序上，一般花序中部的花蕾发育好，成熟早，基部花蕾次之，尖端的花蕾发育差，成熟最晚。因此，同一花序上花蕾的开花顺序依次为中部、基部、顶部。

(1)葡萄花芽分化进程　冬花芽分化从主梢开花期开始，至终花后两周，第一花序原基便全部形成，第二花序原基开始产生，以后发育逐渐减弱，一般在花后 2 个月左右完成第二花序的分化。在此期间，第一花序原基继续分化，营养物质充足时形成完整的花序原基，否则不能形成完整的花序，甚至退化形成卷须。因此，花期是葡萄花芽分化的第一个临界期，此时是形成花序原基还是形成卷须的关键时刻。第二年春季，冬芽中的花序原基继续进行分化发育，营养物质充足可促进花序分化增大，营养不足可能迫使其退化为卷须。这是葡萄花芽分化的第二个临界期。

花序原基分枝分化的多少，即以后花序的大小、花蕾发育是否完全，决定于该时期的营养状况和气候条件。萌芽至新梢展叶期，花序陆续形成花瓣、雄蕊、雌蕊等，7 叶期形成胚珠，10 叶期形成花粉粒，此时花芽分化全部完成。如果在此期间的营养条件不良，则上一年形成的花序原基轻则分化不良，胚珠不发育，并造成大量落花，严重时则花序原基全部干枯脱落。此时树体内的营养物质是否充足，对花器的发育极为重要。

葡萄品种不同，花芽在新梢上的分布节位不一样，一般欧美杂交的节位较低，欧亚种的节位较高。冬季修剪时须结合修剪反应调查，以确定不同品种的剪留长度。新梢上花芽分化的顺序是从基部向上推移的，但以新梢中部芽的花芽分化质量最好。

(2)葡萄花芽分化的特点　包括以下五点：

①长期性。葡萄冬芽的花芽分化自开花前后开始，到第二年萌芽后结束，历时 10～11 个月，持续时间很长。

②阶段性。花芽分化开始的当年只进行到花序原始体的分化，花器官的分化在第二年春季进行。

③早春分化。上一年未进入花芽分化的冬芽可在早春芽萌动时开始花序原始体分化，并转入花器官分化，整个分化过程到萌芽后才完成。

④可塑性。葡萄枝蔓经过剪梢或摘心处理，几天之内就可完成花芽分化，并萌发抽生结果枝，开花结果。

⑤同步性。新梢生长与花芽分化同时进行。

(3)影响葡萄花芽分化的因素　包括温度、光照、矿质营养、内源激素等。

①温度。不同品种花芽分化所要求的温度不同，雷司令和西拉葡萄在 20 ℃下可分化花芽，而白玫瑰葡萄则要求 25 ℃以上。25～30 ℃的温度最适宜葡萄花序分化和花器官分化。

②光照。光强、光照时长均会影响葡萄的花芽分化。强光照条件有利于花芽形成和继续分化，花芽多；弱光照条件下花芽形成和分化会受影响，花芽少。

③矿质营养。生长健壮、成熟度高、营养积累好的枝条，花芽分化好；反之花芽分化不良，少花或无花。矿质营养供应适量、平衡对花芽分化和花器官的发育是必要的。氮素过多抑制花芽分化和花器官发育，氮素缺乏花芽分化受阻；磷和钾可显著促进花芽分化；硼可促进雌蕊和雄蕊的发育，缺硼会导致雌雄蕊发育不全，开花后花冠不能正常脱落。

④内源激素。赤霉素(GA)能促进始原基的形成和卷须的分化，细胞分裂素(CTK)则促使始原基转向花序原基分化。一般生长季葡萄芽内并不缺乏 GA，始原基是否能转向花序原基分化，完全取决于 CTK 水平。GA 对葡萄花芽分化与发育的影响因浓度高低而异，低浓度对花芽分化有促进作用，高浓度对花芽分化具有极显著的抑制作用。CTK 充足则始原基分化成花序原基，进而继续进行花序原始体和花器官的分化，形成花芽，反之则继续进行卷须分化。

(4)葡萄的开花进程　分为花序伸长期、花序分离期、花朵分离期、开花授粉期、坐果期。春季萌芽后随着新梢的生长，花序逐渐伸长、扩展，花朵膨大、分离，当气温上升到 20 ℃左右，花帽由绿变黄，花丝不断伸长，最终花帽从基部开裂被花丝顶落即为开花。花帽脱落后可见雌蕊柱头有闪亮液珠，伴随着雄蕊黄色花粉的散出，柱头受粉而逐渐变褐干枯，胚珠受精，子房开始膨大、坐果。葡萄也可闭花授粉。新梢下部的花序较早开，同一花序基部花蕾比穗尖花蕾早开。大多数品种花朵有效授粉时间一般为 4～5 天，花期一般为 7～12 天。温度高、空气干燥则开花快，21 ℃以上开花最快。低温(15 ℃)阴雨不仅推迟开花时间，还影响花帽脱落和花粉散播。发芽至开花所需要时间一般为 40～60 天，其长短主要与积温有关。在春季温度高的地区或年份，萌芽至开花的时间可缩短至 30 天；在春季长而冷凉的地区或年份，开花延后，最长可延至 70 天以上。

6. 卷须

卷须与花序是同源器官，与叶对生。卷须在节上呈间歇式排列(每连续着生两节卷须后间隔一节不着生卷须)，但美洲葡萄的卷须为连续排列(连续型卷须)。卷须的主要生物学功能是缠绕他物，攀缘延伸，但在栽培条件下卷须的存在已失去其先前的意义。生产中为减少树体营养消耗及对管理造成的不便，一般需及时去除卷须。

7. 果实

花序在开花坐果后形成果穗。果穗由穗梗、穗轴、副穗和果粒组成。果穗因各小穗的发育程度不同而呈现多种状态，包括圆锥形、圆柱形和分枝形等。根据分轴大小和分轴级数，又产生很多变化的穗形，如圆柱形、单歧肩圆柱形、双歧肩圆柱形、带副穗圆柱形、圆锥形、单歧肩圆锥形、双歧肩圆锥形和分歧形。果穗的大小与产量有直接关系，鲜食葡萄品种要求大中型果穗，每穗 500～700 g 为宜。酿酒葡萄一般要求果穗疏松，果粒较小。

葡萄果实为浆果，果粒由果梗、果蒂、果刷、果皮、果肉、种子等组成。不同品种的果粒形状、大小、颜色、果粉、硬度、香味等差异很大。浆果中一般含有 1～4 粒种子。欧亚种葡萄种子一般呈梨形。种子包括种皮、胚和胚乳。

葡萄果实的生长发育经历三个阶段，即浆果形成期、生长停滞期和果实成熟期。

（1）浆果形成期　起始于坐果，持续约 60 天，前期主要进行细胞分裂，细胞数目急剧增加，随后细胞体积迅速扩大，致使果实体积迅速膨大，幼果的日生长量最大可达 0.8 mm。该时期酒石酸和苹果酸迅速合成，但是糖分几乎不积累，单宁在果皮和种子中积累。

（2）生长停滞期　即进入种子发育期，果实体积变化较小，进入生长停滞状态。在生长停滞阶段开始时果实大小至少为最终大小的一半。一般情况下，种子在转色前 10～15 天达到最终大小。早熟品种此期仅为几天，晚熟品种可达 4 周。有机酸和单宁持续积累并在转色前达到最大值。该期结束后果皮开始褪绿，进入转色期。

（3）果实成熟期　果实转色是果实进入成熟阶段的标志，转色期一般只有 8～12 天，果实进入第二次快速生长阶段，直至品种应有大小，同时果实开始变软，有色品种开始着色，糖分迅速积累，有机酸开始降解，风味物质逐渐形成。

不同地区不同葡萄品种物候期时间差异较大。陕西关中地区露地栽培条件下，葡萄一般 3 月底至 4 月初萌芽，5 月上旬开始开花，花期 15 天左右，6 月中旬进入果实膨大期，7 月上旬开始进入转色成熟期，8 月中旬至 9 月底葡萄果实成熟。

二、葡萄生长发育的环境条件

1. 温度

葡萄属喜温果树。当日平均气温达到 10 ℃以上时，芽开始萌发。新梢生长和花芽分化最适温度为 25～30 ℃，气温达到 40 ℃以上时叶片受伤害，果实发生日灼。浆果成熟适温为 28～32 ℃，低于 14 ℃和高于 38 ℃对果实的生长都不利。从萌芽到果实充分成熟需要一定的热量，即≥10 ℃的活动积温。不同品种对积温要求差异较大，早熟品种所需的活动积温一般为 2 000～2 400 ℃，而极晚熟品种所需活动积温则需达 3 500 ℃以上。有效积温不足，浆果含糖量低，含酸量高，着色差，品质下降。

2. 光照

葡萄是喜光植物，对光照非常敏感。光照充足，植株生长健壮充实，花芽分化好，浆果着色快，品质好，产量高；若光照不足，枝条细弱节间长，组织不充实，花芽分化不良，产量低，品质差；但光照过强，果实易发生日灼。

3. 水分

葡萄的根系发达，吸水能力强，具有较强的抗旱性，但幼树抗性差。一般葡萄在萌芽期、新梢旺盛生长期、浆果生长期内需水较多。开花期阴雨或潮湿天气，影响正常开花授粉；浆果成熟期降水量大，影响着色，引起裂果，加重病害，降低品质；生长后期雨水过多，新梢生长结束晚，枝条成熟差，不利于越冬。

4. 土壤

土壤条件和耕作制度影响根系的分布，实行化学除草或免耕法管理的葡萄园，根系在浅表层分布较多，易受外界条件（主要是干旱）的影响而不稳定。生草制葡萄园，草与葡萄根系进行水养竞争，干旱条件下植株易加剧缺水而影响产量。中耕浅锄能适当切断表层根系，迫使根系向下生长，增加抗逆性。种植葡萄前的土壤深翻施肥是保证葡萄根系正常生长发育的重要前提。葡萄对土壤的适应性很强，除了极黏重的土壤和强盐碱土外，一般土壤均可种植，以土层深厚肥沃、土质疏松、通气性良好的沙壤土最好，土壤过于黏重影响浆果品质。土壤的 pH 在 5.0～8.0 的范围内，葡萄均能正常生长；葡萄在土壤 pH 为 6.0～7.5 时，生长最好；pH 超过 8.3～8.7 时，易发生黄叶病或叶缘干焦。土壤含盐量达 0.23%时，葡萄开始死亡，尤其是幼龄葡萄更不耐盐碱。

第二节　葡萄常用树形及培养过程

一、葡萄常用架式及其特征

二维码 4-1
葡萄常用树形
(PPT)

葡萄属于木质藤本类果树，茎段较为柔软，带卷须，具有一定攀缘特性，因此，生产中需要通过搭建支架进而为其提供良好的生长环境。葡萄支架的形式称之为架式。葡萄的架式多种多样，生产中常用的架式有篱架、棚架和柱式架等。架式与葡萄树形（二维码 4-1）息息相关。

1. 篱架

架面与地面垂直或略倾斜，沿着葡萄行向每隔一定距离设立支柱，支柱上拉拉丝，葡萄枝叶在架面上分布，似篱笆。篱架具有通风透光好、管理方便、适宜密植等优点。根据篱架形式不同，又可分为单篱架、双篱架、Y 形架和 T 形架等。

（1）单篱架　每行葡萄立一排或两排支柱，支柱之间相距 6～8 m，根据地区和品种株型大小不同，架高 1.5～2 m，每行支柱上拉 3～5 道拉丝。单篱架栽培的葡萄形成的叶幕为篱笆（壁）形，一般主要用于酿酒葡萄生产中，可与厂字形、单干单臂形、单干双臂形、多主蔓扇形等树形配合使用，具有通风透光条件好、田间管理方便、利于机械化作业、便于密植、能够早期丰产等优点，但其叶幕小，光能利用率相对较低，不利于实现高产的目标（彩图 4-1）。

（2）双篱架　每行葡萄设两排支柱，架高 1.5～1.8 m，篱架基部两壁间距 50～70 cm，顶部间距 80～100 cm，在支柱上拉 3～4 道拉丝，将枝蔓分别绑在两侧的篱架上。双篱架适用于鲜食葡萄或酿酒葡萄等的栽培，可与多主蔓扇形等树形组合搭配使用。与单篱架相比，虽然单位面积上有效架面大大增加，能够充分利用光能，单位面积产量较高，但通透性差，病害不易控制，管理工作量较大。因此，该架形目前逐渐被淘汰，仅在内蒙古、河北等极少数地区能见到(图 4-1)。

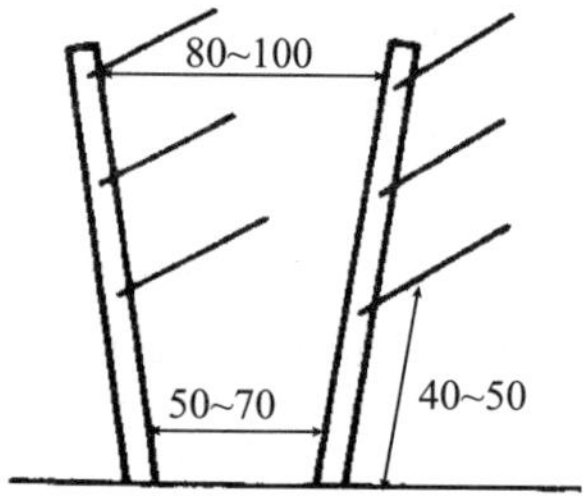

图 4-1　葡萄双篱架
(单位:cm)

(3)Y 形架　指在单篱架支柱上加 2 道横梁，下部横梁长 0.6～0.8 m，上部横梁长 1.0～1.2 m，形似 Y 形。全架分为 5 道拉丝，第一道拉丝位于横梁下方的立柱上，一般距地面高0.8～1.2 m；横梁两端各拉 1 道拉丝，下层横梁距第一道拉丝高约 0.3 m；上层横梁距下层横梁高 0.4～0.6 m(彩图 4-2)。Y 形架栽培形成的叶幕为 V 形叶幕，主要适用于鲜食葡萄的栽培，可与厂字形、单干单臂形、单干双臂形、多主蔓扇形等树形配合使用。与单篱架相比，该架形葡萄叶幕层增大，叶面积系数升高，光能利用率提高，结果部位高，通风透光好，浆果品质优，单位面积产量有效增高，是目前国内鲜食葡萄栽培使用最普遍的架形。

(4)T 形架　由立柱、1 道横梁和 5 道拉丝组成。第一道拉丝位于立柱距地面 120～140 cm 处；横梁距第一道拉丝上方 30～40 cm，在横梁两边距离立柱 35 cm 和 70～80 cm 处各拉 1 道拉丝，架面共 4 道拉丝(彩图 4-3)。该架型形成的叶幕为“V＋水平”形叶幕，克服了水平棚架栽培时摘心、疏果等需多次抬头、举手，或站在凳子上操作易摔伤，以及 Y 形架栽培时摘心、疏果等需多次弯腰、下蹲，顶端优势强摘心次数多等问题，不仅能提高劳动效率，缓和树势，提高坐果率，改善果实着色，提高品质，还适合机械化绑蔓和剪梢、环剥或环割等操作。

2. 棚架

架面呈水平或倾斜状，呈“荫棚”状，葡萄枝蔓主要分布在离地面较高的顶上，故称棚架。以架面与地面所呈角度可分为水平棚架和倾斜棚架，按架面大小又可分为大棚架和小棚架。棚架栽培可以使土肥水管理集中在较小的范围内，地上部可利用较广的空间。在冬季需埋土地区可采用行距较大的棚架，在高温多湿地区宜采用离地较高的棚架。但是，棚架整体管理较为不便，特别是矮棚架及低矮的倾斜部分，难以实行机械化管理，夏季修剪不及时，则棚面易荫蔽，加重病虫害的发生。

(1)倾斜大棚架　一般架长 8～10 m，架的后部(靠近植株基部)高 1.0～1.2 m，前部高 2.0～2.5 m。一般适用于山石坡地葡萄园，在利用地形复杂的山坡地方面具有显著的优越性，但是在平地条件下，由于行距过大而不利于充分利用地力和实现早期丰产，以及由于葡萄枝蔓很长，不易维持前后部生长的平衡。该架形一般与龙干形配合使用(图 4-2)。

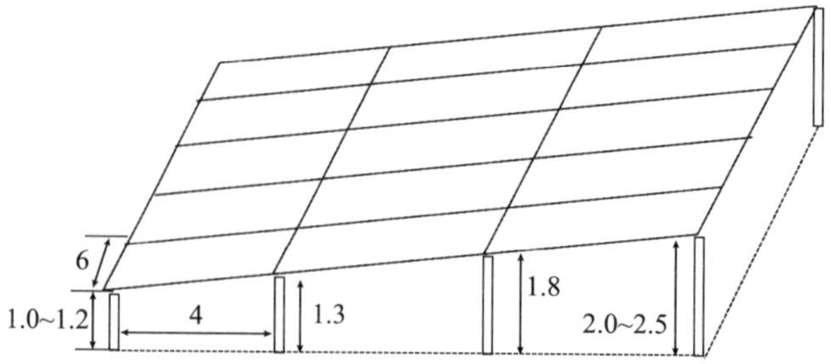

图 4-2　葡萄倾斜大棚架(单位:m)

(2)倾斜小棚架　在形式上与倾斜大棚架基本相同，仅倾斜度较小，架面较短，架根高1.3～1.5 m，架梢高1.8～2.2 m，架长为4～6 m。其优点为架长和行距缩小，单位面积栽植密度增加，容易早期丰产，加大植株与地面角度，管理方便，植株体积缩小，较易保持树势和产量的稳定，衰弱的枝蔓也易更新(图4-3)。

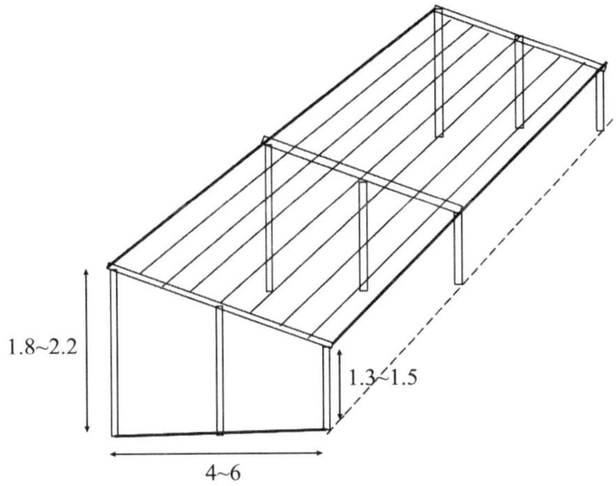

图4-3　葡萄倾斜小棚架(单位：m)

(3)水平棚架　一般架高1.8～2.0 m，立柱间纵横网状拉丝，间距30～50 cm，架面呈水平分布，故其叶幕一般也呈水平状(彩图4-4)。水平棚架栽培时肥水管理集中，叶幕层面积增大，叶面积系数升高，光能利用率提高，同时叶幕较高，通风效果好，病害较轻，通常适用于设施栽培和休闲观光葡萄园。水平棚架一般与H形树形、一字形树形配合使用。

3. 柱式架

柱式架采用木棍或单柱给葡萄枝蔓支持。一般干高和柱高一致，为1.0～1.5 m，主干上保留4～5个结果母枝，新梢不加引缚，任其自然下垂生长。当主干长到足以支撑其自身重量时，可去掉支柱，成为无架栽培(彩图4-5)。

二、葡萄树形及其培养过程

目前生产中栽培的葡萄多为欧亚种葡萄或欧美杂种，其抗寒性较差，当年最低温度低于－15 ℃时，则需要将葡萄埋入土中以防止树体受冻。因此以－15 ℃为基础将我国葡萄栽培区分为埋土防寒区与非埋土防寒区。近年来，埋土防寒区普遍采用的树形为厂字形(倾斜式龙干形)，而非埋土防寒区采用的树形则较为多样，包括单干单臂形(倒L形)、单干双臂形、一字形、H形等。

(一)厂字形

1. 树体结构

厂字形倾斜主蔓一条，基部几乎与地面平行，以较小的夹角(小于15°)沿行向逐渐上扬到第一道拉丝而形成一条多年生的水平臂，水平臂长度与株距等长。水平臂高度距地面一般为

0.6～0.8 m，在夏季降水量较大、空气湿度高、病害较严重的地区水平臂可提高至1.0～1.2 m。水平单臂上配置6～10个结果枝组，间距15～20 cm，具体数量视臂长（株距）而定，每个结果枝组上留1～2个结果母枝（彩图4-6）。

2. 整形要点

（1）定植当年　苗木萌芽后选留一个生长健壮的新梢，垂直向上生长，当高度超过220 cm（或8月下旬）截顶，促进新梢成熟。冬季修剪时视一年生枝的粗度（剪口下枝条粗度达到5 mm），最多保留180 cm进行剪截。

（2）第二年　春季萌芽前按同一方向将一年生枝按要求斜拉至前一株之上的第一道拉丝，并将超出部分水平绑缚于第一拉丝，在水平干上选留适量新梢垂直沿架面生长，倾斜干上萌发出的萌蘖枝全部抹除。冬季修剪时，将单臂顶（前）端的一年生枝按中长梢修剪（长度不宜超过下一个植株），其余按一定距离进行短梢或中梢修剪（视品种而定）。若为中梢修剪应在邻近部位留2～3芽的预备枝。

（3）第三年　春季萌芽前枝蔓按原位上扬绑缚第一道拉丝，水平蔓顶（前）端一年生结果母枝继续沿着水平蔓向前水平绑缚，萌芽后原水平蔓和前端新延长的水平蔓上选留一定量的新梢（间距10～15 cm，视品种而定）垂直沿架面绑缚。冬季修剪时按预定枝组数量进行修剪，即单臂上形成3～4个结果枝组，每个结果枝组上选留2～3个结果母枝进行短梢或中梢修剪。若为中梢修剪应在基部留2～3芽的预备枝1个，其余按4～6芽修剪（图4-4）。

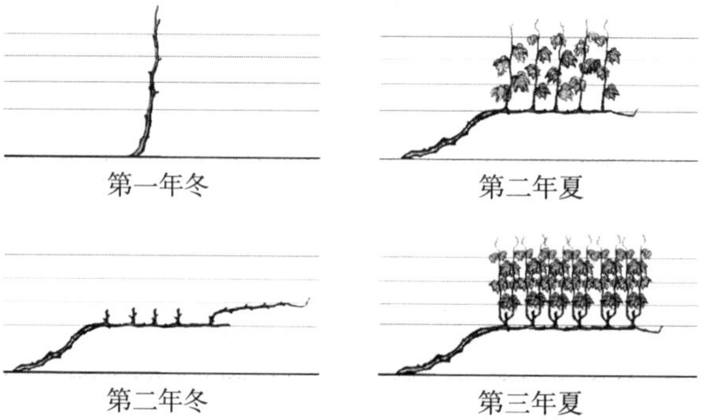

图4-4　葡萄厂字形整形过程

3. 树形特点

厂字形成形快，结果早，光照条件好，结果部位一致，可有效防止结果部位外移，易于实现葡萄园机械化生产，便于埋土防寒，是目前埋土防寒区葡萄生产中应用最广泛的树形，适用于酿酒葡萄的单篱架栽培或鲜食葡萄Y形架栽培。为了便于机械化管理，建议新建葡萄园的行距不低于3 m，株距1.0～1.5 m。

（二）单干单臂形

1. 树体结构

单干单臂形直立主干一个，高度70～120 cm（与架面第一道拉丝等高）。沿第一道拉丝在主干顶端选留一条水平臂，其长度与株距等长，水平绑缚在第一道拉丝上。在单臂上配置6～

10 个结果枝组，结果枝组间距 15～20 cm，每个结果枝组上留 1～2 个结果母枝(彩图 4-7)。

2. 整形要点

(1)定植当年　幼苗的整形修剪过程与厂字形一致。

(2)第二年　春季萌芽前将一年生枝垂直地面牵引至第一道拉丝，第一道拉丝以上部分沿同一方向水平绑缚于第一道拉丝。萌芽后在水平臂上选留适量新梢垂直沿架面生长，垂直主干上新梢或萌蘖枝全部抹除。冬季修剪时，将上一年已形成水平臂顶(前)端的一年生枝按中长梢修剪(长度不宜超过下一个植株)，其余按一定距离进行短梢或中梢修剪(视品种而定)。若为中梢修剪应在邻近部位留 2～3 芽的预备枝，当年选留的另一个臂留 4～6 芽修剪。

(3)第三年及之后　春季萌芽后，水平臂上选留一定量的新梢(间距 10～15 cm，视品种而定)垂直沿架面绑缚，垂直主干萌发的萌蘖全部抹除。冬季修剪时，按预定枝组数量进行修剪，即单臂上形成 3～4 个结果枝组，每个结果枝组上选留 2～3 个结果母枝进行短梢或中梢修剪。若为中梢修剪应在基部留 2～3 芽的预备枝 1 个，其余按 4～6 芽修剪(图 4-5)。

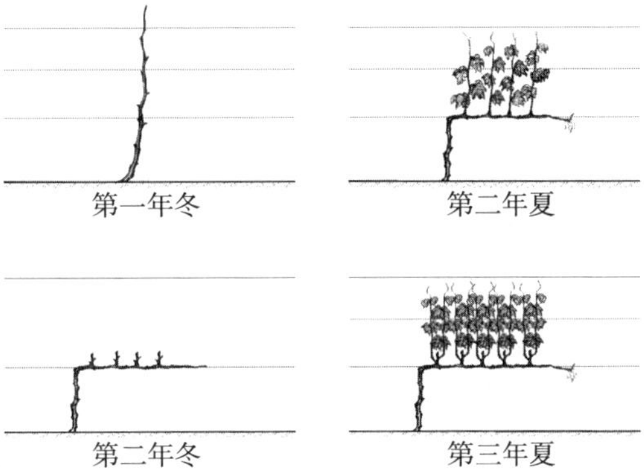

图 4-5　葡萄单干单臂形整形过程

3. 树形特点

单干单臂树形成形快，操作简便，管理省时省力，有利于密植和早期丰产，通风透光效果好，病虫害少，结果部位一致，可有效防止结果部位外移，便于管理和采收，易于实现葡萄园机械化生产，是目前露地安全越冬栽培地区应用最广泛的树形之一。为了便于机械化管理，行距不低于 2.5 m，株距 1.0～1.5 m。

(三)单干双臂形

1. 树体结构

单干双臂形直立主干一个，干高 70～120 cm(与架面第一道拉丝等高)。沿第一道拉丝在主干顶端选留方向相反的两条臂，每条臂长为株距的一半，水平绑缚在第一道拉丝上。每条臂上配置 3～5 个结果枝组，结果枝组间距 15～20 cm，具体数量视臂长(株距)而定，每个结果枝组上留 1～2 个结果母枝(彩图 4-8)。

2. 整形要点

(1)定植当年　幼苗的整形修剪过程与厂字形一致。

(2)第二年　春季萌芽前按将一年生枝垂直地面牵引至第一道拉丝，第一道拉丝以上部分沿同一方向水平绑缚于第一道拉丝。萌芽后在水平臂上选留适量新梢垂直沿架面生长，在垂直主干上靠近第一道拉丝的位置选留一个生长健壮的新梢作为另一条臂培养，其余新梢和副梢全部抹除。冬季修剪时，将垂直主干顶端用于培养另外一条臂的一年生枝按中长梢修剪(长度不宜超过下一个植株)，其余按一定距离进行短梢或中梢修剪(视品种而定)。若为中梢修剪应在邻近部位留 2～3 芽的预备枝，当年选留的另一个臂留 4～6 芽修剪。

(3)第三年　春季萌芽前将垂直主干顶端选留的用于培养第二水平臂的一年生枝沿着第一水平臂相反方向水平绑缚在第一道拉丝上。萌芽后在两条臂上选留一定量的新梢(间距 10～15 cm，视品种而定)垂直沿架面绑缚。冬季修剪时，按预定枝组数量进行修剪，即单臂上形成 3～4 个结果枝组，每个结果枝组上选留 2～3 个结果母枝进行短梢或中梢修剪。若为中梢修剪应在基部留 2～3 芽的预备枝 1 个，其余按 4～6 芽修剪(图 4-6)。

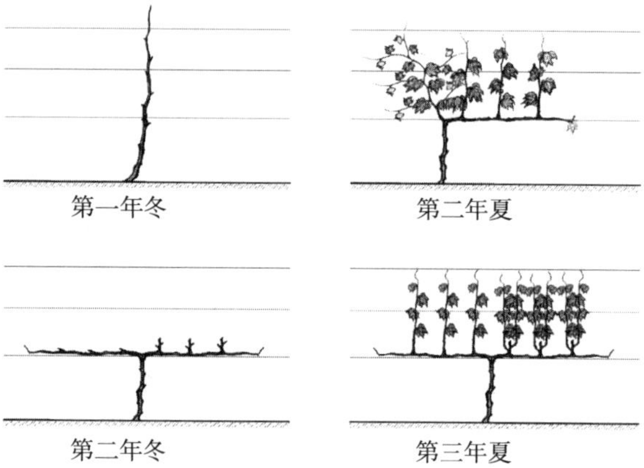

图 4-6　葡萄单干双臂形整形过程

3. 树形特点

单干双臂树形与单干单臂树形相比，单条臂长度更短，可减少水分和养分的运输距离，更易于树形的控制和维持。单干双臂树形适用的区域、配套的株行距、优缺点等与单干单臂树形一致。

(四)一字形

1. 树体结构

一字形由一个主干和两条沿着行向的水平主蔓组成，空中俯瞰两条主蔓形似汉字“一”。主干高度一般为 1.8～2.0 m，水平主蔓上配置若干结果枝组，结果枝组间距 15～20 cm，结果枝组具体数量视水平主蔓长度(株距)而定，每个结果枝组留 1～2 个结果枝。新梢垂直葡萄行水平分布在架面上，每棵树含有两条结果带，结果带与葡萄行呈平行状(彩图 4-9)。

2. 整形要点

(1)定植当年　苗木萌芽后选留一个生长健壮的新梢，让其直立向上生长，在新梢梢尖距离水平棚顶部约 20 cm 时摘心，促进新梢的成熟，将其培养成主干。对于生长量大、肥水充足、管理水平良好的葡萄园，摘心后可选留顶部萌发出的两个副梢反向沿着葡萄行绑缚在水平架面上，以培养形成水平蔓，顶部以下副梢全部抹除，冬季修剪时视副梢枝条的粗度进行剪截。

(2)第二年　若上一年未利用顶部副梢培养水平主蔓，则待春季萌芽后选留最接近水平棚顶部的两个新梢，反向沿着葡萄行的方向水平绑缚在架面上，用于形成水平主蔓。若上一年利用副梢已形成部分水平主蔓，萌芽后在水平蔓上选留适量新梢沿架面生长。冬季修剪时，选择将水平蔓最前端选择一健壮一年生枝进行长梢修剪，以延长水平主蔓，修剪长度依枝条粗度而定，其余按每隔 15～20 cm 留 1 个结果母枝进行短梢修剪(1～2 芽)。

(3)第三年及之后　春季萌芽前将用于延长主蔓的一年生枝，沿着水平蔓延伸方向水平绑缚在架面上，萌芽后在两条水平蔓上选留一定量的新梢(间距 15～20 cm，视品种而定)。冬季修剪时，需继续延长水平蔓的，将水平蔓最前端选择 1 个健壮一年生枝进行长梢修剪，以延长水平主蔓，其余按每隔 15～20 cm 形成 1 个结果枝组，每个结果枝组上选留 1～2 个结果母枝进行短梢或中梢修剪。若为中梢修剪应在基部留 2～3 芽的预备枝 1 个，其余按 4～6 芽修剪(图 4-7)。

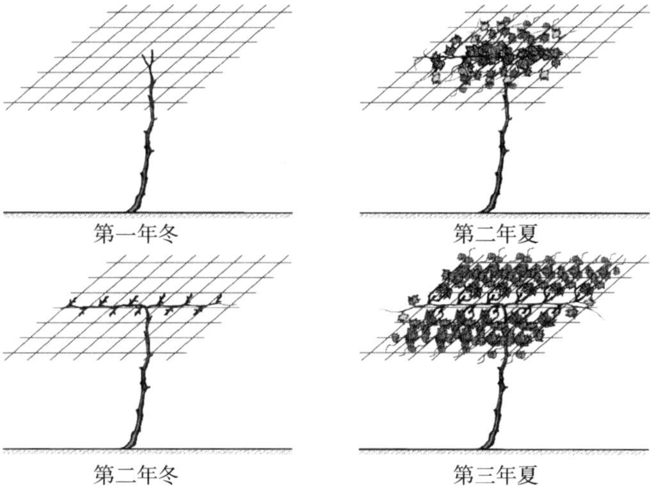

图 4-7　葡萄一字形整形过程

3. 树形特点

一字形优点是光合效率高，叶幕分布合理，新梢和果实都集中在植株上部，下部通风透光好，可减轻葡萄病虫害的发生；新梢水平生长，营养生长受到控制，促进生殖生长，可提高结果能力、结果系数、产量和品质；节省人工和架材，便于操作和机械化管理，可降低果园的生产成本。该树形主要适用于生长量较大的南方地区或设施葡萄栽培，通常与水平棚架组合，是发展观光采摘或庭院葡萄的理想树形。行距一般为 2.5～3.0 m，株距可依据生产目标而定，一般为 5.0～7.0 m。

(五)H 形

1. 树体结构

H 形由一个主干、两条垂直行向的水平主蔓及四条平行于行向的侧蔓组成，空中俯瞰两条主蔓和四条侧蔓形似“H”。主干高度一般为 1.8～2.0 m，主蔓不配置结果枝组，侧蔓上配置若干结果枝组，结果枝组间距 15～20 cm，结果枝组具体数量视侧蔓长度(株距)而定，每个结果枝组留 1～2 个结果枝。新梢垂直行向水平分布在架面上，每棵树含有四条结果带，结果带与葡萄行平行(彩图 4-10)。

2. 整形要点

(1)定植当年　苗木萌芽后选留一个生长健壮的新梢，让其直立向上生长，在新梢梢尖距离水平棚顶部约 20 cm 时摘心，促进新梢的成熟，将其培养成主干。对于生长量大地区、肥水充足、管理水平良好条件下，摘心后可选留顶部萌发出的两个副梢反向垂直葡萄行向绑缚在水平架面上，以培养形成水平蔓，顶部以下副梢全部抹除。

(2)第二年　若上一年未利用顶部副梢培养水平主蔓，则待春季萌芽后选留最接近水平棚顶部的两个新梢，沿着相反方向垂直葡萄行水平绑缚在架面上，形成水平主蔓。若上一年利用副梢已形成部分水平主蔓，萌芽后在水平蔓前端选留一个生长健壮的新梢继续向前延伸生长。冬季修剪时，水平蔓最前端选择一个健壮一年生枝进行长梢修剪，以延长水平主蔓，剪截位置位于侧蔓分支处。

(3)第三年　萌芽后在每个主蔓最前端靠近侧蔓分支位置各选留两个生长健壮的新梢生长以形成侧蔓，其余新梢全部抹除。冬季修剪时，选择将水平蔓最前端选择一个生长健壮的一年生枝进行长梢修剪，以延长水平主蔓，修剪长度依枝条粗度而定，其余按每隔 15～20 cm 留一个结果母枝进行短梢修剪(1～2 芽)。

(4)第四年及之后　春季萌芽前将用于延长主蔓的一年生枝沿着水平蔓延伸方向水平绑缚在架面上，萌芽后在两条水平蔓上选留一定量的新梢(间距 15～20 cm，视品种而定)。冬季修剪时，需继续延长水平蔓的，将水平蔓最前端选择一个生长健壮的一年生枝进行长梢修剪，其余按每隔 15～20 cm 培养一个结果枝组，每个结果枝组上选留 1～2 个结果母枝进行短梢或中梢修剪。若为中梢修剪应在基部留 2～3 芽的预备枝 1 个，其余按 4～6 芽修剪(图 4-8)。

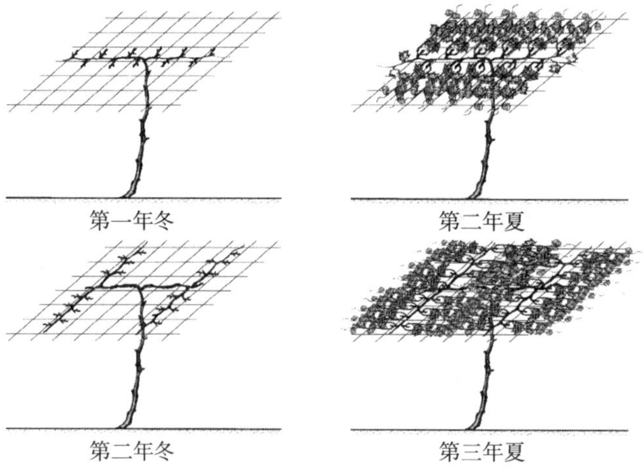

图 4-8　葡萄 H 形整形过程

3. 树形特点

H 形棚架整形方式从日本引进，近年来，在我国南方地区逐渐得到推广。该整形方式栽培的葡萄整齐美观，具有通风透光性好、平衡树势、便于修剪、有利于定产、提高品质以及实行标准化栽培等优点。该树形主要适用于生长量较大的南方地区或设施葡萄栽培，通常与水平棚架组合，是发展观光采摘、庭院葡萄、休闲旅游、葡萄主题公园等的理想树形。行距一般为5.0～6.0 m，株距可依据生产目标而定，一般为5.0～7.0 m。

第三节 葡萄整形修剪特点

葡萄修剪分为冬季修剪与夏季修剪。冬季修剪主要是落叶后休眠期间针对一年生枝或部分多年生枝的修剪，埋土防寒区葡萄冬季修剪需在落叶以后埋土前完成；非埋土防寒区葡萄冬季修剪自冬初落叶后至翌年早春伤流期前均可进行。夏季修剪主要包括葡萄生长季的叶幕管理及花果管理等内容。

一、整形修剪特点

1. 强枝弱剪，弱枝强剪

冬季修剪时，应根据一年生枝的长势情况决定其剪截的程度。对于枝条粗壮、生长健康、芽眼饱满的一年生枝可适当多留芽，以增加产量；对于细弱枝，为维持树体的健康生长和结果枝组的合理负载，应采取少留芽重剪截的方式。

2. 防止结果部位上/外移

随着葡萄树龄的不断增加和结果母枝的反复更新，连接结果母枝和主蔓的多年生部分会逐渐增大，为降低其增大的速度，应尽量采用短梢或极短梢修剪。同时，在采用直立龙干形或多主蔓扇形等树形栽培时，因为顶端优势的作用，下部的芽的萌发能力显著弱于上部芽，进而主蔓下部光秃，结果部位逐年上移，所以在修剪时应注意减小上部与下部芽的差异，避免结果部位上移情况的发生。

3. 控制叶果比

葡萄夏季修剪时新梢的留梢长度和副梢管理方式应根据葡萄品种特性、结果系数决定，合理控制叶果比，以满足果实生长发育的需求。每个新梢成熟叶片过多时，所制造的养分会部分流向其他器官，用以其生长发育，叶片过少则不能负担果实的正常发育，影响果实生长和枝条成熟。

二、不同发育阶段的修剪特点

葡萄的寿命与其生长状态、土肥水管理、叶幕管理、产量等有密切关系，修剪不当容易造成树体老化加快等一系列问题。

1. 幼树期

葡萄一年生扦插苗或实生播种苗定植后到开花结果阶段，称为幼树期。这个时期需要加强土肥水管理，使地上部枝条生长粗壮充实，培养健壮、顺畅的主蔓，使根系生长强大，扎根范围广，达到根深叶茂的目的。

定植当年幼树萌芽后，选择基部1～2个饱满芽留下，余者抹掉。待新梢长至20 cm左右选1个健壮的留下，其余的剪除。将所留新梢直立引绑到架材上，以后随新梢生长及时绑缚，防止被风吹折。新梢长至1.5 m左右，达到当年冬剪所留长度时摘心，顶端1～2个副梢留6～7片叶摘心，如此反复进行；下部副梢留1～2片叶反复摘心，增加前期叶面积。到7月中旬新梢上的副梢已经萌发较多，为了改善光照和通风条件，将下部副梢剪留至1片叶并绝后处理，如幼树新梢节间较短导致叶幕过厚，可间隔去除副梢，此时留下的副梢叶片与主蔓上的功能叶片大小、厚薄已相差无几，可大大增加葡萄幼树的叶面积，截获更多光能，提高叶幕光合作用水平。到9月上中旬，若植株下部叶片衰老严重，可去除3～6片老叶，既节约营养，又有利于通风透光。整个生长季节都要及时去除卷须和砧木上的萌蘖。冬剪时副梢全部剪除，主蔓剪口粗度要求不小于1.0 cm，视剪口粗度剪留1.2～1.5 m，若主蔓过于细弱，酌情短截。

第二年萌芽后，及时抹除着生于主干基部60 cm以内的新梢，上部新梢按15～20 cm间距在主蔓两侧均匀分布。管理良好的二年生葡萄幼树，容易成花的品种(巨峰、特早玫瑰等)大部分有些产量。但是为了使树形尽快丰满，实现早期丰产、稳产的长远考虑，对于生长势中庸或偏弱的葡萄品种(玫瑰香、京秀等)以不留花序为宜；对于生长强旺的品种(无核白鸡心、夏黑无核、巨峰等)可留1～2穗果，以果压蔓控制植株长势。二年生葡萄幼树的延长梢仍要直立绑缚，保持其顶端优势，使龙干继续向前延伸。到9月延长梢生长变慢时剪梢，促使延长梢加粗生长，充分成熟。

新梢摘心视品种生长势进行，生长势强的新梢多留叶片，生长势弱者相对少留叶片，生长很弱的新梢不摘心。一般摘心标准为结果枝在花序上保留6～8片叶摘心，发育枝和预备枝留10～12片叶摘心。二年生葡萄幼树的副梢处理与一年生幼树相同。冬剪时，延长梢按剪口粗度不小于5 mm要求剪留1.5～2.0 m；结果枝、营养枝和预备枝根据品种花芽分化和枝条成熟情况长中短梢混合修剪。

2. 初果期

定植第三年，多数葡萄品种进入初果期，此时主要任务是继续扩大树冠，合理培养结果枝组，维持树势，调整好生长和结果的矛盾，合理利用空间。因此，在该时期要选择生长势强的新梢作为主蔓延长枝，主蔓延长枝的新梢不留果，保持其健壮生长。葡萄主蔓上每隔20 cm配置1个结果枝组。在生长季要调整葡萄植株的留枝量，若枝条较稀时，早期应重摘心，促其分枝，培养枝组；若枝条过密时，应适当疏除部分枝条，如交叉枝、重叠枝、下垂枝、徒长枝等。

3. 盛果期

盛果期葡萄树一般是指五年生以上的树，此期树的结果量逐年增加，营养生长逐渐减弱，若管理不当容易出现大小年现象。盛果期葡萄修剪主要目标：维持树势健壮，控制产量，更新和调整各类结果枝组，维持结果枝组的生长势和连续结果能力，尽量减缓树体的衰老进程，延长植株寿命。此期葡萄的修剪与品种特性、栽植株行距、架式密度相关，应根据葡萄生长结果情况，合理确定枝、叶、花、果的保留量。

4. 衰老期

在盛果期后期，结果部位外移上移严重，主蔓光秃不长新梢，树体显现衰退时，及时而适度地进行结果枝组和骨干枝的更新复壮，培养新的枝组，延长树体寿命和结果年限。若原品种为自根苗繁殖，在春季伤流前将老蔓锯掉，选留距离地面较近或者从地下根干长出的萌蘖1～2个，培养新的主蔓进行更新；或者在锯掉的老蔓上直接通过硬枝高位嫁接的方式更换新的品种。如果原株是嫁接苗，生长出的萌芽都是砧木或者原接穗品种不理想，可以在砧木萌蘖长到30 cm以上时进行绿枝嫁接，更换新的品种，同时将原老蔓锯掉，完成老蔓更新任务。

三、不同物候期的修剪特点

由于葡萄物候期的不同，各阶段的管理工作也有所不同。萌芽前主要工作是对葡萄进行出土上架，并做好复剪工作，把多余的副梢、病枝、干枝等剪掉。萌芽后将无用的弱芽、畸形芽、萌蘖芽以及并生芽的副芽等抹去以节省养分。在新梢上能看到花序时，根据合理负载量，保留健壮、花序发育良好的新梢，除去多余新梢，并对留下的新梢及时进行绑缚。花前做好摘心工作，促进开花坐果。坐果后做好副梢管理，以平衡营养生长和生殖生长之间的关系。落叶休眠后则主要通过对一年生枝的修剪，以维持树形结构、结实能力的稳定。

1. 休眠期的修剪

休眠期（冬季）修剪葡萄，可以合理地控制翌年葡萄的花量和产量，提高萌芽率，有利于枝蔓的生长以及越冬病原菌和害虫的防治。

（1）修剪时间　葡萄冬季修剪需剪除大量枝蔓，整株的修剪量可达1/3～2/3及以上，因此，必须考虑被修剪枝蔓的养分损失。葡萄过早或过晚修剪都会损失大量贮藏营养，不利于翌年的萌芽、花序分化和新梢生长。一般来说，葡萄冬剪的最佳时期是树体充分进入休眠期至伤流期前30天，在气温明显下降，葡萄全部落叶20天后再进行。谨防冬剪过早，可适当晚剪，增强葡萄的抗冻性，但注意冬剪不可太晚，以免因伤流而浪费大量营养。南方非埋土防寒区，可选择在葡萄落叶20天以后至萌芽前1个月进行修剪；而在北方埋土防寒区，一般是在葡萄落叶以后至土壤封冻前完成初次修剪，以便埋土，翌年出土后伤流前进行第二次修剪。

（2）修剪方法　葡萄冬季修剪常用回缩、疏枝和短截等三种方法。回缩一般去除已结果的外围枝或下位枝，疏枝一般去除细弱枝、病虫枝和过密枝；短截则主要根据目标留芽量对一年生枝进行截断处理，为翌年结果做准备。葡萄剪留的长度主要依据其生长势、结果枝率及花芽着生部位高低来判断。根据剪留的程度，一般可分为极短梢修剪（留1芽）、短梢修剪（留2～3芽）、中梢修剪（留4～6芽）、长梢修剪（留7～12芽）和超长梢修剪（留12芽以上）等。

短梢修剪要求萌芽和成枝率极高，枝组形成和结果部位稳定，适用于结果部位低的西欧品种群和黑海品种群及篱架栽培。长梢或超长梢修剪适用于结果部位较高、生长势旺的东方品种群，多用于棚架，能保留最多的结果部位，形成较高产量，但萌芽率和成枝率较低，结果部位外移快。因此，在生产上采用长（或超长）梢修剪时，必须注意配备预备枝。中梢修剪效果介于两者之间，修剪时多在单枝更新时采用和补充使用。在同样的条件下，凡粗壮而营养状况良好的枝蔓要适当长留。弱枝下部的花芽分化比较好，宜适当短截，延长枝宜长留，预备枝宜短截。多主蔓扇形整枝以长梢、中梢修剪或长中短梢混合修剪为主，龙干形整枝则以短梢修剪为主。在土壤瘠薄、肥水不足、干旱的地区以短梢修剪为主。

葡萄冬季修剪时应尽量采取多截少疏的方式。葡萄的剪口最好在所留芽处的上一节节部。剪刀应锋利,以确保剪口平整光滑。多次疏枝的伤口,应尽量留在蔓的同一侧,避免对口伤和大伤口加速枝蔓的衰老。

(3)留芽量的确定　留芽量直接影响翌年葡萄的产量。计划产量要依据品种、树势、树龄、土肥水、栽培管理水平和以往产量综合考虑,根据计划产量和栽植密度确定单株产量,单株葡萄的产量与其冬剪留芽量密切相关,影响冬剪留芽量的因素主要有采用的架式、整枝方式、树势强弱、芽眼萌发率及新梢结果枝比率。根据以下公式确定单株留芽量:

$$Y=\frac{C}{P\times K\times M}$$

或

$$Y=\frac{C}{P\times n\times G\times M}$$

式中:Y 为芽眼数;C 为计划株产量(kg);P 为平均穗重(kg);K 为结果系数(新梢平均穗数);M 为萌芽率;n 为新梢结实力;G 为新梢中的结果枝率。

(4)结果母枝更新　结果母枝是指着生结果枝的枝蔓,多为二年生枝。结果枝组也称为结果母枝组,是着生在骨干枝上,由两个及以上结果枝和营养枝组成的生长结果基本单位。葡萄的结果枝为当年春天抽生的新梢,因此葡萄的结果母枝每年均需要更新。生产中葡萄结果母枝组的更新一般采用单枝更新和双枝更新两种方式。单枝更新指每个结果母枝组只留基部一个一年生枝并进行短梢修剪。双枝更新则是每个结果母枝组包括两个一年生枝,其中基部靠近主蔓的一年生枝进行双芽修剪,用于来年坐果结实的预备枝;基部上一节位一年生枝进行中长梢修剪,用于当面萌发结果枝。单枝更新一般用于基部芽花芽分化好,结果能力强的品种;对于花芽分化较弱、基部芽萌芽和结实能力差的品种,则建议采用双枝更新的方式进行冬季修剪,如克伦生无核等(图 4-9)。

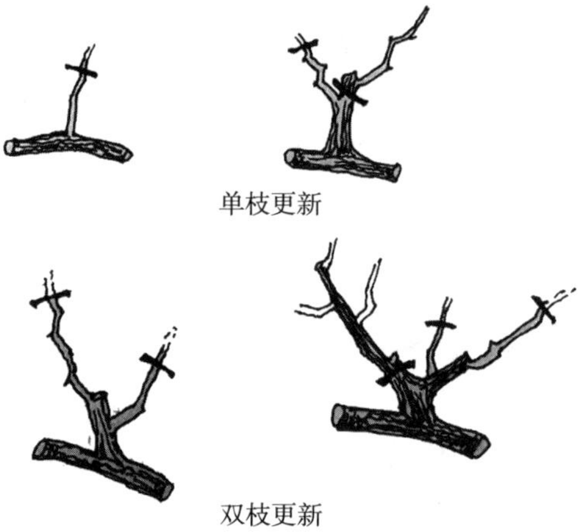

图 4-9　葡萄结果母枝组更新方式

2. 生长期的修剪

葡萄生长期的修剪,也称为夏季修剪(二维码 4-2),是冬季修剪的补充,其主要目标是:①根据整形要求,及时将新梢合理地绑缚在架面上,充分利用空间;②通过夏季修剪,调节植株生长和营养物质的分配,保证植株通风透光;③创造有利于病虫害防治的叶幕结构,减少损失。生长期修剪的工作内容一般包括抹芽、定枝、绑蔓、摘心、疏花序、环剥、去卷须等。

二维码 4-2
葡萄夏季修剪
(视频)

(1)抹芽　是为节省养分而在萌芽后将无用的弱芽、畸形芽、萌蘖芽以及并生芽的副芽等抹去的一种修剪方法。第一次抹芽在芽萌动后 10～15 天,主要抹除一些明显劣质或多余的芽,如隐芽、并生芽;第二次抹芽结合定梢进行,在第一次抹芽后 10 天左右花序露出后,根据生长势等决定抹芽程度。抹芽的原则是去弱留强，去密留稀，去叶芽、留花芽，但老树上的潜伏芽，不可全抹去，以培养更新枝。生产中抹芽过重易造成树体氮含量高，新梢徒长，新增叶片减少，光合产物蓄积少，引起落花落果和果实着色不良；反之，若抹芽过轻，则导致新梢过多，氮、磷含量迅速降低，生长发育不良，后期枝梢过密，果实品质降低，枝梢成熟不良。因此，抹芽程度应随树势、新梢的强弱不同而不同，应遵循"树势强者轻抹，树势弱者重抹"的原则。第二次抹芽即新梢展叶4～5片时，若新梢中有50%～60%过粗过旺(生长点顶端呈镰刀状弯曲)时，应暂不抹芽；发芽过迟时，展叶后易徒长，也不抹芽。树势弱，新梢生长细、弱，应早抹芽、重抹芽，以集中养分供应，保持树势。生长点稍稍弯曲、粗度和生长中庸的树，即植株营养供应相对平衡时，抹芽按常规进行。

(2)定枝　在新梢长到一定长度，可看出有无花序并能分清强弱时，确定应该留下的新梢，此过程称之为定枝。定枝可以决定植株的枝梢布局、果枝比和产量，使架面达到合理的留枝密度，一般在新梢花序显现并能分辨时进行，其原则是根据合理负载量，保留健壮、花序发育良好的新梢，多余新梢除去，留下的新梢生长基本一致。在土壤贫瘠条件下或生长势弱的品种或光照强烈地区，每亩留梢量3 500～5 000条为宜；在土壤肥沃、肥水充足的条件下或生长势强旺、叶片较大的品种或光照差的地区，每亩留梢量2 500～3 500条为宜。

(3)绑蔓　定梢后及时利用绑梢器夹压或葡萄专用绑条缠绕固定的方法对新梢进行绑蔓，使枝梢在架面分布均匀，通风透光良好，同时绑梢也可以调整新梢长势，提高坐果率，促进花芽分化。引绑既要结实又不宜过紧或过松，要留出枝蔓生长的空隙，以免影响加粗生长。

(4)摘心　是将生长的新梢梢尖连同数片幼叶一起摘除，也叫截顶、打顶。通常是对主梢摘心，通过摘心，调节树体的生长，调控营养物质的分配，使生殖生长和营养生长协调一致，促进开花坐果和花芽分化。对于坐果率低的品种，如夏黑和巨峰等巨峰系品种，宜采取两次成梢技术，即在开花前7～10天沿第一道拉丝(新梢长70 cm左右时)对主梢进行第一次统一摘心，待坐果后主梢长至1.2～1.5 m时，沿第二道铁线对主梢进行第二次摘心。对于坐果率高的品种，如红地球等欧亚种品种，宜采取一次成梢技术，即坐果后待主梢长至1.2～1.5 m时，沿第二道拉丝对主梢进行统一摘心。

主梢摘心后由于抑制了顶端极性生长，受刺激的腋芽会萌发抽生副梢，副梢摘心，又会发出二次副梢、三次副梢等。根据副梢的位置可分为顶端副梢和其他副梢。对于酿酒葡萄顶部副梢留1个(生长强者留2个)，副梢延长生长，此副梢留4～6片叶摘心，二次以上副梢留1～2叶反复摘心，顶部以下的副梢全部去除。对于巨峰、红地球等大粒鲜食葡萄，顶部副梢可采取与酿酒葡萄相同的方式，花序以下的副梢全部抹除，顶部以下、花序以上的侧面副梢可采取"单叶绝后"的方式，即对每一个副梢，都留1片叶摘心，同时将该叶的腋芽完全掐除，使其丧失萌发二次副梢的能力。

(5)疏花序　根据新梢的强弱及植株负载量的大小，于开花前10天至始花期进行，1个果枝上有2个以上花序，疏掉其中弱小的花序，疏掉弱果枝上的花序，强果枝1～2个花序，中强枝1个，弱枝无花序。延长枝留1个花序能控制徒长，预备枝不留花序使其生长健壮。花序的留量要比预计留量多1/4左右，坐果后再去掉那些落果严重的果穗。花穗整形也是鲜食葡萄夏季修剪的重要步骤，对花序进行合理整理可以极大地减少疏果的工作量，使得果穗标准化，便于果实包装，提高商品外观的整齐度。

(6)环剥　生长期内在结果母枝或结果枝上，环状剥去一小部分树皮(韧皮部)。环剥可在短期内中断营养物质向下输送，保证环剥带以上的枝叶、果穗获取充足营养，提高坐果率，增大果粒，促进果实着色和提早果实成熟。葡萄环剥常用于旺树、壮树，弱树不宜环剥。环剥一般以主干、结果母枝、结果枝为对象，在其基部或果穗以下环剥。环剥宽度 3～5 mm，若环剥过宽，伤口不易愈合，导致枝蔓枯死。环剥后，伤口应用保护性杀菌剂涂抹，或用黑色塑料薄膜包扎，防止病菌感染。

(7)去卷须　葡萄卷须在植株生长过程中生长快，消耗营养多，栽培中卷须无作用，还给新梢引缚、冬剪和下架带来不便，应结合夏季修剪除去卷须。果实着色期还要适当摘除果实周围老化的叶子和遮挡叶，改善风光条件，使葡萄着色良好。

第四节　葡萄整形修剪实践

生产中的葡萄树经过多年连续修剪后树体结构趋于合理，开花结果良好。也有一些树长期放任不管或者原来的修剪不合适，使树体结构混乱，主次不分，需要根据实际情况制订修剪方案逐步改造。

一、主蔓的更新复壮

随着葡萄树龄和栽培年限的逐渐增加，结果部位外移或上移严重，由于主蔓衰老、冻害、抽干或病虫害等，结果母枝上冬芽萌发能力以及花芽分化能力衰退，主蔓出现大量“光秃”现象，此时，对衰老的主蔓应及时利用后部壮枝回缩更新，或彻底疏除，再利用萌蘖培养成新的主蔓，也可压蔓更新。

二、放任树的修剪

生产中葡萄放任树表现是无明显主蔓，级次不分，枝条紊乱，主副梢不清，落花落果严重，产量低而不稳。修剪改造时以改善树体结构，选留强壮新梢或一年生枝培养主干和主蔓，疏除过密枝，之后依据目标树形的整形培养过程，逐渐恢复正常管理。

三、大小年树的修剪

葡萄产生大小年结果现象有多种原因。葡萄坐果后不进行疏果疏穗，坐果率过高，负载量过大，后期又水肥管理粗放，则会导致新梢木质化程度低，花芽分化不完全，翌年新梢花序少，产量低；采收后没有及时补充水肥，树体得不到完全恢复，出现提早落叶，也会影响翌年产量；设施栽培的葡萄由于光照不足，造成花芽分化不良进而影响翌年产量；对于部分花芽分化能力差的葡萄品种，一般其新梢中部的冬芽分化质量最高，此时若采取短梢修剪则导致不结果。因此，在生产中为防止大小年结果现象的出现，除加强土肥水管理，增加光照外，因树修剪、控制负载量是关键。冬季修剪时应根据品种特性和树势采取与之相匹配的修剪方式，生长季及时抹除副梢和营养枝，准确把握留梢量，以节约养分，改善通风透光条件。一般酿酒葡萄每亩产量控制在 1 000 kg，鲜食葡萄控制在 2 000 kg 内，及时疏花疏果。若已出现大小年结果现象，应严格控制负载量，以恢复树势为主，及时摘心并做好土肥水管理，进而促进花芽分化。

本章小结

整形修剪是葡萄栽培管理中非常重要的环节。葡萄属于藤本类果树，直立性差，栽培中需要依赖支架；另外，葡萄耐寒性较弱，北方多数地区栽培需要埋土防寒。因此，葡萄的修剪方式与苹果、梨、核桃等果树存在许多差异，且受到埋土防寒的影响。架形的选择影响葡萄树体的生长发育和果实的品质，同时，不同的架形在栽培管理中的便捷性也存在很大差异。目前，酿酒葡萄主要以单篱架栽培，篱壁形叶幕为主，鲜食葡萄的架式、树形和叶幕则形式多样，类型复杂，既有 Y 形架等篱架类架形，又有大棚架、小棚架、水平棚架等棚架类架形。这些架形在使用中有优点，也有不足之处，好的架形不仅要求能达到优质丰产的目标，同时还应生产管理便捷。

树形方面，在埋土防寒区，厂字形由于结果部位一致，出土和埋土方便，通风透光好，管理方便，便于机械化管理，近年来得到大力推广，部分产区还有传统的多主蔓扇形、直立龙干形等树形。在非埋土防寒（露地越冬）区，树形类型复杂多样，普通的生产园多以配合 Y 形架的单干单臂树形或单干双臂树形；在观光采摘园或兼具观光采摘功能的生产园主要为配合水平棚架的一字形树形或 H 形树形。

葡萄树生长和结果特性是指导整形修剪的理论依据。葡萄修剪管理要以优质、稳产、可持续为最主要目标，在综合考虑品种特性、树势、栽培管理水平基础上，合理控制负载量，采取适宜的修剪方式，辅以合理的土肥水管理，促进树体地上部与地下部、营养生长与生殖生长之间的平衡发展，尽量减缓树体的衰老进程，延长植株寿命。

复习思考题

1. 名称解释：主干、主蔓、侧蔓、结果母枝、新梢。
2. 简述葡萄根、新梢、叶、花序、果实等器官的年生长发育过程。
3. 简述葡萄花芽分化进程、特点及其影响因素。
4. 简述葡萄栽培中常用架式的结构特征与特点。
5. 简述葡萄栽培中常用树形的结构特征及其整形过程。
6. 简述葡萄不同生长发育时期的修剪特点。
7. 简述葡萄冬季修剪的时间、方式及结果母枝更新方法。
8. 简述葡萄夏季修剪的内容及方法。

（孟江飞　许腾飞　编写）

第五章 桃的整形修剪

桃为蔷薇科(Rosaceae Juss.)李属(*Prunus* L.)桃亚属(*Amygdalus* Linn)植物。我国是桃的原产国和演化中心,是世界上最大的桃生产国。桃亚属共有 6 个种,其中经济性状最高的为普通桃(*Amygdalus persica* L.),该种有多个栽培变种,其中圆桃(var. *vulgaris*)、蟠桃(var. *platycarpa*.)、油桃(var. *nectarina*)栽培食用性状最为突出,大多数栽培桃都由该种演化而来。新疆桃(*Prunus persica* ssp. ferganensis Kost. et Rieb.)也有较高的栽培价值,在新疆南疆地区种植较多。桃树为中型落叶乔木,树体不大,在我国南北方不同的气候土壤条件下可通过选择不同适宜的砧木和品种进行栽培。

第一节 桃的生长结果习性

一、桃的生物学特性

1. 根系

(1)根系分布 桃树根系分布的深度和广度,因砧木种类、土壤条件、地下水位和管理措施的不同而有差异。毛桃砧根系发育好,须根较多,垂直分布较深;山桃砧须根少,根系分布较深;寿星桃砧的主根短,根群密,细根多;毛樱桃和李砧根系浅,细根多。一般情况桃树根系浅而广,水平根较发达,分布范围通常大于树冠的 0.5～1.0 倍,而根深只及树高的 1/5～1/3,吸收根分布以 10～30 cm 土层最多。

(2)桃根系特点 桃根系好气性强,呼吸作用旺盛,需氧量大,要求土壤疏松,含水量适中,通气性良好,正常生长要求土壤含氧量在 10%以上,土壤含氧量下降到 5%时,根系生长明显减弱,低于 2%时根系大量死亡。桃根系不耐湿,在排水不良、含氧不足的土壤中根系呼吸受阻,易变黑腐烂,积水会排除土壤空隙中的氧气,使土壤中含氧量降低,这就是桃树不耐涝、易被淹死的主要原因。桃树采用不同的砧木其根系生长特性有差异。

桃根系分泌在土壤中的咖啡酸、苯甲酸以及残根中的氰苷、野黑樱苷、扁桃苷等被微生物分解时生成氢氰酸、苯甲酸等自毒物质,抑制根尖生长、根毛发育和根系呼吸,使分生组织坏死,从而抑制桃树生长。这些自毒物质对幼树根部产生毒害作用,使其生长不良甚至死亡,故桃树忌重茬栽培，新栽桃树宜选新地。若必须连作也应在老树淘汰后休闲耕作 2～3 年或采用挖大栽植坑换土的办法，以保证幼树的正常生长。

(3)根系的年生长动态　桃根系没有明显的休眠期，在土温、湿度、通气、营养条件适宜的情况下，全年都可以生长，一般早春萌芽前地温约 4～5 ℃时开始生长活动，15～20 ℃生长最旺，30 ℃以上生长受抑制。桃树根系在一年内有两个生长高峰：5—6 月土温在 20 ℃左右时，根系生长最为旺盛，为第一次生长高峰；7 月中旬至 8 月下旬土温达到 26 ℃以上时，根系生长开始变得缓慢甚至停止；9 月上旬至 10 月上旬，土温降至 19 ℃左右时，根系出现第二次生长高峰，但生长势比第一次弱，生长期也比第一次短；随后，当土温下降至 10 ℃左右时，根系生长变缓。

2. 芽

(1)桃芽的种类及其特点　桃树的芽分为叶芽、花芽和潜伏芽三种。叶芽着生在枝条顶端(顶芽均为单叶芽)以及叶腋部位。叶腋部位的芽有单芽和复芽，复芽由 2～4 芽在同一节位着生。复芽中花芽和叶芽的组合有多种，常见的有一个花芽与一个叶芽并生，或两侧为花芽、中间是叶芽的三芽并生，也有全部是叶芽或花芽的。同一节上只着生一个花芽的称为单花芽，着生两个及两个以上的花芽或叶芽两侧各着生一个及一个以上的花芽称为复花芽。桃树潜伏芽是位于枝条基部少数几个叶芽不萌发而形成的。

(2)桃芽的特性　桃树的叶芽萌发率很高，一般只有枝条基部的少数几个叶芽不萌发。与其他果树相比，桃树的潜伏芽少，且寿命短，容易枯死，更新复壮较为困难，但个别也能保持 10 年以上，因此，修剪时要注意潜伏芽的利用，及时更新树冠。桃树旺梢上的侧生叶芽具有早熟性，随着当年新梢的迅速生长，侧生叶芽随之萌发，抽生副梢。

桃树复花芽多，着生节位低，花芽充实，排列紧凑。

3. 枝

1)枝梢类型及其特点

桃的枝可分为营养枝和结果枝。

(1)营养枝　也称生长枝。桃营养枝按其生长势强弱，又可分为发育枝、徒长枝、单芽枝和纤弱枝。

①发育枝。主要分布在骨干枝先端，生长势强旺，粗 1.5～2.5 cm，有大量副梢，其主要功能是形成树冠的骨架。

②徒长枝。主要分布在骨干枝的中后部，直立向上生长。徒长枝生长势强旺，生长季若不加以控制，常常形成树上"树"，造成树形紊乱。幼树的徒长枝一般疏除，盛果期的树要考虑培养成背上、背侧的结果枝组，防止内膛光秃。

③单芽枝。也称作叶丛枝，极短，仅顶端着生一个叶芽。由枝条基部的不充实芽萌发形成，由于营养不足，萌发后不久便停止生长，枝长在 1 cm 以下，叶丛枝大多于当年落叶后枯死，也可延续多年仍为叶丛枝。在条件适合时，叶丛枝可以萌发形成中短果枝，或抽生壮枝用于更新结果枝组。

④纤弱枝。枝条细弱，极少有花芽，多着生在树冠内膛和骨干枝下部，常因光照不足而逐渐枯死。

(2)结果枝　分为徒长性果枝、长果枝、中果枝、短果枝和花束状果枝。

①徒长性果枝。长 60 cm 以上，粗度 0.8 cm 以上，由于生长较旺，花芽质量较差，坐果率较低，多分布在骨干枝背上和主枝延长头处。常利用其培养健壮结果枝组，幼树及旺树徒长性果枝较多。

②长果枝。长 30～60 cm，粗 0.6～0.8 cm，多分布在树冠的中部和上部，枝上花芽多，花芽质量好，且多复花芽，是大多数品种的主要结果枝，坐果率高，果实质量好。冬剪一般留 5～8 节，留果 3～4 个。通过适当修剪，可保持其连续结果能力。

③中果枝。长 15～30 cm，粗 0.4～0.6 cm，多分布在树冠的中部，生长势中等，也是较好的结果枝条，有时也留作预备枝，生长势衰弱的树，成年树及年龄较老的树此类果枝较多。冬剪一般留 4～6 节，留果 2～3 个。

④短果枝。长 5～15 cm，粗 0.3 cm 左右，多分布在树冠和结果枝组的下部，除顶芽为叶芽外，大部分为花芽，且单花芽多。结果能力较长果枝与中果枝弱，寿命短，连续结果能力差，是老树和弱树的主要结果枝条，结果后发枝能力差，易衰枯，因此，要特别注意枝组的更新复壮。冬剪时短果枝一般不剪或疏除，留果 1 个或不留。

⑤花束状果枝。长 5 cm 以下，花芽密集成束，顶芽为叶芽，节间极短，分布在结果枝组的下部，结果能力更差，寿命更短，结果后易衰枯，一般不留果。衰老树多为此类果枝。

2)枝条的生长特性

桃树枝条成枝力强，新梢生长旺盛。春季萌芽展叶后，随着气温的上升新梢迅速生长；秋季随着气温降低，日照缩短，新梢生长逐渐放缓直至停止生长。桃枝条迅速生长的时间长短与枝条的类型有关，一般中短枝迅速生长期短，停止生长早；强旺枝条迅速生长期长，停止生长迟，并可多次生长。

一至三年生的桃幼树营养枝比例较大，进入结果期以后，比例迅速减少，管理正常的桃园，树冠成形后几乎全部为结果枝。盛果期桃枝条生长势转弱，盛果末期其生长势更加减弱。大棚栽培的桃树，由于生长期长，新梢可抽生四次枝，容易形成树冠，结果早，丰产早。

桃树枝条形成各类结果枝的比例随品种、树龄、树势等不同而有差异，不同品种的主要结果枝类型不同。目前生产上所采用的绝大多数品种其长中短枝均可成花结果，一般蟠桃和北方品种群以中短果枝结果为主，南方品种群以中长果枝结果为主。枝条只有靠近健壮枝条中部的叶芽，才能形成良好的中短结果枝。结果部位有逐年上升的趋势。

桃枝条的长度和比例除受遗传因素影响以外，栽培管理和结果多少也是影响新梢生长的重要因素。在肥水管理正常的情况下，人们可以通过各种修剪方法和是否留果以及留果数量来调整新梢的生长量和结果枝比例，从而实现优质丰产高效的栽培目标。

桃树的新梢在一年中生长动态有一定的规律，其生长规律与生长势密切相关，生长势强的新梢生长期长，生长量大，一年有 2～3 次生长高峰，每次生长高峰都伴随有大量副梢发生；生长势弱的生长期短，生长量小；生长势极弱的新梢，展叶后 7～10 天即停止生长。凡是能增强桃树生长势的因素均可促进新梢生长，延长其生长期，加大生长量，反之则降低新梢生长量。生长势强旺的新梢，如徒长枝、发育枝、徒长性果枝等在旺盛生长的同时，部分叶腋中的芽当年又萌发成枝，形成一次副梢(二次枝)；一次副梢叶腋中的芽可以当年再次萌发成枝，形成二次副梢(三次枝)；甚至二次副梢上可再形成三次副枝(四次枝)。

就整个树体来说，新梢若能在生长前期迅速生长，形成大量叶片，这不仅有利于当年果实的发育，还有利于花芽分化，对第二年的产量有良好的影响。

4. 叶片

(1)叶的生长　桃的叶由托叶、叶柄和叶片组成。托叶为披针形，很小，叶片长成后即脱落。叶柄长 1～2 cm。叶片椭圆状披针形至倒卵状披针形，长 8～12 cm，宽 3～4 cm，边缘具细密锯齿，两面无毛或下面脉腋间有鬓毛，且不同种或品种有差异。

(2)叶面积系数和叶幕的形成　桃树不同树形的叶面积系数差异较大，开心形的叶面积系数低于主干形，桃适宜的叶面积系数应控制在 2.2～3.7，有利于桃品质的提高；适宜的叶幕厚度有利于桃果实质量的提高；有效叶果比是决定桃果实品质的主要因素。果实的品质构成物质是由果实内碳水化合物的积累和转化形成的，栽培方面能够提高果实品质的最主要措施就是增加有效叶果比，提高叶片的光合性能，促进光合产物的运输、积累和转化。在生产实践中，通过合理的施肥、修剪及病虫害防治，以提高桃树叶片的生长质量和叶片光合能力，防止叶片早衰脱落，是桃丰产优质的基础。

5. 花

(1)花的特点　桃花属于子房上位花，为两性花，由花柄、花托、花萼、花瓣、雄蕊和雌蕊组成。桃花为一芽一花，花单生，花柄短，花瓣 5 片(观赏花除外)，有短绒毛，花色丰富，常见白色、粉红色、红色等，花瓣半重瓣或重瓣，花期极具观赏性。桃树多数品种为自花结实，可进行单一品种栽植，但有些品种雄性退化，无花粉，因此，栽植时要配置授粉树，如深州蜜桃、五月鲜、砂子早生等。

河北省农林科学院石家庄果树研究所多年来对桃花柱与花药的相对高度进行调查，发现柱头相对于花药有四种类型：①柱头比花药低，如瑞蟠 4 号；②柱头与花药等高，如春霞蜜、雪雨露、秦王、晚蜜等；③柱头比花药高，如早红 2 号、安农水蜜、美夏等；④柱头比花药高，但柱头弯曲后便与花药等高，如甜丰等。一般是柱头与花药等高或比花药低的品种，其坐果率高；而柱头比花药高的品种，其坐果率低，产量低，一般无花粉品种的柱头比花药高。

(2)花芽分化　桃树枝条容易成花，通过科学的管理，定植当年的桃树枝芽就可以完成花芽分化，形成大量的花芽，第二年开花结果。桃树的花芽分化属夏秋分化型，与大多数果树花芽分化一样，都要经历生理分化期和形态分化期。生理分化期一般于 5 月下旬至 6 月上旬开始，到 7 月中旬前后结束；形态分化期在生理分化开始后不久进行，主要集中在 7—8 月，此时枝梢大部分已停止生长，养分积累为花芽分化奠定物质基础。桃花芽分化具体开始分化的时间依地区、品种、气候、结果枝的类型、栽培技术、树势强弱而有差异。

(3)开花习性　桃的花芽为纯花芽，萌发比叶芽早。当春季日平均温度达到 10 ℃左右开始开花，最适宜温度为 12～14 ℃，桃花期一般 6～12 天，其长短因气候条件而异，如遇干热风时花期仅 2～3 天。开花期常依品种和其他条件的不同而有先后，在一般情况下，萌芽早的品种开花也早，老树比幼树早，短果枝比徒长性结果枝早。在同一地区，由于品种不同，其花期也不同。

(4)坐果　桃花多数为完全花，自花结实，但也有不少品种花粉败育，这些无花粉品种在合理配置授粉树后仍能丰产。无花粉或少花粉品种的丰产性受气候影响较大，因此尽可能选择完全花品种进行栽植，栽植时最好配置授粉树进行异花授粉以提高坐果率。部分桃品种无花粉或少花粉，未经授粉受精而结实称为单性结实，其果实小，俗称“桃奴”；部分桃品种有闭花受精现象。同一果枝上部花比基部花先开，先开的花结的果也大。

6. 果实

桃为真果，果实由子房发育而成，子房壁内层形成果核，中层形成果肉，外层形成果皮。桃授粉受精后，子房开始膨大，形成幼果，其生长曲线为双S形，即有两个迅速生长期，其间一个缓慢生长期(硬核期)，桃果实发育的三个时期分别如下：

(1)第一时期　幼果膨大期(落花至核层木质化前)。此期从花后子房开始膨大至果核开始硬化之前。幼果体积和质量迅速增加，果核也迅速增大，至嫩脆的白色果核核尖呈现浅黄色(即果核开始硬化)，膨大期结束。此期持续时间一般为20～40天，极早熟品种最短，极晚熟品种最长。

(2)第二时期　硬核期(核层开始硬化至硬化完成)。从核层开始硬化至硬化完成，此期果实增长缓慢，胚充分发育，果核逐渐硬化。此期持续的长短品种间差异很大，极早熟品种1周左右，早熟品种2～3周，中熟品种4～5周，晚熟品种6～7周。

(3)第三时期　果实迅速生长与成熟期(硬核至成熟前)。硬核期结束后，果实再次开始迅速生长，直至果实成熟。此期，果实的体积和质量增长迅速，果实质量的增加占总果重的50%～70%，增长最快的时期在采收前20天左右。

然而，油桃的果实生长与普通桃有所不同，油桃果实的缓慢生长期和迅速生长期界限不明显，在整个生长过程中，一直处于不断生长状态。

桃的果实在生长发育过程中，除体积增大外，还伴随有复杂的生理生化变化，如糖度提高(淀粉转化为可溶性的葡萄糖、果糖、蔗糖等并积累在细胞液中)，酸味下降，向阳面出现红晕或红色条纹，产生芳香物质，果实变软等。

二、桃生长发育的环境条件

桃原产我国海拔较高的西北地区，其生长季日照长、光照强，多生长在土层深厚、地下水位低的轻质土壤中，适应空气干燥、冬季寒冷的大陆性气候。桃树经过长期的进化过程形成喜光、耐旱、较耐寒的特性。

1. 温度

桃树喜温耐寒，对温度的适应范围较广，从我国各地桃的分布看，在年平均温度8～17 ℃之间均可栽培，南方品种群比北方品种群的桃更耐夏季高温。有研究认为，生长期平均气温达24～25 ℃有利于桃树生长，这时桃的产量高，品质优，温度过高或过低，品质均下降。

桃具有一定的耐寒性，一般品种可耐−25～−22 ℃的低温。桃树器官在休眠期以花芽耐寒力最弱，气温降至−18 ℃左右时即出现冻害。在桃树解除休眠后，桃树器官的耐寒力逐渐下降，萌芽期的花芽可耐−5 ℃低温，花萼可耐−3.9 ℃，花朵为−2.8 ℃，幼果为−1 ℃。

根据桃树的生态要求，中国农业科学院郑州果树研究所将冬季绝对最低温不低于−25 ℃划为桃适宜种植区域的北线；桃在冬季需冷量通常要求7.2 ℃以下低温600～1 200 h，因此，以休眠期的日平均气温低于7.2 ℃的天数在1个月以上者为桃适宜种植区的南线。

桃树设施栽培情况下，若升温过早，没能满足低温需求，则发芽、开花显著延迟，且不整齐，甚至花蕾中途枯死脱落，影响产量。

2. 光照

桃喜光，其中心主干不明显且易消失，树冠小、开张、稀疏，叶片狭长，内部枝条易枯死等都是喜光特征的表现。据测定，桃树的光补偿点约 2 600 lx，光饱和点约 40 000 lx。枝梢过密、光照不良时，树体同化产物显著减少，根系发育差，内膛及下部枝条迅速枯死，花芽分化少，产量低、品质差。因此，光照不良的地方不宜栽培，但过强的直射光常引起枝干日灼，也不适宜。

桃喜光的特性要求在栽培上必须注意控制好桃树群体结构和个体结构的关系，合理调控枝叶密度，采用高光效树形，生长期多次修剪，使桃园通风透光良好。此外，北方利用设施栽培生产反季节桃时，光照强度明显不足，必须注意采取多种有效方法，一方面减少自然光进入设施中的损失，增加光照强度；另一方面培养小冠树形以提高光能利用率，提高果实品质。

3. 水分

桃树抗旱性强，适度的水分胁迫可以防止新梢生长过旺，有利于果实发育，花芽分化和枝条成熟越冬，同时可减少果园管理用工，降低生产成本；土壤水分严重不足会造成根系生长减缓或停止，新梢生长弱，叶片发育不良，叶片灼伤、卷曲、脱落。果实对水分胁迫十分敏感，干旱会抑制果实生长，甚至造成果实萎缩或脱落。

桃喜干燥，不耐涝。桃树最怕土壤水淹和长时间湿度过大，桃园淹水 2～3 天就会出现大量死树。地下水位高、土壤湿度长期偏大则会导致根系早衰，叶片变薄，叶色变淡，光合能力降低，进而导致落叶、落果、流胶等现象发生，甚至造成植株死亡。雨水过多时表现枝叶徒长，花芽减少，果实着色差，味淡。各品种的耐湿性有所差异，特别是采用不同的砧木的桃树，其耐湿性差异较大。

4. 土壤

桃树对土壤要求不严，一般土壤均可栽培，但最适宜的是透气性好、排水性良好、地下水位低、土层深厚的沙质壤土。土壤过于黏重，桃树生长旺，结果晚，早期产量低，果小，且易落果，风味淡，树体易早衰，同时易发生流胶病、炭疽病等；沙性过重的土壤，则生长弱，产量低，寿命短，且根系在夏季因土温过高或供水不足而萎蔫，严重时甚至枯死，因此，对于这两类土壤要增施有机肥，改良土壤性质，并科学合理施肥，才能获得较好的种植效果。

桃树对土壤酸碱度的要求以微酸性至中性为宜，pH 5～6 生长最好，pH 低于 4 或高于 8 时则严重影响生长。桃在碱性土上种植易发生黄叶病，特别是在土壤黏重、透气性差的碱性土壤上，黄化现象更为严重。当含盐量达 0.28%时，植株生长不良，甚至死亡。

第二节　桃常用树形及培养过程

桃树喜光，内膛或下部枝条不见光就会干枯死亡，严重影响桃产量和品质。因此，根据桃的生长习性和喜光要求，生产中桃树树形大体有两种类型，即无中心干型和有中心干型，无中心干树形常采用自然开心形、杯状形、Y 形、一边倒树形等；有中心干树形，俗称主干形，主要有圆柱形和细长纺锤形。在冬季防寒越冬的桃产区需采用单主枝、二主枝或三主枝匍匐扇形的特殊树形。生产中选择哪种树形要根据不同区域和密度配套选用。桃常用树形见二维码 5-1。

二维码 5-1
桃常用树形
(PPT)

一、自然开心形

1. 树体结构

桃自然开心形通常为 3 个主枝，6～9 个侧枝，在主侧枝上配置各类枝组，树高不超过 3.5 m，树冠呈开心状。该树形主干高 30～40 cm，三个主枝均匀错落分布在主干上，主枝向行间或斜向行间伸展（一般东南方向、西南方向、正北方向各留一个），各主枝间水平夹角保持 120°左右，主枝开张角度为 45°～50°，一般每个主枝上培养 2～3 个侧枝，主枝与侧枝夹角为 60°～80°，第一个侧枝距主干 50～60 cm，水平伸展，与主枝呈 60°夹角；第二侧枝着生于第一侧枝对面，距第一侧枝 40～60 cm，水平生长，与主枝呈 70°夹角；第三侧枝着生于第二侧枝的对面，距离 60～80 cm，斜向下伸展，与主枝呈 80°夹角。侧枝较小时可视为大中型结果枝组，主侧枝上着生大中小型结果枝组和结果枝，上小下大，同侧结果枝（组）间距 20 cm 左右（图 5-1，彩图 5-1）。

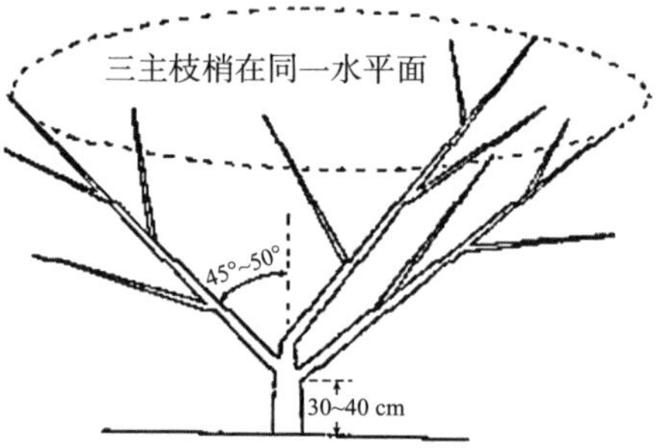

图 5-1　桃自然开心形

2. 整形要点

（1）定值当年　苗木定植后留 50～60 cm 定干。萌芽后，将离地 30～40 cm 以内的芽抹去，在其上方选留 3 个主枝，注意正南方向不能留主枝。主枝在主干上需保留一定的间距，以第一主枝距离第二主枝 10～15 cm，第二、第三主枝邻近着生，间距 5 cm 左右为宜。开张角度过小的主枝应在生长期间拉枝调角。主枝长度达 70 cm 以上时摘心，促发副梢选留侧枝（图 5-2）。

冬季修剪时对主枝进行短截，剪口芽选用外侧饱满芽，保持主枝以一定的角度逐年向外延伸。在主枝距基部 50～60 cm 处选下侧方枝条作第一侧枝，过密枝疏除，其余枝条培养成结果枝组。为避免与主枝发生竞争，侧枝也可在第二年培养。

（2）第二年　第二年生长期及时疏除徒长枝和旺盛直立枝。当主枝新梢长到 40 cm 时，留外芽摘心，促发副梢，有利于开张角度，侧枝新梢长度达 40 cm 时也可摘心，促使萌发分枝。其余旺枝过密的疏除，有生长空间的可摘心。对于摘心后萌发的二次枝密者疏除，留者超过 40 cm 再摘心，控制生长增加分枝。

冬季修剪时,各主枝的延长枝留 50～60 cm 短截,和上一年方法相同,培养延长枝,上一年未培养第一侧枝的可选留第一侧枝,上一年已培养第一侧枝的可培养第二侧枝。第一侧枝留 40 cm 剪截。在距第一侧枝 40～60 cm 与第一侧枝对侧方选留第二侧枝,侧枝基部应着生在主枝背侧方,侧枝与主枝的夹角 70°,侧枝剪留要比主枝短。在主枝和侧枝上多留小型枝组,增加结果部位和荫蔽主枝以防日灼。

(3)第三年　可以选留第二侧枝或第三侧枝,方法参照第二年。

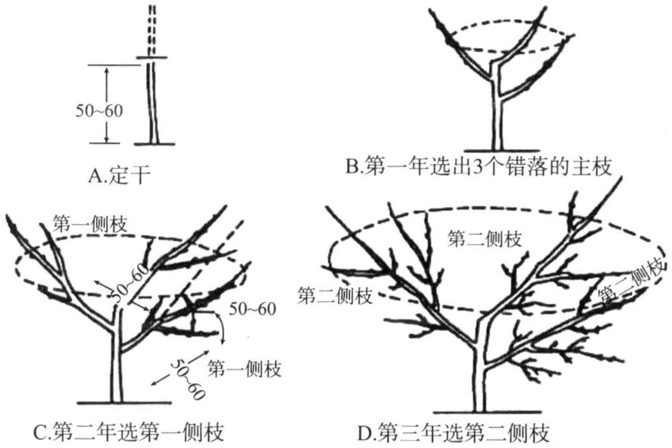

图 5-2　桃自然开心形培养过程(单位:cm)

3. 树形特点

自然开心形树形特点是主枝少,侧枝强,骨干枝间距大,光照好,枝组寿命长,修剪轻,结果体积大,丰产,一般 3～4 年即可基本成形,是桃栽培传统树形,符合桃树自然生长规律,树形容易培养。适用于稀植桃园,选用 3 m×(4～5)m 的株行距定植。

二、Y 形

1. 树体结构

Y 形是开心形的一种,也叫二主枝 Y 形,干高 40～50 cm,全树在相反的位置上配置 2 个主枝,垂直(或斜)伸向行间,两主枝夹角为 50°～70°,主枝长 2.8～3.2 m,冠高 2.4～2.8 m。该树形稀植时,每个主枝上可配置 2～3 个侧枝或大型枝组;主枝上的侧枝、结果枝组和结果枝的配置与三主枝开心形配置相似,在距地面 1 m 处培养第一侧枝,第二侧枝在距第一侧枝 50～70 cm 处培养,方向与第一侧枝相反,侧枝的开张角度为 70°～80°,侧枝与主枝的夹角保持约 60°,在主枝和侧枝上配置结果枝组和结果枝。密植时不培养侧枝,直接在主枝上培养结果枝组和结果枝。全树保持两大主枝,每个主枝保留 8～10 个结果枝组(图 5-3,彩图 5-2)。

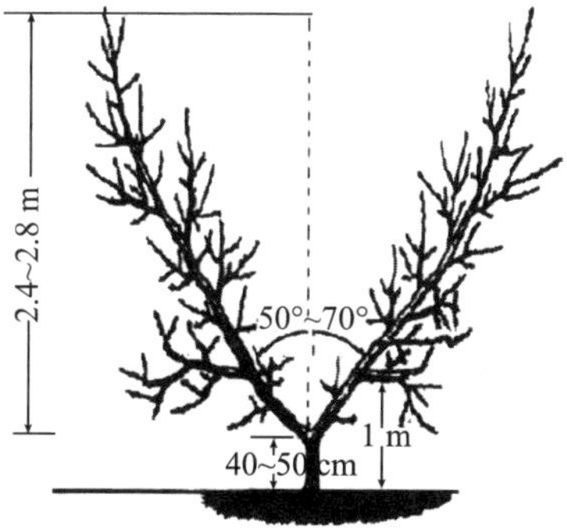

图 5-3　桃二主枝 Y 形

2. 整形要点

(1)定植当年　苗木定植后留 50～60 cm 定干，待新梢生长达到 30～40 cm 时，选留 2 个生长强健、朝行间生长，间距 5～10 cm 的新梢作主枝，疏去与主枝竞争的新梢，留 2～3 个辅养枝，并采取扭梢、摘心等方法控制生长，以辅助主枝的生长优势。主枝保持延长枝旺盛生长外，背上直立或斜生的旺枝疏除，其余枝梢采用摘心方法控制生长，辅养树体。

冬季修剪时，2 个主枝延长头留 60 cm 短截，其余枝条去强留弱，去直留斜，尽量保留小枝，保持主枝角度和生长势。

(2)第二年　第二年春季萌芽后，及时抹去主枝背上的双生枝和过密枝，保留剪口下第一芽作为主枝延长枝，当延长枝长到 40～50 cm 时进行摘心，促发副梢。副梢萌发后，直立的及时疏除，斜生的留 20～30 cm 扭梢，剪口下第二、第三芽所萌发的新梢，用于培养大中型枝组；直立和过密的副梢，应及时疏除，其他副梢长到 30 cm 左右时摘心。除剪口下第一、第二、第三芽所萌发的新梢外，其余新梢直立的疏除，侧生的摘心，促其成花。

冬季修剪时，主枝延长枝留 50～60 cm 短截，第一芽留外芽，也可留侧芽，第二、第三芽留侧芽，以培养大中型结果枝组，其余枝尽可能缓放，疏除多余的发育枝。大中型结果枝组的延长枝，留 30～40 cm 短截，疏除直立枝，缓放侧生、斜生新梢，疏除密生枝及双生枝。

(3)第三年　定植后第三年树体骨架基本形成。修剪仍要注意冬夏结合修剪，促进早结果早丰产。春季发芽后，新梢长到 5～6 cm 时，及时抹除双芽枝和密生枝，5—6 月疏除过多的新梢，使同侧新梢基部保持 20 cm 左右的间距。树冠上部的主枝和大中型枝组的延长枝及侧生枝应及时摘心。斜生、侧生枝应控制旺长，培养枝组。对树冠中下部的新梢长到 30～40 cm 时摘心，促其成花。直立徒长枝及时疏除，其余新梢缓放生长。

冬季修剪时，树冠上部的主枝延长头，留 50～60 cm 短截，大中型枝组的培养用强枝作延长枝头。

3. 树形特点

Y 形树形易成形，结构简单，结果早，丰产性强，便于通风透光，早果、高产、优质，并且树形整齐一致，有利于田间统一管理。该树形一般三年即可成形，适合机械化作业，生产效率高，是现代桃园最主要的树形。一般为宽行密植，树冠可大可小，适用于株距 1～2 m、行距 4～5 m 的宽行密株园。设施栽培时可采用株行距(1.0～1.5)m×(2.5～3.0)m 进行定植。

三、圆柱形

1. 树体结构

圆柱形是桃树主干结果类常采用的树形，该树形结构简单，有中心干，一般主干高 50 cm，树冠高 2.0～2.5 m，中心干为粗壮直立的、永久性的骨干枝，对整个树体起着支撑作用。不培养主侧枝，直接错落着生培养 40 个左右小型结果枝组或结果枝，并在中心干上均匀分布，树冠上下基本一致，冠径保持在 1 m 左右(图 5-4)。

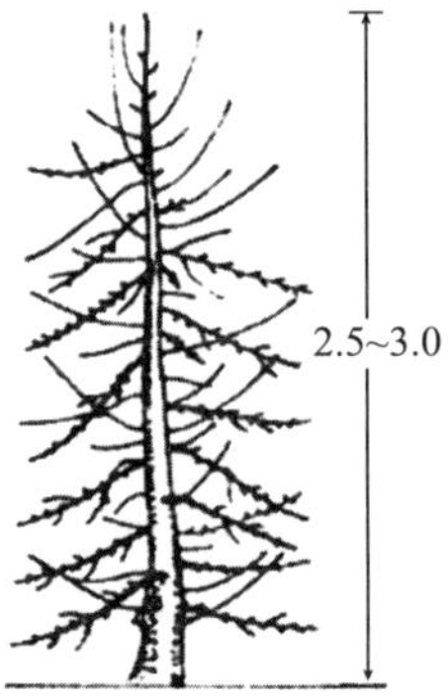

图 5-4　桃圆柱形
(单位：m)

2. 整形要点

(1)定植当年　重点培养强壮的主干及中心干。桃苗定植后在饱满芽处定干,新梢长至20 cm 以上时,从萌发抽生的新梢中选留生长健壮的 1 个直立枝作为中心干培养,其上部新梢剪去,及时抹除主干基部 40～50 cm 以下的新梢,高于地面 50 cm 以上的新梢选留分布较均匀的枝条(不超过 4 个)作临时性的辅养枝培养。为使中心干直立,在植株旁设 1 个支柱,将主干、中心干枝绑缚在支柱上,让其顺直并充分生长,30～40 cm 绑缚 1 次,副梢长到 20 cm 以上时进行摘心控制,培养成结果枝;其余新梢长到 30 cm 以上时通过多次摘心进行控长,以保持中心干的优势并促使其多发副梢。一般 7 月底前摘心 2～3 次,以后不摘心,以调整枝位与疏密为主。对方位、角度不当的各类枝条,通过绑缚、别压、拿枝、拉枝、扭枝等方法调整,使之分布合理。随着树体生长,一般每隔 15～20 天,对枝条调整 1 次,直至停长。8 月下旬至 9 月中旬定枝,疏除细弱枝、密生枝、直立强旺枝,对徒长枝进行缩剪或疏除。

冬季修剪时,中心干延长枝长放不剪,其余枝条主要采用疏枝的方法调整枝量,疏去全部未形成花芽的枝条,仅保留形成花芽的枝条并对其进行缓放。

(2)第二年　桃圆柱形第二年即可结果,但仍以培养树形为主。修剪以疏枝、回缩为主。疏除细弱枝、徒长枝、直立旺枝和密生枝,保持果枝稀疏均匀。缩剪冗长枝、拖地枝,对竞争枝疏除或重回缩,保持中心干单轴延伸。坐果后对无果枝、直立旺枝应缩剪或疏除,疏除过密枝、无叶果枝,徒长枝长到 30～40 cm 时摘心控制,减少营养竞争,以利于幼果发育。后期对树冠上层旺枝随时剪截或疏除,改善通风透光条件,采果后疏除或回缩结果枝。

冬季修剪,以疏为主,采用长枝修剪,中心干延长枝继续长放不剪,中心干上的分枝要分布均匀,螺旋上升,无明显层次,通过回缩的方式选留中心干上或靠近中心干当年生长的新枝进行缓放,用于结果。结果枝及结果枝组直接着生在中心干上,枝组间距控制在 20～25 cm,结果枝长度不超过 50 cm,一般长放不截,果实多结在果枝的中前部,结果后枝条下垂,背上冒出的新梢,冬剪时回缩培养成新的结果枝或更新结果枝组。

(3)第三年　第三年春季依照上述方法选留中心干延长枝。对因结果多导致开角过大的枝,采用支、拉、撑、吊等方法抬高角度或改变方位,把各类枝摆布均匀,维持良好树形,充分利用空间,立体结果。以后修剪的重点是结果枝的均匀分布以及枝组的更新。

3. 树形特点

圆柱形树形成形快,结果早,通风透光,立体结果,产量高,修剪简单,容易掌握,操作方便,好管理,但前期苗木和架材投入较高,后期要防止上强下弱。该树形树冠矮小,适宜机械化作业,适合密植桃园或设施栽培,生产效率高。露地栽培时行距一般为 3.5～4 m,株距为 1～1.5 m;设施栽培一般采用株行距为 1 m×2 m。

四、匍匐扇形

1. 树体结构

桃匍匐扇形主要应用于北方冬季防寒栽培的区域,树形一般为三主枝匍匐扇形。主干不超过 50 cm,其上培养 3 个主枝,长度约 3 m,每个主枝再培养 3～4 个侧枝;主干南偏东 30°,基部与地面呈60°夹角，主干离地面30～40 cm处呈弓形，最后呈鸭脖形；主枝下拉角度与地面呈40°～60°夹角（冬季防寒时下压呈40°夹角；生长季上撑呈60°夹角）匍匐生长。整个树冠向南偏东方向倾斜匍匐生长（彩图5-4）。

2. 整形要点

（1）定植当年　定干高度40～50 cm，萌芽后选留长势较好的新梢3个，前半年以促进生长为主，长到80 cm以上时摘心，诱发副梢生长，为选留侧枝做准备，副梢长到30 cm时摘心处理。7月下旬开始第一次拉枝，拉枝是桃树匍匐栽培的一项关键技术措施，分别要对主干和主枝进行拉枝。将主干拉向南偏东方向，与地面呈60°夹角，主干枝离地面30～40 cm处呈弓形，最后呈鸭脖形；三大主枝下拉角度与地面呈50°～60°夹角，中心枝位置高于其他2个主枝，确保主次分明，保持树体平衡。中间主枝与主干拉枝的方向一致，其余2个主枝分布在两边与其夹角为50°。拉枝后，对背上直立枝和较强的侧生旺枝及时疏除，防止扰乱树形。第二次拉枝在8月底至9月初，将主枝拉到40°～45°为宜，此期枝条的加粗生长加快，加长生长减慢，有利于树体定型，此次拉枝也是给越冬埋土做准备，如拉枝过晚枝条硬脆，覆盖时易劈裂。

（2）第二年　防寒匍匐栽培的区域入冬防寒前不进行冬季修剪，修剪推迟至第二年撤除防寒物之后进行，整形修剪重点是剪除病虫枝、冻伤枝和劈裂枝。在主枝一侧距离主干60 cm处选留第一侧枝进行培养。主枝延长头进行单轴延伸生长，同时在其延长枝上开始培养第二侧枝和第三侧枝。其侧枝、结果枝组及结果枝的培养方法和过程按照三主枝自然开心形树形特点进行培养。6月中下旬进行拉枝，同时疏除背上枝、旺枝及过低的背下枝，将侧枝及主枝上萌发出的新梢每隔15 cm留1个作为结果枝培养，尽量留侧芽，疏去背上芽。7月中旬进行第二次拉枝，做到通风透光、枝枝见光。9月中旬进行第三次拉枝，使主侧枝都拉成接近冬季防寒时的状态。

（3）第三年　匍匐栽培的桃树第三年即可进入结果期，开春去除防寒覆盖物后及时进行修剪，除剪去病虫害枝、冻伤枝和劈裂枝外，对未完成花芽分化的营养枝及时短截或疏除；萌芽后及时抹芽，抹除主侧枝上的背上芽和位置较低的背下芽。通过前两年的拉枝扣压，匍匐栽培的树形已基本可以满足冬季防寒越冬的要求，加之第三年开始大量挂果，以果压枝，促进桃树匍匐生长。因此，三年后匍匐栽培的桃树一旦结果即可完成树形的塑造，但由于骨干枝的倾斜生长容易抽生更多的徒长枝，生长季节需要及时处理这些徒长枝。

3. 树形特点

匍匐扇形树形顺其自然生长方向进行扣压，培养较为容易，便于冬季防寒越冬，通风透光良好，品质优。该树形可以满足一些冬季寒冷地区桃树无法自然越冬，但又能生产高品质桃果品的地区发展桃产业的需求，如新疆石河子地区就是我国著名的“蟠桃之乡”，有着悠久的蟠桃种植历史。选用3 m×（4～5）m的株行距，定植方位灵活，可南北定植，也可东西定植。

第三节 桃整形修剪特点

一、整形修剪特点

桃树原产我国海拔较高、日照时间较长、光照较强的地区，在长期的系统进化过程中形成自身的生长发育规律，其修剪特性不同于其他果树，有其自身的修剪特点。

1. 喜光，干性弱

桃树是极喜光的树种，自然生长的桃树中心干弱，几年后甚至消失，在枝条密集，光照不良的情况下，树冠内枝条生长势弱，成花难，结果少，产量低；叶片变黄，脱落，影响光合作用；果实变小，着色差，品质劣。因此，桃树整形时要充分考虑桃喜光和干性弱的特点，选用中心开张的树形，如自然开心形、杯状形、Y 形等。若采用主干形，必须简化树体结构，采用“主干＋结果枝组”的二级结构或“主干＋结果枝”的一级结构，修剪时多回缩外部枝条，充分打开光路，枝枝受光，不能郁闭。

2. 萌芽率高，成枝力强

桃萌芽率很高，潜伏芽少，且寿命短，所以多年生枝下部容易光秃，更新困难。桃树成枝力很强，幼树主枝延长头一般能长出十多个长枝，并能萌生二次枝、三次枝，所以桃树成形快，结果早，但也容易造成树冠郁闭，通风透光差。树冠内膛生长的枝条较为细弱，修剪时应考虑树冠外围枝的密度，必须进行适当疏枝和注重夏季修剪。

3. 生长快，结果早

桃树的芽属于早熟性芽，当年可形成 2～3 次分枝。因此，一方面要合理利用芽的早熟性，实现早成形，早结果；另一方面要通过夏季修剪对分枝次数及时进行控制，以利于通风透光，促使枝条发育充实和花芽分化良好。桃树年生长量大，树冠形成快是其早果丰产的基础。

4. 花芽形成容易

桃树形成花芽比较容易，在发育良好的长中短枝上均能形成花芽，甚至徒长性枝条的副梢上也能形成花芽。各类结果枝的生长结果特点不同，修剪时应采取不同的措施，如水平枝或斜生枝条上坐果较好，尤其是健壮且较细的果枝上更易形成品质较好的大果，应多留这类果枝。桃花量为苹果的 25～100 倍，不易出现大小年现象，但结果过多，易引起树势衰弱，抗病性减弱，如易发生流胶病等。

5. 顶端优势弱

桃的顶端优势不如苹果明显，旺枝短截后顶端萌发的新梢生长量较大，但其下还可萌生多个新梢，有利于结果枝组的培养。在骨干枝培养时，下部枝条多，明显削弱先端延长头的加粗生长；尖削度大，要控制竞争枝的长势，保证延长枝头的健壮生长。当枝组角度较大时，背上常萌生徒长枝，严重削弱上部枝条的生长，并引起遮光，因此，要及时疏除或控制培养，避免“树上长树”。

6. 剪口愈合差

桃树剪去大枝一般情况下不会像苹果树那样明显削弱其上部枝条的生长势，但桃树修剪造成较大的剪锯口不易愈合，剪锯口的木质部很快干枯，并干死到深处。因此，修剪时力求伤口小而平滑，不留橛，大伤口要及时涂抹保护剂，以利于伤口尽快愈合，防止流胶和感染其他病害。

二、不同发育阶段的修剪特点

栽培桃的生命周期是从砧木种子萌发开始进行实生苗的生长，到嫁接苗的培育、幼苗的生长、结果至衰老死亡的整个生命过程。桃树寿命较短，在北方一般 20 年以后树体开始衰老；在多雨和地下水位较高地区或瘠薄的山地，一般 12～15 年树势即明显衰弱；在光照充足、管理水平较高的桃园，一般 25～30 年还可维持较高产量。

1. 幼树期

从定植到第一次开花结果，为营养生长阶段，一般为 2～3 年。在保护地栽培可缩短幼树期，一般第一年种植，第二年结果。此期树冠和根系快速离心生长，向外扩展光合面积和吸收面积，营养物质逐渐积累、同化，为首次开花结果创造条件。

幼树期桃树生长旺盛，应在整形的基础上多轻剪长放，运用夏季修剪技术，以缓和树势，提早结果。夏季修剪包括抹芽、摘心、扭梢和剪梢等工作。位置不当的芽容易发生旺条，应及早抹除。生长前期摘心有利于促发二次枝，形成良好的结果枝，提前结果；旺枝扭梢更能促进花芽的形成。此外，对生长郁闭的幼树，在 6 月中下旬及 8 月新梢停止生长后进行疏梢、剪梢，对改善树冠光照，提高有效结果枝比例的作用都很显著，并可减轻冬剪的工作量。因此，夏季修剪是幼年桃树管理中的重要环节。

2. 初果期

桃树定植后 2～3 年即可结果，该阶段桃树生长势仍很旺盛，抽枝力强，背上枝易徒长，树冠继续扩大，结果枝逐渐增多，产量逐年增加。此期修剪的主要任务有两个：一个是继续培养骨干枝，最终完成骨干枝的配置与调整，使树体具有合理的骨架结构，为盛果期多结果奠定基础；另一个是培养结果枝组，选用生长旺盛的枝条，经过短截、疏枝，3～4 年可培养成大型结果枝组。一般健壮的结果枝通过短截，分生 2～4 个结果枝即形成小型结果枝组。大中小型结果枝组应具有枝组延长枝，并不断改变延伸方向，使枝组弯曲向前生长，抑制上强下弱，防止枝轴过长，下部光秃。

初果期修剪应以轻剪缓放为主，充分利用二次枝和夏季修剪技术，在整形修剪时要注意主从关系，平衡树势，合理选配主侧枝。这样既可继续整形培养骨架，又能缓放其他生长枝，促进成花结果。夏剪时利用副梢开张角度并摘心，以促进副梢健壮生长，为下一年冬剪选留角度开张的骨干枝头打下基础。对于直立的强旺枝，用里芽外蹬的办法来开张角度。

初结果树一般以长果枝较多，要疏除过密的徒长枝和直立生长的长果枝。长果枝的剪留长度应保证开花结果良好，并同时能抽生健壮的结果枝。一般较粗的长果枝（直径＞0.6 cm）

可以不短截，直径<0.6 cm 的果枝可以适当短截，但不要过重。

3. 盛果期

桃树定植后 4～6 年即可进入盛果期，此时期树势逐渐缓和，树冠基本稳定，徒长枝和二次枝、三次枝明显减少，结果显著增加。桃树盛果期维持年限长短与品种、管理水平、栽植密度、树形等条件不同而有较大差异，一般可维持 10 年以上，甚至可达 15 年左右。盛果期修剪的目的主要是调节结果与生长的矛盾，以延长盛果期的年限。其修剪量要逐年加重，对衰弱骨干枝和各类枝组都要根据长势酌情进行回缩更新，并选留预备枝。

(1)主侧枝的修剪　盛果期树主枝延长枝应以壮枝带头，主侧枝的延长枝一般留 30～40 cm 短截，剪口芽留侧芽控制其直线延伸。同时，应控制树冠上部及外围的枝条，防止上强下弱。对下部严重衰弱、几乎失去结果能力的侧枝，可以疏除或回缩成大型枝组；对有空间生长的侧枝，用壮枝带头。

(2)结果枝组的修剪　结果枝组的配置应大中型枝组交错排列，小型枝组插空选留。随着树冠的扩大，小型枝组结果后逐渐衰弱枯死，大型枝组的延伸可补充小型枝组所占的空间。枝组在侧枝的排列应是“枣核形”，即两头小，中间大。大型枝组宜多选配在主枝或侧枝的中部，中小型枝组宜配置在树冠的外围、上部和大型结果枝组的间隙。这样大小参差、高低错落、立体结果，配置时以不妨碍主侧枝生长、枝组间互不干扰、树冠具有良好的通风透光性为原则。盛果期桃树的内膛易空虚，故内膛枝组应注意保留，但为避免“树上树”的遮阴现象，宜及早回缩修剪控制这些枝组的生长，使其成为中小型结果枝组。

结果枝组应加以控制并注意维持其结果能力，结果枝组的修剪以培养和更新为主。对强旺枝组应疏去强枝，留弱枝缓放，增加结果量缓和长势；对细长弱枝组要更新，回缩并疏除基部过弱的小型枝组，膛内大型枝组出现过高或上强下弱时，轻度缩剪，降低高度，以结果枝当头。当结果枝组发枝率降低，短果枝和花束状短果枝占总枝数达 70%左右，结果部位开始上移时，说明该枝组已经衰弱，需回缩到中下部进行更新。远离骨干枝的过长枝组和上强下弱枝组要及时回缩到强壮分枝处，促使下部萌发新枝。

(3)结果枝的修剪　盛果期结果枝的修剪要针对不同品种特性进行修剪。对于大果型但梗洼较深的品种以及无花粉的品种，如早凤王、砂子早生、丰白、深州蜜桃、八月脆等，以中短果枝结果为好。冬季修剪时以轻剪为主，先疏除背上的直立枝以及过密枝，待坐果后根据坐果情况和枝条稀密再行复剪。对于长放的枝条，还可促发一些中短果枝，这是下一年的主要结果枝。在夏季修剪中，通过多次摘心，促发分枝。当树势开始转弱时，及时进行回缩，促发壮枝，恢复树势。对于有花粉和中长果枝结果且坐果率高的品种，可根据结果枝的长短、粗细进行短截。一般长果枝剪留 20～30 cm，中果枝剪留 10～20 cm，花芽起始节位低的留短些，反之留长些。

盛果期为了延长枝组和结果枝的寿命，可通过单枝更新或双枝更新留足预备枝，从而调整好生长与结果的关系。单枝更新和双枝更新在同一株上要同时应用。一般而言，在幼树上多采用单枝更新，而对树势较弱的采用双枝更新。

4. 衰老期

衰老期桃树表现为主侧枝的生长势开始衰弱，骨干枝的延长枝年生长量不足 20 cm，中长果枝比例下降，短果枝和花束状果枝大量增加，结果部位外移，果个变小，品质变差，产量显著下降。衰老树更新修剪的主要任务是恢复树势，维持产量，延长结果年限。更新一般在延长枝生长量短于 20 cm 左右时开始为宜，若等到树势过度衰弱再更新，其效果不佳。

衰老期桃树的修剪重点在更新复壮骨干枝和结果枝组，更新修剪以缩剪为主，可对骨干枝在三至六年生的部位上缩剪并抬高枝头，同时积极利用徒长枝培养新的骨干枝或大型枝组，继续结果。骨干枝缩剪的轻重，视其衰弱的程度而定，延长枝在 20 cm 以上时，可在骨干枝三、四年生的部位缩剪。延长枝不足 20 cm 的弱树，可在骨干枝五、六年生的部位回缩，回缩的部位要选在有较强分枝或枝组的地方，上一年重剪之后，下一年以轻剪为宜。着生在骨干枝上的小枝，过密的要适当疏间，留强去弱，留下的小枝都要短截，剪留不宜过长。对结果枝组采取重剪、缩剪、疏除细弱枝，促使养分集中在留下的芽上，以刺激下部萌发新梢；同时，利用徒长枝和叶丛枝进行更新，留壮芽，壮枝当头，控制产量。

对衰老树的更新，应进行投入产出的经济效益分析，对入不敷出的老园应及时淘汰。另外，对已不符合市场需求的老品种，也应及时淘汰，以提高经济效益。

三、不同物候期的修剪特点

桃树修剪根据不同物候期可分冬季修剪和夏季修剪。桃树要特别重视夏季修剪，做到以夏季修剪为主、冬季修剪为辅、冬夏结合的方法进行桃树修剪。从修剪的作用来看，桃树的夏季修剪更为重要，它可以及时调整树体的生长发育状况、树体及果园的通风透光状况、树体的枝类构成以及新梢生长与果实发育的关系。桃树的营养生长、开花结果、果实发育和花芽分化都是在生长期进行的，因此，夏季修剪才是最及时和最有效的，冬季修剪应该是对生长季管理和修剪的调整和补充。

1. 休眠期的修剪

桃树的休眠期从落叶到萌芽为止。入秋后不久，叶芽进入自然休眠状态，至落叶前 40 天左右花芽很快进入自然休眠。进入自然休眠状态的桃芽，须在适宜低温下经过一定时期才能解除休眠。只有解除自然休眠的芽，才能在适宜温度下正常发育、萌发、抽枝长叶、开花结果，否则发芽迟而发育不良，花芽不开放或脱落。在我国南方的部分地区因冬季低温不足，多数桃品种不能正常解除自然休眠，春季萌芽开花不整齐，树体不能正常生长和开花结果。冬季低温不足是限制这些地区进行桃树生产的最根本因素。在北方地区进行桃树设施促早栽培时，须在桃芽解除自然休眠后才能揭帘升温，若升温过早，会适得其反，甚至绝产。北方地区进行设施促早栽培时应尽量选择低需冷量品种，而进行延迟栽培时则应尽量选择高需冷量、成熟极晚的品种。

冬季修剪的时期为秋季落叶后至翌春萌芽前，一般以晚秋初冬为好，冬季较为寒冷的地区建议在春节之后冬剪，冬季防寒地区宜在去除防寒物之后尽快冬剪。冬季修剪的主要任务是调整树形、枝组、枝条密度以及枝条类型的构成，为下一年的树形培养和生长结果奠定基础。冬季修剪方法主要有短截、回缩和疏除三种。短截的作用是增强分生能力以促使抽生长果枝，同时降低发枝部位并增强新梢的生长势；回缩主要用于结果枝的更新；疏除主要是把部分直立枝、过密枝和细弱枝从基部去除，保留部分斜生枝或水平的长果枝。

2. 生长期的修剪

桃树从萌芽至落叶的生长期，包含营养生长(枝叶与根系生长)、生殖生长(开花坐果、果实生长与花芽分化)以及营养积累。

(1)营养生长　根系与枝叶生长有时同步进行，有时交替生长，反映营养分配中心的转移。春季根系最早开始活动，给萌芽提供必要的水分、营养以及促进细胞分裂和生长激素的生成，新梢也开始迅速伸长生长，二者基本同步。此期生长所需的营养主要是上一年树体储藏的营养。新梢经过短暂缓慢生长进入迅速生长期，出现1～2次生长高峰。此期的营养主要来自当年同化的营养。根系伸长与新梢生长交替进行，大量新梢迅速生长，嫩茎幼叶合成的生长素自上而下运输到根部，地上地下同步生长。新梢在8月下旬停止伸长生长，迅速增粗生长，9—10月根系再次生长。此期叶片光合强度虽降低，但由于没有新生器官的消耗，营养大量积累。正常落叶前，叶片营养回流，贮藏于枝、芽、干和根系中。

(2)生殖生长　属于完全消耗性生长发育。开花、坐果所需的营养完全来自树体储藏的养分。由于营养消耗极大，根系生长暂时缓慢，果实的生长与新梢的生长同步进行争夺营养。新梢停止生长后，桃树进入花芽分化期。晚熟品种的花芽分化与果实第二次迅速生长相重叠，是当年产量与翌年产量矛盾的时期，应留预备枝，同时加强肥水供应。9月以后多数品种已采收，树体进入营养积累期，此时保护好叶片对养根、壮芽和充实枝条有重要作用，还可以为第二年结果奠定基础。

夏季修剪自春季萌芽后至秋季落叶前均可进行，具体时期视修剪目的和方法而定，生长期修剪的主要任务是培养树形和结果枝组，改变新梢构成，提高优质结果枝比例，为迅速投产和早期丰产创造条件。在一年中桃树的夏季修剪可重点抓三次修剪：第一次在萌芽后到新梢生长初期，主要是抹芽、除萌，以减少无效消耗并改善光照；第二次在新梢迅速生长期，主要是控制竞争枝、徒长枝以及利用副梢加速整形；第三次在新梢生长后期，主要是对尚未停止生长的徒长性果枝和其他旺枝再次剪截控制，并疏除过密枝以改善光照，促进花芽分化和果实发育。对幼龄及初果期桃树进行抹芽、摘心、短截、拉枝等夏季修剪措施，可降低分枝部位，加速整形，改善光照条件，有利于早结果早丰产；对盛果期桃树实行摘心、疏枝等夏剪措施，可控制竞争，均衡树势，促进花芽分化和果实膨大。

第四节　桃整形修剪实践

一、修剪方案的合理制订

桃的生长结果习性，是指导桃树整形修剪的理论基础和理论依据，包括枝芽特性、干性强弱和生长势、枝条萌芽率和成枝力、结果枝类型以及开花结果习性等。桃园如何进行修剪，需了解桃品种特性，如品种的结果枝类型、生长势、有无花粉、果实大小、是否裂果等，同时，还要调查桃树的树龄、修剪反应、栽培方式、环境条件等情况后制订详细的修剪方案。主要考虑如下几个方面来确定修剪方案：

1. 品种特性

不同品种的桃树，生长结果习性有一定的差异，如萌芽率、成枝力、分枝角度、成花难易、主要结果枝类型、坐果率等方面都不尽相同，修剪上要根据这些特性有针对性地进行整形修剪。

(1)结果枝类型　以短果枝或花束状果枝为主的品种，修剪时每年应注意适当轻截长留，以缓和树势，促进短枝的形成以及成花和坐果，如大多数北方品种群(肥城桃、深州蜜桃、丰白、仓方早生等)。以中长果枝结果为主的品种，修剪时应注意适当短截，以促发中长果枝和控制花果量，防止树体早衰，如大多数南方品种群(大久保、雨花露和各种蟠桃等)。

(2)生长势　按生长势可以分为强、中和弱三类。生长势强的品种如早凤王等，表现为直立性强，主枝角度小，生长量大。对于生长势强的品种以削弱生长势为主，防止上强下弱，削弱的办法：一是开张角度，将主枝的角度调整到 45°～50°为宜；二是多留长放，切忌重剪。生长势弱的品种表现为树冠开张，主枝角度大，如大久保，宜抬高主枝角度，增强树势，增加短截数量；生长势中等的品种，表现为树冠半开张，主枝角度适宜，采用长放和短截相结合的方法。

(3)有无花粉　按开花时花粉的有无可以将桃品种分为有花粉品种和无花粉品种。有花粉品种一般坐果率较高，采用正常修剪即可；无花粉品种则不能采取和有花粉品种一样的修剪方法。早凤王、砂子早生、丰白、霞晖一号、新川中岛、深州蜜桃、八月脆等品种均属于无花粉品种。无花粉品种需要配置授粉品种，并进行人工授粉，否则坐果率低。提高无花粉品种坐果率的另一措施就是采用适当的修剪方法。因为无花粉品种其坐果较好的枝条为健壮而较细的中短果枝，即果枝粗度小于 0.6 cm。在修剪上一定要设法培养这一类结果枝。在冬季修剪时，以轻剪为主，先疏去背上的直立枝以及过密枝，待坐果后，根据情况和枝条稀密再行复剪。对于缓放的枝条，还可促发一些中短果枝，这正是下一年的主要结果枝。无花粉品种的留枝量比有花粉的品种应大 50%以上。

(4)果实大小　如果按果实大小分，可以分为大果形、中果形和小果形三种。大果形品种果实较大，如晚蜜、美帅、二十一世纪、中华寿桃等，其果实上着生果柄的梗洼部位较深，在较粗的长果枝上坐果时，随着果枝加粗，其上着生的果实极易被顶掉，一般情况下较粗的果枝不宜坐果，适宜结果的枝是中短果枝，所以在修剪时以培养更多的中短果枝为主。培养的方法是要少短截，多长放，如果是长果枝坐果，应在果枝的中上部留果。对于大果形品种也不要一味轻剪，以保持树势中庸为宜。蟠桃果实的梗洼部位较普通桃浅，大果形的蟠桃，如瑞蟠三号、瑞蟠四号，可在稍粗的长果枝上坐果。对于中小果形品种则可在各种果枝上坐果，但仍以直径小于 0.8 cm 的果枝为好。

(5)是否裂果　有些桃树品种易发生裂果，如中华寿桃、二十一世纪等，部分油桃也易裂果，如华光、瑞光 3 号等。对于易裂果的品种，应采用长梢修剪，让其在长果枝中上部结果，当果实长大后，便将枝条压弯、下垂，这时果实生长速度缓和，可减轻裂果。对于易裂果的品种而言，在中短果枝上部结的果实，其裂果率也相对较低。

2. 树龄

不同年龄时期的桃树，生长结果表现不同，对整形修剪的要求也不同。幼树期和初结果期，树体生长旺盛，应使树冠尽早开张，以缓和生长势，修剪量宜轻，可以长放；盛果期应保持树势健壮生长，以延长盛果期的年限；结果后期生长势较弱，应缩小主枝开张角度(梢角)，并多进行短截和回缩，以增强枝条的生长势。

3. 修剪反应

桃树的品种不同，主要结果枝类型不同，且枝条的长短也不同，强弱各异，枝条剪截后会出现不同的修剪反应。以长果枝结果为主的品种，其枝条生长势强，采用重短截后，仍能萌发具有结果能力的枝条；以中短果枝结果为主的品种，则需轻剪，以培养中短枝，才能多结果。

4. 栽培方式

对于露地栽培的中密度和较稀植的桃树，生长空间较大，应采用开心形，使树冠向四周方向伸展，修剪以短截为主，结合疏枝；对于高密度栽植或设施栽培的桃树，由于空间有限，宜采用两主枝开心形或纺锤形为宜，修剪采用以疏枝轻剪为主、短截为辅的方法。

5. 肥水条件

对于土壤肥沃、水分充足的桃园，宜轻剪，重剪会造成树势过旺，降低产量和果实质量；反之，应进行适度重剪。

6. 气候条件

南方春季多阴雨，短截过重易徒长，对结果枝多采用疏枝和轻短截；而北方春季多干旱，光照充足，对结果枝修剪宜多用短截的方法。

二、修剪需要注意的问题

1. 树形的选用

每种树形各有优缺点，生产中都可以采用，没有不丰产的树形，只有不丰产的结构。要与栽植密度相配套，桃树成形后每个树冠前后左右应有一定通风透光带，确保“树冠没有无效区，树上没有无效枝，枝上没有无效叶”。桃树进入盛果期易出现光秃带，就是因为枝条见不到光而形成的，因此，桃树在整形修剪时首先要考虑光照问题，不论哪种树形均有自身的特点，其目标都是要充分利用树体所在的空间，最大限度地提高光合利用效率。必须结合品种的特性、环境条件、土壤特性进行适时的修剪管理，同时，要适应现代果园发展的总趋势：规模、集约、轻简、宽行、密植、早果、高产、优质。

(1)桃园整体结构适宜　桃园土地覆盖率要高，一般应达到 60%～75%，行间枝条不能交接，须留 1 m 以上的通风作业道。株间交接率不宜超过株距的 10%～20%，果园的透光率不低于 20%，叶面积系数根据不同树形调整为 2.2～3.7，即可达到丰产果园的基本要求。

(2)树体结构合理　树体在有限的空间内充分利用空间的架构，才能达到连年丰产稳产。在光合利用率保持不变的情况下，提高树体的生物产量，需要充分了解合理的负载量、合适的枝量、品种的特性(自然坐果率和果实大小)等性状。

(3)保持生长和结果的适度平衡，维持树形及结构　树体营养生长和生殖生长之间存在相互制衡的关系，如何能维持和利用两者之间的平衡，维持稳定的树体结构要贯穿桃树的一生，因此，树形的构建、维护或重建是桃树能否丰产的结构基础。对于不同的品种和环境条件，要找到最佳契合点，充分发挥树体本身的潜力，达到优质丰产高效的目的。

(4)方便桃园作业和机械使用　桃园的经济效益很大程度上与劳务投入密切相关,减少人工投入,增加机械化水平是现代桃园发展的趋势,更是增加桃园生产经济效益的一个重要方面。

2. 树形的培养

桃在整形过程中要注意开张主枝角度,根据空间大小在各主枝上适当培养一些侧枝,以扩大树体的结果部位。成形后,夏季及时疏除背上枝、背下枝、直立枝、病虫枝和竞争枝,打开内膛光照,保持延长枝的生长优势。幼树轻剪,大量结果后适当短截,用单枝更新或双枝更新复壮结果枝组,生长季节如新梢生长过强,可叶面喷施生长抑制剂——多效唑,一般需喷2～3次。桃树主干宜矮,但具体干高应视品种特性和环境条件而定。土壤浅薄、风大及直立性品种定干要低些,主干留30 cm即可;土层深厚、高温多湿、风小的地方及树冠开张的品种定干可略高,主干以50 cm为宜。骨干枝不宜过多,且要拉开距离,以免造成上强下弱,光照不良,同时要注意从属关系和开张角度。

3. 桃树栽植密度的确定

因为桃树喜光性强,生长量大,所以栽植密度不宜过大,尤其是行距更不要过密,要方便果园作业和机械使用。树形和栽植密度是相对应的,如果采用两主枝开心形,株距应为1.5 m以上,行距为4 m以上;如果是采用三主枝开心形,株距为3 m,行距为4～6 m;桃主干形要求的技术比较高,管理水平较高的桃园可以采用,否则就不要应用,一般株距为1～2 m,行距为3～4 m。

生产中有的人盲目追求前期产量,采用高密度栽植,如1 m×2 m、1 m×3 m、2 m×3 m等,更有甚者株行距均为1 m,这种高密度桃园光照差,果个较小,树体不易控制,管理难度大。

4. 区分不同的品种群

整形修剪时,应该区别对待北方品种群和南方品种群。针对北方品种群幼树和初结果树的树势较旺,主枝紧凑,并且以中短果枝结果为主的特性,修剪时应注意控制顶端优势,延缓树势过旺,对于幼树,可多缓放,少短截,结果树可采用缓、截、更新的三套修剪法。而对于树体开张、顶端优势不太明显,中长果枝也可大量结果的南方品种群,修剪时应进行适当的重剪,以此来减少花的数量,促进果实膨大。整形修剪时,应运用双枝更新法,以防止结果量过大,使得树势出现早衰和结果枝外移等问题。

5. 树势和结果枝组的培养

(1)树势的培养　桃树的树势可以分为三种,即过旺、中庸和过弱。如果树势过旺,营养生长占据绝对优势,树体内的徒长性果枝及长果枝所占比例将会达到60%以上,尤其是徒长性果枝所占比例有可能要超过50%,树冠易郁闭,而长果枝和中短果枝所占比例会明显降低,同时增加夏季修剪的工作量。相反,如果树势过弱,中短果枝及花束状果枝所占比例较大,长果枝相对较小,营养生长与生殖生长不协调,叶片数量不足,果实单果重变小,品质降低,当年难以形成足够数量的、供翌年使用的结果枝,必将影响翌年产量。

桃树能够保持高产、稳产和优质,最适宜的树势就是中庸的树势。中庸的树势是指营养生长与生殖生长较为平衡,长中短果枝的比例合适,光照好,叶片光合作用旺盛,花芽饱满,不仅当年果实果个较大,品质较好,还有利于翌年产量的形成和品质的提高。

通过修剪培养中庸树势，首先对过旺的树采取抑制其营养生长的办法，疏除徒长枝和背上直立枝，缓放水平和斜生的长果枝，不进行短截，同时翌年也必须做好夏季修剪。对于过弱的树，要促进其营养生长，增加中长果枝的短截数量和短截程度，疏除花束状果枝，少结果，促生中短果枝的形成。对于中庸的树要轻重结合，避免修剪过重，导致树势转旺，还要避免修剪过轻、结果过多，导致树势变弱。

(2)结果枝的培养　桃树绝大多数一年生枝条为结果枝，均可形成花芽，但不是所有能成花的一年生枝都能结出理想的果实。桃树理想的结果枝是粗度适宜的水平枝或斜生枝(直径0.6～0.7 cm)，有的品种尤其在健壮较细的果枝上(直径小于0.6 cm)更易长成较大的果实且品质较好。

培养理想的结果枝是建立在桃均衡树势基础上的，理想的树势一般容易产生良好的结果枝。冬季修剪要适当多缓放，少短截长果枝，尤其对于幼树；同时还要注重夏季修剪。

本章小结

桃树整形修剪是桃树生产管理中的重要技术环节，是为了使桃树早结果、早丰产，延长其经济寿命，同时获得优质的果品，提高经济效益，使桃栽培管理更加方便省工。桃树的整形指从幼树定植后开始，运用相应的修剪技术把每一株桃树都剪成既符合其生长结果特性，又适应于不同栽植方式、便于田间管理的树形，直到树体的经济寿命结束。修剪是按照桃的品种特性及自然环境条件对桃树进行树形的塑造，并维持相应的树形，使其有合理的干高、均匀的骨干枝分布、适宜的伸展方向和着生角度、明确的主从关系、牢固的树冠骨架，并与栽培方式相适应，为丰产、稳产、优质打下良好的基础。通过修剪使桃树树冠整齐一致，调整个体和群体的关系，使每个单株所占的空间相同，提高土地利用率，并且便于田间的统一管理。通过修剪调整桃树生长与结果的关系，桃树从开始结果以后，生长与结果的矛盾就始终存在，相互制约、对立统一，在一定条件下可以相互转化。通过修剪对不同品种群、不同品种、不同树龄、不同生长势的桃树，适时、适度地进行调整，使桃树生长与结果建立起相对的平衡关系。修剪还能改变桃树体内营养物质的产生、运输、分配和利用，从而改善树体营养和水分状况，更新结果枝组，延缓树体衰老。另外，通过整形修剪合理开张骨干枝角度，适当减少大枝数量，降低树高，拉大层间距，控制好大型枝组等，形成外稀里密、上疏下密、里外透光的良好树体结构，并结合枝条变向，调整枝条密度，改善局部或整体光照，从而提高光合效率，有利于桃的成花和果实品质的提高。

桃的生物学特性是指导桃树整形修剪的生物学基础和理论依据，只有深入了解桃的生长结果习性才能全面掌握桃树的整形修剪。桃的主要栽培品种来自不同的变种，有圆桃、蟠桃和油桃，同时归属于南方品种群、北方品种群、油桃品种群、蟠桃品种群、黄肉品种群五个品种群，种类、种群较多，特性差异较大。深入了解不同桃树变种、品种的生物学特性，有助于制订合理的整形修剪方案。省力化栽培是现阶段果树生产的发展趋势，简化修剪势在必行，需改变传统大树冠、多级次骨干枝的整形模式，采用适合品种特性、适当密植栽培、便于机械化作业和易于修剪的高光效、省力化树形，保证桃园丰产、稳产、优质。

总之，为了提高桃的产量与品质，必须重视整形修剪。桃树的整形修剪可以对桃产生多方面的影响，不同的修剪方法有不同的反应，因此，必须根据桃树的生长结果习性，结合品种特性和当地的自然条件，因势利导，根据桃树不同生长阶段、不同生长期进行修剪，以扩大树冠的有效结果面积为主要原则，灵活地采取科学合理的整形修剪技术，使其在桃树生产中发挥积极作用，为桃的高质量生产提供助力，进一步保障桃生产的经济收益。

复习思考题

1. 简述桃与修剪有关的生物学特征。
2. 简述桃整形修剪的理论依据。
3. 简述桃开心形的结构特征与整形过程。
4. 简述桃 Y 形的结构特征与整形过程。
5. 简述桃主干形的结构特征与整形过程。
6. 简述桃葡匐扇形的结构特征与整形过程。
7. 简述桃整形修剪特点。
8. 简述桃不同树龄的修剪特点。

（赵宝龙　编写）

第六章

樱桃的整形修剪

樱桃是成熟最早的落叶果树之一，在我国栽培利用历史源远流长，至少 2 000 年前已有栽培。《礼记·月令》中有“仲夏之月……天子及以雏尝黍，羞以含桃，先荐寝庙”的记载，其中“含桃”即指樱桃，演化成为今天的中国樱桃（*Cerasus pseudocerasus*）。中国樱桃在我国分布较广，以江苏、浙江、安徽、江西、山东、贵州等地居多，既有结合观光采摘等的商业化种植，又有以观赏、自用为主的庭院栽植。欧洲甜樱桃（*C. avium*）和欧洲酸樱桃（*C. vulgaris*）在 19 世纪末至 20 世纪初传入我国，其中甜樱桃因其单位面积经济收益高而发展迅速，目前山东、辽宁、河北、陕西、河南、甘肃、北京、山西、四川、贵州等地均有栽培。樱桃栽培形式也由最初单一的露地栽培扩展至塑料大棚、日光温室及避雨防霜等设施栽培，形成多种生产形式并存的局面。

第一节　樱桃的生长结果习性

樱桃有乔木和灌木两种类型。中国樱桃和甜樱桃都属于乔木型，长势强健，干性强，层性明显，树冠呈自然圆头形或开张半圆形，冠径一般 5～6 m，树高一般可达 5 m 以上。自然生长的甜樱桃甚至可达 30 m，中国樱桃一般不及甜樱桃高大，层性亦不如甜樱桃明显。酸樱桃和毛樱桃（*C. tomentosa*）属于灌木型，树体矮小，树势中庸，骨干枝级次较少，干性弱，层性不明显，树冠呈丛状扁圆头形。

甜樱桃一般栽植后 3 年开始结果，5 年左右进入盛果期，经济结果年限 20 年左右，自然野生状况下可存活上百年。中国樱桃、酸樱桃及毛樱桃都具有较强的发生萌蘖能力，通过萌生的根蘖可以不断更新树冠，在管理水平较高的情况下，整株寿命可延续数十年甚至上百年，但盛果期一般维持 15～30 年。

一、樱桃的生物学特性

1. 根系

樱桃根系按来源可以分为实生根系、茎源根系和根蘖根系。马哈利（*C. mahaleb*）及东北山樱（*C. sachalinessis*）等用作甜樱桃砧木多采用种子繁殖，其根系为实生根系，主根相对发达，分布较深，生命力强，抗逆性强，嫁接后植株生长较旺盛，但个体间差别较大。中国樱桃中的优良品系大青叶多采用压条繁殖，而吉塞拉(Gisela)系列及考特(Colt)等常采取组织培养或扦插繁殖，根系为茎源根系，一般细根多，分布较浅，生命力较弱，对环境条件的适应性较实生根系差，嫁接后植株生长势弱，可起到矮化作用。中国樱桃、毛樱桃的根段上或根颈附近的不定芽易萌发长成根蘖苗，与母体分离成为独立个体后的根系为根蘖根系，其根系分布浅，生命力弱，且往往不完整，最好归圃培养后再利用。

北方常见果树中樱桃的根冠比较小，与苹果等果树相比其根系分布浅、须根少、密度低，对干旱及水涝等不良土壤环境适应性差，大量结果后易出现树势早衰，经济结果年限短。甜樱桃自然生长旺盛、树体高大，引入我国栽培后各地试验应用了诸多砧木，包括中国樱桃中的大窝娄叶、大青叶以及草樱、酸樱桃中的琉璃泡、东北山樱、马哈利、考特、吉塞拉系列及国内选育的兰丁系列等。我国樱桃栽培区域跨度大，不同区域间气候差别大、立地条件复杂，加之栽培品种及栽植方式多样化，目前仍缺乏统一的综合适应性强的砧木。

除取决于自身生物学特性及实生、扦插等繁殖方式外，樱桃根系生长发育状况还受立地条件、土壤类型和栽植方式的影响。例如，我国甜樱桃的主要栽培区域大连、烟台等地果园多建于滨海丘陵、浅山，其果园土层浅薄，土质沙化，结构不良，养分贫瘠，保水保肥能力差，这种条件下樱桃根系分布浅，分枝多且更新强度大，对土壤环境条件变化反应敏感，功能不稳定。当肥水管理不当时，根系难以满足地上甜樱桃旺盛生长需求时，易造成树势迅速衰弱，甚至死树。平地、低洼地的樱桃园多黏性土壤，通透性差，根系分布范围小，雨季果园易积水而引起根系呼吸障碍，严重时导致死树。因此，樱桃生产中提倡起台栽植，多采取平面台式栽植方法。樱桃起台栽植较平地栽植地表面积增加，水分散失快，通透性大幅度提高，土台中根系发达、健壮，细根量增加，根系活力强，植株生长发育强壮。

2. 芽

樱桃的芽按照性质和构造可分为叶芽、花芽和潜伏芽三种类型。叶芽较瘦长，呈尖圆锥形，分布于各类枝条的顶端，营养枝的叶腋，长果枝、混合枝中上部的叶腋。叶芽萌发后只抽枝展叶，形成各级骨干枝和结果枝。樱桃的萌芽力和成枝力因种类、品种及枝龄不同而异。中国樱桃和酸樱桃的萌芽力和成枝力均较强，一年生枝上的芽几乎能全部萌发；甜樱桃的萌芽力较强，但成枝力偏弱，一般在剪口下抽生 2～5 个中长营养枝，其余抽生短枝或叶丛枝。

花芽为纯花芽，芽内具有 2～7 朵花，芽体肥大饱满，呈圆锥形或宽圆锥形，着生在各类结果枝的叶腋。樱桃随着树龄或枝龄增长，树势逐渐衰弱，各类枝上花芽的比例明显增加。因结果枝后部多为花芽，开花、结果后其着生部位即光秃，只有顶芽或先端少数叶芽延伸生长，因此，栽培管理不当易造成结果部位迅速外移。

潜伏芽均是副芽，芽体小，发育质量差，多着生在枝条基部，当主干或主枝受到强烈刺激时才萌发，一般会抽生强旺长梢。潜伏芽的寿命因种类及其营养状况而异，当主干或主枝受到刺激后，70～80 年生的中国樱桃大树也可萌发更新形成新主枝或主干，20～30 年生的甜樱桃也容易利用潜伏芽更新树冠。

3. 枝条

樱桃的枝条按年龄可分为新梢、一年生枝、二年生枝、多年生枝；按性质可分为营养枝和结果枝两大类。营养枝是只着生叶芽的一年生枝，根据生长状况又可以分为发育枝、徒长枝和叶丛枝。幼树期以发育枝居多，其上芽体饱满，先端芽萌发形成的新梢生长旺盛，用于扩大树冠，中后部的腋芽则抽生结果枝。徒长枝多由潜伏芽萌发而成，生长直立，长而粗，组织充实度差，节间长，芽体瘦小。部分甜樱桃品种受到强烈刺激后，由潜伏芽萌发形成的新梢生长旺盛，秋季落叶后徒长枝粗度超过 3 cm，长度可达 3 m 以上。叶丛枝的节间短缩，腋芽不明显，营养条件好时叶丛枝可转化为结果枝。

一般春梢生长持续至 6 月底至 7 月初，经短暂的停长，于 7 月中旬后开始生长秋梢，春秋梢间有盲节。盛果期大树，春梢生长在果实成熟前渐趋缓慢，至果实采收后 10 天左右停止生长，生长势较强的树后期再次迅速生长形成秋梢，而生长势较弱的树只有春梢一次生长。结果大树在受到重短截或回缩等较强修剪刺激时，可由潜伏芽抽生徒长枝，生长持续时间长，有的到 8 月中下旬停止生长，肥水充足的情况下，甚至持续到生长期末。秋梢旺长消耗大量碳素营养，不利于花芽分化，越冬期因木质化程度低也易发生抽条。

樱桃的结果枝可分为混合枝、长果枝、中果枝、短果枝、花束状果枝。混合枝长 30 cm 以上，基部数芽为花芽，中上部均为叶芽，萌发后抽梢能力强；长果枝长 15～30 cm，除顶芽及近先端几个腋芽为叶芽外，其余均为花芽；中果枝长 5～15 cm，除顶芽为叶芽外其余全部为花芽；短果枝多小于 5 cm，也是顶芽为叶芽，其余全部为花芽，且花芽发育质量高，坐果率也高；花束状果枝实为极短果枝连年单轴延伸，除最前端顶芽为叶芽外，其余腋芽全部为花芽聚生在一起呈簇状的一类枝，该类枝年生长量极小，长度 1～1.5 cm，结构稳定而寿命很长，是甜樱桃的主要结果枝类型。

各类结果枝因种类、品种、树龄、树势不同所占的比例也不同。中国樱桃在初果期以长果枝结果为主，进入盛果期之后则以中短果枝结果为主。大多甜樱桃品种在结果初期生长较旺盛，以混合枝、长果枝结果为主，进入盛果期随着树势趋于稳定或偏弱，长果枝比例降低，中短果枝和花束状果枝比例依次逐渐增加。如彩图 6-1 所示，当树冠内大量形成花束状果枝时则预示着树体进入最大产能阶段。

4. 叶片

中国樱桃叶片多为卵形或长圆状卵形，基部圆形或宽楔形，先端渐尖或尾状渐尖，边缘有单锯齿或尖锐重锯齿，齿端有圆钝腺体。甜樱桃的叶片较中国樱桃大而厚，叶柄上有腺体，叶片完全展开后一周左右叶色呈深绿而富有光泽，较厚，有弹性，功能达到最强，称为“亮叶期”或“转色期”。

樱桃叶片可分为新梢叶、结果短枝叶和非结果短枝叶。新梢叶指当年抽生的发育枝上的叶片，每个节位 1 片叶，一般前 8 片叶由上一年形成的叶芽内孕育的幼叶原基分化而来（也称为芽内叶），以后发育形成的叶片为生长点，当年生长当年分化而来（称为芽外叶）。芽内叶较小，芽外叶大小与树势成正比，通常除先端芽外叶以外，大多较芽内叶大。发育枝上叶片数量超过 10 片时即可向外输出碳水化合物，通过剪梢等措施可以调控新梢叶的形成与碳水化合物的再分配，有利于促进花芽形成。结果短枝上通常有 6～9 片叶，这些叶片较非结果短枝上的叶片稍小，为短枝上果实发育提供绝大部分碳水化合物。

一般经过初霜后樱桃即进入落叶期，在秋冬季节较温暖地区的樱桃生长旺盛，落叶较迟。一般充分成熟的枝条能适时落叶，但幼树或不成熟的秋梢落叶较迟。迟落叶影响树体养分回流，对安全越冬以及翌年产量都有不利的影响。随着秋季降温樱桃在落叶前即进入自然休眠，不同种类及品种的樱桃低温需冷量不同，一般需 0～7.2 ℃低温累积 500～1 400 h。设施促成栽培为提早上市，往往采取秋季提前扣棚、避光、降温、喷尿素或脱落剂等方法促进落叶，提早进入休眠，以尽早完成低温需冷量累积，然后转入揭帘升温生产阶段。

5. 花

樱桃花芽分化时期相对集中，分化过程迅速。花芽分化时期的早晚与品种、树龄、结果枝类型及修剪措施等有关。一般早熟品种比晚熟品种分化早，成龄树比生长旺盛的幼树分化早，花束状果枝和短果枝比长果枝和混合枝分化早。花束状果枝和短果枝上的腋芽在硬核期前后即进入生理分化，而中长果枝的基部腋芽一般在果实采收后开始生理分化，经过一个短暂的生理分化期后转入形态分化，从形成苞片到分化出雌蕊原基历时 1～2 个月。另外，摘心或剪梢后萌发的二次枝基部有时也可分化成花芽，形成一条枝上两段成花的现象。日光温室促成栽培时，因为生长季较露地栽培延长至少 2 个月以上，所以二次枝基部易分化形成花芽。二次枝分化的花芽质量较差，翌年虽然花芽能正常开花，但花期稍晚，芽内为 1～2 朵花，坐果后果实发育慢，果个较小。樱桃花芽分化对营养条件要求较高，营养不良时会出现雌蕊败育，中国樱桃尤为多见。另外，正常情况下甜樱桃每朵花只分化 1 个雌蕊，但在夏季遇高温干旱时往往花芽分化过度，1 朵花可以分化出 2～4 个雌蕊，翌年出现大量双雌蕊或多雌蕊花，经受精坐果后发育成对生、连体三果等畸形果。

中国樱桃栽培区域分布广，不同产区之间花期差别较大，山东烟台地区一般在 4 月上旬开花，而辽宁大连地区一般在 4 月下旬开花。中国樱桃开花最早，一般较甜樱桃提前 15 天左右开放，整个花期持续 7～10 天。设施栽培时温度等环境调控不良时易出现开花不整齐、花期短或过长的现象。同一个品种的大树和弱树开花较早，而幼树和壮树花期较晚。同一株树中下部的花先开，花束状果枝、短果枝上的花先开。由于樱桃的花期早，露地栽植易遭受晚霜危害，有时倒春寒会造成绝产。

6. 果实

樱桃的果实发育期很短，早熟品种一般 40 天左右。果实发育曲线为双 S 形，即落花开始至硬核前为第一次速长期，硬核期为缓慢生长期，硬核期后进入第二次速长期直至成熟。第一次速长期一般 10～15 天，日光温室栽培有时因温度低而持续 20 天以上，在此期间子房细胞旺盛分裂，果柄维管束发育完善，形成的细胞数量多少是导致果实大小差异的主要因素，该期结束时果核生长至果实成熟时大小，但呈白色，未木质化，果重为成熟时的 25%左右。硬核期一般 10～20 天，其长短是决定果实成熟早晚的关键，此期果实纵、横径生长缓慢，果核由白色逐渐转为褐色，木质化，胚发育成熟，胚乳被吸收。在硬核期向第二次速长期过渡期间喷赤霉素可显著促进细胞膨大，增加重量。一般第二次速长期持续 2 周左右直至果实达到正常大小。樱桃果实发育期间对温度及土壤水分条件敏感，管理不当会造成大量僵果、黄化落果及裂果等。

二、对环境条件的要求

1. 温度

不同种类樱桃因地理起源地气候差异较大，而对温度条件的要求不同。中国樱桃原产于长江流域，喜温暖而湿润的气候，不耐寒，适宜在年平均气温 10～12 ℃的地区栽培。甜樱桃原产于西亚的高加索到欧洲西部地区，喜凉爽而干燥的气候，在辽宁南部(大连)、山东、河北、陕西等多地大量栽植。冬季绝对低温是决定甜樱桃露地栽培区划的主要因素，当绝对低温下降到－18 ℃以下时，大枝就会发生冻害，下降到－25 ℃则造成大量死树。毛樱桃最耐低温，可在冬季绝对低温－30 ℃以下、年平均气温 4.0～7.3 ℃的地区栽培。

春季日平均温度达到 10 ℃左右时，樱桃花芽开始萌动，日平均温度 15 ℃左右进入开花期，这期间易受倒春寒和花期霜冻危害，如花期和幼果期若遇－2.8～－1.1 ℃低温，则会造成花器官受损，导致坐果率降低，甚至绝产。另外，即使同等幅度的降温，短时间急剧降温对花芽的伤害程度明显大于缓慢降温。果实成熟期适宜温度在 20 ℃左右。果实发育期间夜间平均气温的高低对果实的发育有显著影响，在第一次速长期的前期夜温高有利于果实细胞数量增加，而细胞数量的多少是决定果实大小的主要因素，进入硬核期后夜温低有利于控制新梢生长速率，增大果个，提高品质。

甜樱桃既不耐低温又不耐高温。果实发育期间温度过高，则易“高温逼熟”，使果实不能充分发育，成熟期虽然提前，但果实品质差。花芽分化期的夏季高温干燥气候易导致叶片早衰，植株生长发育不良，生产中出现的双生果、对生果等也主要是由上一年夏季高温导致花芽分化不良，产生大量双雌蕊或多雌蕊畸形花所致的。

2. 光照

樱桃为喜光树种，其中甜樱桃最喜光，酸樱桃和毛樱桃次之，中国樱桃比较耐阴。光照良好时，树体健壮，结果枝寿命长，花芽充实，坐果率高，果实成熟早，着色好，品质优良。太阳辐射和光照时长影响樱桃生长发育，栽培过程为了增加光能利用率，促进花芽形成和发育，提高果实品质，往往采取南北行种植，采用纺锤形、开心形或篱壁形整形，以及疏除背上旺枝、剪梢等夏季修剪措施。近年来，许多樱桃产区还试验应用了反光膜，以改善果园光照条件，促进冠层下部枝梢生长、花芽形成和果实发育。对于栽培晚熟品种的高纬度或高海拔地区，有时为减少生长季热量积累，以推迟果实发育，拉长樱桃销售季节，而采用树上覆盖措施进行遮阴、降温。设施促成栽培时为了尽早完成低温需冷量积累，也经常在秋季采取提前扣棚遮阴的方法降温，促进及早进入休眠，以利于提早揭帘升温进行生长季管理。

3. 水分

樱桃既不抗旱又不耐涝，大多数甜樱桃品种适于在年降水量 500～800 mm 的地区栽植。酸樱桃和中国樱桃宜在降水量 600～700 mm 的地区栽培，毛樱桃的抗旱能力强，可在降水量 130～460 mm 的地区栽培。

甜樱桃对水分状况较敏感，世界主要樱桃产区大都分布在大水系的地区或沿海地区，这些地区一般雨量充沛，空气湿润。幼树期植株生长旺盛，需要稳定的水分供给以迅速扩大树冠，进入盛果期后枝叶量大，蒸腾耗水量增多。年生长周期中，幼果第一次速长期气温较低，新梢叶量少而需水量低；进入第二迅速生长期后叶幕形成，气温升高耗水量增加。整个果实发育期间植株对水分供给反应敏感，如果遇干旱土壤含水量低，会影响树体对养分的吸收和转化，引起营养竞争，果实发育不充分，造成落果。硬核期如果遇干旱表现尤为明显，会引起大量黄化落果，影响产量。受旱后，在果实第二次速长期，遇降雨引起土壤含水量和空气湿度剧烈变化，易造成大量裂果。

樱桃生产中雨季遇暴雨或连续降雨，果园排水不良，土壤含水量过高或地表积水，会导致根系呼吸障碍，极易引起黄叶、落叶、死树。研究表明，淹水 3 h 樱桃根系参与水涝胁迫信号传导的 *RAP2.2* 等相关基因显著上调，6 h 参与糖酵解等呼吸途径代谢相关基因大量上调表达，24 h 根系即受到严重伤害，其中吉塞拉、大青叶、马哈利和东北山樱根系总呼吸速率分别下降 27.6%、30.5%、36.2%和 53.4%。由此可见，淹水 6 h 是一个关键的时间节点，6 h 以内短时间淹水及时排水后可以维持根系功能基本稳定，淹水超过 24 h 后再排水，根系已受到严重伤害，难以恢复生理功能，因此，尤其要重视樱桃园雨季及时排水工作。

4. 土壤

樱桃根系浅，须根少，根系呼吸旺盛，因此土层深厚、土质疏松、有机质含量高、通气良好的土壤条件有利于根系生长发育。辽宁大连等滨海山地樱桃园立地条件普遍不良，土层较浅，以粗骨土为主，土壤有机质含量低，但每年通过大量施有机肥、地表生草等措施仍能保证植株良好的生产能力。低洼地一般土壤偏黏重，不利于根系呼吸，导致果树生长发育不良，雨季易遭受水涝胁迫，严重时可导致死树，甚至成片毁园。另外，不同种类及繁殖方式的砧木对土壤的要求不同，如嫁接在马哈利上的植株忌黏重土壤，而酸樱桃较耐黏重土壤，中国樱桃则适宜疏松的沙质土壤。同样土壤条件下东北山樱等实生繁殖砧木根系分布深而广，较压条繁殖的中国樱桃优良品系大青叶或组织培养繁殖的吉塞拉系列苗木根系强大，可以保证植株较强的生长势。

樱桃适宜的土壤 pH 为 6.0～7.5。试验表明，当土壤 pH 低于 6.0 或高于 8.0 时，会显著降低东北山樱幼苗根系活力，抑制叶绿素合成，降低光合作用效率，植株生长发育受到严重抑制。甜樱桃和中国樱桃适宜微酸性和中性土壤，酸樱桃可在微碱性和盐渍化的土壤上栽植，毛樱桃适应性强，可在微碱性土壤上生长。樱桃对土壤盐分敏感，虽然目前缺乏对樱桃砧木耐盐性的系统评价，但一般认为在土壤含盐量超过 0.1%的地方不宜栽植。

第二节　樱桃常用树形及培养过程

樱桃树形选择除了优先考虑不同种类、品种生物学特性外，还要结合立地条件、栽植方式、砧木类型、果园机械化水平、从业者科技素质及管理水平等而定。中国樱桃和酸樱桃通常采用丛状形，多利用萌蘖进行树冠更新，不刻意整形；甜樱桃树体高大，喜光，具有萌芽率高和成枝力偏低、顶端优势明显、分枝角度小等特点。因此，甜樱桃修剪的中心原则是促分枝，调角度，促花芽，控竞争，促进及早成形、结果，维持合理树形，最终实现长期稳定生产。我国甜樱桃引进栽培时间较短，各地探索应用了多种树形，由最初引进时的乔砧大冠稀植的自然圆头形、丛状形，经历中等栽植密度的开心形、主干疏层形、自然纺锤形，再到高密度矮化栽植的细长纺锤形、篱壁形、扇形、克格勃丛枝形及一根棍形等树形。随着吉塞拉系列矮化、半矮化砧木的应用，以及对轻简化、省力化管理技术的迫切需求，近年来，樱桃种植者不断尝试新的栽培方式，通过缩小株距增加栽培密度，冠层也以主干疏层形、自然纺锤形为代表的三维结构逐步趋向应用超细纺锤形、篱壁形、直立主枝树形等狭窄的近似二维结构（二维码 6-1）。

一、丛状形

1. 树体结构特点

丛状形没有主干或主干较低，自地面或近地面树干直接分生出长势均匀的 4 个以上主枝，主枝上不配备大的侧生分枝，直接培养结果枝组（彩图 6-2）。

二维码 6-1
樱桃常用树型（PPT）

2. 整形要点

栽植后 40 cm 定干，剪口下直接选留多个壮芽，保证肥水供应，促进形成多个强旺新梢。第一次冬剪时根据形成的一年生枝的生长状况决定选留主枝，主枝过多时根据方位、生长势疏除过密枝、细枝，主枝不足时可选粗壮的一年生枝进行重截，更新形成多个壮枝。选留的主枝上萌发的强旺新梢主要通过剪梢、摘心等措施控制，避免形成大的侧枝，促进形成结果枝。第二年冬剪时仍要调节主枝数量及方位，对于选留的主枝要注意疏除背上旺枝和延长头竞争枝，无大分枝的主枝采取缓放措施，生长季通过剪梢、捋梢等措施促进形成结果枝。2～3 年即可完成整形。

3. 树形特点

丛状形树形骨干枝级次少，树体较矮，树冠小，整形简单且成形快，结果早，产量较高，抗风力强，不易倒伏。但与有中心干的树形相比，经济寿命较短，成龄后田间施肥、喷药等其他管理不便。大部分中国樱桃园及部分树龄较老的甜樱桃园应用这种树形，新栽植樱桃园很少应用。

二、开心形

1. 树体结构特点

开心形干高 20～40 cm，全树 3～4 个主枝，每个主枝上有 6～7 个侧枝，前期也可分层留多个主枝，后期去除中心干延迟开心（彩图 6-3）。主侧枝上配备各类结果枝组。

2. 整形要点

定植后 60 cm 左右定干，剪口下留 3～5 个饱满芽，萌发强旺梢用于主枝培养，当新梢长到 40～50 cm 可以摘心，促发分枝培养侧枝，继续选前端旺梢带头，延长生长，8 月中下旬拉开角度。第二年对留做主枝的一年生枝进行轻短截，促发分枝培养侧枝。中心干延长头留 70～80 cm 短截，发出的分枝酌情选留第二层主枝。第三年同样处理，选留第三层主枝，同时对 1～3 层主枝选留侧枝短截培养结果枝。依此类推，经 4～5 年树体骨架建造完成，培养出结果枝组开始大量结果。进入盛果期后，由于结果量加大，各主枝角度加大，势力均衡稳定，即可根据产量、生长势等综合因素适期从第二层、第一层上方去掉中心干，培养成开心形。

3. 树形特点

开心形整形容易，修剪量轻，树冠开张，主枝势力均匀，层次明显，结果早，产量高，管理方便，而且较抗风。

三、主干疏层形

1. 树体结构特点

主干疏层形树高 3～3.5 m，主干高 50～60 cm，一般中心干上着生 9～12 个主枝，分作 3 层，第一层主枝 5～8 个，第二层主枝 3～5 个，第三层 2～3 个，层间距在 80～100 cm(彩图 6-4)。为了降低树高，便于管理及采光良好，大连地区多直接培养两层主枝。主枝上一般直接培养大型结果枝组，主枝数量少或方位分布不理想时，每个主枝可配备 1～2 个侧枝。

2. 整形要点

定植后在 60～80 cm 处定干，剪口下留 3 个以上饱满芽，第一年，选方位较好、生长均衡的 3～5 个新梢培养第一层主枝。保证肥水充足供应，使新梢当年长至 100 cm 以上。8 月末，将选留培养主枝的新梢拉至 45°左右，中心干延长头保持直立。第一次冬季修剪时中心干延长头留 80～100 cm 短截，剪口下发出的新梢选留方向与第一层主枝交错 3～4 个作第二层主枝培养，培养的第一层主枝留 30 cm 左右重短截，结合抹芽促发 2～3 个强旺新梢培养成主枝，或极重短截利用一年生枝基部隐芽更新出 2～3 个旺梢培养成主枝。8 月末继续将选留培养主枝的新梢拉至 45°左右，方位不理想或过多的新梢可疏除。第三年，中心干轻短截培养第三层枝，第一层枝和第二层枝上直接培养结果枝组。仅培养第二层枝时，层间距加大，选留第二层主枝后中心干延长头缓放，后期可疏除，或直接将中心干延长头拉枝到水平作主枝应用，整形过程结束。

3. 树形特点

主干疏层形具有培养简单、骨架牢固、冠层结构合理、通风透光、经济寿命长的优点，较适用于土壤肥沃、水肥条件较好的平地。缺点是第一层主枝较多，不便于拉枝和施肥等作业和机械通行，因树体较大结果部位不集中而采摘效率不高。

四、自由纺锤形

1. 树体结构特点

自由纺锤形树高 3 m 左右，主干高 50～60 cm，中心干直立粗壮，生长势较强，其上错落着生 10～15 个单轴延伸的主枝，主枝角度为 80°～120°，下层为 80°～90°，上层为 90°～120°。通常下部主枝长度不超过 2 m，向上逐渐变短，最上部主枝不超过 1.5 m(彩图 6-5)。

2. 整形要点

定植当年 70～80 cm 定干，抹除剪口下第二至第四芽，留第五芽。芽萌动时对第五芽以下至距地面 50 cm 左右的芽间隔约 10 cm 刻芽，然后涂抹抽枝宝或发枝素，促发新梢。第二年冬季修剪中心干延长头留 60～80 cm 短截，中上部抹芽同第一年，侧生枝留 2～3 芽重短截，留好芽，促发分枝，一般可选出 12～15 个主枝，之后任其生长。9 月上中旬，除中心干延长头新梢外，其余新梢拉枝呈水平或微下垂状态。定植后第三年处理方式同第二年，当年完成整形。

3. 树形特点

自由纺锤形是当前我国樱桃栽培应用最广泛的树形，具有整形过程简单、树体光照良好、产量高且稳定、品质好的优点，适用于密植甜樱桃园。

五、细长纺锤形

1. 树体结构特点

细长纺锤形树高 2.8 m 左右，主干高 70 cm 左右，中心干直立，其上分布生长势基本一致的 30 个以上侧生分枝(非永久性骨干枝)，角度大于 90°，长度通常不超过 70 cm(彩图 6-6)。

2. 整形要点

选高度在 1.5 m 以上的优质苗木，定植后在 1.0 m 以上的饱满芽处定干，剪口下 1 cm 左右留第 1 芽，抹除剪口下第 2～4 芽、第 6～8 芽，保留第 5 芽、第 9 芽，其下每隔 2～4 芽刻 1 芽，直至距地面 70 cm 左右，尽量多促发新梢，并使新梢在中心干上呈螺旋状分布。当新梢长到 40 cm 左右时，除最上选留作中心干延长头新梢外，其余新梢捋梢到水平至下垂状，控制其生长。第二年整形修剪与第一年类似，继续培养侧生分枝，对第一年选留但生长过粗的侧生分枝进行重短截重新培养出 1～2 个新梢，对中心干延长头竞争梢长至 20 cm 左右时保留 3～5 片大叶剪梢，保持各枝梢生长势力基本一致。第三年继续选留上层侧生分枝的同时，充分利用摘心、剪梢促进前期选留的侧生分枝上形成结果短枝。后期注意控制背上旺枝、更新过粗枝，保留各侧生分枝的生长势力基本均等。

3. 树形特点

与自由纺锤形相比，细长纺锤形中心干上不配备永久性主枝，其上着生的侧生分枝数量多，生长势力分散，相对较短，冠幅小。该树形成形快，易早期丰产，适宜密植，行间通风透光，便于机械通行，但树体生长势偏弱，大量结果后树势易早衰，宜立架栽培，需要栽植在立地条件良好的地块，配套水肥一体化设施保证稳定的肥水供给。

六、其他树形

近年来国内部分研究单位及樱桃园试验应用篱壁形、直立主枝形(UFO)及克格勃丛枝形(KGB)。

(1)篱壁形　树高 3.5～4 m，干高 50～60 cm，中心干上沿立架栽培拉线方向左右对称分布 8～10 个单轴延伸的主枝(彩图 6-7)。该树形为二维结构，通风透光，便于机械化操作，果实品质好，但枝量少产量低，整形时间长。

(2)直立主枝树形　树体结构级次少，主枝 6～12 个，直立主枝间距 15～20 cm，着生在拉平的双干或单干上，直立生长，成形后树高 3 m 左右，整个树形呈“一面墙”式结构(彩图 6-8)。该树形也为二维结构，适用于矮化栽培，具有结果早，便于机械化作业，省时、省工的特点，但有时各直立主枝生长势难以平衡，第一、第二主枝势力强，生长旺盛，后期各主枝管理不协调统一。

(3)克格勃丛枝形　由西班牙丛枝形演变而来,利用多达 20 个以上的主枝来分散树体的生长势,主枝上无侧枝,直接着生结果枝(彩图 6-9)。该树形培养过程与丛枝形类似,冬季修剪时注重保留中庸健壮、长势较一致的主枝,对长势弱或过强的主枝进行疏除或重短截,更新出更多生长势基本一致的主枝。该树形具有成形早、省工、省力、不用拉枝、修剪方法简单的特点,适用于矮化或半矮化砧木的树体。

第三节　樱桃整形修剪特点

一、不同树龄、树势的修剪原则

1. 甜樱桃幼树的修剪原则

幼树要尽量保留枝叶,以促进根系发育,达到根深叶茂、尽早成形的目的。栽植定干后一般保留枝干上萌发的所有芽。萌发新梢过少时,可早摘心促分枝,也可在冬季修剪时在较粗大的一年生枝基部留 3～4 个饱满芽重短截,促生强旺枝。培养有中心干树形时选留作骨干枝的大枝,要尽早拉开角度,通过缓放、摘心、剪梢、扭梢、捋枝等方法及时加以控制。对于不作骨干的枝和背上直立旺枝、各枝延长头的竞争枝,要及时疏除或采取拉枝、极重短截等措施促使其转化为结果枝。培养 KGB 树形等多干树形时主要通过重短截,促发多个旺枝,每个旺枝生长势基本一致,按直立单轴延伸培养,过粗的旺枝直接疏除或重短截,以促发多个新枝。

2. 甜樱桃初结果树的修剪原则

初结果树和旺树的共同特点是枝梢以营养生长为主,新梢生长量大,花芽分化较少。这类树冬季修剪基本以缓放为主,以促进营养枝转化为结果枝。有中心干树形生长季对留作骨干的大枝按预期培养树形结构特点,拉枝到要求的角度并加以固定,其余大枝拉到水平或稍下垂,结合刻芽、扭梢、摘心、剪梢等夏季修剪措施,以及 PBO(果树促控剂)等生长抑制剂蘸尖或喷布控旺,使大枝上发生的各分枝尽快转化为结果枝。对于缺枝部位,如有背上直立旺枝也可在 7—8 月留 2～3 片小叶重截,当年萌发形成弱枝可很快转化为花枝。

3. 甜樱桃盛果期树的修剪原则

盛果期植株生长势仍较强,对修剪反应仍敏感。此期修剪以维持树势平衡,局部调节为主,一般不进行去除大枝等强刺激修剪,以达到长期稳定结果。对于辅养枝后期已影响到永久枝生长发育时应及时压缩、改造为一个枝组,或者疏除。连续缓放形成的冗长细弱枝、后部光秃枝要及时回缩到合适位置促发新枝、复壮。对生长过快、明显加粗的大型枝组和大枝要注意加以控制,采取疏枝、加大枝角、多留果等方式缓和其生长势,使全株各方位长势均匀。背上直立枝、竞争枝要及时控制,可留基部小枝控制使其转化为小型、生长势弱的结果枝组。树冠过高的可采取落头开心或拉倒中心干延长头的办法压低树高。

4. 甜樱桃弱树和衰老树的修剪原则

弱树和衰老树的枝类构成以花束状和中短果枝为主,中长果枝和发育枝较少,树体营养生长极度衰弱，花芽质量差，这类树修剪的总体原则是复壮树势。对各类结果枝组进行回缩，留旺枝、旺芽和上位枝、叶芽当头，抬高枝角。少动大枝，枝轴过长的可稍重回缩。对于修剪后发出的发育枝或徒长枝，翌年春季中短截，促发分枝用于更新，要避免过早形成花芽结果。虽然甜樱桃可以利用潜伏芽等进行更新复壮、维持结果，但考虑到树体整体生长势衰弱、植保防治成本增加、老品种及品质效益下降等因素，宜尽早淘汰更新建园。

二、不同物候期的修剪特点

1. 休眠期的修剪

休眠期去除部分枝芽，可减少贮藏养分消耗而有利于增强树势。对于幼树主要按照预定树形采用中心干延长头中截的方式促分枝，选留的主枝根据树形可轻中短截或缓放处理。对于已结果树主要采用疏枝、缓放、短截等措施培养结果枝组，维持树势平衡。衰老树、弱树更新复壮时一般用重回缩方式促萌发强旺枝用于更新。休眠期修剪不宜过早，以避免因甜樱桃枝条组织疏松，剪口极易失水形成干桩，影响剪口枝、芽的生长发育等问题。保持强健树势是稳定坐果率、增大果个、提高品质的重要保障。为了提高坐果率，促进果实发育，冬季修剪时可疏除弱花枝，减少花量，留健壮花枝。

2. 生长季的修剪

生长季的修剪措施包括刻芽、扭梢、摘心、剪梢、捋枝(梢)、拉枝、疏梢等。恰当的生长季修剪对于促进植株早成形、早结果，提高产量和改善品质有显著作用。

刻芽主要是针对一年生强旺枝中后部 1/3 段的芽和缺枝部位有叶丛枝时进行的。刻芽可以促使芽萌发成为较壮的长枝或短枝，多用于幼树整形或弥补树冠内空缺。为促发旺枝补空缺时，可选叶丛枝上方刻两道。刻芽以芽露绿时，刻伤深达到木质部为宜。

扭梢促花效果较好，主要针对一年生长枝拉平后发出的新梢，在其长到 15～20 cm 时，在 5～6 片叶处扭转 90°，别倒即可，可用梢基部 1 片叶别住扭转的梢，防止再直立起来或被风吹折。扭梢要随时进行，一般基部可成花。

摘心与剪梢，同样可以促进新梢基部成花。摘心主要针对长势较弱的长枝和混合枝，只摘去新梢先端即可。剪梢主要针对长势略强的新梢，剪去新梢先端 5 cm 左右，促花效果好于摘心。不论摘心还是剪梢，新梢均留 6～7 片叶，萌发的二次梢仍然生长较旺可二次摘心，控制生长，以促进基部的芽分化成花芽。扭梢后仍生长强旺的可结合摘心或剪梢，促花效果更佳。对于强旺树抽出的过旺新梢，直接疏梢或基部留 3～4 片叶重剪，促发二次梢以缓和生长势。

捋枝与拉枝可以开张角度，缓和枝梢生长势，促进成花，主要在 8 月中旬新梢缓长、开始加粗时进行。对于一年生旺枝也可以在春季拉平，一般秋季拉枝效果好于春季，可显著促进枝上的芽发育和养分积累，翌年春萌芽率高，形成的短枝健壮，易成花。

三、修剪技术的调控原理

1. 树冠结构与修剪调控

在矮化、早熟砧木商业化应用之前，传统的樱桃园大多采用大型、复杂的树体结构，需要数年时间才能完成整形。树体间差异较大，即使在同一樱桃园，也难以精确贯彻系统的整形原则与具体的技术方案，导致树冠管理标准化程度低以及果园管理成本较高。随着吉塞拉等矮化砧木的推广应用，以及果园劳动力成本日益高涨，甜樱桃的栽植模式、整形方式及树冠结构修剪调控原则上也发生调整，便于实现轻简化、省力化管理。这些变化通常体现在以下几个方面：促进早期结果，更快速地获得投资回报；优化冠层结构，增加光截获和分布，减少树冠内遮阴的无效生产区域；结合应用植物生长调节剂，简化整形修剪技术，由注重冬季修剪转向冬季修剪和夏季修剪并重；进入盛果期后注重年际间更新修剪，以平衡营养生长与生殖生长关系，实现连年稳产、优质，并便于果农观摩、学习应用新模式与新技术。

随着树冠结构由传统的大冠三维结构转向小冠近似二维结构后，栽植模式趋于宽行密植，优点是树形更加紧凑且易于修剪管理，群体截获的光能更多并且在冠层内均匀分布，结果单元结构类似，便于花果管理及采收，行间通风透光有利于提升果实品质，减少病虫害发生，也便于施肥、喷药等机械通行作业，能显著提高劳动效率。缺点是树冠小型化后植株对土壤适应性降低，树势易衰弱。因此，要求更加稳定的肥水供应，需配置水肥一体化系统，地上部也应采用支架系统，以利于树体结构稳定，这就需要增加果园前期投资。当前我国樱桃生产主要为一家一户小规模栽植模式，果园立地条件复杂，大部分果园前期投入不足，因地制宜采取合适的树形及冠层结构至关重要。

2. 顶端优势与修剪调控

为做到果园生产目标与环境管理高效统一，应先考虑樱桃的自然生长规律与结果习性。樱桃顶端优势强，顶芽旺盛生长会强烈抑制其下方生长点（芽、嫩枝和枝条）的生长，因此易造成树势上强下弱，冠层的中下部空间内形成的结果单元较少。这与栽培管理目标相反，因为结果部位集中在冠层中下部空间，更有利于借助梯子等简易工具或机械进行省力化操作管理。为削弱顶端优势，通常采取去顶芽、摘心、刻芽等修剪措施，阻断顶端（顶芽）所产生的抑制性植物激素向下流动，使下方的芽摆脱抑制，开始萌发抽出新梢。然而，这些芽都靠近顶芽或剪口上端，其萌发抽出新梢后生长势仍然较旺盛，集中于树冠上部空间。顶端生长点多则对下部生长点有更大的抑制作用，更多的生长点虽然会分散用于生长的碳、氮资源分布，但将导致单个延长枝长度下降，而少数的顶端生长点则获得更多的碳、氮物质而生长旺盛。幼树期或生长势较强的植株因顶端优势作用强，易呈单轴延伸状态生长，而难以转化出更多的结果枝，但通过拉枝、刻芽及涂抹发枝素等措施则能促进更多的芽萌发，分散势力，尽早形成结果枝。因此，应根据树龄、树势及不同阶段生产目标而采取相应的修剪措施调控树体顶端优势。

3. 源库关系与修剪调控

果树是多个独立碳源和库器官的集合体，从事樱桃优质高效生产的根本是要协调好源库关系。不同砧木类型、栽植方式影响地上部的碳源分配，栽培管理中可以通过修剪平衡植株叶面积（源端）和负载量（库端）关系，实现长期稳定生产，应针对以下几个方面进行修剪调控：在冠层发育的早期阶段增加负载量，则会导致新梢早期停长，降低叶面积，因而减少用于翌年春季生长的碳储备营养；提前终止新梢生长可促进形成更多花芽，可以潜在增加翌年负载量；上一年储备的营养不足，导致产生较小的短枝叶片，降低春季早期叶面积，而不利于新梢生长及果实发育；新梢速长期与果实发育期交叠，加剧对碳素营养的竞争，因而，果实难以达到最大的遗传生长潜力。另外，还要考虑生长季中源、库强度的时空变化，碳源转运方向的时间变化，源器官叶片和库器官果实之间的距离等因素。

樱桃光合作用潜力受环境条件和不同器官的库强度所调控。早期植株放任生长会延迟生殖器官发育成熟，更多的碳源被用于营养生长，扩大树冠，从而增加对光能的截获。但随着树冠外围新梢的生长，大部分截获的光能停留在树冠的上部，树冠下部的新梢因光照不足而生长不良，甚至死亡，易形成空膛现象，因此树冠中下部的芽难以启动花芽分化或启运后因遮阴日趋严重而中止发育，这与果园高效生产的目标相悖。强旺新梢上的大叶可以制造更多的碳水化合物，但主要用于新梢延伸生长，只有少量碳素营养分配给发育的果实。分布于树冠各部位的短枝上的叶片较旺盛新梢上形成的新叶叶龄老，其产生的碳水化合物主要用于花芽分化及果实生长。在花芽分化时，过多旺盛生长的新梢会消耗大量的光合产物，并且造成严重遮阴，从而影响花芽分化进程与质量，因此，应疏除背上旺枝，使冠层内通风透光，增加短枝叶片的光能截获率，提升果园生产潜能。

4. 结果枝类型与修剪调控

按照树冠内结果枝种类及果实分布，可将甜樱桃分为短枝型和非短枝型两大类，不同的整形方式及修剪方法可形成不同的结果枝种类，果实分布也不同。短枝型通常被认为是提升甜樱桃树产量的主要类型，即通过修剪等栽培措施形成大量的短枝并促使结果是樱桃丰产的表现。叶片也可以分为新梢叶、结果短枝叶和非结果短枝叶。

短枝型樱桃从最初芽萌发到形成果实需要三年，即短枝生长发育需要经历两个生长季，而开花、坐果、形成产量是在短枝产生后的第三年完成的。即新梢在其最初的生长季节，在每个节上形成单个较大的新梢叶，秋天落叶时每个叶腋处形成一个叶芽（如果新梢生长过于旺盛，当年形成的叶芽有可能萌发形成二次梢）。翌年大部分叶芽（上一年形成后没有萌发）将萌发迅速抽成短梢，其上着生 5～8 片新叶，这些非结果短枝叶一般小于新梢叶，每个叶腋形成新芽，春末夏初时在激素信号作用下，这些芽开始花芽分化，直至生长季末发育成花芽。若栽培管理得当，在激素和营养作用下，秋季时短枝除顶芽为叶芽外，其他腋芽均可形发育成花芽（最多 8 个）。在第三个生长季节，这些短枝上的花芽萌发，形成花序，每个花序一般有 1～4 朵花。因此，从一个叶芽萌发形成短枝到最终开花结果经历三年，每个短枝顶芽可长出 5～8 片短果枝叶。这种短枝型果和短果枝叶生长发育模式可多年重复，是树冠内结果的主要部位，经多年生长后短枝可能会伸长抽出新梢，或者可能死亡。一般来说，密集着生的短枝型果实由于同一枝条上的营养叶面积有限，而往往与其他结果短枝竞争，利用来自更远的非结果枝、新梢产生的碳水化合物。因此，形成大量的短枝型果实有助于提高产量，但由于叶果比低，果实大小及品质发育受限。

非短枝型果实从最初芽萌发到形成果实只需两年，即只需历经一个生长季，部分中长梢的基部叶腋内即可发育形成花芽，翌年这些芽能够开花和结果，但这些芽都是单个的纯花芽，通常每一个花序有 1～3 朵花，因为没有叶，这部分芽开花、坐果后相应节位光秃变成“盲枝”。短枝型及非短枝型的比例因树冠管理而变化，与一年生枝生长状态及其多年生短枝更新维持有关。因为位置和枝龄差异，非短枝型果靠近非结果短枝叶和新梢，即少量果实拥有较大的营养叶面积（叶果比高），所以非短果枝果实往往是树冠内发育最大、质量最好的果实。

除了通过整形与修剪可以调控树冠内短枝型果和非短枝型果的比例外，栽培品种和砧木自身也有较大的影响。采用吉塞拉等早果矮化砧木及甜心等早果品种，配合整形修剪措施应用更利于实现果园早期丰产的目标。另外，甜樱桃冠层内叶片和果实的数量关系会明显影响产量和品质（大小、甜度和硬度）。一般来说，较高的产量可能会导致中等至较低的果实品质，而控制在中等至较低的产量往往会获得较高的果实品质。当然，樱桃产量和品质还与每日和季节性光照情况、昼夜温差变化等有关。因此，应综合考虑树种与品种特性、砧穗组合、叶果比、产量与质量比等因素，结合灌溉、施肥、机械管理水平采用合理的修剪技术。

第四节　樱桃整形修剪实践

一、设施甜樱桃整形修剪技术

与露地樱桃相比，设施樱桃修剪要考虑更多影响因素，如促成栽培中因植株生长季延长带来的控梢促花的问题，受棚架等高度及位置限制而采用不同树形的问题，相对封闭的设施环境下解决通风透光的问题，缺乏适用于设施内操作的小型机械设备但又要求单位空间内高效生产的问题。当前，设施樱桃生产主要以塑料大棚、日光温室为主的促成栽培，树形多采用开心形和改良纺锤形，近年来也出现了一面倒、一根棍等树形，避雨设施栽培在树形管理上与露地栽培相同。

开心形多用在日光温室前一两排树或塑料大棚两侧，树高控制在 1.5 m 左右，干高 30 cm 左右，全树有 3～5 个主枝，无中心干，每个主枝上有 5～7 个侧枝，主枝与主干呈 30°～45°倾斜延伸，各级骨干枝上配置结果枝组。

改良纺锤形多用在温室后两排树，树高控制在 2～3 m，干高 30 cm 左右，有中央领导干，在中央领导干上配置 10～20 个单轴延伸的主枝，下部主枝间的间距 10～15 cm 向上依次加大到 15～20 cm，下部主枝较长，1.5～2.0 m，向上逐渐变短，主枝自下而上呈螺旋状分布，主枝基角 80°～85°，接近水平。进入结果期后修剪方法主要有多次摘心、拉枝（拿枝）、疏除过密枝及背上旺枝，延长枝拉枝，缓和生长势，促进形成结果枝。

二、不同品种类型樱桃的修剪特点

不同品种类型的樱桃，在整形修剪上的差异主要体现在结果枝组的培养和维持上。

1. 花束状果枝为主的品种类型

花束状果枝为主的品种以甜樱桃中的拉宾斯为代表，其直立生长性强，以花束状果枝结果为主，在修剪上应采取有利于花束状果枝形成的技术措施。为此，应以轻剪或缓放为主，通过轻剪或缓放，形成单轴延伸型枝组，增加花束状果枝的数量。对结果树除外围延长枝外，一般避免采用较重短截，以防促发中长果枝，减少花束状果枝的数量，影响产量的提高。当树势较弱，花束状果枝生长较弱时，或花束状果枝多年结果后衰弱时，应及时进行回缩，使其抽生发育枝，进行枝组更新。新发生的发育枝继续缓放或轻剪，促生花束状果枝。

2. 长中短果枝为主的品种类型

长中短果枝为主的品种以甜樱桃中的桑提娜、科迪亚、雷吉纳等品种及中国樱桃品系为代表,其在不同长度果枝上的着果量大致相同,或中长果枝略占优势。为了促进这些果枝的形成,对枝条的处理方法应以短截为主,结合缓放和适时回缩的原则进行修剪。

三、樱桃修剪注意事项

(1)角度小的枝应及早疏除　甜樱桃的树杈易劈裂,夹角小的枝不宜作为主枝。

(2)樱桃易流胶,疏除大枝时要注意时节及伤口保护　在生长季节或采收后疏除大枝,伤口愈合快,不易流胶。疏除时伤口要平、要小,不留桩,最忌留“朝天疤”伤口,这种伤口不易愈合,容易造成木质腐烂。大的剪锯口要及时涂抹保护剂,以防流胶、干裂或腐烂。

(3)樱桃不宜采用环剥技术　环剥后容易流胶和折断。

(4)樱桃长枝上的轮生枝应及时疏除　樱桃长枝上往往会出现3～5个轮生枝,应在其发生当年的休眠期疏除,最多保留2～3个。若疏除过晚,伤口大,容易流胶,对生长不利。

(5)冬季修剪不宜过早　冬季修剪虽然在整个休眠期内都可进行,但不宜过早,一般接近芽萌动时修剪为宜,修剪过早,伤口失水、干枯,植株易受冻和病菌侵染。

本章小结

樱桃是成熟最早的落叶果树之一,素有“春果第一枝”的美誉。樱桃有乔木和灌木两种类型,中国樱桃和甜樱桃都属于乔木型,长势强健,干性强,层性明显,树冠呈自然圆头形或开张半圆形。甜樱桃引进我国栽培历史较短,但已成为我国栽培的主要樱桃种类,生产中多采用自然开心形、主干疏层形、自由纺锤形,近年来部分产区正在试验应用超细纺锤形、篱壁形、UFO和KGB等树形。本章着重介绍樱桃各器官的生长发育习性及其与环境条件之间的关系;针对我国樱桃的生产不同阶段,介绍开心形、纺锤形和KGB等树形特点及整形要点;阐明不同树龄、树势以及不同物候期甜樱桃修剪特点及修剪技术调控原理;总结设施甜樱桃及不同品种类型树的修剪特点,明确修剪注意事项。

复习思考题

1. 我国樱桃树形选择经历了哪些阶段?
2. 樱桃枝条分类哪些种类?各类枝条生长发育有何特点?
3. 樱桃花芽分化有何特点?哪些修剪措施直接影响花芽分化?
4. 我国甜樱桃常用的树形有哪些?树形有何特点?
5. 我国不同樱桃产区各适用什么树形?如何整形?
6. 不同树龄、树势樱桃修剪有何区别?
7. 如何协调樱桃休眠期修剪与生长季修剪?
8. 修剪技术要遵循哪些基本的调控原理?
9. 设施甜樱桃修剪有何特点?
10. 樱桃修剪操作有哪些注意事项?

(秦嗣军　编写)

第七章

枣的整形修剪

枣(*Ziziphus jujuba* Mill.),别名大枣、红枣,为鼠李科(Rhamnaceae)枣属(*Ziziphus* Mill.)植物,原产我国黄河中下游,与桃、杏、李、栗一起被列为我国古代最重要的“五果”。枣属植物全世界约有 170 种,广布于热带和亚热带地区,温带也有少数种分布,我国枣属植物约有 18 种 9 变种,除枣和酸枣在全国各地广泛分布外,其他主产于西南和华南地区。枣树栽培品种有 1 000 多个,按用途可分为制干、鲜食、蜜枣、兼用和观赏品种五类。枣树被誉为“铁杆庄稼”,深受种植者的欢迎。

第一节　枣的生长结果习性

一、枣的生物学特性

1. 根系

枣树根系主要由水平根、垂直根、侧根和须根组成。枣树根系发达,根据其繁殖方式不同略有差异,以实生酸枣为砧木嫁接或种子繁殖的枣树水平根和垂直根都比较发达,根蘖繁殖的枣树水平根发达,垂直根相对较弱。

(1)水平根　发达,分布广,范围可达树冠 3～6 倍,多集中于近干 1～3 m 处。水平根分布深度较浅,多在 15～30 cm 之间,50 cm 以下很少。水平根具有繁殖能力,易发生不定芽,萌发长成根蘖苗。

(2)垂直根　发达,分布深度达 1～4 m,因品种和土壤条件不同而异,在地下水位较低的条件下根深可达 3 m 及以上。根蘖苗的垂直根由水平根的分根垂直向下延伸生长而成,主要作用是吸收土壤深层的水分、养分以及固定树体。

(3)侧根　水平根上的分根形成侧根,延伸能力较弱,但分枝能力强。侧根上着须根,主要作用是吸收水分、养分。

(4)须根　着生在水平根或侧根上,粗 1～2 mm,长 30 cm 左右,寿命短,有自疏现象,且周期性更新。土壤条件好、管理水平高时须根较多。

2. 芽

枣树的芽包括主芽、副芽、隐芽和不定芽四种。

(1)主芽　着生于枣头和枣股的顶端，或侧生于一次枝和二次枝的叶腋间，一般位于叶腋正中。鳞芽形成当年不萌发，为晚熟性芽。因着生部位不同，其生长发育习性各有差异。着生于枣头顶端的主芽，在冬季前已分化出主雏梢和副雏梢，翌年春季萌发成新的发育枝(枣头)，可连续单轴生长 7～8 年及以上，将构成枣树的主干，只有当生长衰退时，其顶芽才形成结果母枝(枣股)。侧生的主芽春季萌发后，其最早形成的 1～2 个副雏梢，常发育不良或不抽枝。位于枣股顶端的芽，其每年生长 1～2 mm。

(2)副芽　与主芽着生在同一节位，常位于主芽侧上方。副芽为裸芽，当年形成当年萌发，为早熟性芽，因位置不同而发育形态有所差异。位于枣头一次枝上的副芽，除基部部分芽体发育成脱落性二次枝外，中部以上的副芽则发育成永久性的二次枝。二次枝上的副芽，随着枝条的伸长而抽出脱落性枝(枣吊)；同样，枣股上的副芽一般也萌发为枣吊。

(3)隐芽　有的主芽由于多种因素影响而生长受到抑制，第二年暂不萌发，这类主芽称为隐芽或休眠芽。例如，枣股和发育枝上的主芽，大多潜伏成隐芽。隐芽寿命长短不一，因品种和着生位置而有所差异。出现在成年树或衰老树的主干、主枝基部的隐芽寿命较长，靠近枝条顶端的隐芽寿命较短。隐芽受刺激后可萌发成枣头，当主枝被重回缩后，隐芽形成数个发育枝，生产上一般选留 1～2 个壮枝，培育成新的骨干枝。

(4)不定芽　多出现在主干、骨干枝基部或机械伤口处，一般由射线薄壁细胞发育而来。该芽的萌发没有固定时间和固定部位。一般在主枝回缩后或在嫁接口处形成的愈伤组织上形成不定芽，抽生形成发育枝，起更新枝组的作用。枣树根上的不定芽萌发形成根蘖苗。

3. 枝

枣树的枝主要包括枣头、枣股和枣吊。

(1)枣头　由主芽萌发形成的发育枝，是形成枣树骨架和结果枝组的主要枝条，在枝条中处于领导地位，具有多年连续延长生长的特性。枣头主要由一次枝、二次枝、枣股和枣吊等四种枝条及主芽和副芽两类芽构成。一次枝是由主芽形成的永久性枝，为枣头的主轴，着生二次枝。二次枝又称结果枝组，是由一次枝上副芽萌发形成的枝，呈“之”字形生长，着生枣股。二次枝又可分为永久性二次枝和脱落性二次枝，随枣头一次枝的延长生长，近基部 1～3 个侧生副芽萌发形成当年秋季脱落的脱落性二次枝，中上部侧生副芽萌发形成永久性二次枝。永久性二次枝与一次枝间的夹角自下而上逐渐加大，二次枝生长量小，生长盛期一般为 15～20 天，二次枝停止生长后不形成顶芽，翌春先端回枯。枣头生长曲线呈单 S 形，生长量较大，一般年生长达 50～100 cm，生长期 50～90 天。

(2)枣股　又称结果母枝，它是主芽萌发形成的发育枝，在形态上极度压缩，主要着生在二年生以上的二次枝上，年生长量一般只有 1～2 mm，速长速停，并形成新的顶芽。随着顶生主芽的萌发，周围数个侧生副芽同时萌发抽生枣吊，开花结果后脱落，故常把枣股称结果母枝。枣股的形状也随年龄变化而变化，一年生很小，近长方形，三年生扁圆形，五年生圆球形，十年生钝圆锥形。盛果期枣树二次枝上的枣股占全树枣股总量的 80%～90%，是枣树的主要结果部位。枣股寿命为 16～20 年，但三至八年生枣股抽生枣吊数量多(3～6 条)，结果能力强。另外，枣股的结实能力与品种、栽培管理措施，尤其是枝条的种类、枝龄、部位等有关。

除主芽萌发形成的枣股外，枣股的侧面也有主芽，但发育极差，呈潜伏状，在受刺激后可萌发成分歧枣股。

(3)枣吊　即结果新梢，又称结果枝或脱落性枝，由枣头基部和二次枝各节位及枣股上的侧生副芽抽生，但以枣股上抽生的枣吊结果能力最强。枣吊细软下垂，10～18 节，一般长 10～34 cm，最长可达 40 cm 及以上。枣吊各节叶腋间着生聚伞花序，3～7 节最易结果，果个大，每个枣吊一般结果 1～3 个，有时可达 5～6 个。枣吊生长和开花结果是同时进行的。果实采收后，枣吊于晚秋或初冬自然脱落。

近年来，在强摘心等相关栽培管理下出现的一种新型结果枝，一般长 30～60 cm，个别可长达 80～100 cm，单枝坐果 10 个左右，最高可达 30 多个，称为木质化枣吊。木质化枣吊粗壮，叶片浓绿、特大，具有很强的开花结果能力，冬季不脱落，个别木质化枣吊第二年还能生长，但很难开花结实，生产上多在冬春季修剪时剪除。

(4)干性与极性　枣树树冠高大，生长势强，枝条生长极性强，顶端优势明显。幼树期枣树干性明显，分枝较少，多呈单轴延伸，直立生长，这种生长特性一般可维持 3～8 年，个别品种可连续生长 10 年以上，树体横向扩展较慢，树冠形成晚。随着树龄增加，树冠直立生长减缓，横向分枝逐年增加。

4. 叶片

枣树叶由叶片、叶柄组成，叶互生，纸质，阔卵形至卵状披针形，卵状椭圆形，或卵状矩圆形；长 3～7 cm，宽 1.5～4 cm，先端锐尖，具小尖头，基部稍不对称，近圆形或楔形、稀近心形，边缘具圆齿状锯齿；叶面光亮，主脉三出，上面深绿色，无毛，下面浅绿色。正常发育的枣叶，表皮上面具有角质层，可减少水分蒸发，表皮下面有运动细胞，可贮藏一定的水分，当高温、干旱时，水分外渗，叶片向上卷曲。

5. 花

(1)花和花序　枣花较小，一般直径 4～6 mm。两性花，由萼片、花瓣、雌蕊、蜜盘、雄蕊和花梗组成，其中萼片、花瓣、雄蕊各 5 枚，萼片为绿色或黄色的卵状三角形，花瓣近匙形，与萼片交错排列。雌蕊由 2 个心皮合成，子房 2 室，密盘圆形肥大，为典型的虫媒花。

枣为二歧聚伞花序或不完全二歧聚伞花序，一般具花 3～10 朵，多者达 20 朵以上。中心花(0 级花)先开，其次是一级花、二级花、多级花，三级以上花质量差，发育不良，多脱落。

(2)花芽分化　枣树花芽当年分化，当年形成花芽，当年开花，当年结果。花芽分化过程包括未分化期、分化初期、萼片期、花瓣期、雄蕊期和雌蕊期六个时期。花芽分化从枣头顶端和枣股上的主芽萌发开始，与结果枝萌发生长同时进行，直到枣吊停止生长才结束。同一枣吊上的花芽以先基部、后中部、再顶部的顺序分化。

枣树花芽单花分化期短，全树分化持续期长。从花芽分化的时间看，单花分化需 6～8 天，一个花序完成分化需 6～20 天。一个结果枝花芽分化需要 30 天左右，即枣树的花序有 80%以上的在一个月之内完成(如山西太谷 5 月底至 6 月初)，全株树前后可达 2～3 个月。枣的单花花芽分化时间因品种而异，总体来看，晚熟品种花芽分化历时长，极早熟品种月光完成花芽分化历时 8 天左右，中熟品种京枣 39 和晚熟品种冬枣完成花芽分化分别历时 10～12 天。枣树的花芽分化很不整齐，枣果的成熟也不整齐，营养生长和生殖生长的矛盾持续时间也较长。

(3)开花和坐果　枣树完成花芽分化即可进入花蕾发育阶段，依次进入显蕾期、现序期、蕾扁期、蕾胖期、蕾黄期。当花蕾发育完成后，在适当的环境条件下，枣树即可进入单花开放阶段。枣树的单花开放一般分蕾裂期、初开期、萼片展平期、花瓣雄蕊分离期、花瓣展平期、雄蕊展平期和雄蕊下垂期七个时期，从初开期到花瓣展平期为最佳授粉期，时间较短，6～12 h，因品种不同而有所差异。同一枣吊中，中部花期长，基部花期最短，完成单花开放需1～2天。另外，枣树开花与温度密切相关，当日均温达23～25 ℃进入盛花期，随着温度的升高，开花时间提前，枣树开花多集中在5月中下旬至7月初，长达1个多月。

枣花是典型的虫媒花，在花瓣雄蕊分离期，可自花授粉。枣树自花授粉结实率较高，故在生产中一般不配置授粉树，可在盛花期的前一周每公顷放置3～5箱蜜蜂，持续10～20天，可提高坐果率。枣树的授粉和花粉发芽均与自然条件有关，低温、干旱、多风、连阴雨天气均对授粉不利，当空气相对湿度较低时，可喷清水改善局部气候条件，防止“焦花”，提高坐果率。

枣树花量大，但落花落果十分严重，坐果率低，丰产树坐果率也只有1%～2%，有的年份甚至更低，极大地影响枣树的丰产稳产。枣树落花落果主要包括花期落果、生理落果和采前落果三个时期。

6. 果实

枣果为真果，子房外壁形成外果皮，中壁形成果肉，内壁硬化成核。根据枣果细胞分裂和果形变化，其果实发育可分为幼果迅速生长期、缓慢生长期和熟前增长期三个时期。

(1)幼果迅速生长期　是枣果发育最活跃时期，包括细胞数量的迅速增加和细胞个体迅速生长。授粉受精后细胞大量分裂，细胞分裂期一般持续2～4周。在细胞分裂期，细胞增长缓慢，且果实外观变化较小；而当细胞分裂一旦停止，细胞体积开始迅速增大，果实出现增长高峰。花后10天左右形成种子雏形，核开始硬化，种皮、胚乳、子叶清晰可辨。细胞迅速生长期多为2～4周，此期果实纵径生长快于横径，空胞(细胞间隙)逐渐明显，至后期，子房直径超过蜜盘直径，果实由三角形变成圆锥形或倒卵形。细胞数量的多少、细胞大小和空胞大小决定枣果的大小。

(2)缓慢生长期　持续4～6周。此期果实外形变化较小，细胞和果实各部分的生长速度减缓，果核开始硬化，核内种仁或退化消失，或进一步发育饱满。此期末空胞迅速扩大，果实重量和体积不断增长，并开始积累营养物质。

(3)熟前增长期　持续3～6周。此期果实体积和重量增长较快，主要进行营养物质的积累和转化。主要表现在果实已达品种特有大小，果皮退绿，开始着色，糖分迅速增加，风味加大，后期果实完熟，表现品种特有的色、形、味等。

枣树的物候期，因地区和品种而不同，即使同地区、同品种，在不同年份的物候期也不同(表7-1)。

枣树为喜温果树，生长发育要求温度较高：春季气温达9～11 ℃，树液开始流动；13～14 ℃时，芽开始萌动；15～17 ℃时，最早的萌芽枝的顶芽开始进入展叶期；18～20 ℃时，枝叶达到生长高峰，出现在每年4月下旬至5月上旬，枣树展叶期历时8～10天。当平均气温达20 ℃时，花序出现；当平均气温达23 ℃时，枣树进入始花期；当平均温度达到25 ℃时，枣树进入盛花期，此时授粉、受精正常的花即可坐果。果实的生长发育会持续85～105天，主要分为四个时期：一般6月中下旬枣果处于缓慢生长期；在6月下旬至7月下旬枣果的纵径快速生长；7月下旬8月上中旬枣核处于形成期，8月中下旬至9月中上旬果肉及子叶等快速生长；果实在9月中下旬至10月上中旬左右成熟，一般气温介于20～27 ℃。10月中下旬进入落叶期。

表7-1 华北、山西太谷和新疆南部地区枣物候期比较

物候期	华北地区	山西太谷地区	新疆南部地区
萌芽展叶期	4月中下旬	4月中下旬	3月下旬至4月中下旬
开花期	5月下旬至6月中下旬	5月下旬至6月中下旬，开花期1个月以上	5月中旬至7月上旬
枣头、枣吊的生长期	自萌芽期开始至7月上中旬	自萌芽期开始至7月上中旬停止，80～90天	自萌芽期开始至7月中下旬停止
结果期	7月上旬至9月上旬	8月上旬至9月上旬	7月上旬至9月上中旬
采收期	9月下旬至10月中旬	9月下旬	9月下旬至10月上中旬
落叶期	10月下旬至11月上旬	10月中下旬	10月下旬

二、枣生长发育的环境条件

枣树喜温、喜光，适应性强。温度、降水量、光照、土壤、风沙等五大因素对枣树的生长发育有直接影响，直接决定枣的品质和产量。

1. 温度

枣树是喜温的果树，气温和土温是影响枣树生长发育的主要因素之一。春季气温到13～15 ℃时芽体开始萌动，20～22 ℃时开花，一般花粉发芽的最适温度为24～26 ℃，果实生长发育最快的温度为25～30 ℃，果实成熟的适温为18～22 ℃，气温下降到15 ℃开始落叶。对大多数枣树而言，生长季节枣树能耐40 ℃以上高温，休眠期可抵抗－30 ℃低温。气温影响南北方枣树年生长周期，在我国南方地区，枣树于3月中旬发芽，11月中旬落叶，生长周期为200天左右。另外，土温7.3～20 ℃根系开始萌动生长，20～25 ℃生长旺盛，为新根生长高峰期，当地温降至21 ℃生长减慢，2 ℃以下根系停止生长。

2. 光照

枣树喜光，对光照条件要求较高，在光照充足的条件下，枣树生长健壮充实，坐果率高。若栽植过密或树冠郁闭，枣头、二次枝等发育不良，坐果率降低，最终造成膛内秃裸。若枣树种植在山谷中，由于日照时间短，对生长发育和结果不利。另外，枣股的寿命与着生部位、光照条件有关，二次枝上的和向上生长的枣股结果能力强，斜向下或直向下的枣股发育较差，结果能力弱，着生在阳光充足地方的枣股寿命长。

3. 水分

枣树对干旱和湿润气候的适应力较强，北方枣产区如华北一带雨量多为400～600 mm，南方枣产区的雨量达1 000 mm以上，即使在降水不足100 mm的新疆、甘肃部分枣产区也能正常生长结果。在枣果实生长发育期的7—8月适当降雨，可促进果实发育，但在枣果实成熟期则要求少降雨，此时如果遇到连阴雨天气，则会引起大量裂果、烂果，从而严重影响枣的品质和产量。

4. 土壤

枣对土壤适应性强，除近年发展起来的鲜食枣品种的密植栽培模式对土壤要求较高外，其他栽培模式对土壤性质要求不高，pH 5.5～8.5 均可。因此，无论是山地、平原、丘陵、滩地都有枣树的分布。但在土壤肥沃的黏壤土、壤质土上生长的枣树比土壤瘠薄的沙质土上的枣树生长更加健壮，果实品质更优。

第二节　枣常用树形及培养过程

枣树经过数千年的栽培，树形已经由自然树形演变成人工树形。枣树树体结构较简单，树冠由骨干枝和结果枝组成，树高 3～5 m，冠径 4～5 m，分为 2～3 层，但因品种、栽培条件和设施不同而有所差异。枣树丰产树形应当具备“主枝粗壮，数量适当；角度开张，通风透光；冠大干矮，枝占满行”等特点，具体到一个枣园，尽可能要选择单一的树形，因为树形单一，对栽培管理者来说容易掌握，便于管理，园貌也整齐漂亮。

枣树喜温、喜光，大田露地栽培一般要求枣树树形骨干枝健壮，主枝分布合理，层次分明，结果枝适量，保证内膛通风透光良好。目前，田间枣树主要树形包括疏散分层形、小冠疏层形、延迟开心形、自由纺锤形、枣头形和倒伞形等（二维码 7-1）。

二维码 7-1
枣常用树形
（PPT）

一、疏散分层形

1. 树体结构

疏散分层形（图 7-1）也称主干疏层形，疏散分层形有明显的中心主干，树高 5～6 m，干高 50～100 cm，全树有主枝 6～8 个，分为 3～4 层，各主枝相间错落着生在中心干上。第一层主枝 3～4 个，均匀向四周分散开，分布在树干的 3 个方向，主枝基角为 50°～60°，层内距为 20～25 cm。第二层主枝 2～3 个，伸展方向与第一层主枝错开，层内距 15 cm 左右，主枝基角为45°～50°，第一层和第二层主枝层间距 80～120 cm。第三层主枝 1～2 个，第二层和第三层主枝层间距为 60～70 cm，主枝基角为 45°左右。第四层主枝 1～2 个，第三层和第四层主枝层间距为 50 cm，主枝基角为 45°左右。每层主枝需选留不同个数侧枝，第一层主枝选留 3 个侧枝，第一侧枝距中心干 50 cm，第二侧枝与第一侧枝反向，枝间距为 30～40 cm，第三侧枝与第一侧枝同向，距第二侧枝 40 cm。第二

图 7-1　枣疏散分层形

层主枝选留 2 个侧枝，左右排列，第一侧枝距中心干 45 cm，第二侧枝距第一侧枝 30～40 cm。第三层主枝选留 1 个侧枝，距中心干 40 cm。第四层主枝不选留或选留 1 个侧枝。每层主枝和主枝上的侧枝要搭配合理，分布匀称，尽量不交叉、不重叠。

2. 整形要点

（1）定干及第一层主枝培养　幼树定植后，第一年需先定干，定干高度为 60～120 cm。根据栽培方式不同，定干高度有所差异。枣粮间作地定干宜高，为 100～120 cm，密植园及丘陵山地定干宜低，为 60～100 cm。定干时，剪口下 20～30 cm 的区域为整形带。首先，将剪口下第一个二次枝从基部疏除，促使主芽萌发长出新的枣头形成主干延长枝。其次，在整形带范围内选 3～4 个方向好、生长健壮的二次枝，在其基部留 1～2 个枣股短截，促使剪口下枣股顶端主芽萌发，并将之培养成为第一层主枝，开张角度为 50°～60°。最后，整形带以下的二次枝全部从基部疏除。若苗木健壮，定干当年可培养主枝 3～4 个。

（2）中心主干和第二、第三层主枝的培养　定干后第一年中心主干延长枝的长度若不能达到培养第二层主枝的高度，或枝条由于过细或芽体不饱满而不能培养第二层主枝，第二年对主干延长枝进行适当的短截或缓放不剪，促进延长枝继续进行加粗或延长生长，当主干延长枝的粗度、高度及芽体的饱满程度达到要求后，再行培养第二层主枝，需 1～2 年。此时，在距第一层主枝 100～140 cm 的高度短截，同时，疏除剪口下第一个二次枝，促使主芽萌发长出新的枣头形成主干延长枝，然后在剪口下 20～40 cm 的整形带内选三个方向适当、生长健壮的二次枝进行疏除或选留 1～2 个枣股进行短截，促使剪口下枣股上的枣头萌发，培养第二层主枝 2～3 个，其余枣头作辅养枝处理，辅养枝不剪截，缓放单轴延伸，不能有侧枝，也不得超过主枝，辅养枝过长时应及时拦头回缩。第三层或第四层主枝 1～2 个用同样的方法来培养。

（3）侧枝的培养　当第一层主枝粗度超过 1.5 cm，长度超过 80 cm 时，在距中心干 50～60 cm 处剪截，同时将剪口下主枝上 2～3 个二次枝从基部疏除，促进剪口下主芽萌发出新的枣头作主枝延长枝，其下侧生的一个枣头作侧枝培养。各主枝的第一侧枝应留在主枝的同一侧。此后 3～5 年根据主枝延长枝的长度和粗度培养第二、第三侧枝。第二侧枝应在第一侧枝的另一侧，第三侧枝与第一侧枝在同侧。其余主枝上的侧枝培养方法相同。为加大侧枝基角，可剪留二次枝上第一个枣股，促发枣股枣头，培养成侧枝。

3. 树形特点

疏散分层形树冠呈半圆形，树体骨架牢固，立体结果，通风透光良好，负载力强，一般不用支柱。主枝分层稀疏相间排列，膛内光照较好，枝多而不紊乱，空膛很小，因而较易丰产，是枣树较好的树形，适用于干性强、成枝力强、层性明显的品种，如圆铃枣、长红枣、婆枣、晋枣等。树冠高大，栽培种植时株行距要求要宽，一般行距 6～7 m，株距 5～6 m。

二、小冠疏层形

1. 树体结构

小冠疏层形树高一般 2.5～3.0 m，干高 50～60 cm，全树主枝 5～6 个，分 2～3 层排列在中央干上。第一层主枝 3 个，长势均衡，层内距 20～30 cm，主枝水平夹角 120°，主枝与中心干夹角 70°。第二层主枝 2 个，层内距 20～30 cm，主枝伸展方向与第一层主枝错开，第一层与第二层层间距 50～70 cm。第三层主枝 1 个，第二层与第三层层间距 60 cm。主枝上配置 1～2 个侧枝，第一个侧枝距离中心干 50～70 cm，第二个侧枝距第一个侧枝 40～50 cm。其余枝条为辅养枝或结果枝组。第三层主枝选好后即可落头开心，成形后的树冠呈扁圆形，冠径 2.5～3.0 m(图 7-2)。

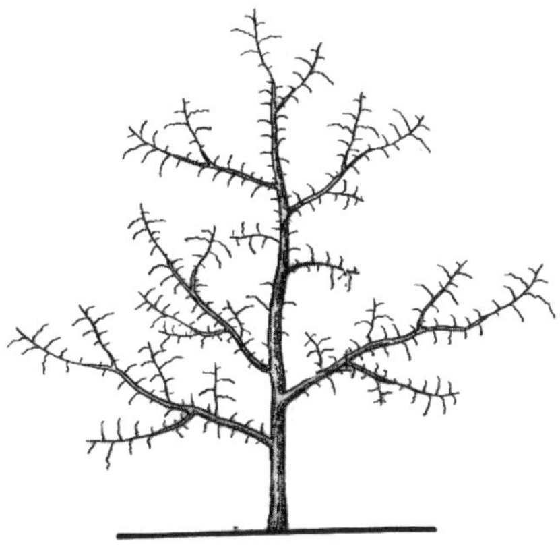

图 7-2　枣小冠疏层形

2. 整形要点

小冠疏层形是生产中最常使用的树形，培养好树形要从幼树开始。

(1)定干和第一层主枝培养　幼树栽植后定干高度 50～60 cm，定干剪口下第一个二次枝疏除，促进剪口下主芽萌发的枣头直立生长，逐年培养成中心干。然后，在整形带选留方向合适的 3 个枝条培养成第一层主枝，要求 3 个枝条的水平夹角为 120°，长势均衡，在主干上的距离为 20～30 cm。具体方法为先选距地面 40～50 cm 的 1 个二次枝，选留 1 个枣股进行短截，促发枣头萌发生长为第一主枝，然后选另外 2 个方位好、角度适宜的二次枝，选留 1 个枣股进行短截培养成为第二、第三主枝。其余二次枝全部剪除，集中营养供应这 4 个枝条的生长，遇树势衰弱，发枝少，不能一年选留的可两年成形。

(2)第二层主枝培养　在进行第二层主枝培养的同时培养第一层主枝上的结果枝组。春季将第一层主枝角度拉开至 70°左右，中心干在距最高的主枝 80 cm 处剪截，培养中心干枝增粗。在中心干剪截口下面选留 2 个二次枝，错位分布于第一层主枝上方，选留 1 个枣股进行短截，利用其主芽萌发培养 2 个第二层主枝。第一层主枝可以适当结果，对抽生的枣头枝适当摘心控制，位置合适的作为侧枝培养，侧枝间隔 30～40 cm，其余的作为结果枝组来修剪，防止扰乱树形。

(3)第三层主枝培养　中心干枝在距离第二层的第二个主枝 60 cm 处剪截，剪法如上一年，第一枝采用“一剪子堵”，即在枣头顶端处进行短截，不剪除剪口下的第一个二次枝，抑制中心枝生长，其下一枝选在第二层主枝分布的空间，留二次枝一节剪，培养 1～2 个第三层主枝。

(4)侧枝的培养　为培养侧枝、枝组而刺激单轴枝出分枝，培养侧枝、枝组时，可把计划留侧枝处的侧生二次枝剪留基部 1 个枣股，让枣股生新枣头，如其处于该大枝的枝头前端 2～3 芽枝位置时，只要一剪即可萌生新枣头。如在其大枝的中后部则不是一剪能如愿萌发新枣头的，需在该被剪的二次枝前 0.5 cm 处目伤，刺激一下才行。

壮年树的管理：定植四年后，主要采用疏枝和回缩等方法，控制树高和树冠大小，保持通风透光，维持适当的结果枝数量，保持产量的稳定上升。

3. 树形特点

小冠疏层形树体小，骨架牢固，结构紧凑，层次分明，成形快，光照好，主枝少，负载量大，易丰产，管理方便，适宜中等密植枣园采用。另外，小冠疏层形定干后，第一年的 3 个主枝的二次枝留 1 芽剪，第一芽易出枝，第二、第三芽树势稍弱则不易出枝，应刻芽促萌。新生枣头达

80～100 cm 及时摘心，注意顶芽位置，即第一个二次枝方向向外或向一侧，将来剪除二次枝后，基部主芽发的枣头可沿原主枝延伸方向发展，使第二个二次枝向外侧，其二次枝留第一节剪，发的枣头作为侧枝留下。一般作枝组的枣头仅留 2～3 个二次枝剪，不论方向，但剪口第一个二次枝向外，如不成可另选第三个，如二次枝多，可疏去密挤的一个，一般疏向内、向上生长的枝。小冠疏层形树体结构较小，适合灰枣、骏枣、梨枣等主干生长势强、中央领导干易于培养的品种。一般行距 4～5 m，株距 3～4 m。

三、延迟开心形

延迟开心形通常是由疏散分层形或小冠疏层形落头开心后改造而成的。

1. 树体结构

延迟开心形树高 2.5 m，干高 40～60 cm。主干上轮生或错落着生 3～4 个主枝，主枝间水平夹角 90°～120°，主枝开张角 30°～50°。没有中央领导干，每个主枝上配置 2～4 个侧枝，侧枝与地面垂线的夹角为 70°～80°，间距 40～60 cm。其余枝条培养成辅养枝。结果枝组均匀分布在主侧枝的前后左右，形成中心较空的扁圆形树冠。

若树高达 3.5 m，可培养中心干，干高 100～120 cm，之上 20 cm 处轮生或错落着生 3 个主枝，在第三主枝上 120～150 cm 处培养方向不同的另外 2 个主枝，每个主枝上配置 2～3 个侧枝，称为二层开心形或五主枝开心形（图 7-3）。

图 7-3　枣五主枝开心形

2. 整形要点

（1）定干和主枝培养　定植当年在主干 40～60 cm 处定干，然后在剪口下选留距离适宜、角度均匀的 3～4 个二次枝留 1 节剪除，促进枣股主芽萌发成主枝，主枝间水平夹角 90°～120°，主枝开张角 30°～50°，待主枝枣头长至 50～80 cm 时摘心，并对定干下萌发的第一枣头拉向一侧，促进其开张角度、增粗生长。第二年采用“两剪子出”，即在枣头顶端处进行短截，再剪除剪口下的第一个二次枝，促进中心枝生长，从而进行主枝延长枝的培养。

（2）侧枝的培养　可在每个主枝上选 1～2 个方向和部位合适的二次枝留 1 节剪除，以促发侧枝形成。每个主枝上着生 2～4 个侧枝，第一侧枝距主枝基部 40 cm，侧枝与侧枝间距 40 cm，继续培养结果枝组。若树冠内外光照都比较好，可培养较多的结果枝组，一般需 2～3 年。

（3）二层开心形的培养　定植当年在主干 120～150 cm 处定干，定干剪口下第一个二次枝疏除，促进剪口下主芽萌发的枣头直立生长，培养成中心干。然后，在剪口下选留距离适宜、角度均匀的 3 个二次枝留 1 节剪除，促进枣股主芽萌发成主枝，主枝间水平夹角 90°～120°，主枝开张角 30°～50°，其余二次枝全部剪除，集中营养供应这 4 个枝条的生长，遇树势衰弱，发枝少，不能一年选留的可两年成形。第二年春季，在第三主枝上 120～150 cm 处培养方向不同的另外 2 个主枝，采用“一剪子堵”法停止主干枣头生长。

3. 树形特点

树体较矮小，树冠小，结构简单，容易整形，通风透光良好，结果枝组配备较多，所以结果枝较多，叶面积系数较大，前期产量高，便于管理。另外，开心形树冠一定要控制好主枝的开张角度。若开张角度过小，会失去开心的优点；若过大，主枝担负重力的能力小，大量结果时，容易后仰，加大开张角度，难于保持理想的树形。主枝开张角度较小，因此要加大主枝上侧枝的开张角度，背上枝组要控制得小一些，以保持开心形状。开心形适于萌芽力较强、干性弱、分枝较多的品种，如临猗梨枣、冬枣等。一般行距 4～5 m，株距 3～4 m，密植、稀植枣园均有应用。

四、自由纺锤形

1. 树体结构

自由纺锤形树高 2.5～3.0 m，一般控制在 2.5 m 左右，干高 50～70 cm。全树主枝 8～10 个，下部主枝开张角度 80°～90°，上部主枝角度 70°～80°，相邻 2 个主枝间距 20～40 cm，轮生排列在中心干上，不分层，同一方向上下 2 个主枝的间距在 60～80 cm 及以上。主枝长 1 m 左右，下部主枝稍长，上部主枝稍短，不配置侧枝，直接着生结果枝组。冠径 2.0～2.5 m。

2. 整形要点

(1)定干　幼树定植后当年定干 50～70 cm，剪口下的二次枝全部疏除，促进第一主芽萌发成枣头，将其培养成主干延长枝。

(2)主枝培养　冬季修剪时，主干上距地面 50～70 cm 以内的枝条全部疏除。第二年，顶端第一个二次枝从基部疏除，培养新的枣头延长枝，然后在方向合适、粗壮的二次枝上留 1 cm 短截，让其萌发枣头，待夏季长到 50～60 cm 时拉开角度 80°～90°，作为主枝培养。相邻两个主枝间距 20～30 cm，中间多余的枣头可疏除。夏季修剪时疏除过密枝和背上直立旺枝。第三、第四年同法培养其余主枝，所有主枝的角度约为 90°。在主枝上萌发的枣头，通过摘心培养成结果枝组，不留侧枝。

从定干开始经过 4 年，可培养成形。当中心干高度达 2.5～3.0 m 时落头，控制其生长。在主枝上插空培养结果枝组，一般将枝组留在主枝两侧。当树冠达到要求时环剥，促其结果，控制树冠再行扩大。

3. 树形特点

纺锤形树形骨干枝级次少，修剪量小，是各种果树通用的树形，枣树近几年推广使用面积较大。主枝容易培养，结果枝组容易配备，容易更新。光照条件好，易于早期丰产。另外，枣树纺锤形整枝时，注意调节各主枝之间枝势的平衡，扶持中心干的长势，保持中心干有绝对的生长优势，垂直向上生长，不能东倒西歪，如遇主枝头生长过快，伸得过长时，可将过强的枣头适当短截或摘心，抑制生长，防止内膛空虚，当主枝粗度超过主干粗度的 1/2 时，及时疏除，更新主枝。主枝拉平后背上容易产生旺盛的枣头，需要对萌发的枣头及早控制，将其培养成结果枝组。自由纺锤形适宜于骏枣、婆枣等干性较强的品种，一般行距 3～4 m，株距 2～3 m，树冠小，适用于密植栽培。

五、枣头形

枣头形又称改良纺锤形，适用于高密度枣园，树高较纺锤形高，但管理简单易行，5 年左右成形。一旦培养成形，可持续保持稳产、丰产。

1. 树体结构

枣头形树高 3～4 m，冠幅 1.2～1.8 m，干高 50～60 cm。有中心干，中心干直立或曲折上升，有水平方向延伸的结果枝组 12～18 个，螺旋平衡分布中心干上，不分层，开张角度 80°～90°，顶端经短截（摘心）不再向前延伸（彩图 7-2）。待树高达到 3～4 m，对中心干延长枝进行落头。

2. 整形要点

（1）定干　定植当年疏除所有二次枝，待春季枣树发芽后，选留一个直立而强健的新生枣头作为中心干延长枝进行直立生长。夏季，若树体生长势较弱，当年可缓放一年，若树势健壮，可在距地面 100～120 cm 处进行定干，并保留剪口下的第一个二次枝，使其及时停长（俗称“一剪子堵”），并将距地面 60 cm 以上方位合适的 3～5 个新枣头保留，促使其健壮生长和结果，其余主干上的新枣头全部疏除。

（2）第二年　春季发芽前，根据树势情况，可将中心干延长枝最上面的一个二次枝从基部疏除，促进主芽萌发形成新枣头延长枝向上直立生长，也可将树体最上面的二次枝留 1 节进行短截，并将其基部主芽抹除，促进二次枝上枣股处主芽萌发的新枣头作为新的中心干延长枝，这样新主干偏离原来的中心干，弯曲上升，有助于控制枣树上强下弱。对第一年选留下来的 3～5 个二次枝留 1～3 节短截，每个被短截二次枝选留一个开张角度大而健壮的新枣头作为结果枝组延长枝。夏季采用拿枝、别枝或拉枝等方法将其开张角度调整到 90°左右，待上述结果枝组延长枝形成 5～7 个二次枝后，对其进行摘心，促使二次枝健壮，提高结果能力。同时，对中心干延长枝可选择与其偏离基部中心干的反方向延伸的二次枝处摘心，促进其下部新枣头健壮生长。

（3）第三年　春季发芽前，按第二年方法根据树势情况确保中心干延长枝围绕基部中心干的向上延伸直立或曲折上升。同时，选留距顶端 3～5 个二次枝留 1～3 节短截，每个被短截二次枝选留一个开张角度大而健壮的新枣头作为结果枝组延长枝。夏季修剪时，中心干延长枝和结果枝组延长枝的处理方法同第二年。对于上一年留下的 3～5 个结果枝组继续保持枣头延长生长，抹除其上新长出的枣头，并可对顶端枣头进行摘心，培养健壮结果枝组。

（4）第四、第五年　树形培养同第三年，根据树势，最终培养结果枝组达到 12～18 个。同时根据树势、行株距和生长量的具体情况，决定是否让各结果枝组继续延长生长，一旦无发展空间便对其进行摘心或短截处理，使其停止生长。同时，当树高达到行距或略小于行距时，可对中心干延长枝进行摘心或短截处理，使其停止生长。

3. 树形特点

枣头形类似自由纺锤形，树形瘦高，冠幅较小，形似一个直立的大枣头，中心干上直接着生多个水平开张的结果枝组，不区分主侧枝，树体结构简单、易控。因此，该树形修剪量小，整形修剪用工可节约80%以上，管理方便，结果能力强。该树形便于机械化作业，通过夏季修剪即可达到通风透光的生长条件，减少病虫害的发生，易保持丰产、稳产和优质。另外，该树形适用于利用酸枣直播建园、实行宽行密植的高密度枣园，适宜于骏枣、灰枣等干性较强的品种，一般行距3.5～4.5 m，株距1.0～1.5 m，树形冠幅小。

六、倒伞形

1. 树体结构

倒伞形有明显的中心主干，树高2 m左右，干高70～80 cm，全树有主枝8个，分3层相互错落着生在中心干上。第一层主枝4个，分布在树干的东南、东北、西南和西北四个方向，主枝基角为70°～80°，呈伞顶状。第二层主枝2个，伸展方向为正南和正北两个方向，主枝基角为80°～90°，第一层和第二层主枝层间距60～80 cm。第三层主枝2个，伸展方向为正西和正东两个方向，主枝基角为80°～90°，第二层和第三层主枝层间距为40～60 cm(图7-4)。

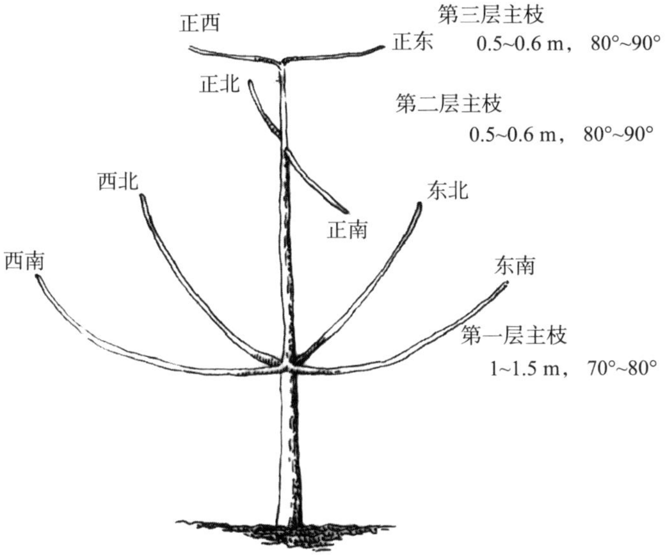

图7-4 枣倒伞形

2. 整形要点

(1)定干及第一层主枝培养　幼树定植后，第一年需先定干，定干高度为70～80 cm。若此时无二次枝，可缓放一年再定干。定干时，将中心干延长枝最上面的1个二次枝从基部疏除，促进主芽萌发形成新枣头延长枝向上直立生长。剪口下20～30 cm的区域为整形带，在整形带范围内选四个方向(东南、东北、西南、西北)、生长健壮的二次枝，在其基部留1～2个枣股短截，促使剪口下枣股顶端主芽萌发，并将之培养成为第一层主枝。夏季采用拿枝、别枝或拉枝等方法将其开张角度调整到70°～80°。待主枝形成10～12个二次枝后，对其进行摘心，促使二次枝健壮，提高结果能力。

(2)第二、三层主枝的培养　定干后第二年培养第二层主枝。此时，在距第一层主枝 50～60 cm 的高度短截，同时疏除剪口下第一个二次枝，促使主芽萌发长出新的枣头形成主干延长枝，然后在剪口下 20～40 cm 的整形带内选两个方向（正南和正北）、生长健壮的二次枝进行疏除或选留 1～2 个枣股进行短截，促使剪口下枣股上的枣头萌发，培养第二层主枝 2 个。夏季采用拿枝、别枝或拉枝等方法将其开张角度调整到 80°～90°。待主枝形成 7～8 个二次枝后，对其进行摘心，促使二次枝健壮，提高结果能力。第三层主枝 2 个（方向为正西和正东），用同样的方法来培养。

3. 树形特点

树冠结构下大上小，上疏下密，呈倒伞形。该树形结果枝组分层稀疏相间排列，膛内光照较好，一般行距 3～4 m，株距 2～3 m。

第三节　枣整形修剪特点

通过合理整形修剪，可培养良好的树体结构，枝条配置合理，通风透光，调整树势营养平衡，提高坐果能力和品质，使果园维持较高的经济效益。枣树的生物学特性和花芽分化、开花结果特性与北方常见果树有很大的区别，因此枣树的整形修剪有其特殊性。另外，枣树品种多样，各品种的生长特性、对树势培养的要求不完全相同，因此需要在对此有充分了解的基础上，做到因树修剪、随枝做形，通过适当的修剪平衡树势，长短兼顾、轻重结合，才能剪好枣树，实现培养良好树体结构、延长树体寿命的目标。

一、整形修剪特点

1. 无须刻意考虑花芽的培养和留量

枣树花量大，当年分化，当年开花结果。枣树的结果枝是枣吊，枣吊在春季才能长出来，到冬季时已经脱落，因此冬季修剪时在保证土肥水管理的前提下不需要考虑花芽的培养和留量问题。枣吊兼有结果枝和营养枝的特性，也不需要考虑结果枝与营养枝的配比关系，有枝就有花。只要做到枝组层次清楚，通风透光，树体结构合理，营养充足，就能实现丰产、稳产，一般不会出现大小年现象。

2. 结果枝组连续结果能力强

枣树结果枝组具有易培养、易更新等特点，当年的营养枝，经摘心培养可当年结果。枣股即枣树的小型结果枝组，枣股一般着生在二次枝上，每个二次枝上有多个枣股，这就是稳定的结果枝组，通过枣头摘心很容易培养结果枝组。枣股连续结果能力强，生长量小，可连续多年结果，这样可以保证促进开花结果，即使枣股衰老，通过修剪刺激也能发新枣头，很容易完成结果枝组的更新。

3. 修剪技术简单易行

枣树骨干枝枝量少，自然分枝能力差，树形结构比较简单，修剪技术也就简单，冬季修剪时工作量较小，主要是及时疏除交叉枝、重叠枝、过密枝、病虫枯死枝、无用的徒长枝、衰老的枣头，保证通风透光，集中营养，促进生长和结果；回缩先端下垂的骨干枝、冗长的老枝组等，对枣头进行回缩，以促进二次枝和枣头充分发育，复壮树势；对需延长生长的枣头短截后，还应剪除剪口下的第一个二次枝，促进主芽萌发形成新枣头。另外，还要注意枣树有很多隐芽，隐芽受刺激萌发后易扰乱树形。由于枝量少，枣股几乎不延长生长，枣吊冬剪前已自行脱落，修剪量较小。

二、不同发育阶段的修剪特点

枣树的生命周期可分为幼树期、初果期、盛果期和衰老期，树龄不同，其修剪特点也不同。

1. 幼树期

枣树具有早果丰产的特性，但幼树期以培养树形为主，主要包括定干、骨干枝和结果枝组的培养，一般采用夏季摘心、抹芽、拉枝，冬季修剪以短截、疏枝等方法培养主枝或结果枝组。苗木出圃及栽植过程中枣树的根系易受损伤，使得新栽的枣树生长较慢，需要 2～3 年后树势才能转旺，所以枣树有“坐下来，站起来”的说法。定植 1～2 年的枣树，以培养各级骨干枝为主要目标，尽量少结果或不结果。

枣树主干的高度因栽培方式、品种、立地条件、管理水平不同而有所差异。对枣树而言，一般定干高度为 40～100 cm，枣粮间作定干高度为 100～120 cm。对生长健壮的枣树，不论栽植年限长短，只要苗高达到定干高度，就应及时定干。对于生长缓慢的枣树，定植后可缓放 1～2 年，当直径粗达 2 cm、高达 100 cm 以上时再行定干。在定干时应留出整形带部分，一般在主干高度以上 20～30 cm 作为整形带，因此，实际剪留高度为 80～90 cm。枣树定干及主枝培养有以下两种方法：

(1)利用一次枝主芽培养主枝　适用于疏散分层形、小冠疏层形、自由纺锤形等树形。栽后定干高度为 80 cm，并将剪口下第一个二次枝从基部疏去，利用主干的主芽萌发抽生的枣头形成中心干枣头延长枝。剪去整形带内所有的二次枝，促发主芽萌发长出新枣头，选留方位合适的新枣头 3～4 个培养成主枝，并各留 5～6 个二次枝摘心。以后每年夏季摘心，停止其延长生长，促进加粗生长，并在中下部选择位置适中的二次枝 2～3 个，各留 1～2 个枣股短截，促其萌生新枣头，培养侧枝和枝组，同时根据其生长发育情况可进行适度拉枝，提早结果，多余的枣头去掉或改造成辅养枝、结果枝组。夏季对未选作主枝的辅养枝进行摘心，控制旺长，保留叶片，以制造养分供应骨干枝生长。若辅养枝妨碍主枝生长，可用剪子将基部剪伤或拉大角度，促进结果，以后可有步骤地回缩，最后完全疏除。

(2)利用二次枝主芽培养主枝　适用于枣头形树形，主干曲折生长可降低顶端优势，一般定干高度 80 cm，剪口下第一个二次枝可留 1～2 节进行短截，抹除二次枝基部主芽，促发枣股处主芽萌发形成新的中心干。同时，对培养主枝处的二次枝粗度在 0.8 cm 以上的，可留 1 节修剪，促进二次枝上的主芽萌发枣头，培养主枝。二次枝上的第一、第二个主芽萌发的枣头与中心干上萌发的枣头相比基角大，伤口小，生长健壮，形成的主枝易开张，结构牢固。若二次枝粗度达不到 0.8 cm 或幼树高度不够定干高度，用清干法，逐年清除树干下部过低的二次枝和发育枝，保持 2/3 的树冠，多留枝叶，促进幼树快长。同时，夏季适时摘心，促进其增粗生长，翌年再补剪培养第一层主枝。另外，有时重剪二次枝促生主枝时枣头未萌发，只长出了枣吊，可及时把枣吊剪短1/4，促使枣头萌发。整形带以下的二次枝，从基部疏除或保留作辅养枝。利用二次枝主芽培养主枝的方法已在生产上推广利用。一般枣苗出圃时都要进行清干处理，没有二次枝，只有自育苗或购苗前已提出要保留二次枝的才能用此方法进行定干。

对于整形带以下的二次枝，也有两种处理方法：一种是清干，将所有的二次枝全部去除；另一种是保留整形带以下，距地面50 cm以上的一部分二次枝，使其对骨干枝进行辅养，在上部骨干枝形成后从基部去除主干上作辅养用的二次枝。不论是哪种方式，对于不留作主枝的枣头要及早重摘心控制或直接疏除，防止其争夺养分，扰乱树形。

(3)定干及主枝培养注意事项　需要特别注意的是，幼树整形时短截二次枝留1～2节促发新枣头形成时，往往其基部一次枝上的主芽也萌生枣头，且生长比二次枝上的枣头还旺，为保证二次枝上的主芽发枝壮，应及时抹去萌发的一次枝主芽枣头。另外，二次枝留基部1～2节重短截促发分枝时，修剪反应不敏感，尤其是短截枝距母枝剪口稍远，常有不发枝现象，树势弱时更是如此，这时需在短截的同时辅以在二次枝着生部位上方刻伤，促使萌发新枣头，而且双刀目伤比一刀刻伤效果更好。另外，中心干上的中心枝延长头的枣头旺盛生长会抑制下部主芽的生长，所以在中心枝延长头的枣头枝长到40～50 cm时进行摘心处理，可促进下部的主芽生长，长成主枝，培养丰满的树形。

枣树定植的第一年，只有苗木粗壮，根系发达者才能发出较理想的分枝来，一般较细弱者分枝少而弱，等第二年才能发够基部三主枝，且分布不理想，不如在定植时重截干，重新发一个壮枣头，翌年可以一起均匀地分生出第一层主枝及中心枝。重截干法是在嫁接口以上20～30 cm处剪，促发1个壮枣头，控制其他枣头的生长，7—8月新枣头长至80～100 cm时摘心促壮，第二年再定干，这样发枝较多，可一次完成三大主枝。优点是栽植成活率高，生长量大，枝叶比一般大40%，枝粗壮，成形快，3～4年完成第二、第三层主枝。结果早，结合枣头二次枝摘心，当年可少量结果，第二年就有产量。

2. 初果期

随着幼树的生长基本成形，树冠不断扩大，枣树进入初果期。当枣树进入初果期后，其主要的修剪原则是维持树体结构和树冠大小，调节营养生长和结果关系，二者兼顾，逐渐提高产量。此时，应以夏季修剪为主，冬季修剪为辅，对中心干、主侧枝及大型结果枝条以外的过密的发育枝进行疏间，控制树势，均衡骨架。

3. 盛果期

盛果期枣树树形已培养成形，树冠趋于稳定，生长势缓和，萌生枣头较弱，容易开花坐果，结果能力强，产量达到高峰。枣的结果盛期可达50年左右。盛果期的主要任务是调节营养生长和生殖生长的关系，主要以培养结果枝组为主，疏、缩、放结合，集中营养成分，刺激枣头萌发，增加树体营养生长，维持丰产树形的骨架，保持树冠完整，通风透光，防止外部枝条下垂，避免内膛枝条枯死，控制背上枝冒条以免形成树上树，局部更新结果枝组。对于生长过旺的枣树，可以采取对主干或者主枝进行环剥等方式，提高坐果率。

(1)疏、缩、放相结合，控制树体大小，维持合理结构　树冠已达到所需要的大小时，要控制其继续扩大，对夏季新长出的枣头要及时疏除，回缩骨干枝先端下垂的枝段，以集中营养，提高结果数量和质量。对生长衰弱的骨干枝，应多留枣头，并适当抬高角度，增强树势。旺枝下部无空间而上部有空间时，易形成交叉枝，对下部影响大的应疏除。

(2)逐渐更新结果枝组　枣树以三至八年生枣股上的枣吊坐果率最高，为使全树保持较多的结果能力强的枣股，需要不断有计划地对结果枝组进行更新，使枣股维持在一个最佳的结果年龄。更新常用的方法有控制、短截、回缩和培养等。当结果枝组达到一定长度后，应及时剪去先端萌生的枣头，以维持枝组中下部结果，当枝组衰老、结果能力下降时，可在适当部位对二次枝短截。旺枝中下部有生长空间而上部无空间时，可用回缩法，在有空间的地方培养结果枝组。

(3)改善内膛光照，满足枣树对光照条件的要求　对冠内密挤旺枝，以疏除为主，确保冠内通风透光，主要是疏除或回缩重叠枝、并生枝、轮生枝、徒长枝、病虫枝、衰老枝、干枯枝、细弱枝、密生枝和无用枝，打开光路，改善树冠内光照条件。

(4)尽量延长盛果期　对骨干枝进行适当改造，使树体结构更加合理，主枝角度开张但不下垂，侧枝开张角度大于主枝，枝长小于主枝，层间距较大，树冠上稀下密，大枝稀小枝密，外围稀内膛密，枝组紧凑，从而延长盛果年龄。

3. 衰老期

枣树进入衰老期，树冠根系逐渐回缩，树冠内部枯死枝条逐渐增多，树体衰弱明显，产量降低，品质下降。枣树一般在 80～100 年进入衰老期。对衰老期枣树更新复壮，必须加强土肥水管理，保证树体营养。

现代枣园结果早，结果多，树体早衰现象也比较明显，所以树体更新比以往要提前。衰老期枣树更新修剪的时间一般在发芽前。主要工作是疏除过密大枝、下垂枝，过高枝落头，将树高回缩在 5 m 以内。在更新的第二年，应选方向角度适宜的新枣头作为骨干枝的延长枝，其他的枝要适当地疏除，促进树冠的形成。2～3 年后根据其空间大小，进行摘心或短截，控制结果枝组的大小，使结果枝组健壮充实。回缩更新时注意从属关系，但细小枝尽量多留。光秃部位可锯伤促发更新枝。锯口要留小枝，俗称"甩小辫"，以利于发新枝，还能促进伤口愈合；锯口附近无小枝，可刮老皮，促发新枝。伤口要认真保护，消毒、涂保护剂，加强病虫害防治。品质较差的枣可通过嫁接更新。

萌发新枝后，加强夏季新梢管理，第一、第二年多留枝以利于平衡和恢复树势。但过密枝要改变生长角度，改善光照。各级延长枝趁早调整伸展方向和角度，控制直立枝，等 2～3 年后疏密枝。重更新时，从小注意新树冠的建立，促生分枝，培养新的骨干枝，注意骨干枝从属关系，开张角度。

三、不同物候期的修剪特点

1. 休眠期的修剪

冬季修剪一般在落叶后至萌芽前进行，枣树休眠期长，为避免枣树修剪后伤口风干，华北地区露地栽培枣树冬剪一般在 3 月进行，温室多在 11—12 月进行，主要手段有短截、疏枝、回缩等。按照预定的目标培养树形，控制树高，培养骨干枝，调整骨干枝角度，培养结果枝组，调整树体结构。

2. 生长期的修剪

枣树在夏季修剪主要是为了调和结果与生长的矛盾，控制枣头徒长，改善树体通风透光条件和平衡树势，减少枣头营养消耗，培养健壮结果枝组，提高坐果率，促进果实膨大，提高果实品质。夏剪对新生枣头进行控制，处理之后不冒条，其作用是减少树体营养消耗，增加产量。

夏季修剪从萌芽后的抹芽开始，主要在 5 月下旬至 7 月中旬，一般根据枣树的生长势，要陆续进行 5～7 次，宜早不宜晚。7 月中旬以后，枣果进入膨大期，枣树的养分集中供应枣果生长，营养生长趋于缓和，新梢基本停长，此期无须夏季修剪。

夏季修剪的主要方法有抹芽、摘心、缓放、疏枝、短截、拉枝、除萌、环剥或环割等。

(1)抹芽　即在生长季节抹除当年萌发不久的、没有利用价值的枣头嫩芽。目的是减少枝量，节约养分，保持通风透光，从而提高花芽分化质量和坐果率，同时可以减轻以后修剪的工作量。抹芽要用手指掰掉嫩芽，要连根扣掉，抹芽后永不发枝才好。

(2)摘心　指在生长季节摘除当年生枣头顶端嫩梢。摘心后可抑制枣头一次枝延长生长，促进二次枝的延长生长，促进枣吊的延长及加粗生长，减少落花落果，提高产量。对弱枝、水平枝、二次枝上的枣头轻摘心，促进健壮生长；对强旺枝、延长枝、更新枝的枣头进行重摘心，集中养分，促进二次枝和枣吊发育，枣头重摘心后基部枣吊容易形成木质化枣吊。摘心可分为枣头摘心、二次枝摘心和木质化枣吊摘心及普通枣吊摘心，一般多对枣头和二次枝进行摘心，摘心越早，对提高坐果率的效果越明显。

(3)疏枝和拉枝　疏枝主要是疏除膛内过密的多年生枝和骨干枝上萌生的新枣头。枝条生长位置不当、影响通风透光的，都要尽量早疏除。对角度过小、方位不适的枝条若不疏除，可将其拉至适当角度或方位，改变枝条生长势，填补空间，平衡枝势，扩大结果部位，可采用木棍支撑、捆绑，也可用绳索坠、拉等方式进行。

(4)缓放　对留作主侧枝的延长枝，当年枣头不作处理，使其继续延长生长扩大树冠，增加结果面积。

(5)除萌　枣树根蘖萌发力强，其发生又正值开花期，对树势和正常结果影响较大，因此，应及时对根蘖苗进行疏除。

(6)环剥　又称开甲，一般在盛花初期，从主干地面以上 20 cm 处开始用刀刮去主干环剥部位老树皮，再用专用环剥刀按要求宽度进行环剥，深达木质部，但不伤木质部，环剥口宽度 0.5～0.8 cm。环剥口不能及时愈合时，可绑缚塑料布促进愈合。环剥一般应在生长势较强的植株上进行，促进保花保果。老龄树、未完成整形任务的小树和生长较弱的树不宜进行环剥。

第四节　枣整形修剪实践

一、放任树的修剪

枣树喜温喜光，修剪量较其他果树小，管理较简单，随着枣树种植规模的不断扩大，农村劳动力结构变化和劳动力成本迅速上升，许多枣传统优势产区出现重栽轻管的现象，特别是有的老枣区，每年只收枣，不管理，过度施用氮肥，过分依赖化学农药防治病虫害及过度使用植物生长调节剂，使得果实品质和产量明显下降，经济效益显著降低，枣农对枣树的管理积极性越来越低，对枣树从不修剪或很少修剪，从而出现放任形枣树。放任形枣树总体表现为枝条紊乱，骨干枝主侧不分，从属不明，先端常下垂，内部光秃，结果外移，通风透光差，产量低且不稳定，质量差等。目前放任树的类型可分为两种：一种是多年不进行修剪管理的大树，任其自然生长，树冠高大，没有特定的树形；另一种是密植枣园因为病虫害严重、经济效益低下等影响，经营者放弃管理，但又舍不得砍伐，导致园内杂草丛生，枣枝横生。

放任不修剪的树也会进行自我更新，如过密的枝条会有自疏现象，背上枝长大后，母枝前端下垂，逐渐枯死，由背上枝代替原来骨干枝的位置，如此轮换进行，但此种自我更新速度慢，效果差。若根据品种特性、立地条件对放任树进行人工整形改造，同时，加强土肥水管理，恢复树势，提高枣果产量和品质，延长树体寿命。

1. 放任树的修剪原则

放任树修剪要遵循“因树造形，随枝修剪”的原则，即根据栽植密度、树龄、立地条件、管理水平，以及枣树的不同生育期、生长情况进行整形修剪，但不强求树形。主要任务是选择并培养好骨干枝，疏除过密枝，打开层间距，引光入膛，尽量减少大砍大拉，以尽快恢复合理树冠为目标。对于5～10年的低龄放任树修剪改造可以截干重更新，嫁接优良品种，重新培养树冠，经改造后的树形较为一致，便于管理。

2. 放任树的修剪策略

放任枣树任其自然生长，树体高大，一般可达6～8 m，各种修剪方法操作不方便。因此，最首要的是选好中央领导干，对中央领导干适当回缩，降低树冠，对树冠内直立生长或与中央领导枝并生的竞争枝，直接疏除或开张角度，改善通风透光条件。对留作骨干枝的大枝，应适当回缩，加大主侧枝的开张角度，并用幼树整形的方法培养各级骨干枝的延长枝；对于背上枝，如有空间，可将其培养成结果枝组，否则就疏除，以增强骨干枝延长枝的生长势，提高枣树坐果率；对于病虫枝、细弱枝和枯死枝要及时疏除。放任形枣树修剪时也可采用高接换优法重新培养树形。放任大树回缩改造可逐年分批进行，幼树宜早，以利于培养牢固骨架。大可不必强求树形，以轻剪为主，分批改造，3～4年完成改造计划。对老树进行改造时，必须同时加强土肥水综合管理，尽快恢复产量。

枣树顶端优势强，枣头上主芽萌发后会抑制其下的主芽萌发，因此，放任不修剪的枣树容易形成没有大的分枝、单轴延伸的树形，可对其进行重回缩，促进萌发分枝，更新复壮。枣果在树上内膛结果很少，结果部位分布不均匀，上强下弱，对其树形进行改造时可将直立枝改为平斜枝，削弱顶端优势，各级枝回缩拦头，改善内膛光照；同时，应增施有机肥，保持结果母枝健壮连年结果，延长结果年限。

二、丰产树形的结构特点

1. 单株产量与单位面积产量的关系

一般来说，树冠大小与产量呈正相关，树冠越大产量就越高。现代化的密植枣园一般都采用小冠树形，高密度栽植，虽然单株产量小，但单位面积株数多，总产量很高，主要靠群体产量来提高经济效益。需要注意，密植枣园并不是越密越好，枣树密植也会带来许多不利的问题，应综合考虑。

2. 枣树丰产树形的特点

枣树丰产树形一般具有以下特点：骨干枝健壮牢固，角度开张合理，主侧枝及结果枝组数量适宜，配置合理，枝条强健。主枝数量不能过多也不能太少，需要依据栽植形式、密度和树形而定，以主干疏层形为例，稀植树一般留5～9个主枝，中等密度枣园留5～7个主枝，密植枣园3～4个主枝，超密枣园不分主侧枝。枣树主枝开张角度一般在50°～60°，保证树冠内膛通风透光，树冠内外结果多。枝条层次分明，树冠大小适宜，通风透光性好，主侧枝的角度，以保持40°～60°为宜，各层枝叶受光面积大，光能利用率高，结果多。低干矮冠，有利于光照和采收，结果枝组适量，枝龄适中，枣股健壮，产量高。

3. 枣树丰产树形的修剪原则

枣树是喜光树种，丰产主要树形有疏散分层形、开心形、自由纺锤形、枣头形等。对各种丰产树形整形培养的方法可参考本章第二节相关内容。

三、酸枣直播建园的整形修剪

酸枣直播建园的整形修剪（酸枣直播建园技术）主要指在春季枣树萌芽前后利用酸枣仁进行直播培育砧木。酸枣仁播种密度可按照永久株行距，也可采取计划密植、渐疏到永久株行距。第二年采用腹接、劈接或改良劈接法嫁接优良品种接穗，接后及时除萌、补接、解缚、引缚防风和摘心，同时加强土肥水管理和病虫害防治等。新疆酸枣直播建园技术的推广应用，实现三年丰产，经济效益显著，推动了新疆枣产业的大力发展。

1. 树形的选择

酸枣直播建园多采用宽行密植，要求在进入盛果期后行间仍能保持约2 m宽的永久性作业道，以方便各类机械作业和人工管理。但在酸枣直播建园前两年为保证枣园经济效益，多采用密植栽培，株行距为0.5 m×(1.5～3.0 m)，然后随着树形的培养及树冠的长大，需要对密植栽培植株进行间伐，即伐除临时株或临时行，增大株距和行距，一般在嫁接后3～5年将株行距改造成(1.0～1.5)m×(3～4)m。因此，对于直播建园枣园来说，永久株一般采用小冠疏层形、主干疏层形或枣头形，临时株一般采用自然开心形、自由纺锤形或圆柱形。

2. 整形修剪

直播建园枣树同样以夏季整形修剪为主，冬季修剪为辅。嫁接当年若植株生长健壮，可完成定干和3～4个主枝的培养，待嫁接第二年应完成植株小冠疏层形和圆柱形树体基础树形的培养。若嫁接当年植株生长势较弱，可缓放一年，第二年再进行定干和主枝培养。嫁接第三年，在树形基本培养成形的基础上，利用冬季和夏季修剪按最终确定的永久株和临时株的树形进行整形修剪，以维持树形，保证经济效益。嫁接第四年，对临时株距地面20 cm左右平茬，利用枣树隐芽寿命长的特点重新抽生枣头，留5个二次枝摘心，利用当年抽生的枣吊再结一年果，这样永久行树体高，临时行树体矮小，永久株拥有更大的空间。第五年间伐临时行，使株行距变为 0.5 m×(3～4) m,此后根据情况适时间伐成株距 1.0～1.5 m。

采用瘦而高的枣头形等结构简单的小冠瘦高树形是枣树实行宽行密植的关键。以枣头形为例,经过 5 年左右的整形修剪成形后,整株枣树形似一个放大了的枣头,无主侧枝结构,树高 3～4 m,冠幅 2.0 m 左右。其中,中心干曲折上升(防止树势上强下弱),形似枣头一次枝;中心干上螺旋平衡分布 15 个左右水平延伸的结果枝组(采用专用开角器开张角度),顶端经短截或摘心使其不再向前延伸,形似顶端枯死不再延伸的枣头二次枝。整形完成后,只需要对过于衰弱和过旺(开始大量萌发新枣头)的枝条进行回缩更新,修剪量大大减少。

3. 圆柱形的整形修剪

圆柱形树体用于计划密植的临时株,干高 40～50 cm,冠径 60～100 cm,树冠高度 1.5～1.8 m,有明显直立的中心干,在中心干上无主枝而只错落分布 8～10 个永久性二次枝,开张角度 70°～80°,下部各级二次枝略长于上部二次枝。临时行(株)无须刻意培养树形,休眠期主要短截过长的二次枝,生长季对枣头极重摘心,促进枣吊延长生长和木质化,增加枣吊花序数量和质量,提高坐果率。

酸枣砧木于春季枝接成活后,当接穗主芽萌生的枣头长 80～100 cm、有 5～6 个二次枝时进行枣头枝摘心,促进二次枝、枣吊的发育和枣吊叶腋间花芽的形成。二次枝长度达 8 节以上的保留 8 节摘心,以促进二次枝健壮。疏除枣头基部的枣吊,保证二次枝上的枣吊结果。

嫁接第二年,休眠期修剪于 3 月枣树萌芽前完成。疏除树冠下部生长较弱的 1～2 个二次枝,使主干高度达到 40～50 cm。在上一年摘心处疏除最上部二次枝,促进主芽萌发,将新萌发的枣头作为中心干延长枝。夏季选择方向和位置适宜的二次枝 5～6 个保留 8 节摘心培养第二层结果二次枝。

嫁接第三年,有的枣园可以培养第三层二次枝。修剪方法与上一年休眠期修剪相同。夏季对枣头进行强摘心,促进二次枝的延长和增粗生长,直至达预定高度。圆柱形树形单株产量低,主要依靠群体优势来获得高产。随着树龄的增加,二次枝和多年生枣股的结果能力下降,管理难度和成本加大,须逐年间伐,不影响永久株结果。

本章小结

整形修剪是枣树栽培管理中非常重要的环节。枣是我国和世界枣属植物中最主要的栽培种,具有结果早、丰产等特点。枣树的生物学特性和花芽分化、开花结果特性与北方常见果树有很大的区别,因此枣树的整形修剪有其特殊性。枣树花量大,花期长,整形修剪时无须刻意考虑花芽的培养和留量。枣树的枝主要包括枣头、枣股和枣吊,修剪时结果枝组具有易培养、易更新、连续结果能力强等特点。另外,枣树品种多样,各品种的生长特性、对树势培养的要求不完全相同,因此了解和掌握枣树的生长、结果、品种等特性可为指导枣树整形修剪提供理论依据。

树形方面,枣树喜温喜光,大田露天栽培一般要求枣树树形骨干枝健壮,主枝分布合理,层次分明,结果枝适量,保证内膛通风透光良好。目前,田间枣树主要树形包括疏散分层形、小冠疏层形、开心形(二层开心形)、自由纺锤形和枣头形等。因此,在对枣树整形修剪时,应做到因树修剪、随枝做形,通过适当的修剪平衡树势,长短兼顾、轻重结合,才能剪好枣树,实现培养良好树体结构和延长树体寿命的目的。希望通过本章的学习可以启发大家从多角度、多方位对枣树整形修剪技术进行思考，同时鼓励大家去田间进行枣树整形修剪实践，做到知行合一。

复习思考题

1. 简述枣树整形修剪的发展趋势。
2. 简述枣树丰产树形的结构特点。
3. 简述枣树疏散分层形的结构特征与整形过程。
4. 简述枣树小冠疏层形的结构特征与整形过程。
5. 简述枣树开心形的结构特征与整形过程。
6. 简述枣树自由纺锤形的结构特征与整形过程。
7. 简述枣树枣头形的结构特征与整形过程。
8. 简述枣树生长发育期整形修剪特点。
9. 简述枣树夏季整形修剪特点。

（王立新　编写）

第八章 核桃的整形修剪

核桃（*Juglans regia* L.）是胡桃科（JugIandaceae）核桃属（*Juglans*）植物，又称胡桃、羌桃，与扁桃、腰果、榛子并称为世界“四大干果”。核桃属原产于中国，有重要栽培价值的主要是普通核桃、铁核桃、核桃楸、河北核桃等，《中国果树志·核桃卷》记载有核桃无性系品种和优良品种216个，农家实生良种164个，优良单株系486个。核桃在我国栽培历史悠久，分布范围广泛，华北、西北及西南地区均有栽植，其中云南、新疆、甘肃、陕西、四川、河北、山西、山东、辽宁等地栽植较多，形成了一些著名产区。

第一节　核桃的生长结果习性

核桃按开始结果的早晚可分为早实核桃（播种后2～3年开始结果）和晚实核桃（播种后6～10年开始结果）两个类型（二维码8-1）。

二维码8-1
核桃的整形修剪
（PPT）

一、核桃的生物学特性

1. 根系

（1）核桃根系的结构　核桃主根发达，侧根水平伸展较远，须根多，根系强大，有利于对水分及无机盐的吸收、体内营养物质的积累和开花结果（图8-1）。核桃根系有内生菌根，对核桃增产具有积极作用。

（2）核桃根系的分布和生长情况　核桃为深根性树种，根系的分布与立地条件有密切关系，尤其是土层厚薄、石砾含量、地下水位状况等对根系的影响较大。根系的垂直分布深度小于树高，但水平分布比冠幅大。核桃根系集中分布在10～30 cm土层中，一般早实核桃比晚实核桃根系发达，幼树表现尤为明显。

一、二年生核桃实生苗垂直根生长较快，地上部生长较慢，一年生主根长度可为干高的5倍以上，二年生约为干高的2倍；三年生以后侧根数量增多，水平扩展较快，地上部生长开始加速。

核桃根系开始活动期与萌芽期相同，3月底开始出现新根，随土温升高，根系生长逐渐加强，6月中旬至7月上旬、9月中旬至10月中旬出现两次生长高峰，11月下旬停止生长。

2. 芽

核桃芽根据性质和构造可分为叶芽、潜伏芽、雌花芽和雄花芽四种(二维码 8-2)。

二维码 8-2
核桃芽的分类
(视频)

(1)叶芽　即只含有叶原基的芽,核桃叶芽呈三角形或圆形,有棱,以春梢中上部叶芽较为饱满,单生或与雄花芽叠生。萌发后只抽生枝和叶,主要着生在营养枝的顶端及叶腋间,或结果枝的混合芽以下。早实核桃叶芽较少。

(2)潜伏芽　又称休眠芽,其性质属于叶芽的一种,呈扁圆形且瘦小,常随枝条的加粗生长而埋于皮下,寿命可达数百年。一般情况下不萌发,受到刺激后方萌发,核桃的更新复壮是由潜伏芽完成的。该芽多着生在枝条的中部和基部,中部多复生,基部多单生,位于雄花芽和叶芽的下方。

(3)雌花芽　为混合芽,芽体肥大,近圆形,鳞片紧包,萌发后抽生结果枝,单生或与叶芽、雄花芽上下呈复芽状态着生于叶腋间。晚实核桃混合芽多着生在一年生枝的顶端 1～3 节,早实核桃除顶芽为混合芽外,向下 2～4 个侧芽(最多可达 20 个以上)也均为混合芽。

(4)雄花芽　呈短圆锥状,似桑葚,鳞片极小,不能被覆芽体,故称裸芽。萌发后形成柔荑花序。多着生在一年生枝条的中部或中下部,单生或叠生。雄花消耗营养较多,应避免选育雄花较多的品种。

春季日平均气温稳定在 9 ℃左右时核桃开始萌芽,13～15 ℃时开始展叶,20 天左右可达叶片总面积的 94%,5 月底至 6 月初叶片停止生长,10 月下旬至 11 月上旬落叶。新生的叶芽和雄花芽 5 月初显露于叶腋,此后随枝条生长和木质化而逐渐增大,叶芽在 5 月下旬以后即可用于方块芽接。

3. 枝

核桃的一年生枝可分为营养枝、结果枝和雄花枝三种(二维码 8-3)。

二维码 8-3
核桃枝条的分类
(视频)

(1)营养枝　只着生叶芽和叶片而不开花结果的枝条,也可称为生长枝,一般长度在 40 cm 以上。具体可分为两种:一是发育枝,由上一年叶芽发育而成的健壮营养枝,顶芽为叶芽,萌发后只抽枝不结果,芽体饱满,生长健壮,是扩大树冠增加营养面积和形成结果枝的基础;二是徒长枝,生长直立,节间长,不充实,多由树冠内膛的潜伏芽萌发而成,若数量过多,会大量消耗养分,使树体结构紊乱,因此,要注意加以控制或促其转化为结果枝,老树则可用以更新树冠,复壮树势。

(2)结果枝　着生雌花芽的枝条称为结果母枝,雌花芽春季萌发抽生结果枝,结果枝顶端着生雌花结果。健壮的结果枝上可于当年抽生果台枝,多数当年可以形成混合芽,早实核桃还可以当年萌发,二次开花结果。根据枝条的长短可分长果枝(>20 cm)、中果枝(10～20 cm)和短果枝(<10 cm)。

(3)雄花枝　只着生雄花且仅顶芽为叶芽的枝条,多生长短小细弱,雄花序脱落后顶芽以下光秃,多着生在老弱树或树冠内膛郁闭处。雄花枝过多是树势衰弱或品种性状较差的表现。

核桃枝条的萌芽力和成枝力常因品种(类型)而异,一般早实核桃 40%以上的侧芽都能发出新梢，而晚实核桃只有20%左右。

核桃枝条的生长受树龄、营养状况、着生部位及立地条件等影响，一般幼树和壮枝一年中有两次生长，形成春梢和秋梢。第一次高峰在5月上旬至6月上旬，在萌芽和展叶的同时抽生新枝，枝条的生长随着气温的升高而加快，于5月上旬(华北地区)达旺盛生长期，6月上旬第一次生长停止，生长量占全年的90%，短枝和弱枝只有这一次生长高峰，形成顶芽。健壮发育枝和结果枝可出现第二次生长，在7月中旬至8月上旬形成秋梢，秋梢木质化程度低，不利于枝条越冬，生长中应及时摘心控制。二次生长现象一般随年龄的增长而减弱。旺枝夏季不停止生长或生长缓慢，春秋梢交界处不明显。

4. 叶片

核桃的叶片为奇数羽状复叶，顶生小叶最大，其下对生小叶依次变小。复叶数量与树龄大小和枝条类型有关。一年生幼苗有16～22个复叶，随着树龄的增加，一年生枝着生的复叶数有所减少。初果期前，营养枝上有8～15个复叶，结果枝上有5～12个复叶；盛果期后，结果枝上的复叶数一般只有5～6个，内膛弱枝上的复叶数只有2～3个，而徒长枝和背下枝上的复叶数多达18个及以上。另外，每一个复叶上的小叶数依不同核桃种群、品种而异，核桃楸的小叶数为7～17片，铁核桃的小叶数为9～11片，普通核桃的小叶数为5～9片，一年生苗的小叶数多为9片，结果树的小叶数多为5～7片，偶尔也有3片的。

复叶数量对枝条和果实的发育影响很大。一般着双果的结果枝需5～6个复叶才能维持枝条和果实的正常生长发育，低于4个复叶，尤其是只有1～2个复叶的结果枝，将难以形成混合芽，且果实发育不良。

5. 花

核桃为雌雄同株异花。雌花序为总状花序，有单生、簇生、序生和穗状等着生方式，子房下位，二心皮，一心室。雄花芽冬季呈浅灰色，长6～7 mm；第二年4月日平均气温稳定在8.5 ℃以上时开始萌动膨大，伸长成葇荑花序，长6～12 cm，每花序有雄花100～180朵，迅速发育完成并开花散粉，散粉后花序干缩脱落，所在节位光秃无芽，不再生长枝叶。

核桃雌花芽的分化，在华北大部分地区生理分化期在5月下旬至6月下旬，形态分化期从6月中下旬至7月上旬开始，10月中旬出现雌花原基，冬前出现总苞、花被原基，翌年春季完成花器的分化。从开始分化到开花约需10个月的时间。核桃雄花芽的分化，一般在4月下旬至5月上旬就已形成雄花芽原基，5月下旬至6月上旬，小花苞和花被的原始体形成，可在叶腋间明显地看到表面呈松果状的雄花芽。

核桃是异花授粉，属风媒花，其花粉的最大传播距离500 m左右。核桃雌花柱头在开花后1～5天接受花粉的能力最强，而在自然条件下核桃花粉的寿命只有5天左右，一天中以9:00—10:00、15:00—16:00时授粉的效果最佳，授粉后4～5 h花粉管可进入柱头，16 h可进入子房，36 h可到达胚囊附近，2～3天后便可与卵细胞受精形成合子。

6. 果实

核桃果实由子房发育而成，包括青皮和核果两部分。果实形状有椭圆形、圆形和卵圆形等，其大小因种类、品种及立地条件而异。果皮光滑或有茸毛，颜色为绿色或黄绿色。坚果出仁率一般在36%～65%，个别品种可高达75%以上。

核桃果实的发育期是从雌花柱头枯萎到总苞变黄开裂、坚果成熟的整个过程，南方地区的果实发育期为170天左右，北方地区的果实发育期为120天左右。果实发育大体可分四个时期：

（1）果实速生期　5月初至6月初，30～35天，是果实生长最快的时期，其体积占全年总生长量的90％以上，重量占70％左右。

（2）硬核期　也称果壳硬化期，6月初至7月上旬，30～40天，此时果实生长缓慢，主要完成内果皮木质化以及胚的发育，坚果核壳自果顶向基部逐渐变硬，种仁由浆状物变成嫩白种仁，至此果实大小已基本定型。

（3）油脂转化期　也称种仁充实期，7月初至8月中下旬，50～55天，种仁不断充实，重量迅速增加，含水量下降，脂肪含量迅速增加，风味由甜淡变为香浓。

（4）果实成熟期　8月下旬至9月上旬，15天左右，果实达到该品种应有的大小，坚果重量略有增加，青皮变黄，有的出现裂口，坚果容易脱出。

核桃果实成熟的外观标志是青皮渐渐变淡，呈黄绿色或黄色，青皮顶部出现裂缝。果实成熟期果实重量和油脂含量仍有增加，为提高品质不宜过早采收，试验表明，提前采收15天坚果单粒重降低4.4％，仁重降低17.5％，出仁率降低9.7％，严重影响坚果品质。

二、核桃生长发育的环境条件

中国核桃分布甚广，约20个省份的1 000余个县种植核桃，事实说明核桃属植物对自然条件具有极强的适应能力。然而，核桃对栽培生态条件却有比较严格的要求，并因此形成了若干个核桃主产区。当气候与土壤等生态条件未达到核桃适生条件时，即便核桃能够存活，但往往会出现生长不良、产量低或绝产以及坚果品质较差等现象，将失去核桃栽培的意义。

1. 温度

温度是核桃重要的生存影响因子之一，核桃在长期演化中，形成了以温度为主导的自然分布地带。无霜期150天以上，年平均温度9～16 ℃，极端最高温度38 ℃以下，极端最低温度－25 ℃以上，是适宜核桃生长的无霜期及温度范围。在温度过高的地区，若超过38～40 ℃时，果实易受日灼伤害，致使核仁不能发育。在休眠期，核桃幼树在－20 ℃条件下会发生冻害，成年树虽能耐－30 ℃低温，但低于－28～－26 ℃时，枝条、叶芽及雄花芽均易受冻害。展叶后，如温度降到－4～－2 ℃，新梢可被冻坏。花期和幼果期，气温下降到－2～－1 ℃时则受冻减产。在新疆的伊宁和乌鲁木齐，极端最低气温可达－37～－34 ℃，核桃不能结果，多呈小乔木或丛状生长。

2. 光照

核桃喜光。进入结果期后更需要充足的光照条件，全年日照时数需在2 000 h以上才能保障核桃正常的生长发育；当全年日照时数低于1 000 h，核桃的核壳、核仁均会出现发育不良的现象。尤其在生长期内，日照时数与光照强度对核桃生长、花芽分化与开花结果都有重要的影响。同一植株外围枝条比内膛枝条结果多，核桃园边缘植株比内部植株生长好、结果多，均与光照条件有关。因此，在栽培过程中，针对园地选择、栽培方式、栽植密度及整形修剪等方面，必须考虑光照问题。

3. 水分

水分是果树生存的重要生态因子。足够的含水量能够使细胞保持膨压状态，以维持正常的生理活动。营养物质的吸收、转化、运输和分配，以及光合作用、呼吸作用、蒸腾作用等重要的生理过程，都必须在有水的条件下进行。田间条件下，水分能够调节树体和环境间温度的波动，从而保护树体避免或者减轻伤害。

不同的核桃类别、品种对降水量的适应能力有很大差异。漾濞核桃分布区的年降水量为800～1 200 mm，而早实核桃适宜种植在降水量 600 mm 以下的地区。核桃耐干燥的空气，而对土壤水分状况却比较敏感，土壤过湿或过干均不利于核桃的生长和结实。核桃幼树若生长季节前期干旱，后期多雨，枝条易徒长，造成越冬抽条。土壤水分过多，通气不良，根系呼吸作用受阻，严重时可窒息根系，影响树体生长发育；土壤水分过少（干旱）有碍根系吸收，影响代谢机能，造成落花落果甚至叶片凋萎。因此平地核桃园要解决排水问题，山地核桃园须采取水土保持工程措施。研究证明，地下水位高低会影响核桃根系分布深度，核桃园的地下水位应保持在地表 2 m 以下。

4. 土壤

土壤是由矿物质、有机质、土壤水分、空气和生物等组成的能够生长植物的陆地疏松表层，具有生命力、生产力和环境净化力，是一个动态生态系统。核桃通过其庞大的根系，从土壤中吸收水分及有机、无机养分，所以土壤条件的好坏直接影响核桃的生长和结实。

（1）土层厚度　核桃为深根性树种，根系分布深，吸收养分与水分的有效容积大，水分与养分的吸收量多，有利于抵抗外界环境胁迫，因此核桃要求比较深厚且不能少于 1 m 的土层，若土层过薄，核桃主根及侧根难以深扎和发展，将影响根系的发育，容易形成“小老树”，也容易“焦梢”，且不能正常结果。

（2）土壤酸碱度和含盐量　土壤酸碱度影响土壤中各种矿质营养成分的有效性，进而影响树体的吸收和利用。核桃可以在微酸性土壤到微碱性土壤中生长，但以偏中性土壤即 pH 在6.5～7.5 为宜。

土壤含盐量决定根区土壤溶液渗透压的高低，直接影响根系对水分的吸收，进而影响核桃的生长发育。土壤含盐量过高易导致植株死亡，土壤含盐量宜在 0.25％以下，稍微超过此限即对生长结实有影响。盐渍土在我国分布非常广泛，因此，如何改良利用盐渍土对核桃产业的可持续发展以及改善生态环境具有重要意义。

（3）土壤结构及土壤肥力　核桃对土壤的要求是结构疏松、保水性强和透气性良好。核桃比较适宜的土壤为沙壤土和中壤土，若土壤黏重、板结或沙地过于瘠薄，将对核桃生长结实不利。

核桃喜肥，增加土壤有机质有利于核桃的生长和发育。氮肥可以增加出仁率，增施磷、钾肥，除增加产量外，还能改善核仁的品质。据分析，每收获 1 000 kg 核桃要从土壤中夺走22.7 kg 纯氮，在丰产的果园每年每 100 m^2 要夺走纯氮 2.24 kg。但氮肥过量会延迟生长期，推迟果实成熟，不利于安全越冬，因此应根据土壤和树体的具体生长结实情况确定栽培中最适宜的施肥量。核桃尤其喜钙，宜在富钙土壤中栽培或增施钙肥。

(4)地势　其对核桃的影响主要通过海拔高度、坡度、坡向等影响光、温、水、热在地面上的分配,从而影响核桃的生长发育。核桃对地势的要求不太严格,但以坡度平缓、土层深厚、背风向阳等立地条件较为适宜,宜种植在10°以下的缓坡地带,而阴坡、陡坡及迎风面均不利于核桃的生长发育。

第二节　核桃常用树形及培养过程

合理的树形是负载产量的基础,是丰产优质高效的基本条件。整形修剪的目的在于培养牢固合理的骨架结构,充分合理利用空间,最大限度地截获光能改善树体光照条件,获得最佳的群体效益,保持稳健树势,提高果实负载能力及品质。核桃任其自然生长很难形成一个良好的树形,尤其是早实核桃,其分枝力强,结果早,易发二次枝,更容易造成树形紊乱,因此在核桃的栽培管理中一定要重视幼树整形工作。目前我国核桃生产中树形主要有疏散分层形、自然开心形、小冠疏层形和自由纺锤形等(二维码8-4)。

二维码8-4
核桃树形选择和群体结构特征
(视频)

一、疏散分层形

1.树体结构

疏散分层形有明显的中央领导干,树高6.0～7.0 m,干高0.8～1.2 m,主枝6～7个,分3～4层着生在中心干上,形成半圆形或圆锥形树冠。第一层主枝3个,基角55°～65°,层内距40 cm;第二层主枝2个,层内距20～30 cm,基角70°～80°;第三层主枝1～2个,有的可以培养1个第四层主枝。各层主枝上下错开,插空选留,避免重叠。第一层主枝各选留向外斜生的侧枝3～5个,第二层主枝各选留2～3个,第三层主枝各选留1～2个,基部主枝上的第一侧枝应距中心干0.8～1.0 m。在第一侧枝对侧留第二侧枝,距第一侧枝0.5 m左右;距第二侧枝0.8～1.2 m,留第三侧枝,充分占据空间,避免密挤(图8-1,彩图8-1)。

图8-1　核桃疏散分层形

2.整形要点

以培养干高0.8 m、冠径6.0 m、有3层主枝的疏散分层形为例。

(1)第一年　栽植后对苗木重短截,在嫁接口以上剪留10～20 cm,萌芽后抹芽定梢,只留1根壮条,待枝条长至1.4 m时摘心促进枝条充实,如果第一年枝条生长高度不够,第二年继续在前一年的枝条上留10～20 cm重短截,培养健壮的主干和中心干。

(2)第二年　定干，选留第一层主枝。定干高度为 1.2 m，定干后剪口下的第一个枝条继续保持垂直生长，培养中心干。配合刻芽，剪口下的第二个枝条为第二主枝，在第二主枝以下 40 cm 左右选择第一主枝，主枝在 8 月初拉至 55°～65°，两主枝之间的夹角为 120°，第一层主枝间的距离不小于 40 cm，除中心干枝、主枝外的其余枝条全部疏掉，大多数情况下第二年只能选留 2 个主枝，第一层三大主枝需要 2 年才能培养完。

(3)第三年及以后　继续选留主枝，中心干枝剪留 60 cm，发枝后选留第三主枝。对前一年留好的 2 个主枝各留 80～100 cm 短截，促发分枝，选留第一侧枝和结果枝组(二维码 8-5)。

二维码 8-5
核桃结果枝组的培养(视频)

以后逐年按照目标树形的要求培养剩余的主侧枝等结构，早实核桃 5～6 年时开始选留第二层的 2 个主枝，第二层的第一个主枝距离第一层的第三个主枝 1.5 m，层内距 20～30 cm。以后根据生长情况选留第三层主枝 1 个，距离第二层主枝 1 m。

3. 树形特点

疏散分层形的特点是树冠高大，枝条多，负载量大，产量高。适宜生长在土壤条件较好地方的稀植大树造形。缺点是盛果期后易郁闭，内膛易光秃，产量下降。主要用于孤植大树、林粮间作的核桃树等，株行距一般较大，晚实核桃在 8～10 m 及以上，早实核桃在 6～8 m 及以上。

二、自然开心形

1. 树体结构

自然开心形无中央领导干，树高 3～5 m，冠径 2～4 m，干高 0.7～1.0 m，主枝 3 个(也有4～5 个的)，角度自然开张，约 60°左右，主枝间水平夹角为 120°，主枝间距 20～40 cm。每主枝选留 2～3 个侧枝，同一级侧枝要同向配置，第一侧枝距离基部 0.8～1.0 m，以后侧枝间的距离，依次为 0.5～0.8 m 和 1.0 m 左右，在主枝和侧枝上培养结果枝组，使其充分利用空间，尽快成形(图 8-2，彩图 8-2)。

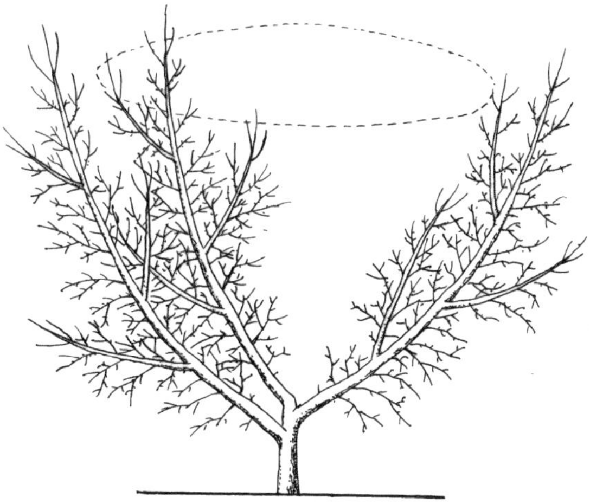

图 8-2　核桃自然开心形

2. 整形要点

以培养干高 0.6 m、冠径 4.0 m、有 3 个主枝的开心形为例。

(1)第一年　定干高度为 1.0 m，然后选留 3 个方位合适的枝条作主枝，7 月底 8 月初适当拉枝，开张角度为 60°左右，弱枝角度稍小，强枝角度稍大，调节枝条生长势，同时调整枝条间水平夹角为 120°。

(2)第二年　萌芽前 3 个主枝各剪留 80～100 cm，弱枝剪的重一些，留壮芽；强枝剪的轻一些，留弱芽，保持主枝间平衡发展。从距主枝基部20～30 cm开始，每隔20～30 cm刻1芽，主枝前端1/3左右不用刻，对于背上萌发的新梢，长度达到30～40 cm时留10～15 cm短截，以促发短枝，培养结果枝组。两侧的新梢生长中庸的不摘心，过旺的进行摘心，距离基部0.8～1.0 m处选留1个侧枝，注意侧枝不能选背下枝。

（3）第三年　各主枝延长头剪留70～80 cm，由下至上每间隔20～30 cm插空刻1个侧生的芽，在距离第一侧枝0.5～0.8 m处的对侧选留第二侧枝。对第二年留下的侧枝轻短截，促发分枝，留作枝组的枝条不短截，甩放成花。

（4）第四年及以后　从第四年开始各主枝延长头不再短截，各枝条均缓放促发短枝，成花结果。每主枝上培养成8～10个大型枝组。

3. 树形特点

自然开心形树体较大，各级骨干枝安排较灵活，结构简单，整形容易，主从分明，结果枝分布均匀，树冠内膛光照好，枝组寿命长，通风透光好，结果品质高，成形快，结果早。适用于土壤瘠薄、土质较差、肥水条件不良地区的山地。缺点是主枝易下垂，不便树下管理，寿命较短。适合株距2～4 m、行距4～6 m的核桃树，控制树高在行距的70%～80%即可。

三、小冠疏层形

1. 树体结构

小冠疏层形干高30～40 cm，全树5～6个主枝，方位互错，分2～3层排列在中心干上，即第一层3个，第二层2个，第三层1个。主枝层内距10～20 cm，第一层至第二层层间距为60～70 cm，第二层至第三层层间距50～60 cm，主枝基角50°～60°，腰角60°～70°，第一层留1～2个侧枝，第二层主枝上留1个侧枝，第三层主枝不留侧枝。为了使树冠更矮小，可留1～2层主枝，主枝上不留侧枝而直接培养大中小型结果枝组。成形后树高应控制在2.5～3.5 m，冠径达到3 m左右，呈扁圆形即可(图8-3，彩图8-3)。

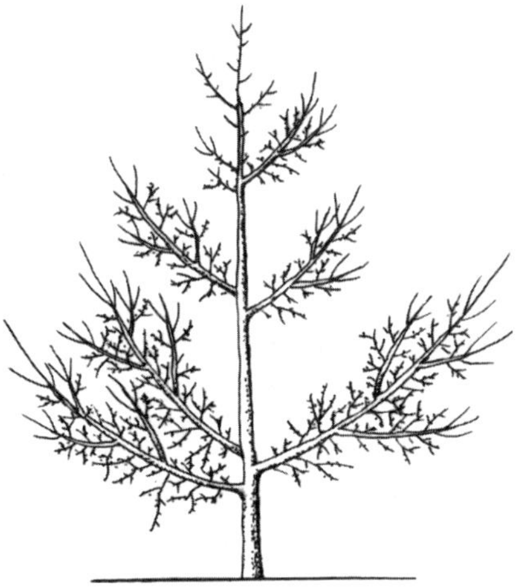

图8-3　核桃小冠疏层形

2. 整形要点

以培养干高0.8 m、冠径3 m、有3层主枝的小冠疏层形为例(二维码8-6)。

（1）第一年　在嫁接口以上留10～20 cm重截干，发芽后选留一个枝条作为中心干枝。

（2）第二年　定干高度为1.2 m，在40 cm的整形带内选留3个不同方位、生长健壮的枝，培养为第一层的3个主枝，层内距离20 cm。当第一层的主枝确定后，除保留主枝和中心干延长枝外，其余枝、芽全部剪除或抹掉。秋季将主枝拉开角度，主枝基角为70°～80°，水平夹角为120°。

二维码8-6
核桃小冠疏层形的培养(视频)

（3）第三年　春季萌芽前对中心干延长枝、主枝分别进行短截，促发分枝和延长生长，在主枝上距离基部 50 cm 左右培养第一侧枝，其余部位培养结果枝组。

(4)第四年　对中心干延长枝短截，选留第二层主枝，一般为 2 个，距离第一层主枝 1.0～1.2 m。对长度达到 1.5 m 以上的第一层主枝不再短截，而是通过刻芽促发分枝，培养结果枝组。开始适当留花结果。

早实核桃五、六年生，晚实核桃七、八年生时，除继续培养各层主枝上的侧枝和结果枝组外，开始选留第三层主枝 1 个。第三层与第二层的间距 0.8～1.0 m，待第三层主枝培养完成后从最上部的 1 个主枝的上方落头开心，控制树高为 4.0～4.5 m。

在选留和培养主侧枝的过程中，对晚实核桃要注意短截促其增加分枝，以便培养结果母枝和结果枝组。早实核桃要控制和利用好二次枝，防止结果部位外移，同时还要经常及时剪除主干、主侧枝上的萌蘖枝、过密枝、重叠枝、细弱枝和病虫枝等。

3. 树形特点

小冠疏层形树冠中等大小，造形容易，主枝多而分层着生，通风透光好，树势强健。进入结果期早，适宜密植栽培。缺点是对干性弱的品种整形困难。适合行株距为(4～5)m×(3～4)m 的栽植密度。

四、自由纺锤形

1. 树体结构

自由纺锤形树高 3～4 m，干高 0.6～1.0 m，主枝开张角度 90°左右，每隔 20～30 cm 留一主枝，螺旋排列，共 10～15 个大枝，同一方向的主枝上下相距 1 m 以上，下层枝大于上层枝，树冠下大上小，冠径 2～4 m，主枝平展，通风透光条件良好，主枝上直接分布结果枝组(图 8-4，彩图 8-4)。

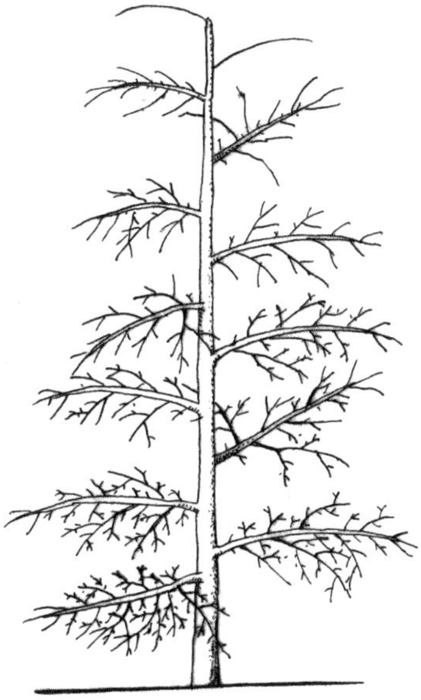

图 8-4　核桃自由纺锤形

2. 整形要点

以培养冠径 2 m、干高 0.6 m 的纺锤形为例(图 8-5)。

(1)定植当年或前一年秋季　此期栽植的苗木在萌芽前定干，定干高度 100～110 cm，剪口下有 4～8 个饱满芽，定干当年可抽生 5 个左右新梢，5—6 月剪口下第一新梢留作中心领导枝，选分布均匀、生长旺盛的侧枝作主枝。

(2)第二年　中央延长枝留 60 cm 短截，选留 3 个主枝，留 40～50 cm 短截并拉枝，间距 20 cm，角度 60°左右。当中央延长枝长到 60 cm 时，留 50 cm 左右摘心促分枝，其上选留角度良好的作为主枝，秋季主枝长度达到 1 m 的可以拉枝，拉枝角度到 70°左右，控制枝条旺长，长度不够 1 m 的暂时不拉。如果配合刻芽定向发枝技术，效果会更好。

(3)第三、第四年　萌芽前中心干延长枝短截，留 70～80 cm，选择培养 3～4 个枝条作主枝。对前一年长度达到 1 m 的主枝甩放不剪，通过刻芽促发分枝，培养结果枝组；长度不够 1 m

的枝条基部留 2～3 芽重短截，发芽后留 1 个枝条培养主枝。生长季节要注意及时疏除剪口的萌蘖和多余枝条，主枝上的枝条通过拿枝、拧梢等方式控制生长，促进成花。7—8 月对长度达到 1 m 的主枝拉枝开张角度，控制新梢的后期旺长；这样到第四年树高能达到 4 m 左右，继续短截中心干延长枝，中心干上分布 10 个左右主枝。随着树龄增加和树势稳定，应及时落头开心，改善内膛光照条件，以果控冠。

（4）第五、第六年　此时修剪基本与第四年相同，经过 5～6 年的培养树形基本形成。

培养核桃纺锤形树形时要注意以下几点：①要培养一个健壮的中心干，若干强枝弱，干弱枝强，中心干不强壮，骨干枝易返旺，导致树形难以培养和维持。中心干的粗度是主枝粗度的 2～5 倍。②核桃长势较旺，干性中庸，易抱头生长，培养纺锤形开张角度是关键。骨干枝角度一定要拉开，并根据纺锤的胖瘦，来调整骨干枝的基部角度（骨干枝和中心干的夹角），纺锤越瘦，夹角越大。主枝开张角度大，生长缓和，才能保持中心干粗壮。必须有效控制骨干枝的腰角和梢角，防止骨干枝返旺。③纺锤形的培养以夏季修剪为主，冬季修剪为辅，重点工作是拉枝开角。根据立地条件管理水平和树势状况，配合使用多效唑调控树势。

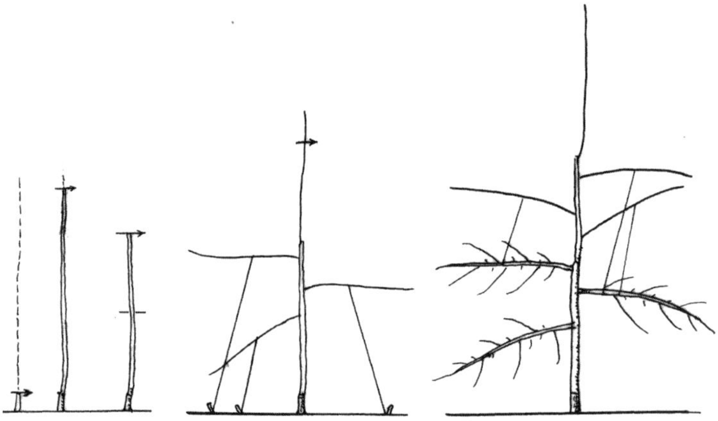

图 8-5　核桃纺锤形整形过程

3. 树形特点

自由纺锤形大枝少，结果部位多，有利于早期丰产，抗风能力强。在密植栽培条件下，对生长势强、树姿直立的品种如清香、香玲、辽核 4 号、鲁光等，均可采用自由纺锤形。适合株行距为 3 m×5 m 的栽植密度。密植的 2 m×4 m，稀植的 4 m×6 m 都可以采用纺锤形。株行距的大小决定了树体的大小，一定要相互配合，株行距大的选用大冠树形，株行距小的选用小冠树形。

五、延迟开心形

1. 树体结构

延迟开心形是一种改良树形，主枝有明显的层次，主干高度为 60～80 cm，主枝 5～6 个，均匀分布在主干上，最上部一个主枝呈水平状或斜生，树形确定成形后将最上部的 1 个主枝去掉，呈开心状（彩图 8-5）。

2. 整形要点

(1)第一年　定干高度 80～100 cm。剪口下第一旺枝作中央领导干,中央干用大竹竿固定,让其直立生长,其他选分布均匀、生长旺盛的 2～3 个侧枝作主枝。

(2)第二年　中央延长枝留 60 cm 短截,主枝留 40 cm 短截,主枝角度拉至 60°。中央干上继续选留主枝,当中央延长枝长到 60 cm 时,留 40 cm 摘心促分枝,主枝上选留方向好的新分枝作为侧枝。

(3)第三年　整形方法同第二年,第三年树高可达 2.5 m 左右,中央干上能选留 5～6 个主枝。各主枝和侧枝的选留要上下左右错开,保证分布均匀。树体高度控制在 2.5 m 左右,在树体达到要求时中心干落头,使树冠形成为延迟开心形。

3. 树形特点

延迟开心形树冠较大,成形早,光照条件好,结果部位较多,产量较高,易于丰产。要求土层厚,土壤肥沃,适用于元丰、鲁光等干性较差、树姿开张的品种。

六、双主枝 Y 形

1. 树体结构

双主枝 Y 形也称两主枝开心形,一般干高 40～60 cm,上留 2 个主枝对生,主枝向行间延伸,每个主枝上培养侧枝 2～3 个,交错配置,主侧枝上着生大中小型枝组(彩图 8-6)。

2. 整形要点

定干高度 60～80 cm,主干上选留 2 个主枝对生,主枝向行间延伸,其余萌芽和枝条全部抹除,促进选留枝条的生长。翌年冬天主枝剪留 60～70 cm,各枝条剪口芽基本趋向外侧,不能留同一侧。主枝的延长枝剪留 30～40 cm,第一侧枝剪留 40～50 cm,其上培养 2～3 个小侧枝,交错配置。

3. 树形特点

双主枝 Y 形结构特点是低干矮冠,骨架牢固,树冠开张,通风透光良好。适合密植栽培,行株距 4 m×2 m。

七、自然圆头形

1. 树体结构

自然圆头形低干矮冠,株型紧凑,内膛充实,株高 3.0～3.5 m,冠径 4.0 m 左右,横向生长略大于纵向生长,结果有效容积充分得到利用(彩图 8-7)。

2. 整形要点

无明显中心干,定干后选留 4～6 个主枝错落分布,最上部一个主枝直立生长,其余按 45°～60°开张延伸,主枝剪留长度 50 cm 左右,每一主枝留 2～3 个侧枝,侧枝上再留各类枝组,也可用大型枝组代替侧枝。枝组着生方向要求不太严格,只要不影响主侧枝生长即可。

3. 树形特点

自然圆头形容易整形，修剪量小，成形快，结果早，丰产性强，适用于密植和小冠栽培。但因主枝分布在一层，后期容易郁闭，树冠内膛枝条容易枯死光秃，结果部位易外移。

第三节　核桃整形修剪特点

一、整形修剪特点

早实核桃和晚实核桃的生长特性有很大的差别，因此这两类核桃的修剪特点也有所不同。

1. 早实核桃修剪特点

早实核桃树体较小，生长势旺，常有二次生长和二次开花结果现象，萌芽率高，成枝力强，成花容易，侧生混合花芽比率高，播种后 2～3 年就能开花结果，嫁接当年即可开花结果。果实商品性状好，个大，壳薄，出仁率高，品质优良。早实核桃对水肥管理要求高，肥水不足时树体容易早衰。

对早实核桃幼树进行修剪时应该把握宜轻不宜重的原则，对延长枝进行适当短截，促进其增长；对于生长过旺的枝条进行疏除，可多留壮枝，培养树形；对结果枝组不短截，保障足够多的枝叶量；对树冠外围生长的二次枝进行短截，促其萌发分枝增加开花结实量，对内膛萌发的二次枝以疏除为主。在生长季修剪时多应用摘心、别枝、拉枝等修剪方法，同时对结实率低、生长弱的内膛枝条进行疏除修剪；进入盛果期以后，树冠扩大明显减弱，表现为二次枝的抽生数量减少且质量较差，有的品种不再抽生二次枝，结果枝的枯死更替现象增加，徒长枝数量也会增加；进入结果后期时，主侧枝角度变大，呈衰退趋势，此时的修剪手法应以回缩修剪为主，起到促进萌枝、抬高分枝角度的作用，逐步更新复壮主侧枝，延长结果期；当进入衰老期，当结果枝干枯或衰弱时，利用和培养徒长枝，可重短截，促其基部隐芽萌发进行更新，经长放或轻剪后，培养新的结果枝，延长核桃的结果期，因此修剪时要注意以下几点：

（1）疏枝　在早实核桃的修剪中，应该多留结果率较高的侧生枝，同时应疏除坐果率较低的结果母枝，保留壮的结果母枝。

（2）回缩　当结果枝组明显衰弱或出现枯死时，可通过回缩使其复壮，待其发出 3～4 个结果枝后，培养成新的结果枝组。

（3）二次枝处理　方法与幼树阶段基本相同，重点是防止结果部位迅速外移，对树冠外围生长旺盛的二次枝进行疏除处理。

（4）清理无用枝　主要疏除树膛内过密、重叠、交叉、细弱、病虫和干枯枝等。

2. 晚实核桃修剪特点

晚实核桃树体高大，开花结果晚，无二次开花现象，发枝力弱，侧生结果枝率低。树体抗性强，适合在土壤瘠薄、水肥条件差的山区栽植，一般寿命长，生产中许多结果大树都属于晚实类型核桃。晚实核桃结实较晚，因此对幼树进行修剪时除了培养树形外，还应注意促进分枝、提早结果。因此,晚实核桃的修剪手法和早实核桃有所不同。

幼树期的晚实核桃抽生的枝条均为发育枝,可将一级侧枝和二级侧枝上抽生的生长旺盛的发育枝进行短截,增加枝量。晚实核桃进入盛果期后应注意疏除树冠内膛的密集枝、细弱枝,必要时还需疏除一些过密的或生长部位不当的大枝。

(1)调整骨干枝和外围枝　晚实核桃随着树龄的增长,大型骨干枝容易出现下垂的现象,表现为外围枝伸展过长。对于延伸过长、长势较弱的骨干枝,可在有斜向上生长侧枝的前部进行回缩,进行更新复壮;对于树冠外围过长的枝条,可视情况进行回缩或疏除。

(2)结果枝组的培养与更新　进入结果盛期后,应对结果枝组进行复壮更新,保证其正常生长和结实,防止结果部位外移。其方法如下:对二、三年生的小型枝组,采取去弱留强的办法,扩大营养面积,增加结果枝的数量。当生长到一定大小、占满空间时,则应疏去强枝、弱枝,保留中庸枝,促使形成较多的结果母枝。对于正常健壮的小型枝组,可不进行修剪,若小型枝组已无结果能力,可一次疏除;对于长势较弱的中型枝组,应利用回缩的方法加以复壮,促使枝组内的分枝交替结果,有些枝条长势过旺,也可通过去强留壮,加以控制;对于大型枝组,要注意控制其高度和长度,以防“树上长树”。

(3)背下枝的处理　晚实核桃的枝条,普遍存在背下枝强旺和“夺头”现象。核桃背下枝的吸水能力强,比背上枝长势旺,竞争力强,开张角度也较大,并且还逐年开张,任其生长时往往超过原头,形成“倒拉枝”现象,影响主枝的正常生长,造成前部旺长,后部光秃的现象,不仅起不到骨干枝的作用,还有可能会把主枝拉垮,使原枝头变弱甚至枯死,这是核桃不同于其他果树的一个重要特性,也是核桃修剪中应该特别注意的一个重要现象。对于背下枝要及时处理或剪除,如果背下枝长势中庸,并已形成混合芽,可保留结果;如果生长健壮,结果后可在适当部位回缩,培养成小型结果枝组;如果背下枝的生长势已经超过原头,原头衰弱时可用背下枝进行换头。

(4)徒长枝的利用　徒长枝在生长旺盛的成年树和衰老树上发生较多,进入结果盛期的晚实核桃树很少发生徒长枝,只有当各级骨干枝受到胁迫时,才能由隐芽萌发形成。徒长枝年生长量大,过多的徒长枝容易造成树膛内部枝条紊乱。处理方法可视树冠内枝条的分布情况而定,如果内膛枝条比较密集,影响枝组正常生长时,可将徒长枝从基部剪除;如果徒长枝附近空间较大,或附近结果枝组已明显衰弱,可通过摘心、短截等方法培养成结果枝组。衰老树上还可利用徒长枝培养成结果母枝,更换主侧枝,使老树更新复壮。

树冠内膛枝条量足够的,可在初萌生时将徒长枝从基部剪去。内膛空虚部分的徒长枝,可依着生位置和长势强弱,在枝长 1/3～1/2 的饱满芽处短截,2～3 年即可形成结果枝组,增补空隙,扩大结果范围,达到立体结果的目的。

3. 结果枝组的修剪

核桃结果枝组是由 1 个以上的结果母枝组成的单位,生长在中心干、主侧枝等各级骨干枝上。根据结果枝组中枝轴的多少可分为单轴结果枝组和多轴结果枝组,或者划分为小型结果枝组、中型结果枝组和大型结果枝组,在修剪时要特别注意结果枝组的培养与更新。一般大型枝组占据 1.0 m 左右,中型枝组占据 0.6 m 左右,小型枝组占据 0.3～0.4 m 的间距。

结果枝组的培养方法有以下几种:一是利用着生在骨干枝上的大中型分枝,经回缩处理后改造成大中型结果枝组;二是利用有分枝的强壮发育枝,采取去强留壮,去直留平的修剪方法,培养成中小型结果枝组；三是利用部分长势中庸枝条培养成结果枝组等。有目的地在内膛选留健壮枝或徒长枝，待其发生分枝时将其回缩，培养成结果枝组。由于核桃树的叶片比较大，遮光严重，大中型枝组枝轴间应保持 60～100 cm 的距离，枝组间互不遮阴，有利于接受光照。

4. 不同类型枝条的修剪

核桃树冠内的枝条类型多种多样，而修剪的过程就是对各类枝条采取剪截、取舍、改变方向等措施的过程，在修剪的时候要掌握基本的原则，区分各类枝条，采取相应的修剪措施。

(1)营养枝的修剪　多以长放或轻剪为宜，还需要对直立枝条进行拉枝或拧枝等处理，目的是减缓生长势，增加分枝数量，促进花芽形成。对于树冠内的健壮发育枝，可用去直留斜、先放后缩的办法培养成中小型结果枝组；生长势较弱的枝组应去弱留壮、去老留新，进行更新复壮。

短截营养枝时，短截数量以总枝量的 1/3 左右为宜，以中轻度短截为好，以促进分枝。切忌枝枝过剪，刺激枝条旺长。

(2)二次枝的修剪　二次枝是新梢侧芽当年萌发再抽生的分枝，是早实核桃的一个重要特征。早实核桃生长旺盛的发育枝上可再抽生二次枝，部分晚实核桃生长旺盛时也可以抽生，但一般较少。健壮的二次枝可以形成花芽连续结果，生长旺盛的二次枝在夏季摘心或者疏枝。对于只长 1 个二次枝的，可夏季摘心或短截，促其木质化；对于长 2 个二次枝的要疏掉 1 个，摘心 1 个，结果枝上发生的多个二次枝要留壮除弱，从基部疏除一部分。

(3)过密枝的修剪　早实核桃发枝量大，树冠内膛枝容易过密，会造成通风透光条件恶化等情况，应本着“去强去弱留中庸”的原则及时疏除过密枝。过密枝疏除时应分批分次剪除，避免一次剪除伤口过多，尽早在萌芽阶段进行抹芽处理，效果更好。

(4)结果母枝的修剪　核桃结果母枝的顶芽是混合花芽(雌花芽)，一般不可短截，特别是晚实类型核桃因腋花芽数量少，剪掉结果母枝顶端就把雌花芽去除了，所以一般只疏除细弱枝、枯枝、病虫枝、重叠枝，增加通风透光，保留充实健壮的结果母枝。早实核桃结果母枝的腋花芽较多，当结果母枝较长时可以适当短截，也能够起到疏花的效果。

(5)延长枝的修剪　树冠外围主枝抽生的一年生延长枝，当需要扩大树冠和增加分枝时可在顶芽下 2～3 芽处进行短截，若顶部芽不充实，可在枝条中部饱满芽处进行剪截，以扩大树冠和增加结果部位。当树冠不需要扩大时，通过缓放让其成花结果；当树冠过大时，影响株间距或者行间距时需要回缩延长枝。

二、不同发育阶段的修剪特点

依据核桃树体一生中生长发育呈现出的变化，可将其分为幼树期、初果期、盛果期和衰老期等四个时期。

1. 幼树期

幼树期也称为童期，从苗木定植或种子萌发起，经历一定的生长阶段，到第一次开花结果之前，称为幼树期。这一时期延续时间的长短，因核桃品种或类型的不同存在较大的差异。一般早实核桃只有 1～3 年，晚实核桃 7～10 年，铁核桃 10～15 年，后两者的嫁接苗也需 5～

8 年。

(1)基本特征　树体离心生长旺盛,枝姿直立,1 年中有 2～3 次生长,有时因停止生长较晚,越冬时容易抽条。早实核桃生长旺盛的发育枝只有 1～2 个,但中短枝形成较早。晚实核桃新梢中短枝比例较少。

(2)管理要点　在栽培管理上既要从整体上加强幼树期核桃树的营养生长,通过整形使其尽快形成牢固均衡骨架和丰产树形,注意培养主干,留好主枝,保留辅养枝,形成各类枝组,加速扩大树冠;要对非骨干枝条加以控制或缓放,促使其提早开花结实。

及时疏剪密挤枝、徒长枝、细弱枝,树冠内多留结果枝,整形修剪一定要结合拉枝进行,密植树以拉枝为主修剪为辅,既要保证主枝分布均匀、生长匀称,又要让主枝开张,树冠层次分明、通透、不偏冠,保证树冠均衡发展,逐步培养成结果体积大的丰满树形。幼树期修剪要注意以下几点:

①控制二次枝。过旺过密时疏除,对选留者在夏季摘心,促其木质化,可加快整形过程。

②利用徒长枝。通过夏季摘心或短截,使其中下部分枝生长健壮,培养成结果枝组。

③缓放营养枝。以不剪或轻剪为宜,多拧枝或拉枝开张其角度,控制旺长。

④处理好背下枝。背下枝一般不需要留的要及早剪除;对已经留下的背下枝,母枝头弱时,可用背下枝替代原枝头;背下枝长势中庸已形成混合花芽时,留作结果枝组,控制生长。

⑤疏除过密枝。整形过程中出现局部密挤时,要适当疏除密挤枝。

2. 初果期

核桃从第一次开花结果到大量结果以前,称为初果期。一般早实核桃 6～8 年,晚实核桃 7～20 年,铁核桃 12～24 年,或更晚一些。

(1)基本特征　树体生长旺盛,枝条大量增加,随着结实量的增多,分枝角度逐渐开张,直至离心生长渐缓,树体基本稳定。早实核桃主枝平均分枝 1～3 个,晚实核桃主枝平均分枝 2 个,结果量每年递增 0.5～2.0 倍。此时早实核桃的树冠直径可达 3～4 m,晚实核桃的树冠直径可达 5～6 m。早实核桃在这一阶段抽生二次枝的能力较强,特别是开始结果的 2～3 年内表现最为显著。刘万生等观察表明,早实核桃 6 年生以前的分枝数量大体按倍数增加,以后增长幅度逐渐减少,但结果枝绝对数量显著增加。王汉涛等调查表明,晚实核桃 15 年生以前的冠幅增长快,属于营养生长旺盛期。方文亮等调查表明,铁核桃在结果量逐年增长的同时,营养生长仍很旺盛,离心生长增强。

(2)管理要点　此期栽培的主要任务在于继续培养树形,适当兼顾结果,在中心干和主枝上培养小型结果枝组,对结果枝组内的分枝去强留壮,保持中心干、主侧枝的生长优势,最终促进树体成形和增加果实产量。

早实核桃初果期的树冠继续扩大,树形还未培养完成,结果逐年增多。一方面,要继续培养主侧枝,调整各级骨干枝的生长势,使骨架牢固,长势均衡,树冠圆满,准备负担更多的产量;另一方面,应在不影响骨干枝生长的前提下,充分利用辅养枝早结果、早丰产。

晚实核桃进入初果期较晚,修剪时以拉枝、甩放为主,促进成花,尽量少疏枝,特别要注意及时开张角度。

3. 盛果期

盛果期指核桃开始大量结果到开始衰老之前。这一时期延续时间的长短,同立地条件和栽培管理水平关系极大。在通常情况下，盛果期为 50～100 年，早实核桃较短，晚实核桃较长。河南省林业科学研究院对安阳、洛阳、郑州、新乡、三门峡、卢氏等地 630 株核桃树进行调查表明，核桃树 16 年生开始产量速增，40～90 年生达结果高峰期，60 年生以后进入高产稳产期。

(1)基本特征　早实核桃 8～12 年生、晚实核桃 15～20 年生、铁核桃(栽培型)约 25 年生时开始进入盛果期，该时期的营养生长和生殖生长比较稳定，树体的树冠和根系伸展均达到最大限度，并开始呈现内膛枝干枯、结果部位外移和明显的局部交替结果等现象。该时期核桃产量的高低因品种而异，且核桃的结果范围多集中在树冠外围。

(2)管理要点　这一时期是核桃树一生中产生经济效益最大的时期。核桃经营者应高度重视该时期的树体生长状况，主要任务是加强综合管理，防止结果部位外移，及时培养与更新结果枝组，更新部分衰弱的次级骨干枝，以维持稳定的产量，达到延长结果盛期的目的，从而获得较高的经济收益。

核桃盛果期较长，可达数十年。这一时期修剪的主要任务是加强综合管理，保持树体健壮，维持各级骨干枝的从属关系，平衡树势，调节生长与结果的关系，不断改善树冠内的通风透光条件。

树形培养完成后，树高达到一定高度后可逐年落头去顶，用最上层主枝代替树头。刚开始进入盛果期，各主枝还继续扩大生长，仍需培养各级骨干枝，及时处理背下枝，保持枝头的长势。当相邻树头相碰时，可疏剪外围，转枝换头；当先端衰弱下垂时，应及时回缩，抬高角度，复壮枝头(二维码 8-7)。

二维码 8-7
盛果期核桃树的修剪(视频)

4. 衰老期

衰老期指核桃从植株开始进入衰老到全部死亡为止。核桃树衰老期开始的早晚与持续期的长短因核桃品种、立地栽培条件和管理水平不同而相差甚多。在通常情况下，早实核桃 40～60 年、晚实核桃和铁核桃 80～100 年，进入衰老期。

(1)基本特征　核桃树进入衰老期的主要表现包括：果实产量明显下降，骨干枝开始枯死，后部发生更新枝。该时期的初期表现为主枝末端和侧枝开始枯死，树冠体积缩小，内膛发生较多的徒长枝，开始向心更新，且核桃产量递减；该时期的后期表现为骨干枝发生大量更新枝，经过多次更新后，树势显著衰弱，产量也急剧下降，乃至失去栽培的经济意义。

(2)管理要点　这一时期栽培管理的主要任务是在加强土肥水管理和树体保护的基础上，有计划地进行骨干枝更新，从而形成新的树冠，恢复树势，以保持一定的产量，并延长其经济寿命，增加收益。因树制宜清除病虫枝，对老弱枝进行重回缩，保持树体健壮。对新发枝及早整形，防止新发枝郁闭早衰。另外，应多疏除雄花序，以节约养分和增强树势。

对衰老期核桃树进行更新修剪的方法主要有：

①树冠更新。将主枝全锯掉，使其隐芽萌发并培养新主枝。具体做法有两种：其一，对于主干过高的植株，可从主干的适当部位，将树冠全部锯掉，在锯口附近选留 2～4 个方向合适、生长健壮的枝条培养成主枝、中心干枝。其二，对于主干高度适宜的开心形植株，可在每个主枝的基部锯掉。如果是主干形，可从第一层主枝的基部将树冠锯掉，使其在锯口附近发枝。

②主枝更新。将主枝在基部进行回缩，使其形成新的主枝。具体做法是选择健壮的主枝，保留 20～30 cm 长的主枝，其余部分锯掉，使其在锯口附近发枝，发枝后每个主枝上选留 1 个健壮的枝条，培养成为新主枝，在新主枝上培养结果枝组。

③枝组更新。对于主枝结构合理的大树更新时可保留原有主枝，仅将枝组留基部 5～20 cm 进行回缩，待萌发更新枝后培养成新的枝组。

衰老期树更新修剪时要特别注意伤口保护，认真涂刷愈合剂，促进伤口愈合，防止病害通过剪锯口传染蔓延。

早实核桃的生命进程比晚实核桃要早，同时各个时期的长短与修剪、管理有很大的关系。修剪适当、管理良好的核桃树幼树期短，开始结果早，能尽快度过初果期，提早进入盛果期，且盛果期维持时间较长，到衰老期后通过更新修剪还能维持一定的产量；若修剪不当，核桃迟迟不结果，幼树期延长，进入盛果期晚，且结果量少，不能丰产，常常出现大小年现象，过早进入衰老期。生产上可根据核桃各个生长发育时期的特点以及预期达到的栽培目的，采取相应的栽培管理技术措施，调节其生长发育状况。

为了获得高而稳定的核桃产量，必须根据核桃个体发育的特点，采用合理的栽培技术措施，促使盛果期加长。

三、不同物候期的修剪特点

1. 休眠期的修剪

核桃休眠期常通过缓放、短截、疏枝、回缩、拉枝等方法进行修剪（二维码 8-8）。

二维码 8-8
核桃休眠期的修剪（视频）

核桃枝条缓放后，第二年可萌发出长势相近的数个小枝，形成结果母枝，促进花芽形成。一般对生长平斜的中庸枝条进行缓放。旺枝特别是背上旺枝一般不直接进行缓放，必须配合拉枝、拧枝等方法，并加以刻伤等措施，才能起到削弱生长势的作用，促进花芽形成。要特别注意晚实核桃细弱枝缓放后多只有顶芽萌发，腋芽萌发较少。

核桃树上弱枝不要短截，否则会刺激长出细弱枝，髓心大而组织结构不饱满，容易在冬季发生抽条，影响树势。晚实核桃的萌芽率、成枝力均较低，树冠内枝条稀疏，无效空间较多，因此需要适当多短截枝条，以促生分枝，扩大树冠，充实内膛，培养枝组，增加结果部位。短截一般留外芽、下芽，不留上芽。

核桃枝量少，在幼树期整形时要尽量少疏枝，但位置不合适、局部过密的枝条的要坚决疏掉，强旺的树疏强枝，留中庸枝；衰弱的树疏弱枝，留壮枝。在疏枝时要注意分期分批进行，不可一次疏除过多，当一次必须疏掉两个相邻的枝条时，可先疏掉一个，另一个要留橛剪，等伤口愈合后再疏去所留的橛，防止造成对口伤和连口伤而削弱枝条生长势。

将细长下垂的枝条回缩到背下枝处，可恢复枝条活力。大枝条回缩，剪锯口离枝条太近，会削弱剪口下第一个枝条生长，加强背下枝生长。回缩留壮枝壮芽，角度小、剪锯口小对核桃生长的促进作用较强，多培养骨干枝和结果枝组，用于更新复壮。控制强旺辅养枝、过旺骨干枝，通过回缩留弱枝、平斜枝带头可缓和生长势，抑制生长，促进成花结果。

休眠期可以进行拉枝，但是拉枝的效果不如生长季，在对一些从来没有拉过枝的大树修剪时，不管什么季节都应该积极拉枝。

2. 生长期的修剪

核桃生长期常通过刻芽、抹芽、摘心、拧枝、短截、疏枝、回缩、拉枝等进行修剪，主要目的是控制新梢旺长，缓和树势，促进成花。

萌芽前一周左右对生长健壮的长枝条进行刻芽，能明显提高萌芽率和成枝力，增加前期枝量，特别是对晚实核桃增枝效果显著，大多隔 3～5 芽刻一道。核桃平斜枝刻芽时，背下芽在芽后刻，侧生芽在芽前刻，背上芽一般不进行刻芽，主要刻枝条后部的芽，枝条顶端的饱满芽可不刻。定干后的中心干需在发枝的部位刻，发枝后可培养成主枝。对于多年生核桃枝条的光秃部位可以刻两道或者“目伤”，比刻芽刺激更大。

抹芽应在核桃萌芽后及早进行，但是在整形带内不抹芽，要等新梢长到 20～30 cm 能区分是壮条还是弱条时进行，结合位置、方向等因素去掉弱枝，留下壮枝，将来培养成中心干或主枝。整形带以下的芽，则应尽早抹除，以节约养分供核桃其他枝条生长。

摘心可抑制核桃新梢生长，促进萌发分枝，有利于花芽形成和提高坐果率。第一次摘心在 5 月底到 6 月上旬之间，待新梢长到 60～80 cm 进行，只摘掉枝条的嫩尖。摘心后的枝条长出新的二次枝后，8 月底将新长的二次枝摘心。摘心要注意对当年生的核桃长枝都要摘，对中短枝不摘心。在 9 月中旬对二至四年生核桃幼树上没有停止生长的新梢全部摘心，能够促进枝条充实，减少抽条，有利于过冬防寒。

拧枝可以降低核桃枝条生长角度，使木质部受到一定损伤，枝条运输能力下降，生长势变弱，容易形成花芽。短的枝条拧一次，长的枝条从基部开始每隔 20～30 cm 拧一次。处理时间以 5 月底 6 月初为佳，主要处理背上枝、背下枝等生长旺盛的枝条，背上直立的新梢拧枝后可当年形成花芽，第二年开花结果。

生长季短截能增加核桃幼树期枝量，最佳时间在 5 月底至 6 月上旬，剪除外围生长旺盛营养枝条长度的 1/3，在一般情况下可萌发 2～4 个分枝，剪截过轻和过重则只能萌发 1～2 个枝条。短截过早，出枝较少；短截过晚，新条生长不充实，不利于成花和安全越冬。注意在旺树和旺枝上短截，弱树和弱枝不短截。

春季抹芽定梢后夏季可疏枝的量较小，且夏季疏枝对树体有较强的削弱作用，所以一般在夏季修剪时不进行或尽量少进行疏枝，但对于旺长郁闭的树要适当疏枝以通风透光。疏枝主要针对密挤枝和位置不合适的枝条，只疏除一、二年生枝条，不疏大枝。疏除大枝应尽量在冬季修剪时或秋季采果后，且一次疏枝的量不能过多，防止过度削弱树势。

当主枝、枝组衰弱时需要回缩更新复壮，主要针对枝轴延伸过长、过度下垂、后部光秃的枝组，回缩后可缩短枝轴，解决枝组下垂，促发后部更新枝，培养紧凑的结果枝组。夏季回缩一般只回缩细弱枝、下垂过长枝，回缩量较小。

生产中常在 7 月底 8 月初集中精力拉枝开张角度，小冠疏层形骨干枝的角度在 70°～80°之间为宜，主干形或纺锤形骨干枝的角度在 80°～90°之间为宜。拉枝能改变枝条生长方向，使直立枝平斜生长，增加萌芽率，改变顶端优势，防止后部光秃，在生长季对骨干枝及时开张角度，能够缓和树势并促进成花坐果。

第四节　核桃整形修剪实践

生产中的核桃树经过多年连续修剪后树体结构趋于合理，开花结果良好。也有一些树长期放任不管或者原来修剪得不合适，树体结构混乱主次不分，需要根据实际情况制订修剪方案逐步改造。

一、放任树的改造

我国核桃产区存在许多管理粗放、只收不管、很少修剪、任其自然生长的放任树，表现为骨干枝多，树形紊乱，内膛光秃，小枝枯死，通风透光不良，结果部位严重外移，上强下弱，层次不清。对于品种优良的放任树可以进行树形改造，尽快增强结果能力，提高产量（二维码 8-9）。

二维码 8-9
放任核桃树的修剪（视频）

1. 放任树的表现

生产中的核桃放任树常表现为以下几个方面：

①大枝过多，主次不分，层次不清，从属关系不明，枝条紊乱。主枝多轮生、叠生、并生，第一层主枝常有 4 个以上，中心干及第二层以上主枝极度衰弱。

②主枝角度不开张，枝条伸展过高，第一层主枝的高度比第二层甚至第三层主枝还高，抱头生长。

③主枝延伸过长，先端密挤，基部秃裸，造成树冠郁闭，通风透光不良，主枝粗大，内膛枝细弱，逐渐干枯，导致内膛空裸，结果部位外移。

④小枝细，易枯死，结果枝细弱，结果能力降低，落果严重，坐果率一般只有 20%左右，果实品质差，大小年结果现象严重。

⑤衰老树外围焦梢，病虫害严重，树体衰老，从大枝的中下部萌生大量徒长枝，形成自然更新，产量很低。

2. 放任树的整形要点

核桃放任树树冠郁闭是常有的事情。要想解决光照问题，首先要疏除大枝，特别是重叠、并生的严重影响光照的大枝；疏除大枝后，剩下的小枝可以先不修剪，留壮枝培养结果枝组。适合开心形的，按其整形要求选留 3～4 个水平分布均匀、有适当间距的主枝，一次性疏除中心干，改造为开心形；其余过密主枝，若为已挂果壮树，在兼顾结果的前提下进行逐年回缩，直到疏除。适合分层形的，按其整形要求选留各层主枝，疏除其余过密主枝，疏除内膛密弱枝，保留健壮枝，改造成中小型结果枝组。

放任树的改造大致可分三年完成，以后按常规修剪方法进行。第一年以疏除过多的大枝为主，从整体上解决树冠郁闭的问题，改善树体结构，复壮树势，第一年修剪量占整个改造修剪量的 40%～50%；第二年以调整外围枝和处理中型枝为主，占 20%～30%；第三年以结果枝组的整理复壮和培养内膛结果枝组为主，占 20%～30%。修剪量应根据立地条件、树龄、树势、枝量而灵活掌握，不可千篇一律。各大中小枝的处理也必须全盘考虑，有机配合。

3. 放任树的改造

放任生长的树形多种多样，应本着“因树修剪，随枝作形”的原则，根据情况区别对待。中心干明显的树改造为主干疏层形，中心干很弱或无中心干的树改造为开心形。

(1)大枝的选留　核桃中心干上着生的大枝就是主枝，大枝过多是一般放任生长树的主要矛盾，应该首先解决好。修剪时要对树体进行全面分析，通盘考虑，重点疏除密挤的重叠枝、并生枝、交叉枝和病虫为害枝。主干疏层形留 5～7 个主枝，开心形可选留 3～4 个主枝。为避免一次疏除大枝过多，可以对一部分交叉重叠的大枝先行回缩，分年处理。实践证明，40 年生的大树，只要不是疏除过多的大枝，一般不会影响树势。相反，由于减少养分消耗，改善光照，树势得以较快复壮，去掉一些大枝，虽然当时显得空一些，但内膛枝组很快占满，实现立体结果。对于较旺的壮龄树，则应分年疏除，否则长势更旺。

按照主枝开张角度要求，对于开张角度大的，采取木杆支撑或用绳子上拉，缩小角度；对于开张角度小的，采用木杈由中心干往外撑或用绳子向下拉，扩大开张角度。偏冠但已经结果的大树，原则上整形修剪与结果兼顾，在设计好树形的基础上，对偏冠突出的部位进行逐年回缩，相对偏小的一面通过修剪培养，扩展冠幅，达到边结果、边矫正树冠的目的。主枝开张角度较小、生长健壮且撑、拉困难的，回缩主枝，保留外侧枝培养主枝；主枝开张角度过大，但背上枝强壮的，回缩主枝，保留背上枝作延长枝，培养主枝。长势超过主枝的侧枝，造成主次不分，影响树形，导致枝条密集或早衰。修剪时选择发展空间较大的大枝作为主枝，其余大枝逐年回缩。

(2)中型枝的处理　在大枝疏除后，总体上大大改善了通风透光条件，为复壮树势充实内膛创造了条件，但局部仍显得密挤，处理时要选留一定数量的侧枝，其余枝条采取疏间和回缩相结合的方法。中型枝的处理原则是多疏除大枝，少疏除中型枝，要去掉的中型枝可一次疏除，有空间的可以改为小型枝组。

(3)外围枝的调整　对于冗长细弱、下垂枝，必须适度回缩，抬高角度，衰老树的外围枝大部分是中短果枝和雄花枝，应适当疏间和回缩，用粗壮的枝带头。

(4)结果枝组的调整　当树体营养、通风透光条件得到改善后，结果枝组有了复壮的机会，这时应对结果枝组进行调整，其原则是根据树体结构、空间大小、枝组类型和枝组的生长势来确定。对于枝组过多的树，要选留生长健壮的枝组，疏除衰弱的枝组，有空间的要让继续发展，空间小的可适当回缩。

(5)内膛枝组的培养　利用内膛徒长枝进行改造，培养内膛结果枝组。据调查，改造修剪后的大树内膛结实率可达 34.5%。培养结果枝组常用两种方法：一是先放后缩，即对中庸徒长枝第一年放，第二年缩剪，将枝组引向两侧；二是先截后放，对中庸徒长枝先短截，促进分枝，然后长放。第一年短截，第二年疏除直立旺长枝，用较弱枝当头缓放，促其成花结果，这种方法培养的枝组枝轴较多，结果能力强，寿命长。

二、大小年树的修剪

核桃大小年结果现象，是树体生长和结果、养分积累和消耗不协调，表现在年际间果实产量上的差异。核桃树出现大小年结果现象后对生产十分不利。

大年时，剪去过多花枝，减少当年的挂果量，促发营养枝，提高花芽的形成率和翌年的产量，其作用与疏花疏果和保花保果作用相同。及时疏除过密枝、重叠枝、交叉枝、病虫枝，保持树形的协调与平衡；疏缩与缓放相结合，适当减少外围枝，控制顶端优势；压外促内、压前促后，保持立体结果；回缩过弱骨干枝，抬高角度，保证骨干枝健壮；及时培养和更新结果枝组。

小年时，修剪要相对重一些，具体加大修剪量的方法如下：疏去影响光照和结构不合理的主枝，影响骨干枝、枝组生长的辅养枝；对部分发育枝的中重短截和部分枝组的中重回缩，以增强树势，增加发育枝数量和长度，减少花芽过多形成，提高花芽质量，冬季修剪多留多甩发育枝，调节大小年结果现象。

通过整形修剪调节生长与结果的关系，改善光照条件，克服大小年结果现象，延长丰产年限。

三、核桃抽条树的修剪

核桃抽条是指冬春季土壤温度低、湿度小，空气干燥，树体地上部分蒸腾失水多于根系供水，造成果树枝条干枯死亡的现象(图 8-6)。我国北方核桃种植区域抽条现象较为常见，尤其是栽后前 5 年的幼树抽条率高。一旦核桃抽条，极难恢复，将严重影响产量和经济效益。核桃抽条的主要原因是核桃枝条髓心大，含水量高，抗寒性差。具体原因如下：管理后期没能合理控制氮肥的施用，灌水频繁，降水量大时排水不及时，树梢停长晚，养分积累不足，枝条发育不充实；有的果园为了能多些收成，选择提早灌溉等也会引起核桃“抽条”；有些果园为了防止抽条，会选择用培土围住树干，但很多时候会由于撤培土不及时而出问题，培土会使春季地温上升得很缓慢，加剧树体地下部分和地上部分水分供需存在矛盾，加重抽条的现象。核桃树抽条与外界气候影响特别大，冬春冻土深，解冻迟而地温低，早春气候干燥、多风，水分强烈蒸发，就容易造成抽条。此外，核桃品种不好、核桃本身贮存营养状况和枝条的充实程度差也是造成抽条的重要原因。

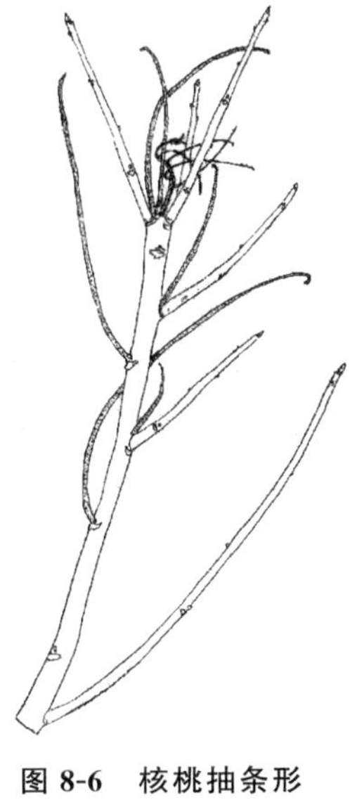

图 8-6　核桃抽条形成的干枯枝

对于容易发生核桃抽条的地区，建园时要选择背风向阳、土壤肥沃、保水能力强的地区，选择抗寒性较强的品种，注意加强土肥水管理，利用树干涂白、埋土防寒等措施加强树体培养，同时在 4 月要及时抹除多余的芽枝，减少养分消耗；5—6 月对枝条进行摘心，以增加枝条的粗度，积累养分；9 月初对旺长的核桃树枝条进行摘心，防枝条徒长。冬季修剪采用短截和疏剪的方法，及时剪去多余的无效枝，减少养分消耗，改善通风透光条件，增强树体抗性，以减少抽条现象的发生。

对于已经抽条的核桃树，应该延迟到春季萌芽展叶，能够确认受冻部位后再进行修剪。萌芽后剪除已经抽干的枝条，以刺激下部潜伏芽抽生枝条，并在其中选择位置较好、方向合适的枝条，培养成为新的骨干枝，以恢复树冠，减少抽条对核桃树生长发育的影响。对于一年生枝、骨干枝和中心干上部枯死的枝条，在萌芽期进行疏除，并在伤口处涂抹保护剂，以减少水分蒸发。对于根颈以上抽干的树，需要从基部锯除，重新培养树冠。

四、核桃伤流的问题

核桃在休眠期修剪有伤流，如果落叶后修剪，极易由伤口产生伤流液，伤流过多，易造成养分和水分流失，有碍正常生长结果。

1. 核桃伤流发生规律

核桃枝条受到损伤后，伤口处会不断流出树液，称为伤流。核桃伤流的发生在一年中有两个高峰期：一是入冬落叶后，随着气温的降低，伤流量逐渐增大，到最冷的时候，伤流会减少，只在白天中午前后温度高时出现；二是萌芽后，随着新梢的生长，伤流量又开始增大，开花后逐渐减少。

2. 避开休眠期修剪的观点

多数人认为，核桃树休眠期修剪易发生伤流而削弱树势，甚至造成局部枝条枯死，因此修剪要选择无伤流的适当时期。一般在秋季果实采收后修剪大枝，调整树体骨架，春季萌芽前修剪小枝，调节树体负载量。

3. 休眠期修剪的观点

许多研究表明，冬季修剪尽管会发生伤流，但冬剪后不论发枝、营养生长和产量都比采收后修剪和春剪好。

4. 冬季修剪时期的建议

经过多年的修剪实践，一般认为小树修剪应避开伤流期，而大树可以在伤流期修剪。成年大树的冬季修剪在 12 月中旬至 3 月中旬进行，修剪时产生的伤流对树体的影响并不大。幼树由于根系小，吸水能力差，冬季修剪产生伤流会削弱树势，应尽量减少小树的冬季修剪量，而主要通过夏季修剪来整形和扩大树冠，使其尽快结果。对于刚栽植的幼树，根系损伤较大，水分吸收能力大减，此时定干剪枝绝不会产生伤流，不论是春栽还是秋栽都一样，定干后马上用愈合剂、油漆等封闭剪口，减少水分散失，确保苗木成活。综合各种因素，可以确定如下修剪时期：

(1)第一个时期　核桃叶变色后至落叶前，一般 10～15 天，此时主要是疏除一些大枝。

(2)第二个时期　冬季数九寒天时，此期由于昼夜温差小，伤流量较轻，此期一般 30～40 天，大多数核桃园可在此期修剪，但此时天气很冷，实际进行修剪的人较少。

(3)第三个时期　核桃萌动前的一个月，一般在 2 月至 3 月上旬，选择温差比较小且天气持续较稳定的时间段内修剪，伤流也较轻，这时温度回升，天气较暖和，是最适宜的修剪时期，此期要避开冷暖空气交流频繁的时间段内修剪，否则伤流严重。

本章小结

整形修剪是核桃栽培管理中一项重要的技术措施。整形就是在树冠形成过程中，有目的地培养具有一定结构、有利于生长和结果的良好树形。修剪是在整形的基础上，进一步培养和完善合理的树体结构，调节生长与结果之间的矛盾。在整形修剪时，依据核桃树自身的生长特性，结合自然条件和管理技术，合理地进行整形修剪，可以形成良好的树体结构，使骨架坚固，树势健康，枝条疏密适宜，改善树体的通风透光条件，促进开花结果，达到幼树早果丰产、大树延长盛果年限的目的。

在核桃整形修剪的过程中要做到因树修剪，随枝作形；有形不死，无形不乱；平衡树势，主从分明；轻剪为主，轻重结合；因地制宜，注重效益。

由于受密度、品种、栽培技术等因素的影响，核桃产业发展的不同时期，所采用的标准树形不同。但在具体修剪过程中，必须随树就势，诱导成形，主侧枝合理安排，均衡树势，使生长与结果长期处于平衡状态之中。

随生产和科学技术水平的发展，人们对从事果树栽培的观念、客观条件及市场条件等均发生了变化，核桃树的整形修剪也随这些条件的改变不断发生变化，由乔化稀植向矮化密植发展，由大冠形向小冠形发展，由多级次、多层次的树形结构向少级次、少层次的树形结构发展，采用适合品种特性、密植栽培和易于修剪的高光效、省力化树形，以保证核桃的丰产、稳产、优质。

复习思考题

1. 核桃整形修剪的理论依据是什么？
2. 比较不同树形的核桃树体结构特点与整形过程。
3. 简述核桃树不同生长发育时期的整形修剪特点。
4. 比较早实核桃和晚实核桃整形修剪技术的异同。
5. 简述核桃不同生长发育期的整形修剪特点。
6. 简述核桃不同器官的生长发育特点。
7. 如何对核桃放任树进行修改？
8. 核桃大小年结果现象出现的原因是什么？应如何修剪？

（王磊　编写）

第九章 柑橘的整形修剪

柑橘是芸香科(Rutaceae)柑橘属(*Citrus* L.)植物,性喜温暖湿润。柑橘是全球最重要的经济作物之一,是世界第一大水果作物,也是我国南方栽培面积最广、经济地位最重要的果树作物。柑橘产业已成为我国南方丘陵山区、库区和革命老区的农业支柱产业,在国民经济发展、脱贫攻坚与乡村振兴中占有十分重要的地位与作用。

第一节 柑橘的生长结果习性

柑橘各器官组织的生长发育及生长相关性是柑橘整形修剪的生物学基础。柑橘树由地上部树冠(枝、芽、叶、花和果实)和地下部根系组成,包括根、茎(芽)、叶等营养器官和花(花芽)、果实(含种子)等生殖器官。柑橘整形修剪的目的之一是维持地上部和地下部营养生长和生殖生长的均衡关系。

一、柑橘的生物学特性

1. 根系

栽培柑橘大多采用实生苗作砧木,根系由主根、侧根和须根组成。柑橘根系有大量菌根,且以内生菌根为主,依靠菌根扩大吸收面积及分解土壤矿物质,增强养分供应能力,提高抗性。柑橘根系的水平分布可达树冠的2～3倍及以上,而垂直分布取决于土壤条件和砧木种类。实生繁殖的根系深,压条、扦插的根系浅。土层疏松深厚、地下水位低的根系深,在水位低的沙质土壤根系可深达5 m左右;而在一般土壤条件下根系深达1～2 m,以在表土下10～60 cm的上层分布较多,占全根量的80%及以上。地下水位高的柑橘园,根系仅深30～60 cm,绝大多数根接近地表分布。

2. 芽

(1)芽的类型　根据发育性质可以分为叶芽和花芽,柑橘的花芽除枳是纯花芽外,其余均为混合芽,萌发后先抽枝叶后开花。

(2)芽的性质　包括复芽、潜伏性、早熟性、顶芽自剪、异质性。

①复芽。柑橘叶腋的芽苞内包含着几个生长点,因此称每个叶腋的芽苞为一个复芽。萌发的芽称为主芽,其他未萌发的芽称为副芽。主芽萌发后如果受到被风折断、人工抹除等损伤,便会刺激同芽眼内的其他一个或多个副芽萌发。在萌芽期人工抹除先萌发的数量较少的嫩芽或嫩梢,可以促发更多的新梢。

②潜伏性。柑橘枝梢未萌发潜伏的芽称为潜伏芽或隐芽。芽的寿命很长,可以在树皮下潜伏几十年不萌发。修剪上往往利用隐芽的特性对衰老树枝干或枝组进行更新。

③早熟性。柑橘的芽在新梢停止生长、叶片转绿时,就已基本上发育成熟,只要气温适宜,肥水充足,新芽就可萌发抽梢,所以柑橘树一年四季均可抽梢。通过适时抹芽或摘心可以促进柑橘抽梢,增加枝梢数量,较快形成茂密的树冠,提早丰产。

④顶芽自剪。柑橘新梢停止生长后,其顶端的一段嫩梢会自行枯死而脱落,这种现象叫顶芽自剪。自剪后梢端部位的第一个侧芽处于顶芽的位置,具有顶芽的一些特征,如最易萌发,抽梢最长,分枝角度最小等,称为伪顶芽。顶芽自剪会削弱顶端优势,常使枝梢下部的几个侧芽同时萌发,枝的先端抽生多条新梢,呈丛生状。

⑤异质性。柑橘不同枝上或同一枝上的芽,都有明显质量上的差异,叫芽的异质性。枝梢先端芽抽出的新梢强,基部的芽常呈潜伏状态而成隐芽。芽的强弱并不是自顶部到基部依次递减,有间强间弱或二强一弱等现象,修剪时应注意芽的这种差异。

3. 枝

(1)枝的类型及生长　一般按生长季节,一年中新梢抽发次数、枝的性质、枝龄等划分类型。

①按生长季节划分。柑橘的一年生枝梢,按抽生时期的先后而分为春、夏、秋、冬梢,在亚热带地区一年中主要是春、夏、秋三次梢,南亚热带地区一年有春、夏、秋、冬四次梢。春梢指立春后至立夏前抽生的梢,是一年中最重要的枝梢,易形成花芽,生产上应注重培养健壮的春梢作为结果母枝,同时健壮的春梢也是抽生夏、秋梢的基枝。夏梢指立夏至立秋前抽生的梢,夏梢抽生时期不一致,多发生在气温高、雨水多的6—7月,生长快,枝长叶大,易徒长。秋梢指立秋至立冬前抽生的梢,以8月上旬抽生的最好,9月上中旬抽生的晚秋梢一般不易老熟,气温低时易引起冻害。冬梢指立冬以后抽的梢,大多因抽生期气温低、枝梢短小细弱、易发生冻害而无生产利用价值。

②按一年中新梢抽发次数划分。由于柑橘的枝梢一年内可抽生3～4次,依抽生的次数,分为一次梢、二次梢和三次梢等。一次梢是指春、夏、秋梢抽生在去年或前几年的老枝上,一年只生长1次,叫一次春梢、一次夏梢和一次秋梢。二次梢指当年有2次生长的枝,如当年的春梢上抽生夏梢或秋梢,二年生以上老枝上抽生的夏梢接着又抽生秋梢,称为二次梢。三次梢即春梢上抽生夏梢,夏梢上又抽生秋梢的枝,一年内连续生长3次,叫三次梢。

③依枝的性质划分。根据性质不同,枝梢分为两大类型:一种是营养枝,当年不开花,只有枝叶,如当年不开花的春、夏、秋、冬梢都是营养枝;另一种是花枝或结果枝,当年抽生的新梢上有花的叫花枝,花枝坐果的叫结果枝,花枝上的花或幼果脱落的叫落花落果枝。落花落果枝以后的生长习性与营养枝基本相同。

④依枝龄划分。当年春、夏、秋、冬各季抽发的梢,包括二次梢、三次梢等当年抽生的枝,称

为一年生枝。往年抽发的枝，称为多年生枝。计算枝条年龄时，当年抽生的新梢叫一年生枝，至第二年春季发芽抽梢时，叫二年生枝，第三年春季抽生，叫三年生枝，依此类推。

(2)枝的特性　包括顶端优势、分枝角度、分枝级数等。

①顶端优势。居于顶端，上部或距地面垂直位置较高处的芽枝，一般生长强度最大，而其下枝、芽的生长强度依次减弱的现象，称为顶端优势，也叫先端优势或极性。

②分枝角度。是指枝条与其母枝之间的平面夹角。枝条着生角度不同，其能承受的压力也不同：分枝角度越小，承受的压力越小，越易折裂；分枝角度过大，枝的生长受到抑制，枝梢生长弱，不利于结果，负重力也不强。分枝角度的大小，与品种和分枝部位有密切关系。

③分枝级数。柑橘的结果量与分枝级数有关，级数划分以主干为 0 级、主枝为 1 级、侧枝为 2 级……依此类推。正常情况下达到 4 级分枝时开始开花结果。分枝级数越高，发梢次数越少，7 级、8 级分枝时不再发生二次梢。

4. 叶片

(1)叶的结构　柑橘叶都是复叶，由叶片和叶柄组成。枳的叶片具有三小叶，称为三出复叶。金柑属和柑橘属的叶为单身复叶，由本叶、翼叶及叶柄组成。单身复叶可能是由三出复叶退化而形成的，杂交枳橙有完全表现亲本双方的三出复叶和单身复叶，也有介于三出与单身复叶之间的是二小叶的复叶存在。

(2)叶的形状　柑橘本叶，除先端和基部的变化外，一般多呈椭圆形、披针形或尖椭圆形、菱形等，有时亦有尖卵圆形。叶片的大小在种类和品种间差异很大，通常柚类最大，其次为柠檬、枸橼、温州蜜柑等，橙类、柑类大小中等，一般橘类较小，金柑、四季橘、香橙、宜昌橙等也小，乳橘、茶枝柑、酸橘等的叶在常见种类中叶片最小。不同枝梢的叶片大小差异也较大，夏梢叶片比秋梢叶片大，秋梢叶片比春梢叶片大，徒长枝上的叶较正常营养枝上的大。

(3)叶的特性　除枳属外柑橘叶片均为常绿性，叶片寿命长达 2～3 年之久。柑橘是光合效能低的耐阴植物，但柑橘要高产仍然需要充足的阳光，生产中可适度密植，但应控制在一定的栽培密度范围内。叶片的光合效能随展叶后叶龄增加而提高，叶片成熟后光合效能保持高峰，至入冬前下降。二年生老叶的光合效能不如新叶。柑橘光合作用的最适叶温为 15～30 ℃，合成单位干物质需消耗 300～500 倍水分。柑橘叶片也是树体贮藏有机养分的重要器官，叶片贮藏全树 40%以上的氮素以及大量的碳水化合物，因此，从柑橘叶片的发育状况能反映树体生理状况和矿质营养状况。

5. 花

柑橘的花为完全花。花芽分化期包括花芽生理分化期和形态分化期，花芽生理分化为形态分化奠定物质基础和能量基础，芽形态分化期内形成花萼、花瓣、雄蕊和雌蕊，最终发育成花器。柑橘花芽分化期因种类、品种、气候条件等不同而不完全一致。

柑橘开花时间的迟早、花期的长短因品种和气候条件而异。特别是温度，遇低温花期推迟，遇高温花期提前，花期缩短，甚至出现花器萎蔫、死亡，影响授粉受精；阴雨、大风也影响授粉。树势弱、无叶、结果枝多的花期短，树势强、有叶、结果枝多的花期长。

6. 果实

(1)果实构造　柑橘的果实由果皮和果肉组成，果皮包括外果皮和中果皮，外果皮布满油胞，中果皮称作白皮层或海绵层。果肉相当于果实的内果皮，由瓤囊、汁胞和果心组成。

(2)果实发育动态　柑橘从谢花起，子房即开始发育，直至果实转色成熟。所经历的时间因种类、品种不同而异。早熟品种要6个月，中熟品种要7～8个月，晚熟品种要13个月以上。果实生长发育常分为幼果期、膨果期、成熟期三个阶段。

(3)果实色泽　在未成熟的柑橘果实中含有大量的叶绿素，类胡萝卜素颜色被叶绿素所掩盖，使果皮呈深绿色，果肉呈淡绿色。成熟的果实叶绿素逐渐降解，果皮大多呈黄色、橙黄色或橙红色，果肉则大多呈橙黄色、淡黄色或橙红色，少部分呈粉红色及红色。

二、柑橘生长发育的环境条件

1. 温度

柑橘性喜温暖、湿润的气候，畏寒冷。通常柑橘开始生长的温度为13 ℃，故一般将13 ℃定义为柑橘的生物学零度，平均温度大于13 ℃的时期称为柑橘的生长季节，15.6 ℃以上新梢才能迅速生长，最适生长温度范围在25～30 ℃，而超过37 ℃生长将停止。根系生长最适土壤温度在25 ℃左右，当低于13 ℃或超过37 ℃时，即停止生长。柑橘要求≥13 ℃的年积温在4 000～8 000 ℃，积温越大，成熟越早。

2. 光照

一般年日照1 200～2 200 h基本上能满足柑橘生长发育需要，其光补偿点为1 000～2 000 lx。在适度范围内，果实可溶性固形物含量随光照减弱而降低，果实含酸量随光强减弱而渐增，果皮厚度随光强减弱而变厚。光照强度过弱，会使柑橘叶片变薄、变平、变大，萌芽率和发枝率降低，节间细长且徒长，抑制根系生长，使花芽分化不良，坐果率降低，花期和幼果期加剧生理落果，果实膨大期导致果实变小，果皮变粗，着色变差，含酸量增加，含糖量减少，维生素C含量低，品质低劣；但光照强度过强引起叶片和果实发生日灼。

3. 水分

柑橘喜湿润环境，一般在年均降水量1 000～2 000 mm、空气相对湿度75%～82%、土壤相对湿度为60%～80%的热带、亚热带区域，都适宜于柑橘生长。柑橘生长发育的不同时期需水量因品种、气候、土壤和季节不同而存在差异。柑橘花期降水过多会影响授粉，降低坐果率；果实在膨大期若遇久旱会导致水分不足，生长发育受阻，果实干瘪，可溶性固形物降低，且久旱后骤降大雨往往会发生裂果；果实迅速膨大期至成熟期降水过多，果汁含量增多，但可溶性固形物含量降低，风味变淡，影响果实贮藏性。

4. 土壤

最适宜柑橘生长的土壤是壤土和沙壤土。丰产优质柑橘园要求土层深厚，土壤肥沃，质地疏松，有机质含量高，保肥保水性能好，地下水位低，排水性能好。一般柑橘栽培要求土层深度至少80 cm以上，活土层60 cm以上，土层太薄影响柑橘根系生长，导致树冠小，抗逆性差，根系容易干旱或冻害。柑橘根系好气好水，要求地下水位在1 m以下；优质丰产柑橘园要求土壤有机质含量3%以上，最好能达到5%左右；土壤pH 4.8～7.5范围内柑橘均能栽培生长，而最适土壤pH为6.0～6.5。

第二节 柑橘常用树形及培养过程

柑橘树形常以树冠叶幕层的外形轮廓为依据，而树冠的叶幕外形是由骨干枝的配置结构决定的，因此，柑橘树形以骨干枝的排列和结构来称呼或命名更为科学合理。柑橘整形，即对树体骨架进行配置和调整。柑橘栽培上常采用的树形有变则主干形、自然开心形、多主枝放射形、篱壁形(高纺锤形或主干形)等(二维码 9-1)。柑橘树形的选择必须考虑砧木、品种的生长特性、栽培模式和立地条件等，不能违背实际情况强求某种树形。

二维码 9-1
柑橘常用树形
(PPT)

一、变则主干形

1. 树体结构

变则主干形主体骨架由主干、类中央干(中心干)和主枝构成。主干高 30～50 cm，矮化砧木、密植园或土壤瘠薄的柑橘园其主干可矮一些，否则主干可高一些。土壤含水较高或空气湿度大的果园，主干应高一些，以防脚腐病等的发生。矮干植株进入开花结果期较早，高干树形投产较迟。主枝 5～7 个，相互间隔 30～50 cm，基部的第一至第三主枝在类中央干四周呈三足鼎立状排列，水平夹角 120°，第四至第六主枝也呈三足鼎立状排布，与第一至第三主枝错位排列。第一至第三主枝与类中央干的着生角度以 60°～70°为宜，以上各主枝的着生角可逐渐减小，第六主枝的分枝角度以 40°～50°为宜。在主枝两侧配置侧枝 2～4 个。在主枝和侧枝上直接着生枝组，枝组可以稍多，应错落有致，排布合理，疏密得当，内外均匀(彩图 9-1)。

2. 整形要点

变则主干形树形的整形主要是通过对类中央干和各枝的选择和剪截处理而实现的(图 9-1)。

(1)主干的培养　嫁接苗夏梢停长时进行定干，即在 40～60 cm 处重短截修剪，根据苗木直立与否对其扶正处理。

(2)类中央干的培养　定干后，一般在其上部可抽发 3～5 个分枝，其中顶端一枝较为直立强旺，可选作类中央干延长枝，冬剪时对延长枝进行中度或重度短截，以保持延长枝的生长势。由于枝梢自剪的特性，类中央干延长枝的生长很容易歪向一边，因此在短截延长枝时要有意识地通过选留剪口芽来调整其延伸的方向和角度，必要时可用支柱将类中央干延长枝固定扶正。如果类中央干延长枝短截后分枝过多，则会使延长枝的生长减弱，需将一些影响其正常生长的密弱枝、徒长枝等部分枝梢进行疏除，以集中养分供应增强延长枝快速生长。

(3)主枝的培养　类中央干被短截处理后，一般会抽生 3～5 个分枝，根据各分枝着生的位置，选择符合主枝配备条件的分枝作为主枝延长枝，进行中度或重度短截。短截轻重应根据分枝生长势的强弱来确定，若分枝的生长势偏弱，需较重短截，如长势较旺，则轻度短截。通过剪口芽方位的选留可调整主枝延长的方向或分枝角度，还可通过撑、拉、吊等方式调整分枝角度和生长势。主枝选定后，每年从短截后抽生的新梢中选择生长旺盛，生长方向与主枝延长方向最为一致的一个分枝作为主枝延长枝，进行中度至重度短截，并通过剪口芽调节延长方向，通过短截程度的轻重调节其生长势。当多个主枝确定后，还应兼顾相互之间在间距、方位和生长势等方面的协调和平衡，可采用多种修剪方式以扶弱抑强。对延长枝附近的密生分枝应适当疏删，对其余分枝尽量保留，长放不剪。如果出现直立向上的强旺枝或徒长枝时，应及时删除。

(4)侧枝的培养　在第一主枝距类中央干 40～50 cm 处配置第一个侧枝，以后各主枝的侧枝距类中央干的距离应酌情减小。每主枝上可配置 2～3 个侧枝。侧枝与主枝延长方向呈 60°～70°夹角，交错排列在主枝的两侧。侧枝之间的间距 30 cm 左右。

(5)枝组的培养　对着生在主枝、侧枝及类中央干上的中庸分枝进行摘心或轻度短截，会促发一些分枝，再进行摘心和轻度短截，就可形成枝组，应使之尽快缓和长势，以利于开花结果。枝组结果以后再及时回缩处理，更新复壮。要注意尽量在骨架上培育出较多的枝组，并使这些枝组较均匀地分布在主枝与侧枝的两侧，或类中央干适当的位置。在主枝或侧枝上，甚至在类中央干上，还会着生一些弱枝，对这些弱枝应尽量保留，使其正常生长和分枝。如果内膛光照充足，这些内膛枝或枝组也可以开花结果，而且是幼树最早结果的部位。另外，对骨干枝上萌生出的直立旺枝，如果可以培养成枝组填补内膛秃裸空间，则应对其进行扭梢、摘心或环割等处理，缓和其生长势，通过几次分枝后形成枝组；如果没有培养空间或价值，反而扰乱树形，则应及时疏除。

(6)延迟开心　在培养形成了 5～6 个主枝后，应对类中央干延长枝进行回缩，使植株上部开心，将光线引入内膛，同时使树体向上的生长也得到缓解或控制。随着树冠的不断扩大，当与相邻植株相互交叉时，也需对主枝延长枝回缩，既保证树体有足够大的有效结果冠层体积，又不会因树体之间的交叉等影响通风透光。

图 9-1　柑橘变则主干形整形过程

3. 树形特点

变则主干形具有较明显的中心主干，称类中央干。该树形树冠较高大，主枝上下左右分布均匀，疏密得当，树冠呈波浪形，通风透光良好，枝组和小枝较多，有效容积大，产量也高；但如果主枝配置或修剪处理不当，容易造成内膛空秃，形成表面结果；同时，该树形树体较高大，生产管理相对较困难一些。因此，该树形适合于甜橙、柠檬、柚及其杂交品种等生长势强或顶端优势明显的品种。

二、自然开心形

1. 树体结构

自然开心形主干高 20～30 cm，若是枝条较披垂的品种，则主干应适当提高。在中心干上配置 3～4 个主枝后回缩中心干。主枝与中心干的夹角 30°～45°，斜生向外延伸，形成中空的开心形。主枝两侧均匀配置 3～4 个侧枝，以填补主枝的空间，侧枝间的距离为 30 cm 左右，并相互错开排列，侧枝与主枝间的夹角为 60°～70°，在主侧枝上均匀培育若干枝组。实际上相当于将变则主干形基部三大主枝保留，将其上部全部疏删后的形状(彩图 9-2)。

2. 整形要点

自然开心形培养过程与变则主干形第三主枝以下部位的配置相同，只是定干稍矮(图 9-2)。

(1)主干与主枝的培养　嫁接苗定干高度 30～40 cm。以后按变则主干形的培养方法，配置 3 个主枝，主枝的间距为 20～30 cm。

(2)及时开心　在第三主枝形成后，及时将类中央干延长枝从第三主枝处疏除或作扭梢处理后倒向一边，留作结果母枝，如果对类中央干延长枝的疏删太晚，可能会造成较大的伤口，损伤树势。

(3)侧枝与枝组的培养　自然开心形在主枝上配置侧枝，侧枝在主枝上的位置应呈下大上小的排列，相互错开。由于自然开心形树冠各部位的光照都很充足，可在主侧枝上配置更多的枝组，但要求分布均匀，彼此不影响光照。当植株开心后，骨干枝上极易产生萌蘖而抽发徒长枝，对扰乱树形的徒长枝要及时疏掉，对有用的旺枝可采用拉枝、扭梢、环割等抑制其生长势，尤其是树冠内膛主枝萌生的枝梢根据郁闭情况进行合理疏除或保留，让内膛通风透光并能更多开花结果，之后逐年对其更新复壮。

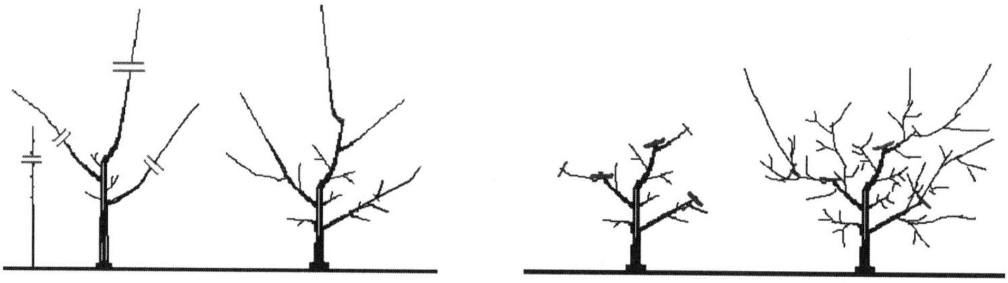

图 9-2　柑橘自然开心形整形过程

3. 树形特点

自然开心形由杯状形改进而来，符合柑橘丛生习性，造形简单，骨干枝少，多斜向上生长，从属分明，生长势较强，只形成一层绿叶层，树冠表面多凹凸，阳光能深透树冠内部。自然开心形整形修剪量小，成形快，全树叶片多，进入结果期早，果实发育好，品质优。此树形的缺点是树冠内外直射光强，容易造成枝、干和果实日灼。由于树冠开张，密植后容易过早封行、郁闭，树冠内膛枝容易徒长。该树形适用于生长较弱、枝条披垂、树冠较开张、顶端优势不太明显的甜橙品种以及早熟、特早熟温州蜜柑、本地早、蕉柑等品种。

三、自然圆头形

1. 树体结构

自然圆头形的柑橘主干上部整形带易抽生几个同等粗的强枝，经选育培养 2～3 个主枝，以后在中心主干上再培育 2～3 个主枝，在主枝上再分生侧枝、枝组等，构成树冠骨架，使树冠呈饱满的自然圆头形(图 9-3，彩图 9-3)。

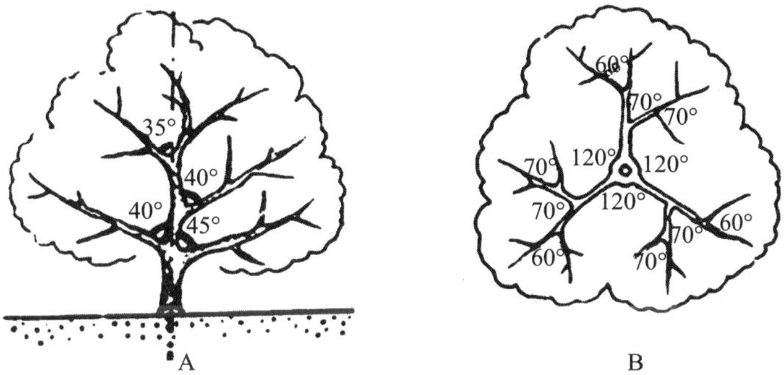

图 9-3　柑橘自然圆头形树冠结构(谢深喜　提供)

A. 正剖面图；B. 一层主枝俯视图

2. 整形要点

(1)主干的培养　主干高 25～35 cm，主干矮，易成形，投产早；主干高，形成树形和开花结果稍晚。

(2)主枝的培养　主枝 3～5 个，幼树期先培育 2～3 个，主枝间方位角为 120°，主枝与中心主干夹角约 40°。

(3)侧枝的培养　侧枝着生在主枝左右两侧，每个主枝选育 2～3 个侧枝，主侧枝的从属关系、层次结构清晰，防止上下侧枝重叠交错影响光照。

(4)枝组的培养　主枝和侧枝上直接培养若干枝组，枝组上的枝叶有承担营养生长和结果的能力。各枝组要配置均匀，使树冠内外都有良好的枝组开花结果，实现优质丰产。

3. 树形特点

自然圆头形无明显中心主干，依其原来的自然特性为主，修剪甚轻，易于培育树冠骨架枝，形成树冠快，且丰满，早结果，丰产，但丰产后易使树冠内部光照不良，导致绿叶层变薄，易出现大小年结果和过早衰退的现象。必须加强修剪，适时剪去顶部中心大枝，疏剪部分外围密枝后，即具有变则主干形的特点，可改善树冠内部光照，增加内膛结果，延长丰产年限。该树形适用于生长势较强的甜橙、柚和柠檬等。

四、多主枝放射形

1. 树体结构

多主枝放射形主干上直接丛状分生出 3～5 个主枝，相互之间没有明显的层性或从属关系，各自均衡向外延伸。主枝上又同样分生侧枝，侧枝又以同样方式分生出再次一级的分枝，依此类推，形成骨干枝不断分枝，放射状向外延伸的骨架结构(彩图 9-4)。

2. 整形要点

(1)主干的培养　主干高度可定为 20～30 cm。当嫁接苗抽发夏梢后，从离地 30～40 cm

处短截，便可促发 3～5 个晚夏梢或早秋梢，这些枝梢就是多主枝放射形的第一级主枝(图 9-4)。

(2)主枝的培养　定干后连续对所抽发的新梢及时摘心，冬季修剪时首先"掏心"式疏剪顶部分枝角度小的丛状分枝，保留下部几个较强壮的分枝，并对其进行中度短截。摘心或短截后一般会发生双叉或多个分枝。由于连续对夏、秋梢的及时摘心，冬季在"掏心"基础上短截强壮分枝等，可加速分枝，降低分枝高度。经 2～4 年的修剪，就可形成 12～20 个侧枝。

(3)拉枝　由于主枝不断分枝和外延，大枝越来越多，树冠中上部的新梢密集，叶幕层上移，树冠内膛和下部的光照条件变差，骨干枝上难以形成小枝或枝组，造成内膛和下部秃裸。因此，每年要将骨干枝拉开，使其开张角度，树冠内膛和中下部的光照条件得到改善，有利于抑制主枝的生长势，纠正该树形易出现的上强下弱的弊端。拉枝后树冠中心部位出现的徒长枝，适宜于培养作主枝的，可对其摘心并拉大其分枝角度，其余的徒长枝则应及时疏除。

(4)调节树体长势的平衡　树冠顶部或上部的枝梢一般会较早抽出强夏梢，从而抑制或削弱下部枝梢的萌发和抽梢，使树冠出现上强下弱的现象。因此，应将上部先萌发的夏芽抹去，连续多次抹芽，等到下部春梢萌出夏芽并抽梢后，才停止抹芽让其抽梢。冬季修剪时还可对中部的枝梢重短截，刺激营养生长，防止早期开花结果。在幼树初结果期，也要尽量让树冠中上部先开花结果，使树冠下部的枝梢延迟挂果。通过各种修剪方法抑强扶弱、抑上扶下，才能使树冠各部位的长势达到相对平衡，实现立体结果。

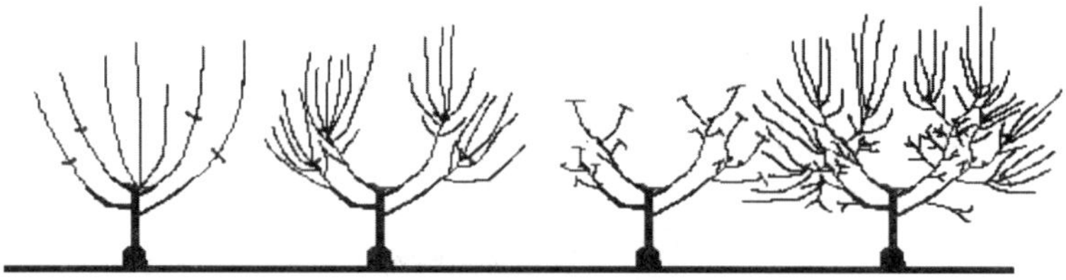

图 9-4　柑橘多主枝放射形整形过程

3. 树形特点

多主枝放射形主枝多，从属关系不明显；分枝角度小，枝梢直立；易于整形，易获丰产。同时，由于该树形具有大枝偏多、枝梢密生、分枝角度小等缺点，易造成内膛空秃，下部衰退，外围枝梢过密，叶幕层上移，且容易隐藏和滋生病虫害。此树形适用于椪柑、金柑、南丰蜜橘等柑橘品种。

五、塔形

1. 树体结构

塔形主干高 30～40 cm，具有明显的中心干。中心干上疏散排列 7～9 个主枝，下层主枝夹角大，上层主枝夹角小，形成下大上小的宝塔形。各主枝上选育侧枝 2～3 个，侧枝间距 30 cm 左右。主侧枝上均匀地生长着枝组若干个(彩图 9-5)。

2. 整形要点

(1)定干高　定植后留 60～70 cm 短截，上部整形带约 30 cm，保留主干高 30～40 cm。

(2)中心干的培养　立支柱，扶直剪口处壮枝，作为中心主干的延长枝。第二年将中心主干延长枝留 60～70 cm 短截，继续将先端较强枝扶直，使其生长强壮。第三、第四年同样短截，扶直延长枝，6～7 年后，中心主干即可培育完成。

(3)主枝的培养　自第一年短截定干起，逐年将中心主干上生长的枝条疏删部分密生枝、重叠枝，短截部分过强枝，拉枝加大各主枝的分枝角，下部主枝夹角为 40°～45°，坐果后会逐年自然加大至 60°～70°，上部主枝夹角稍小，拉枝调整为 35°～40°即可。由于主枝数量较多，要求每个主枝的间距和方位角尽量均匀，减少重叠交叉。经过几年培育，下部主枝较长，向上依次缩短，树冠骨架逐渐形成下大上小的宝塔形，树冠高大，直至盛果丰产后，营养生长较弱，树冠不再增高，全树共有 7～9 个主枝。

(4)侧枝、枝组的培养　塔形主枝较多，排列密，主枝上培养侧枝和枝组，其方法与变则主干形相似。

3. 树形特点

塔形中心干明显，适用于生长势强旺的品种。沿中心干排列 7～9 个主枝，形成下大上小的塔形。塔形树体高大、丰满，骨架多而牢固，负荷力强，绿叶层厚，适合稀植栽培，通风透光好，后期可保持较高的产量。塔形整形需时较长，树冠高大，不便管理，投产较晚，前期产量低，目前生产上塔形树形应用不多，可在木质结构相对较差的爱媛 28 号橘橙等柑橘品种上进行应用。

六、篱壁形

1. 树体结构

篱壁形是一种经人工强制整形而成的扇形或篱壁状扁平树形结构。干高 30 cm，5～6 个骨架枝均匀分布在同一垂直立面上。可有中心干或不设中心干，骨架枝上下间距 20～30 cm，分枝角度为 60°左右，小枝和枝组均匀分布于骨架枝两侧，错落有致，疏密得当(彩图 9-6)。该树形的培育需要搭设人工支架或铁丝网，将树体中心干和各级主枝绑缚固定在一个垂直立面上，并使骨架枝的空间分布均匀合理。将骨干枝上分生的直立向上枝梢及时抹除，保留骨干枝两侧和下方萌发的枝梢，对于较强旺的枝梢通过摘心、扭梢、拉枝等方式培育成长势中弱的枝组，并在结果以后及时回缩处理，将其长度限制在 20 cm 之内。

2. 整形要点

篱剪是使用修剪机将行间两侧的树冠压缩剪齐，呈垂直形或呈一定的倾斜度的一种修剪方法，因外观呈篱状而称为篱壁形。树体有主枝水平形和主枝斜生形两种树形。除主枝分布姿势不同外，其余树体结构相似(图 9-5)。

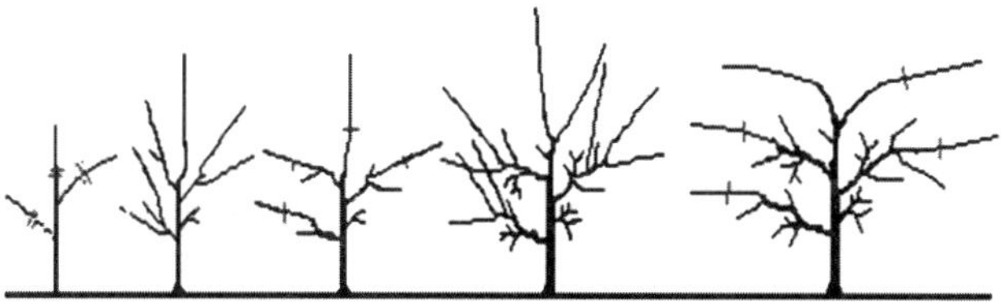

图 9-5　柑橘篱壁形树形修剪

(1)主干的培养　主干高 40～50 cm。

(2)主枝的培养　主干上部整形带着生 2～3 个主枝,被依次捆缚在每层支架的同一平面上。通常在 3～4 年内逐步培育 4 层。主枝与主干延长线的夹角斜生形为 45°,水平形为 80°～90°,主枝每层间距在 30～40 cm。在相邻两株树的主枝交接时,短截去顶或互相回缩。

(3)枝组的培养　主枝上直接着生枝组,均匀排列在架面两侧,使之尽早结果。

3. 树形特点

篱壁形主要是根据密植、防寒或庭院栽植等特殊要求,人为地强制捆缚造形而成的。所有树冠骨架枝均在幼嫩时捆在一个平面支架上,骨干枝上着生若干枝组,形成一层篱壁,又似一把纸扇。树形低矮扁平,结构稳定,树冠厚度变化不大,不易封行,通风受光好,树篱两面均匀受光,不易遮阴郁闭,投产早,产量高,果实品质好。同时,因有支架支撑,抗风力强,便于田间管理和机械耕作。缺点是整形困难,整形期长,需要立支架,成本较高,若处理不当,易造成低产,并导致树势早衰。

第三节　柑橘整形修剪特点

一、整形修剪特点

1. 因地制宜,因树修剪

生态条件、立地环境与栽培制度对柑橘的树形、生长与结果等都有一定的影响,不同柑橘产区的整形修剪方式应有所不同,如在湿度高或土层深厚的地方宜用高干树形,在密植园应培育矮干小冠或宽行密株变则主干形或篱壁形树形,在山顶或浅薄土壤中宜培育矮化树形;在南亚热带可放四次梢,在中亚热带则只能放两次梢。

不同植株因品种(砧木、砧穗组合)、树龄、生长势、挂果量等不同,实施的整形修剪方法也各不相同。品种方面,对于乔化砧木或生长势强旺的品种,要培育较高大的树形,并在投产前轻剪,多疏删和拉枝,少短截;对于枝条披垂的品种,要及时对长梢摘心或短截;对于分枝角度小而丛生性状明显的品种,要注意“掏心”疏剪和拉开角度;对于以当年生春梢为主要成花母枝的品种,宜在春梢萌动时短截,促使树冠内外抽生大量成花母枝。树龄方面,幼树以整形为主,宜轻剪;初结果树疏、截结合,同时促进产量增加和树冠扩大;盛果期树宜加重修剪量,以回缩处理为主,加强对结果枝组的更新复壮,增强其结果能力;衰老树主要是对侧枝甚至主枝的回缩,使之能得以更新复壮。树势方面,强旺树宜轻剪,少短截,多长放和拉枝,以缓和树势,促进开花结果;中庸树要在回缩衰退枝组、结果后枝组的基础上,适当短截处理当年生营养枝,维持生长与结果的平衡;弱树应在重施肥水的前提下,在回缩密弱枝组基础上,短截当年生营养枝,或在侧枝处回缩,促进营养生长。花量方面,对翌年花量大的植株适当重剪,适当短截夏、秋梢;花量少的植株要轻剪,尽量保留当年生营养枝,短截或回缩结果后枝组。调整好梢果关系,使树体营养生长与生殖生长达到相对平衡,才能获得丰产和稳产。

2. 以轻为主,轻重结合

柑橘作为常绿果树,在修剪量和程度上总体要求以轻剪为主。叶片作为柑橘进行光合作用、制造和贮藏有机养分的最重要器官,叶片的数量、质量和寿命对树体的生长和产量、品质影响较大,若叶片损失在30%以上,对产量会有显著影响,因此,每年修剪的枝梢量应控制在20%以下。

每一项修剪措施都会在树体上表现出对某些器官的促进或抑制,产生不同的近期修剪反应和长远影响。例如,幼树多进行短截,可促进生长,增加分枝加速树冠形成,虽然也会抑制花芽分化,但因生长加速,较快地形成树冠,仍有助于早期丰产,良好的树体骨架还会产生长久的丰产潜力。成年树短截部分夏、秋梢,刺激营养生长,虽然第二年花量减少,但可为第三年提供充足的成花预备枝,从长远看是有利于丰产稳产的。因此,在柑橘整形修剪中要正确应用不同修剪方法来调整梢果矛盾,兼顾当前利益和长远利益,实现柑橘生产的优质、丰产和稳产。

3. 通风透光,立体结果

柑橘整形修剪以有利于通风透光、实现立体结果为原则。对树体而言,骨架大枝牢靠稀少,结果小枝密多,树体层次结构分明,主从分明,即中心干的生长比各主枝强,主枝比侧枝强,主枝间要求下强上弱、下大上小,保证下部的主枝逐级强于上部主枝,侧枝强于枝组,各枝组间拉开间距。对整个果园特别是密植园来说,既要保证树冠有一定的高度和大小,以获得较高的单株产量,又要保证各植株间不相互交叉郁闭,把整个柑橘园的有效容积维持在最高水平,并使整个果园全面开花结果,以提高单位面积产量。

二、不同发育阶段的修剪特点

1. 幼树期树的修剪

幼树以整形为主,重点进行树干扶直、及时抹除砧木萌蘖和主干上多余的萌芽等工作。柑橘投产以前生长一般比较旺盛,应以轻剪为主,重点是选留各级骨干枝的延长枝,并进行中短截,对其余枝梢尽量保留,避免过多的疏删和重短截。为了促进树冠紧凑、分枝数量增加和有利于防控溃疡病、潜叶蛾等病虫害,应注意实施抹芽放梢和长梢摘心。

(1)延长枝的处理　是结果前幼树修剪的重点,一般选择骨干枝顶部强旺的夏、秋梢作为延长枝,并进行重度短截,通过剪口芽的选留和短截程度来调节延长枝的方位和生长势。延长枝附近若出现徒长枝应及时疏除。

(2)春、夏梢摘心　是促进幼旺树增加分枝数量和分枝级数、降低分枝部位、使树冠紧凑饱满、形成立体结果的重要修剪措施。春、夏梢基部8～10叶已转绿时摘心。一般不对秋梢摘心,尤其是在幼树结果的第一年,要控制晚秋梢的抽发,促使养分积累,以利于花芽分化,为翌年培养优良的结果母枝。

(3)抹芽放梢　是幼树扩大树冠、增加枝叶量的一种有效方法。当树冠上部、外部或强旺枝顶端零星萌发的嫩梢在1～2 cm时就要抹除,每隔4天左右抹一次,连续抹4～5次,当全树大多数末级梢段,特别是树冠内膛和下部的枝梢,都有3～4个新梢萌发时,即可停止抹芽开始放梢。抹芽后若促发的新梢过多、过密,须适量疏除。放梢的时间还应该根据品种特性与气候条件等来考虑。放梢前半个月左右应浇施一次腐熟的有机肥。

(4)内膛枝组的蓄留　幼树树冠枝叶一般都不会过密，各部位都能得到充足的光照，因此，树冠内膛的小枝和披垂枝上的叶片都是有效的营养器官，其制造的光合产物除供自身生长发育外，还可以向根系提供养分。内膛的小枝、披垂枝还是幼树最先结果的部位，因此对于这类枝要注意尽量保留。如果盲目剪掉，则会削弱树体长势，推迟植株结果年限，还会造成树冠内膛空秃，叶幕层外移等不良后果。

(5)疏花疏蕾　为了集中养分使树冠尽快扩大和形成，定植 2～3 年的幼树一般不让其开花结果。在不需要结果的幼树阶段，应将花蕾全部疏除，花蕾以越小摘除越好，以免消耗树体更多的养分。为了减少疏花、疏蕾的用工，可在柑橘花芽生理分化期喷布赤霉素以抑制成花。中亚热带可在 10 月至 11 月下旬每隔半月喷布 100 mg/kg 赤霉素 2～3 次，也可在 11 月下旬喷布 200 mg/kg 赤霉素 1 次，便可使植株翌年基本无花；南亚热带气温较高，可推迟到 11 月底至 12 月中下旬喷布，浓度减半，即喷施 50 mg/kg 赤霉素 2～3 次，或 100 mg/kg 赤霉素 1 次。

2. 初果期树的修剪

从柑橘幼树始花结果至盛果期前的这一时期称为初结果时期。其生长特点是树体结构已基本形成，树冠仍继续扩大，新梢生长旺盛。随着树龄的增加，树势会逐渐缓和，花芽分化能力增强，开花结果部位逐渐增多，枝组的开花结果能力逐渐提高并趋于稳定。此期修剪的目的是在扩大树冠的基础上，培养较多的结果枝组，达到早结果、早丰产的目的。修剪仍以整形结合轻度修剪为原则，随树龄和产量的增加，修剪程度要逐渐加重，要及时回缩结果后枝组及落花落果枝组等，以便及时更新，维持树体健壮的长势。

(1)继续处理延长枝　对初结果期的柑橘树，仍需要短截骨干枝延长枝，直至与行内相邻植株交叉时，对主枝或侧枝的延长枝及时回缩“去头”，以控制树冠继续扩大。

(2)夏、秋梢的处理　夏、秋季气温高，生长快，枝梢抽生较旺，且易呈单轴延伸，有的长达 1 m 以上，造成枝条披散，内膛空秃，不利于立体结果。因此，对长夏梢要及时摘心，过长的春梢也应摘心，但秋梢不宜摘心，让其结果后再进行短截处理。

(3)抹芽放梢　树体抽生过多的春、夏梢都会与果实争夺养分和水分。抹除旺盛的春梢营养枝，可减少落花落果，提高坐果率。在大多数初结果旺树上，强旺的夏梢会加剧第二次生理落果，可将夏梢反复多次抹除，适时放出早秋梢，这样既能稳果和促进果实发育，又能为翌年培养较多的优良结果母枝。

(4)已结果枝组的短截与回缩　结果后的枝组由于果实压迫而下垂，消耗大量的养分，加之分枝级数和数量的增加，大多会逐渐衰退，若不及时更新，将很快转为衰退枝组，失去结果能力。冬季修剪时可对已结果枝组进行回缩处理，应注意选择较强的枝梢作为剪口枝。为了防止剪口枝开花而消耗养分削弱枝组的长势，必须对剪口枝进行短截，以促发较强的春梢，继而抽生夏梢和秋梢，使枝组得以更新。如果结果枝组内没有强壮的营养枝作剪口枝，也可用有叶果枝代替，并对其进行中短截或重短截。如果结果后枝组整体都已经很衰弱，而且下部有较长的一段光杆，则可在多年生枝段或光杆段的中下部进行回缩处理。

(5)结果母枝及落花落果枝的处理　一些健壮的一年生枝梢能正常开花结果，对于这些结果母枝，采果后应进行重短截，促使分枝并恢复生长势。尤其是对于温州蜜柑和椪柑上极易出现长的夏、秋梢结果母枝，要及时短截处理，刺激生长势，促使分枝紧凑。对于落花落果枝，应在生长季节适时短截，促发晚夏梢或早秋梢，使其当年更新、翌年结果。

(6)下部枝组和披垂枝组的处理　下部枝组是柑橘树最先结果的部位，结果后逐渐衰退，可疏除或作回缩处理。由于不断分枝和果实的重压，枝梢有时会披垂至地面，应将下垂部分回缩，以抬高披垂枝的位置。披垂枝有结果和辅养根系的作用，特别是温州蜜柑披垂枝结果较多，修剪时注意一次不要回缩太多，以免影响产量或诱发大小年结果现象发生。

(7)夏、秋梢营养枝的“三三制”处理　初结果树即将进入盛果期前，其生长势逐渐缓和，夏、秋梢的长势也相应缓和，大多可以进行花芽分化。当夏、秋梢抽发过多时，翌年的花量便会过多而浪费树体大量养分，从而导致大量落花落果、果小、品质不良等后果。因此，在开花结果前应对夏、秋梢营养枝作“三三制”处理。方法是短截 1/3 数量的较强夏、秋梢，保留基部 2～3 芽，或短截至下一个梢段，以抽发预备枝，减少花量；保留 1/3 数量长势中等的夏、秋梢，作下一年的结果母枝；疏去约 1/3 数量较弱的夏、秋梢，以减少开花和养分的浪费。三个 1/3 的数量可从植株整体估计，也可以大枝或枝组为单位来确定。

(8)促进花芽分化　初结果期的植株生长仍然偏旺，尤其是乔砧植株，花量过少或不开花，通过环割、控水、断根、喷布植物生长调节剂等来促进幼旺树的花芽分化，是柑橘早结、丰产的重要措施。

①环割促花。中、北亚热带一般可在 9 月上旬进行，南亚热带可在 9 月中旬至下旬进行，以环割强旺的大枝或侧枝为宜。环割时以切透韧皮部，不伤害木质部为宜，割得太浅，达不到促花的目的；若割得太深，会引起树体大量落叶；还应注意割口以上要有足够的叶片，环割后才能积累较多的养分，以利于花芽分化。

②断根。在柑橘花芽生理分化期，在树冠滴水线到主干距离的 1/2 处，挖开土层，切断一定数量的骨干根，晾晒 3～5 天，当叶片开始卷曲或微黄时，再回填腐熟的有机肥和表土，可以控制营养生长。断根处理的时间，中、北亚热带以 9 月上旬，南亚热带 9 月中旬至下旬为宜。

③控水。花芽分化期的适度干旱，可使植株体内细胞液浓度相对提高，有利于花芽分化。秋、冬为雨季的产区，可在 10 月用地膜覆盖柑橘园土壤，也可达到控水促花的目的。

④应用植物生长调节剂促花。矮壮素、叶酸、多效唑、调节膦等植物生长延缓剂可抑制枝梢的营养生长和诱导柑橘开花。西南大学（中国农业科学院柑桔研究所）根据柑橘花芽分化机理，研制了柑橘促花剂、抑花剂、柚促花剂等，经多年田间试验已获得稳定而显著的效果。柑橘品种（系）、砧木、树龄、长势及栽培管理水平的差异都要影响促花的效果，因此，无论采用哪种生长调节剂促花，都应先做试验再大面积推广应用。

3. 盛果期树的修剪

当树体营养生长与生殖生长达到相对平衡时，树冠各部位的各类枝梢都能开花结果，产量达最高峰，柑橘树便进入盛果期。此期植株随分枝级数和分枝数量的增加，以及大量开花结果对营养的消耗，树体会逐渐衰退，因而易形成大小年结果现象。盛果期树的修剪重点是及时调控树体结构，更新复壮枝组或侧枝，合理调控结果量。具体方法如下：

(1)树体结构的调整　进入盛果期的树体骨架已基本固定，但对于较为拥挤的骨干枝应疏剪处理；对于已趋郁闭的植株疏去部分直立向上的主枝或侧枝，在树冠顶部叶幕层开出“天窗”；对于已衰退或过度下垂的侧枝，要及时选择长势较强、角度适中的徒长枝进行回缩更新。

(2)枝组轮换压缩修剪　以枝组为单位，对于结果后枝组、落花落果枝组、衰退枝组等及时回缩处理，其他枝组原则上不剪。盛果期树枝组内挂果量增多，结果后枝组容易衰退，冬剪时应对已结果枝组进行重回缩，翌年便会抽发春梢，而长势较强的春梢有可能抽发夏、秋梢，枝组便得以更新。更新后的枝组在第一年或第二年可能开花结果，结果后再进行压缩修剪，这样每年轮换交替回缩更新一批结果枝组，而保留一批枝组以结果，即枝组轮换结果，轮换更新，从而保持营养生长与开花结果的相对平衡。

(3)防止树冠交叉郁闭　进入盛果期的植株，树体仍在继续扩大，尤其是密植栽培的柑橘园，容易发生交叉郁闭。要注意采用枝组压缩修剪的方法及时对夏、秋梢结果母枝进行短截或回缩。如果树冠交叉郁闭，则需对骨干枝延长枝"去头"压缩修剪。

(4)对夏、秋梢营养枝进行正确处理　长势较强的盛果期树，能抽发较多的夏、秋梢营养枝，这些枝梢第二年会大量开花结果，消耗树体大量养分，使树势逐渐变弱或导致大小年结果。因此，出现过多强旺夏、秋梢营养枝时可按"三三制"处理。而生长势较弱的盛果期树，一般抽发春梢较多，夏、秋梢较少，则需要对夏、秋梢进行短截，以防止开花，保证第二年抽生足够的营养枝恢复树势。

4. 大小年树的修剪

大年树是指小年结果后翌年可能大量开花结果的树。大年树花量大，挂果多，果小品质差，消耗树体大量贮藏养分，还会导致翌年成为小年结果，进而进入大小年结果的恶性循环。因此，对大年树的修剪原则是减少花量和果量，促发预备枝，使开花结果和营养生长趋于平衡。要及时短截或回缩已结果枝组和衰退枝组；疏删密弱枝、病虫枝，减少树体养分的消耗和浪费；夏、秋梢过多时，可短截 2/3 以上的夏、秋梢，二次梢可短截至春段，三次梢短截至夏段，以防止开花结果，使之抽生健壮的营养枝；在小年时的 10 月中下旬，喷布 100 mg/kg 赤霉素一次，可有效减少大年树的花量；经前面几种处理后，树体的花量仍然偏多时，可通过疏花疏果调节树体适当的载果量。大年树的修剪可适当加重，如骨干枝的调整、锯除多余的侧枝甚至主枝等。

小年树是指大年结果后翌年可能开花结果少的树。小年树的花量很少，产量极低，因此，对小年树的修剪宜轻。要尽量保留夏、秋梢和弱春梢营养枝，疏除密弱枝和病虫枝等，以集中养分满足开花和结果的需要。适当短截或回缩结果后枝组和夏、秋梢结果母枝，疏散落花落果枝群。无核或少核的品种(系)在花期、幼果期可用赤霉素和细胞激动素等保花保果，增加小年树的产量，减小大小年幅度，从而达到生殖生长与营养生长的平衡。

5. 衰老期树的修剪

随着树龄和分枝级数的增加，特别是大量挂果对树体养分的消耗，树体由旺转衰，树冠不再扩大，多数枝梢变成衰弱枝或先端枝梢逐渐枯死，树冠出现向心生长，意味着树体进入衰老阶段。由于柑橘树各部位的隐芽多、寿命长，通过回缩枝组、侧枝甚至主枝后，可促使抽发健壮枝梢，使衰老树得以更新复壮。一般选择在春寒过后、春梢萌动时进行更新修剪处理，且最好在上一年的秋季先对其实施深沟断根施肥处理。更新修剪时，对夏、秋梢营养枝一般予以保留，但在出现过多强旺夏、秋梢营养枝时可按"三三制"处理，即疏剪 1/3、短截 1/3、保留 1/3。

(1)枝组更新　树冠的多数枝组刚出现衰退时，进行重短截衰退枝组，使其抽生健壮枝梢，更新枝组。枝组更新修剪时，首先对树体骨架枝或大枝进行调整，疏去过分拥挤或扰乱树形的骨干枝、病虫枝等，再重短截树冠外围所有衰退枝组，内膛枝组应尽量保留，只作轻度回缩。修剪1～2年后,树冠可得以全面更新,恢复产量。

(2)露骨更新　当树势更为衰退,树冠几乎没有健壮枝组,或遇冻害大部分枝组被冻死,或叶片几乎落光等,则应从侧枝上回缩,才能恢复树势。从侧枝上回缩后,树体骨架露出,故称露骨更新。具体操作:剪除交叉枝、重叠枝、病虫枝及不符合整形要求的骨干枝;在侧枝基部约20 cm处回缩;对内膛枝组应保留,可作适当回缩,但剪口不应高于侧枝的剪口,以保证侧枝锯口附近萌发的新梢具有强旺的生长势,以延长扩大树冠;锯口以下部位的小枝、弱枝也要注意保留,使其在露骨更新后对树体起到辅养作用;修剪后对抽发的新梢要及时摘心,冬季对部分枝梢进行短截。露骨更新后当年可抽发健壮新梢,第二年可恢复树势,并逐渐恢复产量。

(3)主枝更新　当树势严重衰退,枯枝大量出现,叶小梢短,产量极低且果实小,内膛空秃,树冠叶片稀少,只有进行主枝更新,才能恢复树势。主枝更新修剪非常简单,在春梢萌动时,从主枝树皮光滑、健壮之处下锯即可。主枝桩头留得长、留得多,树势和产量恢复较快,但不易降低叶幕层,也不易彻底解决郁闭问题。因此,主枝桩头的长短和桩头的多少,应根据柑橘园的具体情况决定。锯断主枝后,要削平伤口,及时涂抹保护剂。入夏前主干涂白防止日灼。更新修剪后抽发的新梢要尽量保留并注意及时摘心,冬剪时对所有枝梢进行短截,一般不作疏删。对强旺枝梢可采用拉枝、揉枝、扭梢等方式,促使演变为结果枝组,以尽早恢复产量。

第四节　柑橘整形修剪实践

一、不同柑橘品种的整形修剪

1. 纽荷尔脐橙

纽荷尔脐橙生长势中等偏旺,枝条略披垂,花量大,坐果率低,落花落果严重,宜选择自然圆头形或变则主干形培养。幼树及结果初期树以扩大树冠和增加产量相结合的修剪方法为主,保持树冠上部稀、外围疏,内膛饱满,通风透光,层次分明,冠面凹凸,上大下略小的树形;侧枝保持短而整齐,对较强而又突出的侧枝,从小枝部位回缩。结果盛期树总体宜采取“一开、二疏、三回缩”的修剪方法,以疏剪、短截、回缩修剪方法调整树势,花期疏剪密生枝、短截细弱瘦长枝及无叶退化枝,花后剪除落花落果枝。第二次生理落果后及时疏除小果、病虫果、畸形果和密生果,保留正常大果。开花期对于花量大、旺长脐橙树的强旺主枝、直立侧枝环割2～3圈保果。花量大,在谢花后环割;花量少,在开花前环割,同时配合药剂保果效果更佳。

2. 塔罗科血橙

塔罗科血橙树势较旺,宜采用变则主干形,不宜采用过度开心形,尤其枳橙作砧木的树势旺,萌芽率、发枝力均强,枝梢直立徒长,易导致大小年结果。秋梢和春梢是塔罗科血橙主要的结果母枝,内膛抽生的秋梢和春梢也能结果;结果枝以短枝结果,弱枝、无叶枝坐果率高。初结果树主要坐果于树冠中下部,进入结果盛期后,宜采取短截、疏剪和回缩相结合方法使树体保持较长时间的营养生长与生殖生长平衡。

3. 温州蜜柑

温州蜜柑树冠披散，骨架杂乱，内膛空虚，生长势衰弱，花量大，宜采用开心形。及时短截结果后枝组、落花落果枝组和衰退枝组，对于披垂枝组应及时进行"抬头"回缩处理，对于较长的夏、秋梢及时摘心。采取疏花疏果、抑制或促进花芽分化等措施，调节营养生长与生殖生长的平衡，防止大小年结果。花蕾期适当抹除部分春梢营养枝，减少梢果养分竞争，提高坐果率。

4. 椪柑

椪柑枝梢直立，顶端优势明显，宜采用多主枝放射形。随着树龄增加，枝梢有明显的强弱分化趋势，中上部枝条较强，下部枝条衰弱以至逐渐枯死，树冠容易形成上强下弱，内膛和下部秃裸，叶幕层和结果部位上浮。夏秋梢长，春梢多而密，常形成直立枝组，夏、秋梢结果能力强。因此，注意对较长的夏、秋梢及时摘心，以降低分枝高度，用拉枝等方法开张大枝角度，促使中下部的芽萌发抽梢，使树冠紧凑饱满。及时疏删密生大枝，用"掏心"的方式疏散枝群。花量和载果量过多时要及时疏花疏果，避免大小年结果。

5. 琯溪蜜柚

琯溪蜜柚树冠高大，树势强健，以弱春梢营养枝和内膛无叶枝为主要结果母枝，宜采用开心形或变则主干形。以轻剪为主，保留内膛弱枝和无叶枝梢，及时疏删树冠中上部直立旺枝或枝组，开"天窗"将光线引入内膛，保证内膛枝正常开花结果；促发较多的春梢营养枝，培育优良的结果母枝；结果后枝组应适度回缩；树冠出现郁闭的，应去除中间侧枝，甚至主枝。为防止盛果期大小年结果，宜合理疏花疏果，每个结果母枝原则上留一粗壮花枝，采取"去小留大"的原则每个花枝留 2～4 朵花蕾。第二次生理落果后根据"看树定产、按枝留果"的原则每个果枝留 1～2 个大果，疏去畸形果、小果和病虫果。

6. 柠檬

柠檬一年可多次开花、结果，生长势强，成枝率高，抗逆性差，易早丰和早衰，树冠高大，宜采用变则主干形。及时对过长的春梢营养枝和夏、秋梢进行摘心；尽量保留内膛弱枝即优良的结果母枝；及时在树冠中上部开"天窗"，疏去部分密弱枝；回缩结果后枝组和衰退枝组，短截结果母枝；主干上的枝组结果后逐渐剪除，结果后的下垂枝回缩更新；疏剪部分树冠顶部抽生的直立大枝和树冠中部外围过密的二、三年生大枝，增加树冠内膛的光照度。

7. 金柑

金柑宜采用多主枝放射形，该品种树冠较小，呈圆头形，枝细而密生，外层分枝多，树冠易郁闭，内膛空虚。金柑每年可开花 2～3 次，当年生春梢是金柑最主要的结果母枝，每年春梢萌动前对上一年所有结果母枝、落花落果母枝以及夏、秋梢等进行短截处理，以促发多而健壮的春梢作为当年的成花母枝。春梢过旺时，可在春梢自剪后进行环割或控水促花。结果盛期树的夏、秋梢宜全部抹除，以利于保果和壮果。

二、郁闭果园的整形修剪

郁闭果园包括树体整形修剪不当导致的枝叶过密、树冠郁闭的一般郁闭果园和相对过度密植导致的严重郁闭果园，一般郁闭果园通过合理改造树体来增强树势，改善树体通风透光，提高植株抵抗力，减少病虫害发生，从而实现树体、枝组的载果量适度和分布均匀，使果实营养充足，发育良好，果大而均匀。密植郁闭果园需要采取间伐或间移方式，对树体进行重度回缩逐步更新复壮，整体解决果园的郁闭问题。

1. 一般郁闭果园的改造

先疏去树体的中央干延长枝或树冠顶部的 1～3 个主枝，实现树冠上部开天窗，一部分阳光可以通过这个天窗照射到树体主干或根茎附近的地面。疏剪或回缩树冠过多过密的侧枝或结构不当大枝，对保留的主侧枝作为延长枝进行回缩处理，使得树体冠层枝组排列得当，稀疏合理，树冠呈波浪形。行内相邻两植株的外围枝梢如果已经交叉重叠，需要对各主枝或侧枝的延长枝（枝头）进行回缩或疏剪，使相邻植株叶幕保持 50 cm 左右的间隔。对“鸡爪状”“短小弱”等衰退枝组、落花落果枝组、结果后的枝组等进行适度回缩或短截处理，分步更新树冠叶幕层。郁闭衰老树的整形修剪主要在采果以后进行，也可在夏梢萌芽时进行。但夏剪一定要控制修剪量，一般剪截下的叶片数量不应超过树冠总叶片量的 20%。对更新修剪以后在树冠中上部骨干枝上抽发的徒长枝，大多应及时予以抹除；如果徒长枝处于较大空秃部位也可保留，但需要及时进行扭梢和摘心处理，使其分枝后削弱生长势，发展形成结果枝组。

2. 密植郁闭果园的间伐与间移

密植郁闭果园间伐与间移的主要方式包括隔株间伐、隔行间伐、梅花形疏伐、隔两行间伐一行形成宽窄行栽植模式等。具体间伐操作：①间伐或间移应根据果园的具体情况来定，对株间过密、行间适当的柑橘园可先确定永久树后采用隔株间伐或间移，对行间过密、株距适当的柑橘园可采取隔行间伐或间移。②间伐宜采取分年疏枝间伐方式进行，即逐年对间伐树影响永久树的大枝进行疏删或回缩，缩小间伐树的树冠，使其不影响永久树的生长，又能确保有一定的产量，待间伐树已无空间利用时再伐除；对已高度郁闭的果园可采取一次性间伐处理，保证永久性柑橘植株能有充足的生长空间。③间移宜在移植前一年的秋季进行断根处理，即沿树冠滴水线挖深 40～60 cm、宽 20～30 cm 的环形沟，切断根系，剪平切口，晾根 2～3 天后沟内填入表土，再浇水，促发新根。第二年春季移栽时在预先断根处外方开始挖树，进行带土移栽，尽量保护好断根处发生的细根，用草绳或塑料带等材料将其包裹在土团内，移栽前对树冠进行重剪，剪除总枝叶量的 1/3 为宜。④间伐或间移的时间宜在春季萌芽前或无低温冻害区的冬季进行。

三、高接换种树的整形修剪

1. 高接换种技术

高接换种是保留原有果树主干与主枝等树体结构的基础上进行高位嫁接优良新品种，实现快速结果投产的一种技术。高接换种树宜选择枝干无严重伤痕、树龄 10～15 年以内的健壮植株；嫁接前一年早秋，对树盘进行深沟断根和压埋（生物）有机肥处理，即在树冠滴水线处两侧开挖条沟或环状沟，沟宽 30～40 cm，深 50～60 cm，并将沟内壁的根系剪平，晾晒 2～3 天，施入腐熟的有机肥，再覆盖表土。

2. 嫁接枝的选择与修剪

嫁接枝选择分枝角度较小，生长枝直立，枝径 2～3 cm 的，在高度 80～100 cm 的平滑枝干处进行嫁接。秋季采取腹接、春季以切接为主，每株高接树选择 5～7 个主枝与侧枝嫁接 20～30 芽，切接时伤口需要用塑料薄膜或套保鲜袋等进行密封处理，防止水分蒸发。嫁接前，将嫁接口附近上下的小侧枝剪除，保持 20 cm 范围内无分枝。安放接芽的位置要以新梢抽生后能在树冠内分布均匀协调为宜；对于较粗的大枝，可在每个锯口处嫁接 2～3 芽。春季锯砧后应将锯口削平，及时用接蜡涂抹伤口，树干涂加有杀菌剂的石灰水，以防止树皮被日灼损伤；日照强烈时还应在易受日灼处再包扎白纸或锡箔。

3. 树冠下部枝组的保留与疏除

在嫁接部位以下，适当保留部分平展和下垂枝组，以辅养接芽。待接芽生长两次新梢后，可逐步疏除保留的原有枝组。第二年春季萌芽前，再将所有辅养枝组和未接活的枯桩全部锯除掉。如果接芽数量不足，可留当年生夏梢在秋季或翌年春季进行补接处理。

4. 摘心促发分枝

接芽萌发后，一般长至 6～8 片叶时及时摘心处理，长势弱的在 4～6 片叶时摘心，以尽早促发分枝。旺长枝不可随意疏去，可以进行揉枝、扭梢等处理，促使尽快分枝，缓和长势，提早开花结果。冬季修剪时对于选定的主枝延长枝进行中短截。

5. 抹除萌蘖

高接换种第一年生长期，主干、主枝上会抽生大量的萌芽，应及时抹除。10 天左右一次，齐发生处基部抹除，不留桩节。抹除多次后，发生处膨大的要用刀或枝剪削平或剪平。

6. 疏剪密生高接枝梢，合理布局树冠

为了保证高接换种及早形成树冠，开始嫁接时可适当多留枝桩，多嫁接一些芽。但随接芽的生长，新梢不断增多，逐步疏除过密枝梢，培养树冠少而稀、厚实的绿叶层结构。

四、移栽大树的整形修剪

随着现代果树产业的发展，农业机械化水平的不断提高，柑橘大树移栽已变得简单易行，生产上会经常使用大树移栽技术。整形修剪是大树移栽的一项重要技术措施，按照冠根比即地上部与地下部平衡关系，修剪好树冠、根系才能提高成活率，尽快获得较好的经济效益。

1. 断根促发新根

在移栽前一年的秋季即根系第三次生长高峰之前，对植株进行断根处理，即在距主干 50～100 cm 处挖深 40～60 cm、宽 20～40 cm 的环沟，剪断剪平沟内露出的根系，在沟内分层施入腐熟有机肥或生物有机肥和表土，覆土后应对树盘和环沟灌透水一次。

2. 回缩大枝，蓄留辅养侧枝

大树在移栽前，将主侧枝回缩到 3～5 级，仅保留树冠中下部侧枝及其叶片。已断根的按断根沟挖深 40～50 cm，切断垂直根，用编织袋或稻草绳或塑料绳等进行包裹处理。未经断根处理的，根据土体体积大小，以确定枝干修剪程度。带土体积大，可保留 4～5 级枝；带土体积小，可仅保留 50～100 cm 高的 1～2 级分枝；不管是带土还是不带土的，都要重剪枝干和修剪根系，保持地上部与地下部的平衡。

3. 移栽定植处理

春梢萌动至抽梢 2 cm 左右这段时间都可以进行移栽。移栽前先对地上部进行主枝更新，即从主枝或侧枝的适当部位锯断，做好对伤口的处理与保护工作。移栽时从断根沟向外 10 cm 处开沟，挖出植株后，需将根部的伤口修剪平整，对较大的伤口要涂杀菌剂加以保护，然后再定植。

4. 疏梢摘心，促发分枝

大树移栽成活后，主干、主枝上会萌发较多新梢，要及时进行疏梢，每个剪口或锯口首先留 4～6 根，在不同方位，上下要均匀，留外向枝、背上枝、侧向枝，一般不留背下枝。新梢按生长势强弱，5～8 叶摘心处理，促发新分枝。以后各次新梢同样处理，以增加分枝级数，尽快形成新树冠，提早结果。

五、冻害树的整形修剪

受冻的橘树，轻则叶片卷曲、变黄、部分脱落；重则全部落叶，骨干枝受冻，甚至枯死。应根据柑橘树的冻害程度等萌芽后且稳定回温达到日均温度 10 ℃以上后再进行修剪，轻伤轻剪、早剪；重伤重剪、晚剪；小伤摘叶，中伤剪枝，大伤锯干；伤到哪里修剪到哪里；受害植株减少留花挂果；伤及主枝时，可以考虑高接换种。

1. 重冻树的枝干回缩处理

冻害严重的树，可在新梢抽生后，在大枝或主干存活部位下 2 cm 处“带青”重剪或截干。大枝修剪或锯干后，下部枝叶尽量保留作为辅养枝。萌芽后，在剪口附近易发生很多萌蘖，在多留枝叶的前提下适当抹芽、摘心处理，保留树干上部的萌芽，利用叶片制造营养，给枝干遮阴，减轻树干日灼损伤。

2. 轻冻树的更新修剪

轻冻树指当年可以结果，有一定产量的受冻树。只剪除枯枝、枯叶，功能叶尽可能保留。修剪以短截为主，适当疏剪密生细枝，多保留内膛春梢母枝结果。叶片受冻，萎蔫不能复原或枯焦未落的，尽早摘除；受冻枝梢不明的，春季萌芽处回缩修剪。受冻树分期修剪，萌芽前尽早剪去明显的受冻枝条，萌芽后二次修剪。

3. 枝干与伤口保护处理

受冻树修剪后，要及时对枝干和伤口进行保护。枝干刷白，防止日灼裂皮；受冻后，易发树脂病，对剪(锯)口边缘用锋利的刀或剪削成圆弧形的平滑斜口，再用 75%酒精或 0.1%高锰酸钾溶液消毒伤口，涂抹波尔多液、石硫合剂等伤口保护剂，并用薄膜包扎伤口。

4. 疏梢、摘心

受冻树经修剪后，存活的枝干引芽容易萌发大量新梢，应及时疏梢。主干主枝上的萌芽，一般每个锯口留 4～6 个新梢，靠近锯口下 30 cm 以内，不同方位均匀分布。对生长达到 30～

40 cm的春梢和夏梢，每次新梢留6～8片叶摘心，达不到6叶的不摘心。摘心后，萌发的夏秋梢要抹芽1～2次，保证每个基枝能萌发2～3个新梢，增加新梢枝数，促其早形成树冠。

5. 根系修剪

冻害严重的树，萌芽后对枝干修剪的同时，对根系进行修剪处理，有利于促进地上新枝的生长。2—3月在原树冠滴水线内沿树干对称开挖两条条沟或半环状沟，宽20～30 cm，深30～40 cm，将露出来的侧根进行断根修剪处理，然后晾晒2～3天后将腐熟有机肥（或生物有机肥）与表土进行回填，以促发新根。

本章小结

整形修剪是柑橘栽培管理中一项十分重要的技术措施，其计划性与目标性强。整形修剪能使树冠骨架牢固紧凑，承受树体枝叶和较多果实的压力；使树体结构合理，层次分明，增强树体内部的通风透光能力，促进内膛辅养枝、披垂枝的结果能力，形成立体结果。合理修剪可以调整花枝与营养枝的比例，实现不同年份之间的丰产稳产，克服柑橘大小年现象。整形修剪可以使树体、枝组的载果量适度和分布均匀，使果实营养充足，发育良好，果大而均匀。良好的修剪使树冠内膛及各部位的光照条件都得以改善，从而使果实着色良好，内在品质也能得到提高。合理整形修剪，对结果枝、落花落果枝、披垂枝、衰退枝或大枝及时进行回缩或重短截，可以及时更新和恢复树体的长势。合理整形修剪，树冠紧凑矮化，疏密得当，间隔合理，便于田间作业，各项管理工作的效率大大提高，修剪、采收及喷药等管理工作的成本则大大降低。合理修剪，增强树势，改善枝叶分布状况，使树体通风透光，有助于提高植株的抵抗力，减少病虫害的发生，也方便喷药防治病虫害。在多风地区，培养矮干小冠树形，可以减轻风害，避免枝果摩擦形成花斑果。

柑橘栽培品种繁多，深入了解不同柑橘品种的生物学特性，了解不同柑橘栽培的土壤生态气候条件对树体生长发育的影响，因地因树制订合理的整形修剪方案，实施促抑得当修剪，达到立体结果。轻简省力化栽培是现代柑橘产业的发展趋势之一，根据不同柑橘品种特性、土壤生态气候因素和机械化建园栽培模式，采用宜机化的树形培育与修剪方法，实现柑橘高光效、省力化整形修剪与优质丰产稳产目标。

复习思考题

1. 柑橘整形修剪的理论依据是什么？
2. 简述柑橘生长发育的环境条件。
3. 比较柑橘不同树形的树体结构特点。
4. 简述柑橘不同树形的整形过程。
5. 简述柑橘不同树龄阶段的整形修剪。
6. 简述郁闭果园改造技术方案。
7. 简述不同品系柑橘的整形修剪特点。

（易时来　编写）

第十章

山楂、枇杷的整形修剪

第一节 山楂的整形修剪

山楂(*Crataegus pinnatifida* Bge.)为蔷薇科(Rosaceae)山楂属(*Crataegus* L.)植物，俗称山里红，又名红果，是我国特有的药食两用的果树，也是很好的园林绿化树种。山楂栽培范围广，北起吉林，南至云南，有20多个省(自治区、直辖市)栽培。山楂优势栽培区有辽宁中北部优势区、冀东北优势区、鲁中南优势区、晋东南优势区和豫西北优势区。我国山楂属植物有20个种，栽培的有羽裂山楂、云南山楂、湖北山楂和伏山楂等，北方栽培最多的是羽裂山楂的变种大果山楂，本节主要以大果山楂(以下简称山楂)为例进行介绍。

一、山楂的生长结果习性

1. 山楂的生物学特性

山楂的枝条可以分为营养枝、结果母枝和结果枝。营养枝按长度分为叶丛枝、短枝、中枝、长枝和徒长枝。冬季着生花芽的枝为结果母枝，结果母枝上的花芽萌发后，带有花序的新梢称为结果枝(结果新梢)，结果枝长度一般为5～15 cm。夏季不开花结果的枝条为营养枝，营养枝上的芽完成花芽分化到冬季即成为结果母枝，没有花芽的枝仍为营养枝。山楂生长旺盛，树姿开张，层性明显，顶端优势强。

山楂的芽分为花芽和叶芽，花芽为混合芽。结果枝顶端着生花序，无法形成新的顶芽，其下一小段枝条干枯，下面的芽代替顶芽的功能，称为伪顶芽。枝条上芽的异质性明显，中上部芽饱满，容易形成强枝、旺枝，下部芽质量差，芽体瘦小。隐芽寿命长，容易更新。成花能力强，花芽多为腋花芽，分化开始时间晚，连续结果能力强。

山楂花序为伞房花序，每花序平均1～49朵小花，以15～30朵为多，着生在结果枝顶端。两性花，花序坐果率高，花朵坐果率低。

山楂根系较浅，水平根发达，主干附近的根系容易产生不定芽，产生较多的根蘖苗。根系主要集中分布在20～60 cm土层中。山楂有菌根存在，可增强根系吸收能力。

2. 山楂生长发育的环境条件

山楂分布在年均温 3～20 ℃的广大地区，以年均温 12～15 ℃的地区最为适宜，要求≥10 ℃年积温为 2 400～6 500 ℃，冬季绝对最低温为－38.2 ℃，抗寒性强。山楂为喜光树种，光补偿点为 800 lx，光饱和点为 100 000 lx。山楂耐旱性强，年降水量 500 mm 以上的地区可基本满足山楂对水分的需求，季节性干旱的地区需适当进行灌水或采取节水栽培措施。山楂可耐短时期积水，地下水位较高或长期积水会引起涝害。山楂对土壤的要求不高，但在土层深厚、肥沃的土壤上生长良好，适于中性或微酸性土壤。

3. 山楂的年生长发育规律

春季地温达 5 ℃时根系开始活动，芽开始萌动，4 月中旬新梢开始生长，5 月初花序开始分离，5 月上旬为始花期，5 月中旬为盛花期，果实发育期长，140～150 天，10 月上中旬成熟，10 月下旬至 11 月上旬落叶。

4. 山楂的生命周期

(1)幼树期　山楂幼树生长旺盛，枝条直立，新梢生长快。

(2)结果期　结果较早，经济寿命长。一般栽植后第 3 年可以开花结果，5～6 年可以获得一定的经济产量，10 年左右可以进入盛果期。

(3)衰老期　山楂树的寿命较长，一般可达 100 年以上。衰老期的山楂树外围枝生长势减弱，小枝干枯增多，下垂枝增多，树冠内出现自然更新，产量显著下降。

二、山楂常用树形及培养过程

山楂常用树形有主干疏层形、小冠疏层形、自然开心形和自由纺锤形等(二维码 10-1)。也可参考苹果、梨等的树形进行修剪。

二维码 10-1
山楂常用树形
(PPT)

1. 自由纺锤形

(1)树体结构　干高 60～80 cm，有中心干，树高 3 m 左右，冠径 2.0～2.5 m。中心干上螺旋着生主枝 8～10 个，主枝开张角度 80°～90°。主枝上培养中小型结果枝组(彩图 10-1)。

(2)整形要点　栽植后定干高度 80～100 cm，刻芽促发新梢，秋季剪口下第一枝留作中心干，其下的枝条培养主枝，主枝间距 15～30 cm，秋季拉枝开张角度，基角 80°～90°。冬剪时短截中心干枝，使其继续延伸的同时分生新主枝，短截主枝延长头，促进分枝培养结果枝组。第二年春季萌芽前在中心干上每隔 15～20 cm 刻芽，提高萌芽率。秋季对中心干上的主枝继续拉枝，缓放平斜枝条培养结果枝组，疏除背上强旺枝和竞争枝。第三年继续培养主枝和结果枝组，经 3～4 年树形可以培养完成。

(3)树形特点　中心干直立强健，树冠通风透光好，树势稳定。常用于行距 4 m、株距 2 m 的密植园。

2. 自然开心形

(1)树体结构　干高 40～50 cm，树高 3 m 左右，冠径 3.5 m 左右，主干上着生 3～4 个主枝，开张角度 30°～40°，每主枝培养 2～3 个侧枝，主侧枝上培养中小型结果枝组。

(2)整形要点　定干高度 60～70 cm，夏季修剪抹除整形带以下的萌芽，保留 3～4 个旺盛生长的新梢。冬季修剪时中短截，剪口下留饱满外芽。第二年秋季或冬季修剪时按目标树形要求将主枝拉开角度，冬季修剪时主枝延长头继续短截促发分枝，其余枝条以甩放为主。第三年夏季将除主枝延长头以外的分枝通过扭梢、拿枝等方式打开角度，缓放促花；冬季修剪时将位置合适的分枝短截培养侧枝。经 4～5 年可以培养成形。

(3)树形特点　骨架牢固，通风透光。行距 4～5 m，株距 2～3 m。

三、山楂整形修剪特点

1. 不同发育阶段的修剪特点

(1)幼树期　整形的重点是合理定干，开张骨干枝角度，培养合适的骨干枝，为树形培养奠定基础。3～4 年后轻短截各级骨干枝的延长头，促进树冠扩大。疏除竞争枝和背上旺枝，缓放中庸枝，培养结果枝组，维持树势中庸状态。

(2)初果期　通过冬季修剪和夏季修剪相结合，在继续培养树形的基础上，着重培养健壮结果枝组，增加结果部位，适当疏除过密枝组，使其布局更加合理。

(3)盛果期　保持树势健壮，通风透光，控制结果量，保持营养生长与开花结果的平衡。更新衰老枝组，对延伸过长的枝组回缩复壮，多留预备枝，缓解大小年结果现象。控制枝组延伸空间，打开光路，避免内膛空虚。

(4)衰老期　加大回缩更新力度，利用徒长枝培养新的结果部位，恢复及保持树势，延长结果年限。

2. 不同物候期的修剪特点

(1)冬季修剪　多疏除外围枝条，增加内膛光照，多保留内膛枝组，防止内膛光秃、结果部位外移。山楂顶花芽(伪顶芽)的质量好，在修剪时少短截。对下垂枝条适当回缩，恢复生长势。

(2)夏季修剪　适当疏除多余的强旺枝，改善树冠光照条件，在 7 月底拉枝开张角度，缓和生长势，促进成花。

四、山楂整形修剪实践

1. 放任树的修剪

生产中由于山楂容易成花，结果多，丰产性好，人们常常忽视对山楂的整形修剪，放任树较多。对放任树的改造修剪，首先是疏除交叉枝、重叠枝、过密枝等，改善树体光照条件；其次是选留主枝和结果枝组，疏除过密的、结果能力差的结果枝组，打开光路；最后是更新培养结果枝组，稳定结果部位。在修剪的同时结合加强肥水管理以恢复树势。

2. 郁闭果园的修剪

一些早期栽培的密植山楂园，由于不注意控制树冠大小，常出现树冠过高过大，与株行距不匹配，果园郁闭等。对于这类山楂园，要注意落头开心，疏除大的骨干枝，打开层间距，改善内膛光照条件，逐步进行改造。根据品种、树势、树冠郁闭等情况选择开心形或分层形树形，逐年落头开心，控制树高在行距的75%左右；回缩疏除大的主枝，轮换为小主枝，控制树冠直径，保持行间通风透光；适当提干，使主干高度不低于70～80 cm，便于地面管理和下部通风；拉开层间距，减少树冠内骨干枝和枝组数量，改善通风透光条件。郁闭果园的改造要制订好计划，分年分步实施，不能只追求一步到位。

第二节　枇杷的整形修剪

蔷薇科（Rosaceae）枇杷属（*Eriobotrya*）植物有30个种，我国产15个种，枇杷（*Eriobotrya japonica*）是唯一的栽培种，贡嘎山东南坡的大渡河中下游地区是栽培种枇杷的起源中心。我国是世界上最大的枇杷生产国，北纬33.5°以南的19个省（自治区、直辖市）均有枇杷栽培。据不完全统计，截至2022年，我国枇杷栽培总面积近200万亩，年产量超90万t，占全球枇杷产量的80%以上，主要产区集中在川渝、江浙、福建等地。目前，枇杷生产已由过去的零星栽培、粗放管理逐步转向规模化、集约化生产，推行新优品种、矮密栽培及优质大果生产技术。

一、枇杷的生长结果习性

1. 枇杷的生物学特性

枇杷为常绿小乔木。经济栽培时通常为嫁接繁殖，树高及树冠大小因品种、栽培管理及树龄的不同而有差异。

枇杷的干性强，萌芽率低，成枝力强，一般只有顶芽及附近3～5芽萌发，侧生枝往往比顶生枝（中心枝）长，易形成枝条轮生现象。隐芽寿命长，有利于树体更新。

枇杷一年内可抽生4次新梢，在金沙江干热河谷甚至可以抽生5次。一般春梢于早春抽生，较短，粗壮，节间密，大部分成为夏梢的基枝，或者发育成春梢结果母枝。夏梢通常在采果前后抽生，较细长，是幼树扩大树冠及结果树形成结果母枝的主要枝梢。秋梢一般在8月下旬至10月下旬抽生，幼树抽生的主要是营养性秋梢，可用于扩大树冠，成年树抽生的秋梢往往形成较短的结果枝。冬梢一般在11月上旬至翌年2月抽生，数量相对较少。充实的夏梢和春梢是主要的结果母枝。

枇杷的侧芽（腋芽）全为叶芽。顶芽为裸芽，分为叶芽和花芽。花芽为混合芽，萌发后形成结果枝。

枇杷花芽分化时间短，当年夏秋开始分化，秋冬即开花。枇杷花芽分化的临界期大致在夏梢发育充实、停长的时期，一般在6—7月。7—8月即开始形态分化，而且是边生长边分化，从花序轴出现到支轴分化是在芽内进行的，而支轴的延伸、小花分化则是在芽外进行的。

枇杷易成花，花量大，花期长。绝大多数主栽品种均有较强的自花结实能力，丰产性强。

枇杷的根系好气性强，分布浅，须根少，断根后再生能力差。

2. 枇杷生长发育的环境条件

枇杷是喜温暖湿润的亚热带常绿果树。虽然分布范围广，但以年均温 15 ℃以上的地区为适宜栽培区。由于枇杷秋冬开花，冬春为幼果期，冬季和早春的最低温度不能低于－3 ℃，这也是决定枇杷能否进行经济栽培的主要限制因素。

枇杷幼树较耐荫，结果树需要充足的阳光。但由于果实多处于树冠外围，果实转熟期遇强光直射，易发生日灼。

经济栽培的枇杷要求一定的雨量和湿润的空气，年降水量一般需在 1 000～1 200 mm 及以上，且分布均匀。初夏果实膨大期降水过多，易导致成熟期推迟，果实着色差，风味淡。夏末秋初适度干旱有利于花芽分化。

枇杷对土壤的适应性广，但忌黏重、低洼、易积水的地块。由于根系浅，根冠比小，抗大风能力弱。

3. 枇杷的年生长发育规律

枇杷与其他果树春华秋实的发育规律不同，一般秋冬开花，春夏成熟，且在不同的生态条件下具有特殊的生态反应和生态适应性，受品种、栽培技术的影响也较为明显。我国代表性枇杷产区的物候期如表 10-1 所示。

表 10-1　枇杷物候期（蔡礼鸿，2012）

产区	福建莆田	浙江黄岩	浙江塘栖	安徽歙县	江苏洞庭山	四川双流
春梢抽生期	2 月上旬至 3 月中旬	2 月中旬至 5 月底	3 月上旬至 5 月上旬	4 月上旬至 5 月上旬	3 月上旬	2 月中旬至 4 月下旬
夏梢抽生期	5 月上中旬至 6 月下旬	6 月上旬至 8 月上旬	6 月上旬至 7 月下旬	6 月上旬至 7 月上旬	6 月上中旬	5 月下旬至 6 月下旬
秋梢抽生期	7 月中旬至 10 月中旬	8 月下旬至 10 月中下旬	8 月中旬至 9 月中旬	8 月上旬至 9 月下旬	—	8 月下旬至 10 月下旬
冬梢抽生期	11 月上旬	11 月上旬至 2 月上旬	—	11 月上旬	—	—
开花初期	10 月下旬至 11 月上旬	10 月下旬至 11 月上旬	10 月下旬至 11 月中旬	10 月上中旬	10 月下旬至 11 月中旬	10 月至 11 月 上旬
开花盛期	11 月中下旬	11 月上旬至 12 月上旬	11 月中下旬	11 月中旬	11—12 月	11 月下旬至 12 月上旬
开花终期	1 月下旬	2 月上旬	12 月中旬至 1 月中旬	12 月上旬	12 月上旬至 1 月中旬	12 月下旬至 1 月中旬
果实成熟	4 月上旬至 5 月中旬	5 月中旬至 6 月中旬	5 月中旬至 6 月中旬	5 月中旬至 6 月上旬	5 月下旬至 6 月上旬	4 月下旬至 6 月上旬

4. 枇杷的生命周期

在中等密度栽培条件下，嫁接繁殖的枇杷，一般 3～4 年开始结果，8～10 年进入盛果期，盛果期可维持 30 年左右。实生树寿命可达 100 年以上。

二、枇杷常用树形及培养过程

传统枇杷栽培中对整形修剪不够重视。由于枇杷自然生长时层次分明，幼树一般能形成整齐的圆锥形，成年树逐渐变成圆头形，产量往往并不低。但由于树冠过高、管理不便，一般小果过多，品质较差，树冠中上部果实采收困难，且树冠内大枝密集，内膛光秃，果园郁闭。

枇杷较容易获得丰产，如何降低结果部位、提高果实品质、提高工作效率是生产中需要着重解决的问题。目前生产中常用的树形中，传统的自然圆头形应尽快淘汰，大冠形的疏散分层形（主干分层形）、变则主干形、主干形、三层杯状形等树冠仍然偏高，也需要改造。

在枇杷生产中，应推广中等密度栽植、低干矮冠树形，采用双层杯状形、双层开心形、单层杯状形、开心形等树形；部分管理水平较高的高密度枇杷园，可采用 Y 形。

1. 双层开心形

(1)树体结构　该树形主干高 30 cm，全树配备 2 层主枝。第一层主枝 3～4 个，开张角度 60°～70°，每主枝配备侧枝 2～3 个。第二层主枝 3 个，开张角度 45°左右，每主枝配备侧枝 1～2 个。第一层层内距离 20～30 cm，与第二层层间距 80～100 cm，树冠高度 2.0～2.5 m。

(2)整形要点　定植后定干高度 40 cm。根据发枝情况，在栽植当年末或第二年选留分布均匀的 3～4 个新梢作为第一层主枝。中心枝不短截，在达到合适高度时，选留分布均匀的 3 个新梢作为第二层主枝，之后再回缩中心枝。对选留的主枝拉枝开角，并在自然生长过程中，在第一、第二或第三轮生枝处，选留位置合适的新梢作为侧枝。枇杷树树势恢复后发枝量大，在培养主侧枝的同时，多选留结果枝组和辅养枝。一般在第二年末或第三年完成树体结构培养。

(3)树形特点　枇杷双层开心形培养简便，骨架牢固，成形较快，树体大小适宜，结果部位多，产量稳定，适宜栽培密度为(3～4)m×(4～5)m。该树形适用于各种生长势的枇杷品种。

2. 双层杯状形

双层杯状形主枝的培养，利用枇杷易于形成轮生枝、侧生枝较中心枝长的特点，在主枝第一个分枝处选留 2 个侧生的枝条培养成 2 个长势一致的侧枝，侧枝上可配备大型结果枝组。其他树体结构及培养过程与双层开心形相同。

3. 单层开心形

(1)树体结构　该树形主干高 30～40 cm。只配备 1 层主枝，主枝 3～4 个，均匀分布，开张角度 45°左右。每主枝配备侧枝 2～3 个。层内距离 30～40 cm，树冠高度 1.8～2 m。

(2)整形要点　定植后定干高度 40～50 cm。根据发枝情况，在栽植当年末或第二年选留分布均匀的 3～4 个新梢作为主枝，并回缩中心枝。对选留的主枝拉枝开角，并在自然生长过程中，在第一、第二或第三轮生枝处，选留位置合适的新梢作为侧枝。在培养主侧枝的同时，多选留结果枝组和辅养枝。一般在第二年末完成树体结构培养。

(3)树形特点　枇杷单层开心形培养简便，成形快，树体小，适宜栽培密度为(3～4)m×4 m，适用于生长势中等或偏弱的枇杷品种。该树形光照条件好，早期丰产性强，易于生产优质果。

4. 单层杯状形

单层杯状形利用枇杷易于形成轮生枝、侧生枝较中心枝长的特点，在主枝第一个分枝处选留 2 个侧生的枝条培养成 2 个长势一致的副主枝，其上直接配备结果枝组。其他树体结构及培养过程与单层开心形相同。

5. Y 形

Y 形树只配备 2 个主枝，垂直行间，斜向上延伸。主干高度 20～30 cm，树冠高度 1.5～2 m。全树只配备中小型结果枝组，适用于(1.0～1.5)m×3 m 高密度栽植。

三、枇杷整形修剪特点

1. 不同发育阶段的修剪特点

(1)幼树期　枇杷苗定植后，定干高度较矮，一般为 30～50 cm。新栽幼树第一次抽生新梢往往较弱，一般在 1～2 年不剪或少剪，多留枝，健壮树势。及时抹梢、摘心，或在每次新梢停长后少量疏枝，以处理过密轮生枝、调整枝条从属关系，保证骨架结构良好，平衡树势。

第二、第三年时，根据目标树形选留主枝，对分枝角度小的主枝应拉枝开角。其余枝条可作为辅养枝，分枝角度小的也应拉枝开角，较主枝更为平斜。枇杷的枝条较硬，拉枝时要注意基部软化和控制力度，防止基部劈裂或中部折断。对一次不能开角到位的，可分 2～3 次逐步进行。

对生长健壮的主枝延长头，当长至 30～40 cm 时进行适时、多次摘心，降低分枝部位，促发新梢，促进内膛充实，并选留侧枝及培养结果枝组。

一般在第三年时完成低干矮冠树体结构的培养，并及时落头开心，控制树高。

(2)成年丰产树　成年丰产树的修剪，主要目的是维持矮化丰产树形，调整结果量，控制郁闭。一般在春季幼果膨大前和夏季果实采收后进行两次修剪。

春季修剪结合疏果进行，主要疏除过密枝、交叉枝、徒长枝及衰弱枝，对过多、过大的侧枝、大型结果枝组适当回缩或疏除，并控制树高。

夏季修剪在采果后尽早进行。疏除已结果的枝梢，或对所着生的结果枝组进行回缩。疏除过密枝、光腿衰弱多节枝、交叉枝及徒长枝。株间、行间延伸的外围枝适当回缩，防止郁闭。

2. 不同物候期的修剪特点

枇杷为常绿果树，尤其具有秋冬开花、果实初夏成熟的特性，最佳修剪时期一般是果实采收后立即进行，春季修剪和秋季修剪为辅。

对易产生冻害的地区或果园，可以在冻害过后、受冻幼果可以明确辨认后结合疏果进行修剪，一般最迟宜在 3 月下旬至 4 月初完成。

对各种不合理枝条，如过密枝、交叉枝、徒长枝、衰弱枝的处理以及抹芽、拉枝等，除集中修剪外，一般只要避开夏季高温和冬季严寒期，随时均可适度进行修剪。

四、枇杷整形修剪实践

1. 衰弱树的修剪

枇杷生长势一般较强，枝梢抽生能力强，造成衰弱的原因主要是养分水分不足，且放任生长，不注意整形修剪，造成大枝过多、交叉密集、内膛光秃、结果部位外移。因此，对衰弱树的更新修剪，要在做好土肥水管理、营养树体的情况下，再进行修剪。

衰弱树的更新修剪应避开夏季高温干旱季节，以避免枝干裸露后产生日灼。同时，由于枇杷的剪锯口愈合能力弱，根系更新能力弱，不耐重修剪，更新时切忌修剪过重。每次修剪量以不超过全树枝量的 1/3 为宜，分批、逐次完成。

更新修剪时要先降低树高。放任衰弱树依据矮冠树的标准进行落头，双层开心形或双层杯状形的宜改为单层树形。

确定好选留的骨干枝，疏除过多的大枝，并对骨干枝上的衰弱枝组进行回缩。再疏除其他过密枝、交叉枝、病虫枝等，但要注意在内膛多留枝。枇杷树易形成弓形曲枝，衰弱树上易发生弯曲下垂的“多节枝”，一般均要疏除或重回缩。

2. 郁闭园改造

枇杷与其他果树不同，密植并不一定丰产。枇杷周年生长，长势旺盛，叶片大，极易造成果园郁闭。所以，密植园应做好密植安排，一般在株间刚刚交接、行间作业空间不足时即着手对永久株、临时株按不同方法进行修剪，直至间伐临时株。

改造期间，对永久株进行正常修剪。临时株重点回缩外围枝梢，使株间叶幕间距达到 0.5 m 以上，行间作业空间 1 m 以上。随着永久株树冠的扩大，后期再对临时株落头，控制树高。间伐时，一般隔株去株。个别树形紊乱的、病虫严重的或品种不良的树也可考虑间伐。一般以 3～4 年完成间伐为宜。

对采用稀植、大冠树形造成郁闭的，先逐步落头，降低树高，改善内膛光照，直至改造成矮冠树形。改造后株间、行间仍郁闭的，适当回缩外围延长枝梢，并在树冠外围多留果，以减缓树冠扩张。

本章小结

本章介绍山楂、枇杷的生物学特征、生长发育对环境条件的要求以及年生长发育规律、生命周期等，山楂、枇杷在生产中的常用树形及其培养过程，山楂、枇杷整形修剪特点等内容。

复习思考题

1. 简述山楂、枇杷与修剪有关的生物学特征。
2. 简述山楂、枇杷不同树形的结构特征与整形过程。
3. 简述山楂、枇杷整形修剪特点。

（秦国新　编写）

第十一章 杏、李、扁桃等的整形修剪

第一节 杏的整形修剪

杏(*Armeniaca vulgaris* Lam.)为蔷薇科(Rosaceae)杏属(*Armeniaca* Mill.)植物,落叶乔木。杏属植物有11个种,中国分布有普通杏、西伯利亚杏、辽杏、藏杏、梅等10个种,栽培品种多属于普通杏。杏的果实除可供鲜食外,还可加工成杏脯、杏干、杏罐头、杏酱、杏汁、杏酒等食品和饮料,种仁可生食或加工成杏仁茶、杏仁露、杏仁霜、杏仁粉等饮料或杏仁油,还可做加工食品的配料,种仁也可入药,核壳可加工成活性炭。本节以普通杏为对象进行介绍。

一、杏的生长结果习性

1. 杏的生物学特征

杏,乔木,高5～8 m,树冠圆形、扁圆形或长圆形。树皮灰褐色,有纵裂纹,多年生枝浅褐色,皮孔大而横生,一年生枝光滑无毛,红褐色或暗紫色,有皮孔。

营养枝分为徒长枝、发育枝、纤细枝、叶丛枝,发育枝生长健壮,组织充实,芽饱满,叶片肥大,是扩大树冠、形成花芽的主要枝类。结果枝分为徒长性果枝、长果枝、中果枝、短果枝和花束状果枝,多数品种以中果枝结果为主,短果枝和花束状果枝结实能力差,寿命短。

芽较小,花芽为纯花芽,花芽比叶芽肥大。单生叶芽多着生在枝条基部和顶端,单生花芽多着生在枝条的上部,复芽多着生在枝条中部,复芽中一般会有一个是叶芽。杏的萌芽率和成枝力在核果类果树中是较低的,萌芽率40%～70%,成枝率20%～65%。潜伏芽寿命长,易更新。

叶片宽卵形或圆卵形,长5～9 cm,宽4～8 cm,先端急尖至短渐尖,基部圆形至近心形,叶片有圆锯齿,两面无毛或仅下面脉腋间具柔毛。叶柄长2～3.5 cm,无毛或上面有毛。

花单生或2～3个同生,花梗短,两性花,虫媒花。花瓣白色或粉红色,少数红色,直径2～3 cm,先于叶开放,由于地理位置不一样,开花的时间也各不相同,开花期一般在3—4月。雄蕊20～45枚,常有雌蕊退化(败育)现象,无雌蕊或雌蕊柱头低于雄蕊时,不能授粉或授粉不良而无法结实,雌蕊柱头高于雄蕊或与雄蕊等长时坐果率高。

果实球形、倒卵形、扁圆形或长椭圆形，直径 2.5 cm 以上，最大达 6 cm 左右。果皮有白色、黄色至橙红色，常具红晕，有的微被短柔毛。果期 6—7 月，成熟时如遇雨或土壤水分过多，会造成裂果。果肉酸甜、多汁、有香气。离核或黏核，核卵形或椭圆形，两侧扁平，顶端圆钝，基部对称，稀不对称，核表面稍粗糙，核面有纹或平滑，腹棱较圆钝，背棱较直立，腹面具龙骨状侧棱，种仁味苦或甜。

杏是深根性树种，根系强大，由主根、侧根、须根、吸收根等部分组成。根系垂直分布主要集中在 0～50 cm 土层，可占整体根系的 82%左右，水平分布为树冠的 3～5 倍。

2. 杏生长发育的环境条件

杏分布范围广，各地自然环境条件差异较大。杏树喜光、抗寒、耐旱、耐瘠薄并易于栽培管理，适应性很强，是我国干旱、半干旱区栽培的重要果树。无论在平地、山地和荒漠化地区，都能生长结果。

杏树喜光，若光照充足时生长、结果良好；若光照不良则枝叶徒长，雌蕊败育花增加，严重影响果实的产量和品质。

杏树根系强大，深入土壤下层，其根系、枝条、叶片又具有抗旱结构，所以耐干旱，是较抗旱的果树，但耐涝性差。杏属中以西伯利亚杏最抗旱，其次为普通杏，再次为辽杏。品种中以仁用杏和制干品种最抗旱。

杏树对土壤适应性强，适宜于排水良好、较肥沃的沙壤土或砾质壤土，不喜黏重土壤。土壤含水量在田间最大持水量大于 90%时，叶片发生凋萎，新梢停止生长，最适宜的含水量为 50%～80%。当土壤 pH 大于 8 时，杏叶会出现焦边现象，影响生长。杏抗盐力中等，可以在较轻的盐碱地上生长，在盐渍化程度较高的地区生长不良。

在冬季休眠期，我国杏树各品种群均能在绝对最低气温为－28.3 ℃（辽宁熊岳，1985 年）的条件下安全越冬，北方品种群抗寒能力最强，在－40 ℃或更低的温度下也能越冬。在生长季中，杏树又是耐高温的树种，在新疆哈密，夏季平均最高温度为 36.3 ℃，绝对最高温度达 43.9 ℃，杏树仍能正常生长，且果实含糖量很高。

杏树开花较早，早春花芽萌动期或开花期，抗低温能力较差。花器各器官的抗冻能力由强到弱的顺序为：未发芽的花粉＞花萼＞柱头＞花瓣＞花丝＞发芽的花粉。杏在花蕾期能抗低温－4.0～－1.1 ℃，花期花朵能抗－2～－1 ℃，幼果期能抗 0.5～0.6 ℃，低于上述温度就会遭遇冻害，受冻花中雌蕊败育率较高，不同品种间花芽抗冻能力差异较大。

3. 杏的年生长发育规律

杏树一般 3 月中下旬根系开始活动，6 月下旬至 7 月中旬为根系生长高峰，9 月为第二次生长高峰，11 月后根系生长减弱。3 月下旬至 4 月上旬开始萌芽，展叶后抽枝生长，华北地区新梢生长有两次高峰：第一次出现在 5 月上旬，新梢急速生长，是杏树新梢生长量主要形成时期，5 月中下旬新梢生长逐渐减弱直到停止生长，成龄大树下部枝条仅此一次生长。6 月上旬新梢又开始生长，并逐渐加强，7 月上中旬新梢生长达第二次高峰，但生长势远较第一次弱，以后生长逐渐减弱，8—9 月停止生长，10 月落叶，每次生长停止伴随顶枯现象，即顶芽生长点自行枯萎脱落，再生长时由第一侧芽继续延伸，营养生长期为 210～250 天。花芽一般在 3 月上旬膨大，3 月下旬至 4 月初花，5 月中下旬生理落果，6—7 月果实成熟，果实发育期为 55～

90 天。

4. 杏的生命周期

幼树期生长量大，枝条多趋向直立，容易形成二次枝和三次枝，长枝比例高而短枝少，树冠往往呈圆锥形或长圆形。该期整形工作是尽快培养牢固的骨架，轻剪多留枝，增加枝量，提早结果。

初果期以营养生长为主，树冠迅速扩大，在树冠外围及上部能形成较好的二次枝和三次枝，树冠多呈半开张型，结果枝数量逐渐增多，产量依树龄的增加而增加。长枝比例减少，中短枝比例增加。该期整形修剪主要工作是继续完成整形工作，并不断培养结果枝组。

盛果期树冠和结果枝数量达到最大，新梢生长缓和，骨干枝开张角度大，下垂枝多，全树形成大量花芽。短果枝和中果枝比例大，长枝量少，结果枝占主要地位，该期整形修剪重点是对结果枝组进行细致修剪，调整营养生长与结果的平衡。

衰老期生长势变弱，树冠外围难以抽生较长的结果枝，树冠内出现光秃，花芽形成质量差，以短果枝和花束状果枝结果为主，产量和品质下降，该期在生产上已经失去栽培价值。

二、杏常用树形及培养过程

杏可以参考苹果、梨等进行整形修剪，生产中应用的有自然圆头形、自然开心形和延迟开心形等（二维码 11-1）。

二维码 11-1
杏常用树形

1. 自然圆头形

1）树体结构

自然圆头形没有明显的中心干，一般是在自然生长情况下，加以整形调整而成的。干高 40～60 cm，树高 5～6 m，选留 5～6 个错落生长的主枝，除最上部 1 个向上延伸之外，其余皆树冠向外围插空错开排列。主枝上每隔 40～50 cm 选留 1 个侧枝，侧枝在主枝两侧交错分布，枝组着生在主侧枝上。枝组的着生方向和部位要求不严，均匀分布在背上、背侧和背下，以互不干扰，不影响主侧枝生长为原则（图 11-1，彩图 11-1）。

图 11-1 杏自然圆头形

2)整形要点

(1)第一年　定植后,定干高度为 70～80 cm。冬剪时选留 5～6 个错落生长、长势良好的枝为主枝,对长势强的主枝剪去枝条全长的 1/3,对长势弱的主枝剪去枝条全长的 1/2,一般剪留长度为 50～60 cm。第一年剪口下留外芽,第二、第三年留两侧的芽。

(2)第二年　冬剪时对处于树冠中央位置的主枝延长枝留 50～60 cm 短截,以利于该枝向高处伸展,其余主枝的延长枝留 50 cm 短截。所有主枝上距主干 40～50 cm 处选留侧斜生枝为第一侧枝,侧枝以与主枝的夹角为 40°～50°外斜生为宜,侧枝剪留长度为 30～40 cm。

(3)第三年　冬剪时各主枝延长枝的剪留长度仍为 50～60 cm。在距第一侧枝 40 cm 处的对侧选留第二侧枝。

(4)第四年　若树冠还需继续扩大,第四年冬剪时继续对主枝延长枝短截。短截的年限依栽植密度而定,密的年限宜短,稀的年限宜长,以能充分利用空间,但又不造成郁闭为原则。

3)树形特点

自然圆头形修剪量小,定植后 2～3 年即可进入结果期,4～5 年成形。主枝较多,容易丰产;无中心干,树冠不太高,容易管理。后期树冠容易郁闭,内膛枝易枯死,骨干枝中下部易光秃,结果部位易外移,树冠外围枝易下垂。适宜于稀植大冠栽培或林粮间作。直立性较强的品种、仁用品种、制干用品种("吊树干"等)及观赏品种可采用此树形。适宜的株行距为(4～5)m×(6～8)m。

2. 自然开心形

1)树体结构

自然开心形无中心干,干高 40～60 cm,主干上着生 3～4 个均匀错开的主枝。层内距为 10～15 cm,开张角度为 45°左右。每个主枝上留 1～2 个侧枝,沿主枝左右排开,前后距离 50 cm 左右,其上着生结果枝和结果枝组(图 11-2)。

图 11-2　杏自然开心形

2)整形要点

(1)第一年　定植后,在主干 60～80 cm 高处定干。从剪口下长出的新梢中,选留 3～4 个生长健壮、方向适宜的新梢作为主枝;其余生长旺的枝条应拉平或疏去;生长中庸的枝条可提前摘心控制生长,以增加枝叶量,保证选留的主枝正常生长。第一年冬剪时在整形带内选留 3～4 个主枝,使其相邻主枝的平面夹角相等,主枝基角保持在 50°～60°。选定主枝后,各主枝要在饱满芽处短截,一般剪留 50～60 cm。除选留的主枝外,对竞争枝一律予以疏剪。其余的枝条，按空间的大小进行适当的轻剪或不剪。

(2)第二年　春季萌芽后在剪口下长出的新梢中，选出角度、方向适宜的健壮枝条，作为主枝延长枝来培养；其余枝条适当控制，以保证主枝延长枝的生长优势。在整个生长季节中，宜进行 2～3 次修剪，使其枝条长势均匀。竞争枝要及时疏除，其余枝条应尽量保留或轻剪，使其提早形成花芽，保证前期产量。第二年冬剪时，主枝延长枝剪留 50～60 cm。同时，为主枝选留侧枝，第一侧枝距主干 50～60 cm，剪留长度 30～50 cm。在主枝上培养结果枝组，其余枝条按空间的大小决定去留。

(3)第三年　按第二年的方法继续培养主枝延长枝，并在各主枝的外侧选留培养第二侧枝。主枝上的侧枝要分两侧着生，使其前后距离保持在 40～50 cm。各主枝上的侧枝要分布均匀，避免相互交错重叠。侧枝的角度要比主枝大，以保持主侧枝的从属关系。按此方法，每个主枝上选留 1～2 个侧枝。冬剪时对主枝延长枝和第二侧枝于饱满芽处短截，剪留 30～50 cm。同时，在整形的过程中，还要注意培养结果枝组。

(4)第四年　树体已基本成形以后，修剪的目的主要是继续扩大树冠，培养结果枝组。具体修剪方法可参考第三年。

3)树形特点

自然开心形无中心干，树体小，主枝数量又少，主枝开张，通风透光好，结果枝牢固而充实，因此，营养集中，主枝长势较强。可充分利用夏剪培养主侧枝，并在及时控制背上枝长势的同时，将其培养成大型结果枝组。主枝的外围枝组易下垂，树体衰老快。适用于鲜食与加工杏及仁用杏各品种，适合在半干旱地区山地、水肥条件较差的山地杏园应用。适宜的株行距为 4 m×(4～6)m。

3. 延迟开心形

1)树体结构

延迟开心形是一种改良树形，有明显的中心干，但没有分明的层次。中心干上均匀错落地着生 4～5 个主枝，主枝上下间距为 20～30 cm，最上部一个主枝呈水平状或斜生伸展。在主枝的两侧配置侧枝，两相邻侧枝的前后距离 40～50 cm。在侧枝上着生结果枝和结果枝组。主干高度 50～60 cm，成形后树高控制在 2.5 m 左右。树体成形后，将中心干上最后一个主枝去掉，即呈开心状(图 11-3)。

图 11-3　杏延迟开心形

2)整形要点

(1)第一年　定干高度为 70～80 cm。冬剪时在整形带内选留一个长势较强的枝条作为中心枝使其向上生长,在其下选留 2～3 个主枝,相邻主枝间上下距离为 20～30 cm,主枝方向相互错开。主枝剪留长度为 50 cm 左右,基角保持在 50°～60°。

(2)第二年　冬剪时中心延长枝继续在饱满芽处短截,剪留长度为 50～60 cm,在其下选留 2 个主枝,新选主枝与上一年主枝错落着生。同时,为上一年主枝选留侧枝,第一侧枝距主干 50 cm,剪留长度 30～50 cm。

(3)第三年　冬剪时可参照第二年冬剪,继续对中心枝进行短截,并为之前的主枝培养侧枝,侧枝分列在主枝的两侧。同时,在主侧枝上培养大小相间、插空着生的结果枝组。

(4)第四年　冬剪时继续为各主枝培养侧枝,为主枝和侧枝培养结果枝组。各主枝培养好,树势稳定后,中心干上保留 4～5 个主枝,去掉顶部多余主枝,使之呈开心形,树高控制在 2.5 m 左右。

3)树形特点

延迟开心形树冠中大,整形容易,进入结果期早,适合于密植。该树形前期有明显的中心干,成形后将中心干顶部多余主枝疏除,因此,树体通风透光良好,内膛不易光秃,产量高,果实品质好,树体的经济寿命较长。延迟开心形适用于干性较强的品种,适合在株行距较小、立地条件较差的地方应用。适宜的株行距为(3～4)m×(4～6)m。

三、杏整形修剪特点

1. 不同发育阶段的修剪特点

(1)幼树期的修剪　主要任务是整形,培养主枝,扩大树冠。修剪以整形与缓和树势为主,要控制竞争和徒长,多放、少截、疏直、留斜,多拉枝、抹芽,多进行夏季修剪,缓和生长势,促进成花。

(2)初果期树的修剪　主要任务是继续培养树形,适当保留结果枝组。初果期树枝条直立生长,开张角度小。初果期树冬剪的主要任务是选好骨干枝,延长枝头,培养树形骨架,培养结果枝组,迅速扩大树冠,开张枝条角度,缓和极性和生长势,形成较多的花芽,达到早成形、早结果、早丰产的目的。

(3)盛果期树的修剪　主要任务是调整生长与结果,保持树势健壮,改善树体光照,防止出现树体早衰、结果部位外移和大小年结果的现象,保证优质、高产和稳产。逐步清理和回缩影响树体结构的辅养枝,采用放缩结合,控制树体大小,维持生长势。调整和更新结果枝组,保持结果枝组的健壮,延长盛果期。

(4)衰老期树的修剪　衰老期枝条年生长量显著减少,树势衰弱,内部枯枝不断增加,结果部位外移,产量下降,大小年结果现象严重。这个时期的主要修剪任务是更新修剪,集中养分,恢复树势,延长经济寿命。修剪时回缩更新骨干枝,刺激潜伏芽萌发,复壮后部,充分利用内膛和骨干枝上的徒长枝,进行剪截或拉枝压平,培养成新的主枝或结果枝组,疏除和重短截衰弱的结果枝,促进萌发新枝,复壮结果枝。在更新修剪的同时,加强肥水管理和病虫害防治,并结合秋施基肥,断去部分根系,恢复树势。

2. 不同物候期的修剪特点

(1)休眠期修剪　进行合理的休眠期修剪,不仅能够使幼树迅速扩展树冠,增加枝量,加速幼树的整形,培养合理的树体结构;而且还能调节生长与结果的关系,使盛果期树实现连年高产、稳产,延长盛果期年限。休眠期修剪时树体无叶片的遮挡,进行树体结构调整比较容易,但在北方寒冷地区应尽量避开严寒期。此期修剪以短截、疏枝和回缩为主,幼树主要短截各种骨干枝的延长头,疏除过密枝和背上直旺枝,培养结果枝组;结果大树主要对结果枝组进行更新修剪,回缩延伸较长的衰弱枝和下垂枝。

(2)夏季修剪　主要在6—8月生长旺盛季节进行。夏季修剪的主要目的是在冬季整形修剪的基础上,继续完善树形和调整生长势,及时减少无用枝对养分的消耗,改善树体的通风透光条件,促进花芽分化。夏季修剪方法主要有抹芽、摘心、疏枝、扭梢、拉枝等。

萌芽后,尽早进行抹芽,做到抹早、抹小、抹了。主要抹去主干上整形带以下的芽、各级骨干枝延长头附近的竞争芽、剪锯口附近的丛生芽和部分背上有徒长趋势的芽,以及主侧枝上的并生芽、双生芽、过密芽、生长势旺盛的背上芽、生长势弱的背下芽、畸形生长的芽和病虫为害芽。抹芽时还要注意所留芽的朝向,以便充分利用树冠内的空间。

杏幼树生长旺盛,萌芽力及成枝力较弱,利用摘心的方法可以显著增加结果枝量,提高早期产量。对于需要扩大树冠的骨干枝延长梢,可在新梢长到所需长度时进行一次摘心,可加大角度和增加枝条级次;对于竞争枝和其他强旺枝可在长到10～15 cm时摘心,促发分枝,当二次枝长到20～30 cm时进行二次摘心,通过两次摘心,当年就可培养成一个结果枝组;弱枝30 cm摘心可促发短果枝;对于树冠内萌发的位置适宜、光照条件较好的徒长枝、更新枝、背上直立生长的中庸枝,40 cm左右摘心为宜。疏枝要做到"有空则留,无空则疏"。可对一、二年生旺长的新梢、直立枝、竞争枝、辅养枝进行拿枝,以早拿枝和多次拿枝效果为好。

四、杏整形修剪实践

1. 放任树的修剪

杏树生产中的放任树比较多,放任树的特征是主干过高,树体高大;大枝过多,轮生重叠严重,从属关系不明;上部枝条分枝角度小,直立抱合;下部光秃,结果部位外移;树冠郁闭,内膛缺光,小枝枯死。树冠多外围枝条生长旺盛,内膛郁闭,即使少数结果也仅限于通风透光条件较好的外层表面,产量低,个头小,病虫多,品质差,大小年结果现象突出,经济效益低。

放任树的核心是"乱",改造的重点是理顺各种不规则枝条,改造的原则是"因树修剪、随枝作形"。具体改造过程可按照"调整树体结构→调整开张枝条角度→疏枝与回缩→培养结果枝组"来进行。

(1)调整树体结构　先根据树体生长发育的具体情况、株行距和品种特性确定目标树形。矮化密植园,行距大、株距小时,可先进行间伐或者按纺锤形改造;株行距都较大时,可按小冠疏层形和改良纺锤形改造;行距小且为正方形栽植时,可按扇形改造。乔化稀植园,根据株行距可改造成疏散分层形、中冠疏层形、开心形等。然后按照目标树形选出适合作骨干枝的枝条,培养改造成合理的骨架结构。调整主枝数目时不要一次疏除过多的大枝,要做好伤口的保护工作。主枝选定后可在其上根据需要选留相应的侧枝，主要考虑生长位置和方向。

(2)调整开张枝条角度　作为主侧枝培养的骨干枝应根据要求开张角度，以缓前促后使枝势趋向平衡和稳定，同时有利于改善树冠内部的通风透光条件。开张角度时可采用撑、拉、坠、拿和背后枝换头等方法。

(3)疏枝与回缩　树冠过于高大时，通过回缩换头控制树高和冠径，树势稳定后在适宜高度进行落头开心。中心干和主侧枝选好后，就可对层间的辅养枝和其他轮生枝、并生枝、重叠枝、交叉枝、直旺枝、霸王枝等不规则乱枝进行清理和控制。其改造方法有疏除、回缩、拧枝等，原则是密则疏，强则控，为骨干枝生长让出空间和养分，从而使“大肚子”变成“细腰形”。为了使树冠内膛恢复正常的生长结果，应对外围的密旺枝应适当的疏除和控制，刺激内膛潜伏芽萌发新枝而弥补空缺。骨干枝上的冗长枝应适当回缩，疏除过密枝、衰弱枝、病虫枝、干枯枝，处理交叉枝，降低枝组高度，有利于树冠通风透光。

(4)培养结果枝组　选留好永久性的骨干枝后，其余部分逐年锯掉或回缩改造成枝组。夏季修剪利用拉枝等技术，缓和树势和枝条生长势，促花结果。在枝条较多的部位萌生的徒长枝要及时疏除，在秃裸部位萌生的徒长枝要充分利用培养成结果枝组。生长中庸的枝条采用先放后缩的方法改造成结果枝组，生长较弱的枝条采用先缩后放的方法进行培养，对于过密的短果枝群，应疏密留稀，疏弱留强。

放任树的改造工作既要理顺层次和从属关系，又要做到有形不死，灵活培养骨架结构。同时，还要注意控制每年的修剪量，防止改造后满树冒条。过于难改造的树，可逐年分批完成不规则大枝的疏除和回缩工作，必要时结合断根措施进行控制。经过3～4年时间的修剪改造，使放任树达到骨架结构合理，树冠大小适宜，通风透光良好，结果枝组摆布均匀，生长结果正常。

2. 大小年树的修剪

(1)大年树的修剪　原则是控果促花，增强树势。大年树应通过疏花疏果严格控制产量，以节省养分，促进新梢生长和花芽分化。适当回缩花芽量过多的枝组，回缩更新和理顺调整老弱密挤的结果枝组，使树冠通风透光。对于强壮枝组，留前截后，使枝组前部结果，后部培养翌年结果枝；对于长势较弱的结果枝组，采取去弱留强、疏密的办法进行复壮；对于过多、过密的辅养枝和大型结果枝组，应利用大年的机会适当疏剪。

(2)小年树的修剪　小年树修剪时需多留花芽，提高小年产量。对于前后部均无花芽的结果枝组，可在有分枝处适当回缩，控制枝组大小，以减少翌年的花芽；对于后部有花、前部无花的结果枝组，可在有花的分枝以上进行回缩修剪。生长期加强修剪，控制新梢数量和长势，防止生长过旺。

3. 仁用杏的修剪

仁用杏因品种品系不一样，其生长势也有所不同，修剪时应注意因树修剪和随枝做形，不能因为强调树形将大树剪为小树，将特异树形强行改为理论树形。

(1)幼树期　仁用杏幼树生长势强，枝条生长量大，冬季修剪时不要修剪过重，否则导致刺激营养生长，枝条无效生长量过大，不易形成花芽，进入结果期晚。冬剪时，主侧枝、延长枝及中心干的延长枝短截；竞争枝重短截，剪至瘪芽处；生长在背部的竞争枝要及时疏除，中心干上的竞争枝要及时疏除或者重短截培养成中小型结果枝组;其他枝条缓放。

夏季修剪时,新梢中的徒长枝、竞争枝和背下枝应采取短截和疏除的方法,控制其无效生长;主侧枝及中心干上的延长枝一般在6月下旬摘心,刺激萌发二次枝,增加枝芽数量,使树冠及早成形。同时,缓和枝条生长势,减少枝条的无效生长量,疏除过密枝、病虫枝和低头枝,改善通风透光条件。

(2)初果期 仁用杏初果期树有一部分枝条可以形成花芽,成为结果枝,但树势仍然较强,枝条生长量大,冬季修剪时以继续扩大树冠、改善通风透光为主要目的,调节好结果与生长的关系。在修剪上应当疏除过密的结果枝组和枝条,对于生长势较弱和负载量较大的结果枝组和枝条,应采用回缩的方法,在结果的同时保持枝条生长健壮,同时疏除过密的徒长枝。初果期树的夏季修剪以疏枝或者重短截为主,疏除或继续重短截竞争枝、背上枝、过密枝和徒长枝,进一步改善通风透光条件。

(3)盛果期 仁用杏盛果期树的枝条生长量明显减少,各类新梢几乎都能形成花芽成为结果枝,花芽量大、结果多、树势接近衰弱是这个时期的主要特点。冬季修剪时应以控制外围枝生长、促进内膛枝生长、保持中庸健壮的树势、改善通风透光条件为主要目标。延长枝和发育枝应加重修剪量;结果枝应疏剪和回缩,疏除一部分花束状果枝;其余各类果枝则应短截,去除一部分花芽,这样不仅可以减轻当年的负载量,还可以刺激生成一些小枝,为来年高产做准备。夏季修剪时,应注意用摘心的方法控制徒长枝和竞争枝,用抹芽的方法疏除过密枝和徒长枝。生长旺盛的主侧枝延长枝应在6月摘心,可促生二次枝,增加枝条数量。

(翟秋喜　编写)

第二节　李的整形修剪

李(*Prunus salicina* Lindl.)为蔷薇科(Rosaceae)李属(*Prunus* L.)植物,全世界李属植物共有30多个种,我国现有李属植物资源8个种、5个变种,约有800个品种和类型,生产中主要栽培的为中国李和欧洲李。中国李原产于我国长江流域,是我国栽培李的主要种类,全国各地的李产区均有栽培;欧洲李原产于我国新疆、西亚和欧洲,我国辽宁、河北、山东、吉林、北京等地有栽培。

一、李的生长结果习性

1.李的生物学特征

(1)根 李为浅根性树种,吸收根主要分布在20~40 cm深的土层中,水平根分布范围常比树冠大1~2倍。根系的分布还与砧木种类、品种特性、土壤条件及地下水位等有关。用毛樱桃作为砧木时根系分布相对较浅,用山杏作砧木时深层根系分布多,毛桃砧介于二者之间。

(2)枝 根据枝条的性质可分为营养枝和结果枝。结果枝又分为长果枝(长度为30 cm以上)、中果枝(长度为10~30 cm)、短果枝(长度为5~10 cm)和花束状果枝(长度为5 cm以下)四种。中国李主要以短果枝和花束状果枝结果为主,欧洲李和美洲李则以中短果枝结果为主。

长果枝多复花芽，是幼树的主要结果枝，其中上部形成的花芽，第二年结实能力较差，叶芽能形成质量较高的花束状果枝，是第三年优良的结果母枝。中果枝上部和下部多单芽，中部多复花芽，翌年也可发生花束状果枝。短果枝多单花芽。二、三年生树短果枝结实能力高，五年生树及以上短果枝结实能力减退。花束状果枝除顶芽为叶芽外，下面排列紧密的花芽，连续结果能力强，可连续 2～6 年结果，一般 2～4 年结实能力最高，结果部位外移较慢。

(3)芽　李树的萌芽力强，成枝力中等或偏弱。芽具有早熟性，潜伏芽寿命长，树冠不易光秃，有利于更新复壮。顶芽为叶芽，侧芽多为复芽，复芽两侧为花芽中间为叶芽，花芽为纯花芽。单花芽和复花芽着生节位、数量与品种特性、枝条种类及枝条着生位置有关。一般中国李复花芽多，欧洲李和杏李多为单花芽或叶芽。长果枝上复花芽多，单花芽少；短果枝上单花芽多。

(4)开花结果　李树的花大多数品种为完全花，子房上位。花期受冻或受遗传因素影响可产生不完全花、雌蕊败育或雄蕊花药瘦小、畸形、花粉生活力低、孕性差等。李的花芽分化不仅早，而且持续时间长，各时期均有重叠。一般 6 月初开始花芽分化，主要集中在 7—8 月，花束状果枝和短果枝上的芽进入分化期早，中长果枝因为生长旺盛，停止生长晚，所以进入花芽分化期也较晚，但到秋季均可分化到雌蕊分化期，第二年春季形成胚珠和花粉粒，直到花朵即将开放时完成花芽分化。

李树开花要求的平均气温是 9～13 ℃，花期为 7～10 天，单花的寿命为 5 天左右。与其他果树相比，李树春季开花较早，中国李是仅次于梅、杏开花较早的树种。一般情况下，短果枝上的花比长果枝上的花开得早。大石早生李、美丽李等品种在辽宁南部 4 月上中旬开花。欧洲李系统的品种开花较晚，一般比中国李系统的品种开花晚 7～10 天。

李品种中大多数自花不结实，需要异花授粉，特别是中国李和美洲李，而欧洲李品种可分自花结实和自花不结实两类。中国李的花粉发芽率显著低于仁果类的苹果和梨，授粉受精好坏对产量影响较大。若花期温度过低或遇不良天气，受精时间延长。李树花多，坐果率较低，特别是在气候和土壤条件不良的情况下，落花落果严重。第一次落花是花后带花柄脱落，主要原因是花器发育不完全。第二次落果在开花后 20 天左右，幼果绿豆粒大小时，幼果和果梗变黄开始脱落，直至核开始硬化为止，其原因主要是由授粉受精不良等原因引起的。第三次落果即“六月落果”，主要由发育过程中缺乏足够的营养所致。有些品种采前有落果现象，多是由遗传引起的。

李果实的发育过程呈双 S 形曲线，品种不同果实的发育天数也不同，一般为 60～170 天。不同品种其硬核期的长短差异显著。

2. 李生长发育的环境条件

中国李产区以长江为界分为南方产区和北方产区，南方产区主要有广东、福建、广西、江西、浙江、湖南、云南、贵州、四川、重庆等地，是我国李主要的生产区域。

(1)温度　李树对温度的要求因种类和品种不同而异。中国李、欧洲李喜温暖湿润的环境，而美洲李比较耐寒。同是中国李，生长在我国北部寒冷地区的绥棱红、绥李 3 号等品种，可耐－42～－35 ℃的低温；而生长在南方的芙蓉李等则对低温的适应性较差，冬季低于－20 ℃就容易受影响，不能正常结果。李树各器官中花芽的耐寒力最弱，花期遇到极端低温天气，受冻程度会更重。李树花期最适宜的温度为 12～16 ℃。不同发育阶段对低温的抵抗力不同，花蕾期－5.5～－1.1 ℃就会受害，花期和幼果期－2.2～－0.5 ℃即发生冻害。

(2)光照　李是喜光树种，若园区光照充足，树体通风透光好，则植株生长健壮，花芽饱满，果实着色好，糖分高，品质佳。李树一般在水分条件好、土层比较深厚、光照不太强烈的地方，也能生长得很好。阴坡和树膛内光照差的地方，果实成熟晚，品质差，枝条细弱，叶片薄。因此，园区选址应选在光照较好的地方，并采用合理的树形，以利于李树高产、优产。

(3)水分　李树的根系分布较浅，对土壤水分变化反应较敏感，属于抗旱性和耐涝性中等的果树。但不同种类、品种、砧木对水分要求有所不同。中国李适应性较强，在干旱和潮湿地区均能生长；欧洲李和美洲李对空气湿度要求较高，喜欢湿润环境。毛桃砧一般抗旱性差，耐涝性较强；山桃砧耐涝性差，抗旱性强；毛樱桃砧根系浅，不太抗旱。北方李较耐干旱，适宜较干旱条件栽培；南方李比较耐阴湿，适应温暖湿润条件栽培。暖湿地区起垄栽培，阴雨季节和多雨地区，要注意排水防涝。

(4)土壤　李树对土壤条件的适应范围较广，在各种类型土壤上都能正常生长发育。对土壤的适应性以中国李最强，几乎能适应各种土壤，欧洲李、美洲李适应性不如中国李。但所有李均以土层深厚的沙壤土、壤土栽培表现好，黏性土壤和沙性过强的土壤应加以改良。李树对土壤酸碱性的适应能力较强(pH 6.5～7.5)，对盐碱土的适应能力也较强。

3. 李的年生长发育规律

李树根系的生长节奏与地上部各器官的活动密切相关。幼树一年中根系有三次生长高峰：春季温度上升，土壤温度适宜时出现第一次生长高峰，新梢缓慢生长果实尚未迅速膨大时，出现第二次生长高峰，秋季土壤温度降低出现第三次发根高峰。成年李树一年只有两次明显的根系生长高峰：春季根系活动后，生长缓慢，直到新梢旺长结束时，形成第一次发根高峰，秋季出现第二次发根高峰。

李树枝条一年有 2～3 次生长高峰：早春萌芽后，随气温升高，根系的生长和叶片增多，新梢进入旺盛生长期，5 月上中旬开始形成叶幕，多数品种新梢在 6 月上中旬停止生长，形成春梢；此后，若水分、养分充足，新梢又开始生长，形成夏梢或秋梢。

李果实的发育过程和桃、杏等核果类基本相同，果实生长发育的特点是有两个速长期，在两个速长期之间有一个缓慢生长期，生长发育呈双 S 形曲线。

4. 李的生命周期

李树为落叶小乔木，自然生长时，中心干容易消失，形成开张树冠。幼树生长旺盛，发枝多，树势较强，形成树冠快，呈圆头形和圆锥形，有利于早结果、早丰产。中国李一般 2～3 年结果，5～6 年进入盛果期，管理较好的果园 25～30 年生树还可持续有较高的产量。一般情况下，李树的经济寿命比杏树短。

二、李常用树形及培养过程

我国生产上李树常用的树形有小冠疏层形、多主枝自然杯状形、Y 形、纺锤形、自然开心形等(二维码 11-2)。小冠疏层形、纺锤形、自然开心形可以参考苹果、梨、杏等树种的整形修剪。

二维码 11-2
李常用树形
(PPT)

1. 多主枝自然杯状形

1)树体结构

多主枝自然杯状形干高 30～50 cm,主干上有 3～5 个单轴延伸的主枝,主枝上不着生侧枝,直接着生大中小型结果枝组。主枝开张角度为 25°～35°,树高 2.5～3.0 m(图 11-4,彩图 11-2)。

图 11-4 李多主枝自然杯状形

2)整形要点

(1)第一年 苗木栽植后于 50～60 cm 处定干。萌芽后选留 3～5 个分布均匀、生长健壮、角度适宜的新梢作为主枝。其余的枝条可以进行缓放或摘心。冬季修剪时各主枝剪留 60 cm 左右,疏除竞争枝、背上直立枝、徒长枝等,其余枝条轻剪或缓放。

(2)第二年 萌芽后在剪口下长出的新梢选出方向合适的健壮枝条,作为主枝延长枝培养,其余枝条可通过前期摘心培养结果枝组。在整个生长季节中,进行 2～3 次夏季修剪,使枝条长势均匀。及时疏除竞争枝,保留或轻剪生长中等的斜生枝,促其提早形成花芽。冬季修剪时,各主枝延长枝仍然剪留 60 cm 左右,一般枝条应轻剪或缓放。其余枝条按空间的大小培养成大小不同的枝组。

(3)第三年 按第二年的方法继续培养主枝延长枝,并在各主枝上均匀培养结果枝组,避免互相交错重叠。

(4)第四年 继续培养结果枝组,完成树形培养。

3)树形特点

多主枝自然杯状形结构简单紧凑,成形快,通风透光,果实品质好,树体丰产、稳产性强。树干低,树冠小,作业方便,便于管理。缺点是容易造成主枝上强下弱、基部光腿现象。该树形适用于立地条件较差的地方,干性较弱的品种也可采用该树形。

2. Y 形

1)树体结构

Y 形,又称倒人字形,无中心干。树高 2.0～2.5 m,干高 50～70 cm,全树有 2 个主枝伸向行间,主枝开张角度为 60°～80°。每个主枝有侧枝 1～2 个或直接着生大中小型枝组,在主枝上左右交错排列(图 11-5)。

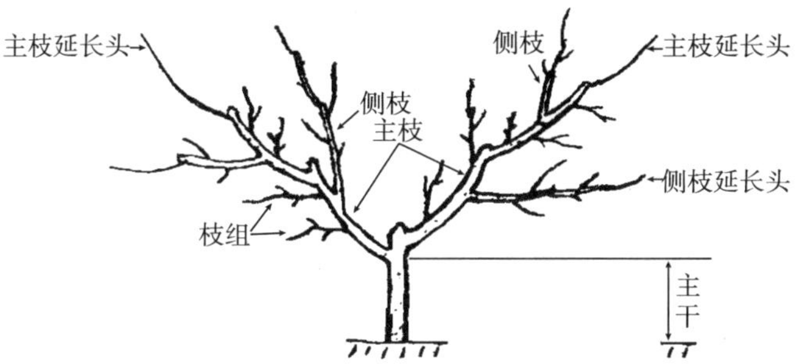

图 11-5　李 Y 形

2)整形过程

(1)第一年　一般有两种方法。

方法一:苗木栽植后在 60～80 cm 处定干。萌芽后抹除距离地面 40 cm 以下的芽,秋季在整形带内选择长势和方向合适的 2 个枝作为主枝,并按树形要求拉向行间,疏除旺枝,其余枝条拉平作为辅养枝。在冬季对 2 个主枝进行轻截。

方法二:苗木栽植后,在基部土壤上立一支柱,在苗干 50 cm 左右,将苗木按树形要求拉向行间,作为第一主枝,并适当短截。同时,在苗干弯曲处选一相对较饱满的芽进行刻芽,待该芽萌发生长至秋季将其拉向相反的方向作为另一主枝。在此过程中,对背上萌发的其他枝条进行拉、别或疏除。冬剪时,将主枝短截。

(2)第二年　冬剪时,短截延长枝,疏除竞争枝,选留第一侧枝。

(3)第三年　冬剪时,按第二年方法培养第二侧枝。

(4)第四、第五年　冬剪时,按前面的方法继续培养树体。

3)树形特点

Y 形由开心形演变而来,在密植条件下,可获得极好的产量,并能有效提高果品质量。该树形结构简单,成形快,结果早且均匀整齐,果形端正,品质好,枝叶生长缓和,花芽容易形成,有利于管理和提高果品质量。树体内部光照条件好,可避免上强下弱,但该树形修剪量大,修剪不当时易出现越剪越旺的现象,树势不易控制。适用于土壤较瘠薄、肥水条件较差的山坡地或平地的密植园。适宜的株行距为(1～2)m×(3～5)m,每亩栽植 66～222 株。

三、李整形修剪特点

1. 不同发育阶段的修剪特点

(1)幼树期　主要目的是尽快扩大树冠,培养坚固的树体骨架,加速整形,同时要兼顾缓和树势,形成较多的结果部位。在夏季修剪时,要及时疏除竞争枝和徒长枝,对于非骨干枝的延长枝,要多摘心或扭梢或轻剪缓放。秋季进行拉枝,开张骨干枝角度。冬剪时,以整形为主,按照目标树形结构连续培养,建立合理牢固的树体骨架,同时注意大中小型枝组的培养,以疏枝、轻剪、缓放为主。

(2)盛果期　主要目的是调整生长与结果,保持树势健壮,改善树体光照,防止出现树体早衰、结果部位外移和大小年结果的现象,延长盛果期,保证优质、高产和稳产。生长季修剪时,采取抹芽、疏枝、摘心、疏果等措施，调整合理的枝果比和叶幕结构；冬季修剪时，综合运用疏、截、缓和缩等修剪方法，调整生长和结果的平衡。采用放缩结合，对骨干枝进行修剪，控制树体大小和长势，主枝角度要开张，健壮但不衰弱，各主枝之间生长势平衡，维持稳定的树形；逐步清理和回缩影响树体结构的辅养枝；疏除树冠中上部的过密枝、交叉枝、重叠枝，加大外围枝间距，以增加树冠内光照；调整和更新结果枝组，保持结果枝组的健壮；回缩衰老下垂、交叉对接、连续多年结果的枝，回缩由花束状果枝形成的单轴枝组；疏除树冠中下部极弱的短果枝和枯枝，疏剪一部分花束状果枝；适当短截各级各类枝条，促发一定量的新枝。

（3）衰老期　树冠外围的枝条年生长量显著减少，树势衰弱，内部枯枝不断增加，结果部位外移，产量下降，大小年结果现象严重。衰老期树修剪的主要目的是集中养分恢复树势，尽量延长树的经济寿命。冬季修剪时多短截，促发新枝，要适当回缩已经衰老的骨干枝和较大枝组，刺激潜伏芽萌发长成壮枝；同时，要充分利用直立枝和内膛徒长枝，培养成新的结果枝组。衰老期不强调维护原有的树形，在经济效益低下时，应及时淘汰。

2. 不同物候期的修剪特点

（1）萌芽、开花、坐果期　李复芽多，易产生萌蘖。抹芽、除萌可减少营养消耗，有利于整形，使留下的枝条发育充实，花芽和叶芽饱满，还能减少日后的修剪工作量。萌芽后，尽早进行抹芽，做到抹早、抹小、抹了。在生长季应及时多次进行抹芽、除萌。

（2）新梢迅速生长期　李树萌芽力强，成枝力较弱，对于幼树，可利用摘心增加分枝级别和数量，同时控制旺长，达到迅速扩大树冠和提早成形之目的；对于结果树，可利用摘心提高坐果率、增大果个，也可通过拿枝改变枝梢生长方向，控制旺长，提高萌芽率，促进花芽形成。拿枝在萌芽后到生长后期均可进行，对一、二年生旺长的新梢、直立枝、竞争枝、辅养枝拿枝，以早拿枝和多次拿枝效果为好。对于生长旺盛、枝条过多的李树，可通过疏枝改善树冠内膛光照。疏枝做到“有空则留，无空则疏”。

（3）果实成熟期　摘叶可以改善通风透光条件，促进果实着色和提高内在品质。叶片过密的植株，适当摘叶有利于促进树冠内膛和下部的花芽分化。摘叶前应通过细致修剪疏除遮光强的背上直立枝、内膛徒长枝、外围密生枝，以改善树冠各部通风透光条件，促进果实着色，提高果实品质。果实成熟前 10 天进行摘叶增色，将挡光的叶片或紧贴果实的叶片少量摘去，可以使果实全面均匀着色。摘叶要适时、适度、适量。果实开始着色后，采用吊枝和拉枝，向缺枝部位调整，使树冠枝条分布均匀，改变原光照范围，使冠内、冠下果实都能着色。

（4）果实采收后　李树在采果后即可进行一次夏季修剪。此时修剪要掌握“宜早不宜迟，宜轻不宜重”的原则，通过摘心、扭梢、拉枝、疏枝、回缩等措施，改善树体的通风透光条件，平衡树势，提高养分积累，促进花芽分化。

秋梢将要停止生长或停长后进行一次秋季修剪，通过疏枝、回缩、摘心、拉枝等措施，使秋梢及时停止生长，促使枝条充实，改善树体光照条件，增加树体营养积累，从而提高越冬抗寒能力。拉枝在秋季进行效果最好，按照树体结构的要求对当年生、一年生、多年生的直立枝和强旺枝进行拉枝。秋季修剪造成的营养损失比冬季修剪大，修剪切勿过重，时间要适当，过早会引起二次生长，修剪过晚则难以收到良好效果。

（5）休眠期　按照目标树形调整骨干枝的方向和角度，保持树体从属关系和各主枝之间生长势平衡，疏除骨干枝上强旺枝、直立枝、过密枝、徒长枝，缓放平斜枝、下垂枝。合理安排和调整骨干枝上的枝组分布,枝组主要培养在主侧枝的两侧和背下。结果枝组的培养以先放后缩法为主,通过缓放促进形成短果枝和花束状果枝,通过回缩控制结果部位的外移。结果大树逐步转移到以背上结果枝组为主,两侧的枝组也要及时复壮,去平留直,去弱留强,抬高枝头角度;背下的下垂枝以回缩为主。年龄超过 5～6 年及以上的结果枝均需轮换更新,每年必须保持有 80%以上的结果枝在有效结果年龄以内。各类果枝的修剪,一般情况下中果枝截去 1/3,短果枝截去 1/2,适当短截留下来的长果枝。

四、李整形修剪实践

1. 放任树的修剪

李生产中放任树的修剪可参考杏生产中放任树的修剪相关内容。

2. 密闭园的修剪

不合理的密植方式及与密植不配套的栽培技术是造成李园密闭的主要原因。这不仅影响通风透光和正常的生长结果,而且还给各种栽培管理带来很多不便。密闭园树冠互相连接,侧光较少,使枝条角度变小向上生长,树冠中上部强旺枝较多,造成上强下弱、上大下小,遮阴严重,下部枝叶风光条件差,群体和个体通风透光条件恶化,植株生长衰弱,枝条质量差,内部光秃,外围结果,病虫多,成花少,产量低,质量差,果实很难达到商品果的质量要求。

密闭园群体结构改造的重点是栽植方式、密度及树体结构的调整,将过度密植栽培改为合理密植,保证树冠通风透光。具体改造过程如下:调整栽植密度→改造树体结构→控冠促花。

(1)调整栽植密度　在出现密闭情况时,可通过间伐临时株来加大株行距。先确定好临时株和永久株,再确定临时株的间伐时间与次数(根据永久株树形发展的情况而定),先间伐行间的,再间伐株间的。行间无临时株时,株间的临时株可一次性全部间伐掉。在间伐前 1～2 年,应对临时株进行严格控制,可先将与永久株相接近的一部分大枝提前回缩。

(2)改造树体结构　临时株树体结构只要符合平衡均匀、通风透光和树势中庸的要求就行,可不培养骨干枝。具体操作时应本着轻剪缓放多留枝的原则进行,中心干上除少数轮生、密生枝需适当疏除外,一般枝都尽可能多留,并进行拉枝甩放,使其单轴延伸,多采用促花促果的技术措施,令其早结果、多结果。临时株随永久株树冠的不断扩大,进行逐年疏、缩大型分枝,最后在影响永久株扩大时,将临时株彻底伐除。

永久株应采用正常的整形修剪技术,按照原定的树形进行培养。如果原树形设计不合理,改形时,应视行株距大小和树形状况而定。例如,可将主干疏层形改为小冠疏层形,小冠疏层形改为自由纺锤形,自由纺锤形改为细长纺锤形,主干形改为开心形。如果树的总体骨干枝太多,本着“去大留小、去粗留细、去长留短、去密留稀”的原则,逐年分批疏除,每年解决 1～3 个最突出的大枝问题,连续 2～3 年,可基本解决全树光照问题。总之,根据实际情况修剪,使树高小于行距的 90%,果园覆盖率 75%左右,确保全园通风透光。

(3)控冠促花　在对栽植密度和树体结构进行调整后,要对树冠进行有效调控,使树冠大小基本稳定,各部平衡,并综合采用各种方法促进成花。调整树冠时,必须严格控制树高,减少大枝数量。在树顶部生长势缓和的前提下,将树高降到小于行距。小树冠落头时可一次到位,大中树冠分二次落头到适宜高度。对落头后的顶部主枝，要保留长势较强、单轴延伸、角度适宜的单枝，疏、缩其上较大分枝，使其成为一个大型枝组。当主侧枝伸展过长或直立时，可用其中下部的背后枝、背斜侧枝换头。疏除树体中矛盾大的大分枝和直立强枝，回缩较细分枝，削弱中干优势。对于各级骨干枝延长头，采用轻剪长放，疏除其上的竞争枝；对于多年生强旺枝，应注意开角，对于一年生强旺枝，可使用摘心、扭梢、拉枝、拿枝、转枝、圈枝、拧枝等方法，诱导成花结果，以果压冠；其余枝条采用“旺者拉、弱者缩、密者疏、极少截”的剪法，控制树势促进结果。总之，利用各种综合管理措施控制树体高度，防止上强和外强，使树冠由高变低、由大变小，最后形成“上小下大、上稀下密、通风透光、树体稳定”的合理结构。

（翟秋喜　编写）

第三节　扁桃的整形修剪

扁桃（*Amygdalus communis* L.）为蔷薇科（Rosaceae）桃属（*Amygdalus* L.）植物，俗称“巴旦木”。主要栽培区域为新疆的喀什、和田、阿克苏等地区，山西、山东、陕西、河北等地有引种及少量栽培。

一、扁桃的生长结果习性

1. 扁桃的生物学特性

扁桃，落叶乔木，高 5～8 m，干性不强，顶端优势不很明显，树冠开张，自然生长状态下树冠为圆头形或圆锥形。枝条顶芽为叶芽，花芽腋生。萌芽率高，成枝力强，芽具早熟性，一年内可发生二次枝或三次枝，新梢生长旺盛。隐芽寿命长，易更新复壮。以中短果枝和短果枝群结果为主。两性花，单生，纯花芽。大多数品种自花不实，是典型的虫媒花，栽培过程中要进行人工辅助授粉，以提高坐果率。部分品种近似于桃的生长结果习性，以中长果枝结果为主，部分品种与甜樱桃类似，以短果枝结果为主。根系发达，耐旱性强，侧生根系庞大，主要分布在 20～60 cm 土层。

2. 扁桃生长发育的环境条件

扁桃适宜在年均温 10.0～16.0 ℃的地区生长，绝对最高温 33.0～42.0 ℃，绝对最低温 −29～−17 ℃。扁桃喜光，最佳年日照时数 2 441～3 260 h。树冠郁闭时枝条变得纤细、弯曲，内膛容易空虚，枝条徒长。抗旱，不耐水湿。可在年降水量 39～58.4 mm 的地方生存，降雨多时容易流胶。在肥沃土壤和贫瘠的土壤中均可生长，适宜在弱酸、弱碱或中性土壤上生长，以 pH 7.0～8.0 的肥沃沙质土或壤土建园最为理想，耐盐性强。

3. 年生长发育规律

扁桃花期 3—4 月，果期 8—10 月。开花早，花期比桃早，与杏几乎同时，先花后叶或花叶同期，易受晚霜危害。扁桃比较抗寒，落叶迟。

4. 生命周期

扁桃幼树生长较旺盛，结果相对较晚，定植后的 3～4 年生长旺盛，嫁接苗栽植后 2～4 年开始结果，8～12 年进入盛果期，40～50 年以后结果能力开始下降，寿命为 120～130 年，甚至更长。结果初期以长果枝结果为主，花芽多着生于枝条中上部，短果枝形成慢。各时期可以利用萌蘖枝更新结果枝组。

二、扁桃常用树形及培养过程

扁桃生产中以开心形为主，也可以培养成自由纺锤形、自然圆头形、杯状形、小冠疏层形等，可以参考苹果、梨、桃等进行修剪（二维码 11-3）。

二维码 11-3
扁桃常用树形
（PPT）

1. 开心形

（1）树体结构　干高 30～70 cm，无中心干，主枝 3～4 个，层内距 20 cm 左右，邻近或轮生，开张角度 50°～60°。每个主枝上选留 2～3 个侧枝。在主侧枝上配置结果枝组（彩图 11-3）。

（2）整形要点　定植后定干，定干高度 60～80 cm，整形带内留饱满芽。夏季新梢长至 10～20 cm 时选留主枝，其余新梢摘心或疏梢。冬季修剪时选留主枝 3～4 个，剪留长度 40～50 cm，疏除其他枝条。

第二年夏季修剪拉枝打开主枝基角至 50°～60°，选留第一侧枝。背上直立枝部分疏除，部分扭梢促进成花。冬季修剪继续短截主枝。

第三年以培养结果枝组为主，短截延长头，疏除过密枝、竞争枝，多数枝条缓放成花。

（3）树形特点　结构简单，整形容易，结果枝组分布均匀，内膛光照好，结果枝组寿命长。适宜栽植行株距 4 m×2 m。

2. 自然圆头形

（1）树体结构　主干高 50～70 cm，无明显中心干，主枝 5～7 个，每主枝留侧枝 2～3 个，树高 3.0～3.5 m。

（2）整形要点　栽后定干，定干高度 70～90 cm，冬季修剪时选留主枝 5～7 个，各主枝朝向不同的方位，短截促发分枝，培养侧枝。此后 2～3 年逐年短截主枝头，在培养主枝的同时培养侧枝和结果枝组。

（3）树形特点　树体结构简单，接近自然生长的状态。内膛枝条易枯死，造成表面结果。株距 4～5 m，行距 5～6 m。

三、扁桃整形修剪特点

1. 不同发育阶段的修剪特点

（1）幼树期　以扩大树冠为主，定植后立即定干，整形带内留饱满芽。夏季修剪时选留主枝，剪除整形带以下的萌芽，疏除整形带内的过密枝。主枝角度要开张，疏除徒长枝、竞争枝，培养结果枝组。

（2）初果期　以继续培养树形为核心目标，少量结果。以疏剪为主，多保留长果枝，宜轻不宜重，培养短果枝。

（3）盛果期　参考桃树的修剪方法，及时培养和更新结果枝组，疏除密挤枝条，改善通风透光条件。修剪量要轻，冬剪夏剪相结合。

(4)衰老期　重截骨干枝，增施氮肥促进树体生长，利用萌蘖更新树冠，培养新的结果枝组。

2. 不同物候期的修剪特点

以休眠期修剪为主，生长期修剪为辅。秋季摘心促进枝条充实，落叶后剪除生长不充实的二次枝、三次枝和秋梢，减少抽条。

（张鹏飞　编写）

第四节　芒果的整形修剪

芒果是杧果的通俗名，为漆树科（Anacardiaceae R. Br.）杧果属植物（*Mangifera* L.）的常绿乔木，芒果属约有 69 个种，大概有 26 个种可以食用，原产我国的有 3 个种，栽培芒果属于普通芒果种（*Mangifera indica* L.），原产印度和中南半岛。芒果广泛分布于南纬 30°至北纬 30°间的热带、亚热带区域，全球 100 多个国家和地区栽植芒果。世界上芒果品种有 2 000 多个，中国目前收集保存有 300 多份种质资源。

一、芒果的生长结果习性

1. 芒果的生物学特性

芒果植株高大，为深根性果树，有强大主根，侧根和须根相对较少，侧根层次明显，有菌根，抗贫瘠和耐旱。根群浅生，但水平分布较远，水平根主要分布于 0～40 cm 土壤层中。生长全年无休眠，其生长高峰期一般与肥水管理、树体养分贮备相关，与枝梢生长相呼应。

芒果芽为单芽，顶芽大，饱满充实，萌发快，生势好，花芽多在顶芽形成，顶端优势强。潜伏芽寿命长、生活力强，树体衰老后，极易进行树冠更新复壮。

芒果枝梢呈蓬次式生长，各次梢之间界线分明。主枝多由主干的侧芽抽生，新梢多由枝条顶芽和枝条上部的腋芽抽生，其上嫩叶互生，抽梢次数与长度因品种、树龄、气候及营养状况而异。芒果幼树周年可以抽梢 4～7 次，随品种和树龄的不同，抽梢长度有差异。成年结果树一年抽 2～4 次梢，8—10 月为秋梢，是翌年的结果母枝，一般在采果修剪后抽出，量多而整齐，占全年抽梢量的 80%以上；10 月以后抽生的为冬梢，结果树必须控制冬梢，以免影响花芽分化和坐果。

芒果花序根据着生位置可分为顶生花序和腋生花序两种，一般情况下，顶芽花序受害枯萎或人工摘除后，在原来顶芽附近的几个腋芽便能萌发形成再生花序。芒果花序抽生的早晚，因品种、气候、纬度及植株发育状况而不同。

芒果自然开花在 11—12 月至翌年 3—4 月，品种、纬度、气候条件、植株营养状况及人为因素都会影响花期。

经过受精的花，子房会慢慢膨大，初时生长缓慢，约经 1 个月后迅速增长，采果前 10～15 天又缓慢增长，整个果实发育期呈 S 形曲线增长。不同品种成熟期不同，同一品种在不同纬度成熟期也不同。

2. 芒果生长发育的环境条件

芒果起源于热带，在高温条件下生长良好，不耐低温霜冻。最适宜生长温度是25～30 ℃，开花授粉以20 ℃以上为宜。20 ℃以下生长缓慢，低于3 ℃幼苗受害，气温降至－2 ℃以下时，花序、叶片、结果母枝会冻死。成年树有相对较强的抗寒性，但气温过高对芒果也有害，当气温高于37 ℃并吹干热风时，果实和幼苗易受灼伤。我国芒果产区年平均气温在19.5～25 ℃，最冷月均温11.2～20.7 ℃，绝对最低2.1～5.1 ℃，但都通常在0 ℃以上，无霜冻。

芒果需水却忌湿度过大，水分包括土壤水分、空气湿度和降水。芒果是一种深根果树，耐旱，特别是花芽分化期更需要适当干燥的土壤和天气，但芒果开花、果实生长发育及营养生长则需要充足的土壤水分，严重的土壤干旱会抑制营养生长，妨碍有机营养的产生与积累，间接影响花芽分化和果实生长发育。果实发育期缺水时果个小，还会导致大量落果，但如果连续降雨湿度过大，会导致炭疽病、角斑病及露水斑等病害高发，影响果实外观和品质。若在抽梢期连续降雨，空气湿度大也会导致炭疽病盛发而落叶枯梢。在适宜的气温条件下，空气相对湿度对开花至受精过程影响很大，空气湿度日平均小于75%，有利于花粉的萌发；空气湿度日平均小于40%，会使花柱很快干枯，造成授粉不良。花期连续阴雨或大雾对授粉更为不利。另外，连日阴雨或大雾时炭疽病、白粉病易暴发，造成大量的落花落果，导致严重减产甚至失收。生产上选择具有多次开花的品种如红芒6号等，或利用植物生长调节剂改变花期，都能在一定程度上避过低温阴雨天气，促进开花结果，保证丰产、稳产。

芒果喜阳，充足的光照有利于光合产物的积累，促进生长和发育。光照足的条件下，病虫害较少。阳光不足对开花及授粉受精不利，甚至造成病害的发生和流行，导致幼果大量脱落，果皮着色不良，特别是红芒类型，在阳光下红色才显现，若光照不足，红色不显露或很淡，果实品质下降。光照是芒果优质高产的条件之一，但在果实发育过程中，过强的光照会造成果实日灼，应避免之。

芒果树体高大，根深叶茂，木质较脆，抗风能力中等，幼树根系欠发达，九级以上的大风会造成大量落叶和扭伤枝条，严重影响当年和翌年的生长和产量。果实在生长发育阶段遇到七级以上的大风，会造成严重落果和果皮擦伤，引发病害，影响果实外观，降低商品性。因此，台风多的沿海地区种芒果必须营造防风林。

芒果根系较深，对土壤要求不严，但以土层深厚、地下水位低、排水良好、微酸性至中性的壤土和沙壤土为宜。土层厚2.0～2.5 m、地下水位低于3.0 m、pH 5.5～7.5的地方都可种植芒果，地下水位高的地方要深挖排水沟才能考虑种植芒果。土质黏重、易于板结、通气性差的瘠薄土壤，必须深翻改土，重施有机肥才有利于芒果生长发育。

3. 芒果的年生长发育规律

芒果花序从花芽萌动至谢花约经2～3个月，自然开花在11—12月至翌年3—4月，一个花序自第一朵花开放至整个花序开放完毕20～60天，从开花至果实青熟，早熟品种需85～110天，中熟品种需100～120天，迟熟品种需120～150天。我国芒果各优势种植区气候差异(热量)明显，在不同优势种植区选择不同熟期品种，结合产期调节技术的应用，可实现我国芒果周年鲜果供应。

4. 芒果的生命周期

芒果树寿命长，寿命可达数百年甚至上千年。生产中芒果几乎全为嫁接树，其生命周期包括幼年阶段、成年阶段和衰老阶段。芒果幼年阶段时间较短，一般栽植后 4 年即可开花结果，初果期为 3～5 年，盛果期可维持 30～50 年，进入衰老期后结实能力下降，生产中常由病虫为害或管理不善而导致树体早衰，但这些情况可以进行更新复壮。

二、芒果常用树形及培养过程

芒果不同的品种(或类型)有不同的树形，目前，商业化栽植的芒果树主要有疏散分层形、自然圆头形、自然扇形等三类，整形时要根据不同的树形加以区别对待。

1. 疏散分层形

(1)树体结构　有中心干，主枝 5～6 个，在中心干上分 2～3 层排列。整体结构与苹果、梨等的疏散分层形相似。

(2)整形要点　苗木定植后在 60～80 cm 处短截。新梢抽出后选留 3 条 3 个方向的枝条作主枝，第一个直立的枝条继续培养中心干。当主枝上抽出 2～3 次梢时，选留 2 条枝条呈 45°角水平伸展的枝条作为侧枝，第一条作主枝的延长枝。第二年春中心干枝长至 70～90 cm 时摘心，分枝后选留第二层的 2 个主枝，主枝上的分枝培养成结果枝组。结果后 4～5 年再培养第三层主枝。

(3)树形特点　紫花芒、泰国白花芒等主干直立性强的品种，树大冠高，对这一类型的品种可修整成疏散分层形，树冠成形快，通风透光好，修剪简单，易于管理。

2. 自然圆头形

(1)树体结构　无中心干，主枝 3～4 个，每个主枝有 3～4 个侧枝。

(2)整形要点　定植当年在高 60～80 cm 处摘心，促进主干长出分枝，主干抽梢后，留 3～4 个生势相当的分枝作主枝，其余抹去。主枝长至 50～60 cm 时摘心，促进主枝抽生分枝，留取 3 个生势相当的分枝，其中 2 个作副主枝，1 个作主枝延长枝。待延长枝伸长至 50～60 cm 时再留 2 层副枝，2～3 年后便可形成一个有多次分枝的自然圆头形树冠。主枝与树干间夹角保持在 50°～70°，以造就坚固的骨干枝。

(3)树形特点　桂香芒、秋芒、811 等品种较适合该种树形，树冠成形快，容易获得早期丰产，树体结构合理，整形修剪更容易。

三、芒果的整形修剪特点

1. 不同发育阶段的修剪特点

(1)幼树期　是整形的关键时期，原则是主次分明，枝组合理，树形紧凑，通风透光，多成枝、成壮枝，尽快形成丰产树形。定干高度 60～80 cm，视平地或山地适当调整，通过短截、摘心等方法培养主枝，选留枝组，辅以拉、扶、吊、撑等方式开张角度。

(2)成年期　修剪目的是通风透光，更新结果枝组，培养结果母枝。应针对不同品种、不同地区采取不同的修剪方式，中早熟产区采取采后回缩修剪方式。晚熟产区和晚熟品种，及易大小年结果的品种易采用轮换结果修剪方式修剪。

(3)衰老期　芒果树进入结果衰老期后，要及时进行回缩更新，采用逐年更新的方法，延长结果年限和树体寿命。

2. 不同物候期的修剪特点

(1)采果后修剪　在果实采收后马上进行修剪，这次修剪为全年修剪量最大的一次，目的是调整树冠骨干枝的数量和着生角度，使其分布均匀。以开天窗和短截结果母枝为主，并适当剪除过密枝、过多主枝，回缩冠间和冠内的交叉枝、重叠枝，剪去下垂枝和病虫枝。先修剪顶部枝梢，后修剪中下部枝梢；先修剪大的枝梢，后修剪小的枝梢。果实采收后，结果枝弯曲下垂，应沿结果枝上较强壮有芽的地方剪断，使其抽新梢，留取强壮者作为翌年的结果枝。剪枝时不可过度短截，否则会影响到翌年的产量。此次的修剪应与施重肥和病虫害防治紧密配合才能取得较好的效果。

(2)生长期修剪　生长期的修剪包括秋梢的修剪、春梢的修剪等，主要采取抹芽、疏梢和短截的方法。

①秋梢的修剪。经采果后修剪抽出的秋梢，根据空间位置保留 1～3 条，其余的抹去，留下的枝梢长至 18～20 cm 时短截，促发第二次抽秋梢，末次秋梢留取长 18～20 cm、中等粗壮的枝条作为结果母枝，其余的抹去。

②春梢的修剪。春季枝梢大量抽生，消耗大量养分，会导致花序抽生较弱，影响坐果率，因此，对花量不足 50%的树视情况进行疏枝抹芽，以保证花序正常抽生发育。此次修剪在春梢抽出后，即第二次生理落果后(果有鸡蛋大时)进行，目的是将未结果的春梢培养为翌年的结果枝，保证果实发育有充足的养分。因此，一方面要选留发育强壮的新梢，剪去过多的纤细枝；另一方面疏去影响果实发育的花梗与枝条，增加果实的光照，使果实发育均匀，外形美观，品质优良。

四、芒果整形修剪实践

1. 结果树的修剪

结果树的修剪是在整形基础上调整枝条，改善通风光照条件，减少病虫害的发生，调节开花结果与生长的矛盾，改善果实品质，克服大小年结果现象，为丰产优质创造条件。矮化密植果园，枝叶密集，投产几年内就会封行，因此对结果树的修剪尤为重视。

芒果通常是顶花芽，末级梢只要适时老熟均可发育成为结果母枝，开花结果。一般都以果实采收后抽出的秋梢或早冬梢作为结果母枝，促发适时的秋梢或早冬梢是培养优良结果母枝的关键。

2. 老树更新修剪

芒果随着植株年龄的增长和分枝数的增加，必然会出现衰老现象。这种现象最先表现在枝组上，树冠开始向心生长，树冠内和树冠间郁闭度越来越大，树冠内部的小枝枯死，叶片集中于树冠表面，接着外围枝结果后逐渐衰老、枯死，树势衰退，产量下降，这时需要对骨干枝及根系进行回缩重剪更新，以恢复树势，延长结果年限。

第一年隔行在干高 1.2～1.5 m 处截干，保留原有的骨干枝一段，逐步培养一级分枝至四级分枝，第一、第二年是培养枝条阶段，第三年经培养的结果母枝达 60 条，第四年达 120 条。更新树第三年开始结果，隔行未更新的树第二年开始更新，整个果园 3 年内更新完毕，还可以高接优良品种。

（何小龙　编写）

本章小结

本章介绍了杏、李、扁桃、芒果的生物学特征、生长发育对环境条件的要求以及年生长发育规律、生命周期等，杏、李、扁桃、芒果在生产中的常用树形及其培养过程，杏、李、扁桃、芒果整形修剪特点等内容。

复习思考题

1. 简述杏、李、扁桃、芒果与修剪有关的生物学特征。
2. 简述杏、李、扁桃、芒果不同树形的结构特征与整形过程。
3. 简述杏、李、扁桃、芒果整形修剪特点。

第十二章 猕猴桃、柿、石榴等的整形修剪

第一节 猕猴桃的整形修剪

猕猴桃是20世纪成功驯化的野生果树之一，因其果实风味酸甜适口、香气浓郁、质嫩多汁，富含维生素C、各类矿质元素、蛋白质和氨基酸等多种营养成分，深受消费者喜爱。猕猴桃产业发端于1904年，新西兰女教师伊莎贝尔到湖北宜昌探亲时获得的一把美味猕猴桃（*Actinidia chinensis* var. *deliciosa* A. Chevalier）种子，经过新西兰植物爱好者的早期驯化和后来专业研究人员的努力，逐渐成为全球性重要的水果产业。我国猕猴桃产业开始于20世纪70年代末80年代初，历经40余年的发展，至今达种植面积占全球的68%、年产量占全球51%的规模，成为世界猕猴桃产业大国。

猕猴桃属于猕猴桃科（Actinidiaceae）猕猴桃属（*Actinidia* Lindl.）植物，主要分布在中国，除尼泊尔猕猴桃（*A. Strigose* Hooker f. & Thomas，原产尼泊尔）和白背叶猕猴桃（*A. Hypoleuca* Nakai，原产日本）外，中国是其他73个种及种下分类单元的起源与分布中心。目前，市面上的猕猴桃均属于中华猕猴桃（*A. chinensis* var. *chinensis* Planchon）和美味猕猴桃，这两种是重要的商业栽培种，占全球猕猴桃种植面积的90%以上；而奇异莓或宝贝猕猴桃属于软枣猕猴桃[*A. arguta* (Siebold and Zuccarini) Planchon ex Mique]、陕西猕猴桃[*A. arguta* var. *giraldii* (Diels) Voroschilov]、黑蕊猕猴桃（*A. melanandra* Franchet）等净果组类型。本节主要介绍中华猕猴桃和美味猕猴桃的生长习性及整形修剪技术，其他类型修剪的基本原理与之相同，可供参考。

一、猕猴桃的生长结果习性

1. 猕猴桃的生物学特性

猕猴桃为雌雄异株的藤本落叶果树，树势强旺。根为肉质根，须根发达，水平生长强于直立生长，主要分布在20～80 cm深土层。枝条具有蔓性，生长到一定长度，先端组织幼嫩不能直立，需要靠缠绕周边的附着物攀缘生长，因此生产中需要搭设各种支架供其生长。

猕猴桃的冬芽分叶芽和混合芽。叶芽仅包含叶原基，叶芽芽体较小，萌芽后抽生枝条只长叶不开花，此类新枝叶片只制造营养，称为营养枝。混合芽含有叶原基和花原基，芽体肥大饱满，先端圆钝，芽鳞较紧，萌发后先抽枝，枝上现蕾、开花结果，此类枝条称为结果枝(雄株称花枝)。不论叶芽还是混合芽，均为腋生，通常1个叶腋间有1～3芽，中间较大的芽为主芽，两侧为副芽。主芽易萌发长成新枝，副芽通常不萌发，当主芽受损或枝条重剪时，副芽则萌发生长；有时主芽和副芽也同时萌发，长成新枝，即在同一节位上萌发2～3个新梢。一般副芽均是叶芽，而主芽是混合芽。新梢上的芽具有早熟性，一年可以抽发2～3次副梢，在田间管理到位的情况下，猕猴桃易于成形，开花结果早。

一年生或多年生枝条的基部有芽鳞痕和过渡叶腋间，每个芽鳞痕或过渡叶腋间都含有一个分化弱的芽原基，从枝条外部看不到它的形态，称为潜伏芽(隐芽)。猕猴桃的潜伏芽寿命和萌发力均比较强，易于更新复壮，在生产中可利用这个特性及时对弱枝组更新复壮，或对衰弱树更新复壮。

猕猴桃为功能性的雌雄异株植物，即从形态上看，雌花和雄花都是两性花，由花萼、花瓣、雄蕊和雌蕊组成，各部分数量的多少因种类、品种而异。由于花粉败育或子房退化，分别形成了功能性的雌花或雄花。花瓣多为白色，极少部分红色或粉红色。雌花多单生，少数序生，一般每序3朵，少部分品种每序也有3～6朵；雄花多呈聚伞花序，一般每序3～6朵花。

猕猴桃坐果率高，只要授粉充分，都能结果。谢花坐果后的50～60天是体积和重量迅速增加的时期，后期缓慢增长。因此，在萌芽至坐果后的20天内进行夏季修剪非常重要。

2. 猕猴桃生长发育的环境条件

具有重要商业价值的中华猕猴桃和美味猕猴桃广泛分布在我国猕猴桃属分布的大部分地区，其野生区域年平均气温为11.3～20.0 ℃，极端最高气温是35～44 ℃，极端最低气温是−23～−6 ℃，生长期≥10 ℃有效积温为4 500～6 000 ℃，无霜期160～335天。

不同猕猴桃种类对冬季低温的耐受有所不同，中华猕猴桃在冬季休眠期可耐−12 ℃低温，美味猕猴桃能耐−15.8 ℃的低温，软枣猕猴桃极端低温是−20.3 ℃，狗枣猕猴桃[*A. kolomikta* (Maximowicz and Ruprecht) Maximowicz]能耐−40～−35 ℃的低温。夏季高温常使猕猴桃营养生长过旺，抑制生殖生长，导致果实内可溶性固形物积累减少，尤其夏季夜间高温会消耗果实发育前期积累的干物质，对果实品质或者成熟期造成一定影响。

猕猴桃喜光耐阴，对强光直射敏感，喜散射光。幼苗期性喜阴凉，怕高温强日照。成年树需要良好的光照才能健壮生长，一般认为日照率(即株间光照强度/自然光照强度)以40%～45%为宜，日照时数为1 300～2 600 h，即可满足猕猴桃的生长发育。

猕猴桃野外集中分布区大多属于湿润和半湿润气候区，中华猕猴桃和美味猕猴桃大多分布在年降水量800～2 000 mm区域，空气湿度为75%～85%。猕猴桃在微酸性土壤中生长良好，土壤pH 5.5～6.5最佳。猕猴桃根系喜肥好气，因此，沙壤土和壤土最适宜猕猴桃的生长，沙性大的土壤和极黏重的土壤则不利于生长。

3. 猕猴桃的年生长发育规律

在我国中部地区，猕猴桃3月初萌芽，4月中旬左右开花，雌株花期7天左右，雄株花期5～15天，6—9月为花芽生理分化期，8—11月果实成熟。

4. 猕猴桃的生命周期

猕猴桃树寿命长，其生命周期包括幼年阶段、成年阶段和衰老阶段。猕猴桃幼年阶段时间较短，一般嫁接苗定植后1～2年即可开花结果，初果期维持2～3年，盛果期可维持20～50年，进入衰老期后结实能力下降，失去生产价值，生产中也常由病虫为害或管理不善而导致树体提前进入衰老期。

二、猕猴桃常用树形及培养过程

猕猴桃为藤本果树，因架式不同可以整成多种树形，但生产中常见树形为“一干两蔓多侧蔓”的鱼骨形和“一干多蔓”的自然开心形，而单干单蔓多侧蔓和双干双蔓多侧蔓是在不同栽培密度下对这两种树形的改良而成的，有利于园地管理（二维码12-1）。

二维码12-1
猕猴桃常用树形
（PPT）

1. 一干两蔓形

（1）树体结构　树体分为主干、主蔓和侧蔓（结果母枝）三级结构。主干高约1.6 m，顶端分生2个主蔓，主干以上、棚架以下两蔓形成的三角区约20～30 cm高，主蔓长度约为株距的一半，一般在1.5 m左右，沿行向平铺于中心钢丝上，两蔓上同侧每隔30～35 cm着生1个结果母枝，结果母枝的长度根据枝条的粗度和行距而确定，一般基部粗度要求1.3 cm左右，剪口粗度0.8～1.0 cm，两行中间留0.5 m的透光带。在此三级树形骨架中，主干、主蔓一旦确定，几乎在整个生命周期不用改变，除非外力损伤、高接换种等原因。结果母枝一般每年更换一次，由主蔓上抽生或侧蔓基部抽生的健壮枝条代替（彩图12-1）。

（2）整形要点　主要在苗木生长季节进行整形，冬季适当维护（图12-1）。

第一年，苗木栽植成活后，从萌发的新梢中选择靠近嫁接口且长势强的一枝作为主干培养，其余抹除。主干生长过程中，及时固定到支柱上，也可利用绳线牵引，使其直立生长，当主干超出架面20～30 cm时，对主干回剪至架面下约15 cm处，促发剪口附近芽萌发。当剪口下萌发二次枝时，选留2个对向生长的健壮枝做主蔓培养，其他均抹除；当作主蔓的新梢长至40 cm左右时，及时将其斜向固定在中心钢丝上，以防风害；当其继续生长超过株距一半约20 cm时，将其压低平铺于中心钢丝上，同时在株距一半处对其短截，促发侧蔓，后期所发侧蔓全部保留。以上过程中，需要控制主蔓三角区及其附近强劲新枝的生长势，避免影响主蔓后端的生长；主蔓没有成形前不要过早绑平于中心钢丝上，避免主蔓过度细弱，影响成形。

冬季，根据长势对侧蔓短截，长势强壮的枝条轻剪留作下一年结果母枝，结果母枝剪口粗度需达1 cm，同侧结果母枝间距30～35 cm；弱枝及过密枝条重剪，下一年促发新枝，培养成再下一年的结果母枝。主蔓细弱或两蔓没有成形的弱树重剪，回剪主干至嫁接部位以上约20 cm，第二年重新培养树形。

第二年，对重回剪树按第一年步骤重新培养。对于有主蔓或少数侧蔓的树，三角区（架面以下的主蔓部分）主蔓上的萌芽及时抹除，其余部分萌发的新枝均保留，其中若有朝天新枝，位置适当时则保留2～3芽重剪促发二次枝，降低长势，以防风害；位置不当时，直接从基部去除。靠近主蔓的新枝若较弱又有花蕾时，可以尽早抹除花蕾，以促进枝条生长。

冬季修剪时，尽量选留主蔓上抽生的侧枝或当年结果母枝基部的强势结果枝作为下一年的结果母枝，同侧结果母枝的距离可调整为30～35 cm，剪口粗度0.8 cm及以上；过密枝条或细弱枝条重剪处理，保留长度在5～15 cm，同第一年冬季修剪。

第三年生长季节和冬季整形修剪方法基本与第二年相似，经过 2～3 年的培养，全园猕猴桃树体基本成形。

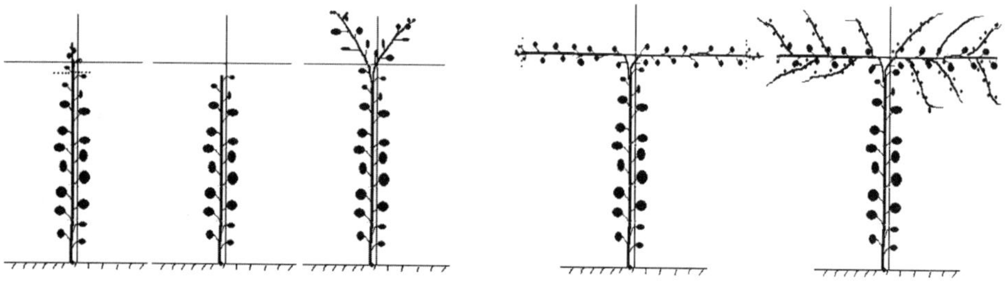

图 12-1 猕猴桃一干两蔓形整形过程

(3)树形特点　一干两蔓多侧蔓树形，成形快，结果早，易整形，易于学习和掌握，修剪省工，在生产中应用广泛。优点是空间利用度高，光照条件好，从属关系分明，果实品质均一性好。缺点是需要一定的株行距要求，种植密度过大的老果园改造需要进行合理间伐等措施。该树形适应性较广，适用于大棚架和 T 形棚架，一般用于行距 4～5 m、株距 3～4 m 的平地或山区猕猴桃种植，当株距加密为 1.5～2.0 m 时，可改良为单干单蔓树形(彩图 12-2)，整形过程相同。

2. 自然开心形

(1)树体结构　自然开心形主要在早期建园的猕猴桃园中常见，树体分为主干和结果母枝二级结构，主干高 1.5～1.6 m，在主干上向各个方向分生 10～15 根结果母枝，结果母枝基部粗度在 1.3 cm 左右，长度根据株行距确定，要求两行间留有 50 cm 的透光带，两株间不能交叉重叠，剪口粗度在 0.8 cm 及以上(彩图 12-3)。

(2)整形要点　苗木定植萌芽后，选留靠近嫁接口的一强壮新梢作主干培养，将其余枝条去除。当主干生长至超过架面 20～30 cm 时，回剪至架面下 15～20 cm 处，促发剪口以下芽苞萌发。当剪口以下萌发多个新梢时，选留 4～6 个新梢，朝不同方向绑缚生长，作为骨干枝(第二年结果母枝)培养。当年冬季对骨干枝短截处理，弱枝留 5～10 cm 重剪，壮枝轻剪，并将其均匀分布平铺于架面上。

第二年，轻剪枝条结果，从基部培养 2～3 个枝条作为骨干枝的代替枝组。重剪枝条萌发壮枝作为下一年结果母枝，以后同样可培养成结果枝组。成形后，整棵树从上向下俯视，呈开心形。选留的主枝生长势要均衡，如果生长势差异较大，则需要注意调整枝条的开张角度，控制旺长枝，扶壮衰弱枝。

(3)树形特点　自然开心形幼树阶段较一干两蔓树形骨干枝多，结果部位有所增加，容易早期丰产。但在后期树形维护和修剪过程中，对修剪人员的技术要求较高，否则容易出现修剪不当、内部空膛、枝蔓紊乱、层次不明确、果实品质不均一等问题。该树形适应性较广，适用于大棚架和 T 形棚架，特别是密植果园大都采用这种树形。生产中常用的株行距为(2～3)m×(3～4)m，为了便于机械化管理以及加强园区通风透光，促进果实品质，降低病虫流行风险，建议新栽猕猴桃园的株行距为(3～4)m×(4～5)m。

3. 单主干双主蔓分层形

(1)树体结构　树体分为主干、主蔓、结果母枝三级结构，主干高约 1.6 m，分别在

1.0 m和1.6 m左右处分生两蔓沿行向向两边生长，主蔓长度为株距一半，结果母枝长度不宜过长，一般在30～50 cm(图12-2)。

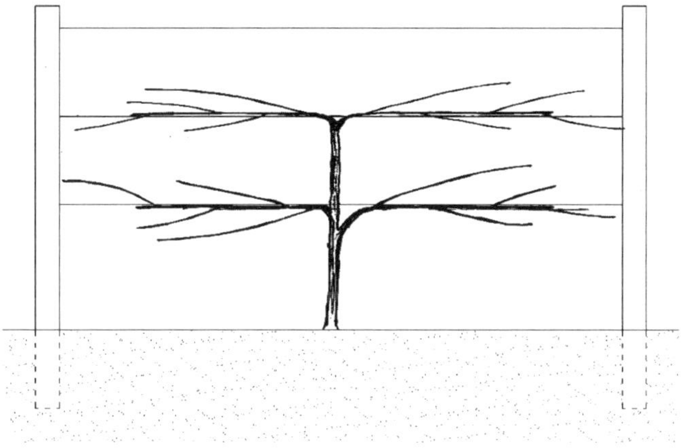

图12-2 猕猴桃单主干双主蔓分层形

(2)整形要点 苗木萌芽后选1个健壮新梢作为主干培养，当其长至超过1 m时，在距地面80～90 cm剪截，促发剪口下芽苞萌发，尽量培养3个新梢，靠近基部的2个新梢分别向行向两个方向斜向作为第一层主蔓培养，1个新梢向上生长作为主干延长枝。对于第一层的两个主蔓，当长度超过株距一半时，在株距一半处重剪并平绑于第一道钢丝上，促发二次枝作为下一年的结果母枝。直立向上的主干延长枝，在第二道钢丝的位置上，再按第一层主蔓的方法培养两个方向的主蔓和结果母枝。

(3)树形特点 该树形需要通过修剪使侧蔓(即第二年的结果母枝)着生方位相互错开，比较均匀地占据架面空间。此树形的优点是结果早，缺点是进入盛果期后易出现上强下弱的现象。进入后期，当出现顶层过强情况时，可剪除第一层，将其转换成单主干双主蔓树形。主要适用于山区宽幅较窄的梯田种植的篱壁架及篱壁T形架，适用于枝条直立性较强、节间短、长势较中庸的中华猕猴桃品种或雄株园。

三、猕猴桃整形修剪特点

猕猴桃年生长量较大且丰产性较好，在整形修剪过程中需要注意平衡树势，达到外控内促，维持树形，确保高产、高效的目的(二维码12-2)。

二维码12-2
猕猴桃整形修剪
(视频)

1.不同发育阶段的修剪特点

(1)幼树期 是整形的关键时期，需要根据栽植的品种、株行距等因素选择合适的树形。提倡壮树一年上架形成50%及以上骨架，冬季修剪程度重于成年树，弱树冬季直接回剪，第二年重新培养树形，有利于后期树形的维护，避免结果部位外移。

(2)初果期 修剪的主要任务是继续扩大树冠，培养好树体骨架，做好外围枝条的控制，促进内膛枝条的生长势以及花芽形成、果实膨大，避免负载量过大影响树势。

(3)盛果期 维持树势健壮，控制树冠大小，充分合理利用架面空间，避免过度郁闭，达到生殖生长和营养生长的平衡。同样做好外控内促，促使主蔓和结果母枝基部每年有足够数量的更新枝，维持树体结果能力，避免结果部位外移。

(4)衰老期　在盛果期后期树体明显衰退时，及时而适度地进行树体骨架的更新复壮，主要采用重疏剪和回缩老枝或主干的方法，促发新枝或重新整形，延长树体寿命和结果年限。

2. 不同物候期的修剪特点

休眠期修剪以维护树形、调整树体结构为主，生长期修剪以整理树形、调节生长发育为主。冬季修剪多采用长放、短截、回缩、疏枝等措施，长放或短截结果母枝，剪口粗度一般要求在0.8 cm及以上，疏除局部过密枝、衰弱枝、病虫枝等，回缩两年生及以上的枝条，促进内膛萌发新枝，避免结果部位外移。夏季修剪多采用抹芽、摘心、疏枝、拉枝、短截等措施，抹除多余芽苞，疏除过密枝、病虫枝，外围强旺枝通过摘心避免其过度生长，拉枝或短截降低枝势，促进树体平衡。

四、猕猴桃整形修剪实践

生产中的猕猴桃植株经过多年连续修剪后树体结构趋于合理，空间利用率高，开花结果良好。但一些园区长期放任不管或者整形修剪不合适，树体结构混乱主次不分，则需要根据实际情况制订修剪方案逐步改造。

1. 放任树的修剪

生产中猕猴桃放任树表现为骨干枝过多，级次不分，枝条紊乱，缠绕严重，授粉不良，果实畸形、个小，商品果率很低。修剪改造时以改善树体结构为主，选留较好的骨干枝作为主蔓，短截位置合适的粗壮枝条培养结果母枝，疏除主蔓上的过密枝。

本着“因树修剪，随枝作形”的原则，根据原有树体骨架和栽植密度等进行改造，选留位置合适的两个壮枝作为主蔓，若仅有一个枝条可用，则需在其基部附近重回缩或短截另一个枝梢，促发健壮新梢作另一主蔓培养。留作主蔓的壮枝上可适当留枝条作结果母枝，但一般采取重剪，第二年促发基部健壮新枝来更替；第二年重新抽发的另一个主蔓管理方式同一干两蔓整形。需要注意的是，由于树体较为凌乱，除选留作主蔓的枝条外，可能还会有其他较好的一年生枝可作结果母枝，但不能作为主蔓，这类枝冬季适当长放，翌年结果，但下一年对其抽生的结果枝需及时摘心控制生长，以免影响骨架树形的培养，待下一年冬季修剪时直接从基部剪除。这样既可保证目标树形的培养，又可适当挂果，增加园区效益。

2. 混乱的自然开心树形的修剪

自然开心树形的维护对技术的要求较高，所以如果后期管护不到位，尤其是多数种植户追求多枝条多产量的原因，最终导致出现树体层次不明、枝条混乱、果实品质低、病虫害严重等问题。需要对多余过密枝条进行疏除，尤其是中下部的枝条，选留上部但未超过架面的健壮枝条作下一年的结果母枝。若可用枝条量较少，可以采取重剪合适部位弱枝或徒长枝的方式促发新枝，作下一年的结果母枝，一般可以通过2～3年恢复正常。

修剪时要注意不要留枝过多，也不要将当下不能作为结果母枝的枝条从基部全部剪除，做到有舍有留，轻重相宜。

（钟彩虹　编写）

第二节 柿的整形修剪

柿(*Diospyros kaki* Linn.)在植物分类学上属柿科(Ebenaceae)柿属(*Diospyros*),为乔木落叶果树,果实味甜多汁,营养丰富,且具有较高的药用价值,素有“晚秋佳果”的美称。我国是柿原产地和主要栽培区域之一,柿在我国已有 3 000 多年的栽培历史,世界上栽培柿大致分为两大类:甜柿和涩柿。我国栽培柿主要以涩柿为主,品种多达 1 000 多个,中国甜柿资源只分布在湖北罗田地区,而日本以甜柿栽培为主。柿树适应性强,山地、平原、丘陵等地均能栽植,并且具有结果早、产量高、寿命长等特点,因此,柿树具有重要的生态意义和较高的经济价值。此外,柿树还是优良的观赏树种,晚秋红叶艳丽悦目,多用于行道、庭院及其四周种植。

一、柿的生长结果习性

1. 柿的生物学特征

(1)根　柿树的根系随砧木而异,北方常用君迁子作砧木,其根系分布浅,分枝能力强,细根多,根系大部分分布于 10～40 cm 的土层。垂直根可深达 3～4 m 及以上,根系生长力强,耐贫瘠土壤。南方柿多采用半野生半栽培柿作为砧木,其根系分布较深,侧根和细根较君迁子少,耐寒差而耐湿强。根系生长与土壤温度关系密切,当 25 cm 深的土层地温达 13 ℃以上时,根系开始生长,18～20 ℃时生长最适宜,25 ℃时生长受到抑制,冬季地温降至 12～13 ℃时根系停止生长。

(2)芽　柿树的芽分为混合花芽、叶芽和潜伏芽。柿树的混合花芽为一年生枝顶芽及其下部 1～3 个侧芽,顶芽一般为伪顶芽,一般在新梢停止生长时枯死脱落。柿树枝条中下部的芽为叶芽,而在枝条基部有两个副芽,大型,被鳞片覆盖,一般不萌发呈潜伏状态,称为潜伏芽。

(3)枝　柿树枝条分为结果母枝、结果枝、生长枝和徒长枝。

①结果母枝。柿树的混合花芽着生的枝条为结果母枝,萌发后抽生成结果枝,一般为二年生枝。

②结果枝。结果枝大多由结果母枝顶芽及其以下 1～3 个侧芽发出。

③生长枝。不开花结果的枝为生长枝,柿树生长枝一般较短而弱,由结果母枝中下部侧芽发出。已结过果而不能连年结果的枝条或潜伏芽都能发出较旺的生长枝。

④徒长枝。多由潜伏芽或副芽受刺激后萌发形成,经夏季摘心或短截可促发分枝或形成花芽,也可培养为结果枝或结果母枝。

(4)花　柿花有三种类型,即雌花、雄花和两性花。我国大多数品种仅生雌花,不经授粉能结成无核果实,称为单性结实。雄花一般着生于弱枝或结果枝的下部,两性花为完全花,一般着生于雌花品种上。柿树坐果率的高低除受气候、土壤等立地条件和病虫害等影响外,还与品种有关。柿树为强枝结果的果树,结果枝顶芽及以下几芽可分化为花芽,通常结果母枝越强壮,抽生的结果枝也越强。

(5)花芽分化　柿的花芽为混合芽,大多在新梢停止生长后 1 个月,当母枝腋芽内具有

8～9 片幼叶原始体时开始进行花芽分化，分化一般从雏梢基部约第三节开始由下向上逐节顺序分化。分化时期因品种、地区不同而不同，一般在 6 月中旬开始出现花原始体，越冬前进入萼片分化，之后一直到翌年 3 月处于停滞状态，3 月下旬开始花瓣分化，4 月上旬开始雄蕊分化，中旬开始雌蕊分化。柿树花芽分化通常在休眠期之前完成部分花器官的分化，休眠后第二年春季完成形态分化全过程。

柿树混合芽内分化的花数目因品种不同而有差异，最多可达 10 个，但一般为 3～5 个。不同位置的花，分化和发育程度也不同，一般中部的花比基部和顶部的花分化和发育的更完全，开花早，结果也好，不易落果。

2. 柿生长发育的环境条件

柿树是喜温喜光树种，在年均温 13～19 ℃的地方最适宜，甜柿一般要求在 13 ℃以上，而涩柿则通常要求在 10 ℃以上。柿树栽培要求日照充足，甜柿生长期日照时数应在 1 400 h 以上，尤其是果实成熟期，晴朗干燥的天气有利于糖分的积累和甜柿的自然脱涩。柿树根系分布较广，较耐干旱，对降水量的适应范围较广，一般降水量在 500 mm 左右时产量比较稳定，降水量过多或过少都会影响第二年的产量。柿树多使用抗逆性强的砧木，因此，其根系强大，较耐干旱和贫瘠，对土壤的要求不严格，山地、丘陵、平地都能生长。在保水保肥力强、通气性良好的壤土或黏壤土上生长旺盛，结果早，寿命长，产量高。

3. 柿的物候期

柿树主要的物候期有萌芽期、展叶期、新梢生长期、落蕾期、开花期、生理落果期、果实着色期、成熟期和落叶期等。物候期随地区、立地条件、气候和品种等不同而有差异。在南方地区萌芽早，休眠迟；而在北方则萌芽迟，休眠早。与其他温带落叶果树相比，柿树萌芽期和开花期晚，落叶期较早，因此，一般不用担心春季晚晚霜和秋末初冬早霜危害。

4. 柿的生命周期

柿树寿命长，其生命周期包括幼年阶段、成年阶段和衰老阶段。柿树嫁接后 4～6 年即可开花结果，10 年后进入盛果期，经济寿命可达 100 年以上，进入衰老期后结实能力逐渐下降失去生产价值。

二、柿常用树形及培养过程

我国柿栽培缺乏规范的整形修剪，树体结构常不合理，树体高大，主枝过多，树冠密闭，结果体积小，品质差，产量低，因此，合理的整形修剪很有必要。目前，果园的机械化管理对柿树修剪提出更高的要求，修剪后的果园要便于机械化管理，提高果园的工作效率。

柿顶端优势强，要求有较多的阳光，易产生枯枝，自然状态下形成树干直立的中央领导干形。柿树常用的树形有三种，分别是变则主干形、自然开心形和主干疏层形，同时还可以根据品种特性、栽植密度、地形以及便于机械化等因素选择树形。整形修剪时，一方面要有效利用树的特性，另一方面也要考虑产量、品质以及方便管理。一般情况下，对层性强的品种，可整形成变则主干形和主干疏层形；对枝条稀疏，生长健壮的品种，宜采用多主枝自然开心形。由于柿树顶端优势强，一般选择变则主干形作为首选树形（二维码 12-2）。

1. 变则主干形

(1)树体结构　树高约 4 m,冠径约 5 m,干高 50～100 cm,4～6 个主枝错落着生在中心干上。每两相邻主枝间距 30～50 cm,下大上小,主枝基角 50°～70°。每主枝上留 2 个侧枝,相距 50 cm 左右,最上层主枝留 1 个侧枝。主枝选留完后,在最上主枝上方锯去中心干完成整形。

二维码 12-3
柿常用树形
(PPT)

(2)整形要点　变则主干形为主枝排列不分层的主干形,既可降低主干型的树体高度,又可增强树冠内部光照量。主枝在中心干上不分层次地螺旋式排列,间距 30～50 cm,每年选留培养,达到 5～6 个主枝后对中心干进行落头。主枝间应多留辅养枝,并使其尽早成花结果。主侧枝均为下大上小,不重叠,其培养方法与主干疏层形大体相同。7～9 年成形。

(3)树形特点　主枝排列自然,选留比较容易,树冠光照也好,容易早产、丰产和提高果实质量,比较适用于干性弱、顶端优势不明显的品种。缺点是容易使树冠形成上强下弱,造成树势不均衡并影响采光。

2. 自然开心形

(1)树体结构　主干高度 40～60 cm,主枝 3～4 个,水平夹角 90°～120°,主枝的间隔距离为 20～30 cm,主枝基角 50°以上,下部主枝角度要大。每个主枝上着生侧枝 2～3 个,第一侧枝距基部 50 cm 以上,第二侧枝距第一侧枝 30 cm 以上。主侧枝上配置结果枝组(彩图 12-4)。

(2)整形要点　在主干上着生 3～4 个主枝,向四周的上方自然伸长,各主枝间距一般 20～30 cm。开始整形时,应保留中心干,诱使四周主枝开张,以扩大树冠和增强树冠的骨架。每年中心干都要重剪,剪留 30～40 cm,以免影响主枝生长。当有了 7～8 个主枝时,就可剪去中心干,促使各主枝生成小枝,以利于通风透光。在截除中心干后,树内膛枝和弱枝,依情况进行短截,改造成有用的结果枝。柿树自然开心形的培养需经过连续 5～6 年才可完成。

(3)树形特点　自然开心形柿树树冠开张,没有明显的中心干,呈自然半圆形,通风透光性好,便于管理,适用于生长势弱、树冠开张的品种,是一种普遍采用的丰产树形。

三、柿整形修剪特点

1. 幼树期的修剪

(1)幼树期的特性　顶端优势明显,骨干枝生长旺盛,新梢粗壮,常能产生二次梢。抽生新梢的能力较强,层性比较明显,分枝角度较小,树冠较为直立。

(2)幼树的修剪目标　培养良好的骨架、结构合理的树形(以变则主干形为例),调整各类枝条的平衡长势和明确的从属关系,开张角度,整好树形,适当修剪,调节树体营养,为早结果、早丰产打好基础。

(3)幼树的修剪方法　选留部位合适的枝条作为主侧枝。各级骨干枝的延长枝在适当部位短截,以便扩大树冠,增加分枝。对长势较旺的幼树,一般要轻剪,促进树冠扩大;对于长势较弱的幼树,在加强土肥水综合管理的前提下,可适当重剪,以促生新梢,恢复树势。对于影响骨干枝生长的枝条,可从基部进行疏除;对于长势过旺的非骨干性枝条,应及时进行摘心或短截；对于发枝较多的品种，可适量疏剪；对于旺枝，应及时摘心，促发分枝，增加枝量并加大枝条开张角度，促进枝条转化为结果枝组；对于细弱的辅养枝，可及时进行回缩，促进枝条转旺，培养成紧凑的结果枝组；对于单轴延伸过长的枝条，应及时进行回缩，以防基部光秃，内膛空虚。

2. 初果期的修剪

(1)柿树初果期的特性　初果期主要是指从第一次结果开始，到进入盛果期的这段时间。柿树初果期树势较强，树冠继续扩大，产量增加，进入盛果期后，树势缓和，树冠稳定。柿树初果期树体骨架已经基本形成，树冠迅速扩大，结果量逐年增加，枝条角度逐渐开张，枝条长势粗壮。

(2)初果期的修剪目标　稳定树势，通风透光，培养内膛结果枝，防止结果部位外移，延长盛果期年限。

(3)柿树初果期的修剪方法　应以疏除为主，适当短截和回缩。一般要去除顶部，以抑制树高。细弱、交叉、密挤等枝条应及时疏除，以保持树冠内部良好的通风透光条件。对于骨干枝的延长枝，主侧枝上抽生的发育枝，应适当短截，促发分枝，转化为结果母枝；对于细长下垂的弱枝，可在较壮分枝处缩剪。

3. 成年期的修剪

柿树进入成年期后，树势缓和，树姿开张，树冠稳定。以后随树龄增加，内膛枝受遮阴而衰弱，甚至最后枯死，结果部位外移。根据修剪时期的不同，分为冬季修剪和夏季修剪，一般以冬季修剪为主。

(1)冬季修剪　主要是对结果母枝进行疏除和短截以及更新侧枝，冬季修剪是在深秋落叶之后到第二年春季萌动之前的休眠期进行。如果在落叶之前修剪，位于枝叶的养分还未转移到根，因而会导致贮藏养分减少，第二年春天发芽不整齐，已分化的花芽退化。在树液开始流动时进行修剪，大量的养分和水分被运输到留下的芽中，使萌芽期提前，在北方产区易遭晚霜危害。另外，在有冻害发生的地区，冬季修剪应在严寒之后进行。

柿树修剪前要根据品种、树龄、栽培管理情况等方面，确定计划产量，推算出保留的结果母枝数量。柿树充实健壮的一年生枝是次年良好的结果母枝，一般顶端 1～3 芽多为混合花芽，能抽生成结果枝，不可轻易短截。当结果母枝过多时，应去弱留强，疏剪或重短截一部分充作预备枝。当结果母枝发育过旺时，侧芽混合芽比较多，可适当短截，降低结果部位。

修剪时先从骨干枝的粗枝开始修剪，延长枝要注意保持角度，维持生长势，树顶端一般只保留 1 个骨干枝，其余枝从基部剪除，然后剪去过密枝、平行枝、枯死枝等。连续多年结果的老枝，其附近很难长出新枝，只在老枝的顶端结果。因此，一般将老枝从着生部分剪去，让其周围发出新枝进行更新。如果新枝直立生长，需用绳子拉成一定角度，诱导其生长方向。结果枝结果后一般生长衰弱，难以继续成为结果母枝，可以短截作为预备枝。

(2)夏季修剪　为了防止新梢发生过多，改善树冠内部的通风透光，使其产生充实的枝叶，以及抑制病虫害而进行夏季修剪。夏季修剪方法主要是抹芽和剪除徒长枝。抹芽在新梢萌发后至木质化前进行，主枝交叉处、锯口或大枝剪口附近的隐芽会不断萌发，使通风透光性恶化，花芽分化不良，病虫害增多。4—6 月抹去向上或向下的新梢，一般留下 1～2 个新梢，培养结果母枝。如果是确实需要保留的徒长枝，宜在 4 月下旬至 5 月中旬枝条达到 30 cm 左右时，将其基部扭曲，或在其 30 cm 处摘心，抑制营养生长，积累同化物质，促使其转化成结果母枝。

4. 衰老期的修剪

随着树龄的增大，树体变高，结果部位远离主枝，养分被用于老侧枝上，生长衰弱，无明显的延长枝，树冠开始枯顶、下垂、缩小，冠内小枝和枝组不断死亡，光秃部位日益增大。下垂的老侧枝养分运输差，必须进行更新修剪。

更新修剪时，修剪量要大，回缩要重，促发更新枝更新树冠，延长结果年限。必须保留由老侧枝（已使用 4～5 年）附近的隐芽发生的枝作为更新侧枝的候补枝。但老树有时不发生侧枝更新用的新枝，必须在确认主枝和侧枝后促发新梢，同时进行土壤改良来恢复树势。

四、柿整形修剪实践

1. 柿树的修剪顺序

柿树修剪前，要对整个柿园进行调查，观察整个柿园的密度，如果密度稠密，相邻树枝有交叉，就必须进行缩伐，被缩伐株应将其主枝回缩到与保留株的枝不相互接触为止；如果密度稀疏，树与树之间有空间，通风采光良好，通常就以每个单株为对象进行修剪。在进行单株修剪时，要对树顶端重截，以降低树高，应保留适当的主枝和侧枝，多留结果母枝。有些柿树树冠内部光照差，结果母枝弱，结果部位集中在树冠表面，结实量少，其主要原因是主枝太多。修剪时先剪除主枝，然后开始侧枝和结果母枝的修剪。在剪去大枝后，大量养分集中于保留的枝上，造成树势过强，助长生理落果，使结实不稳定，在这种情况下，为保持树势均衡，宜进行轻度修剪。

2. 柿树各枝组的修剪方法

（1）结果母枝的修剪方法　大部分结果母枝着生在侧枝上。修剪时，首要识别结果母枝是否优良：优良的结果母枝呈“之”字形弯曲，而且枝粗壮有光泽，芽大而饱满，枝的先端部分不是急剧变细；劣等的结果母枝枝细而无光泽，枝上有茸毛，芽呈三角形，这种枝无花芽或很少有花芽。

注意选留和培养预备枝。主要有两个目的：其一是主枝遭遇灾害或病虫害不能继续作为主枝时，就要将预备枝作为主枝的候补；其二是限制柿树当年结果量，保证柿树果实品质，产量稳定，避免出现大小年结果现象。可以通过短截来培养预备枝，将结果母枝剪去 1/2～2/3，限制花芽数量，使该结果母枝的花芽也同时被剪去而不结实，从而抽生充实的发育枝，继而成为优良的结果母枝。

（2）修剪时注意主枝的配置　有的成年树主枝多而乱，间隔小，要把这些成年树改成理想的树形不易。主枝数量多而密的树，结果部位集中在树冠表层，产量也低。因此，要整成具有 3 个主枝的树形。

（3）注意侧枝的修剪方法　随着侧枝年龄的增大，会逐渐弯曲、下垂，造成体内养分运输不良，树势的均衡被打乱，果实品质不整齐，故六年生及以上柿树的侧枝应利用发育枝进行更新。另外，在侧枝上有时会产生竞争枝，侧枝分成两股，很难分清侧枝情况。因此，要注意保留结果母枝和培养预备枝，以增加叶面面积。

(4)注意剪口保护　剪口的大小直接关系到剪口的愈合、从剪口向基部方向枯死以及病菌的侵染等。因此，剪枝时应综合考虑枝的粗度、方向和位置，剪口越大愈合能力就越差，当剪口直径在 1.5 cm 以上时，则需将剪口削平滑，涂抹伤口愈合保护剂。

3. 柿树结果量与修剪关系

(1)柿树大年和小年的修剪方法　柿树容易出现大小年结果现象。在小年，一般不短截，应以疏除修剪为主。在小年宜进行树形改造，通过对大枝的修剪来扩大主枝间的间距。树形已完全形成并且结构合理的树，主要剪除枯枝、细枝和芽退化的枝，不剪着生花芽的枝。

在大年，优良结果母枝有很多，大量结实，可进行强修剪，由于花芽多，即使为改造树形而进行大枝修剪，也能保证有足够数量的花芽。为了消除大小年结果现象，在大年将一年生枝条的30%～40%进行短截来培养预备枝，还需要结合疏花、疏果等人为控制措施来调整结实量。

(2)柿树结实不良树的修剪　结实不良树有两种类型，即连年结实不良树和隔年结实树。这里只介绍连年结实不良树的修剪，连年结实不良树又可分两种类型，分别为不分化花芽的树和生理落果严重的树。因花芽不足而结实不良的树，主要原因有三点：①由于光照不足，结果母枝不充实而不分化花芽。修剪时应对母枝采用拉开主枝或疏除主枝的方法，以扩大主枝间隔来改善树冠内部的光照，并疏除太密的枝。②由强修剪造成营养生长过剩而不分化花芽。在密植园，强修剪会导致营养生长旺盛，产生大量徒长枝，花芽少，因而应通过间伐来扩大株行距，并最终扩大树冠，再进行轻修剪，加速生殖生长。③由树势过强而导致花芽分化不良。此种情况用修剪来调节树势也很困难，只能减少施肥或进行环状剥皮来调节。另外，因生理落果严重而结实不良的树，修剪则无太大的作用，重点是做好栽培管理，如进行人工授粉、冬季开挖排水沟等措施来防止梅雨期落果。

（梁晋军　编写）

第三节　石榴的整形修剪

石榴是千屈菜科(Lythraceae)石榴属(*Punica* L.)多年生果树，又名安石榴、若榴。石榴有石榴(*Punica granatum* L.)和索科特拉石榴(*Punica protopunica* Balf. f.)2 个种，栽培的只有石榴 1 个种。石榴原产伊朗、阿富汗和高加索等中亚地区，向东传播到印度和中国，向西传播到地中海周边国家及其他适宜生长地。据记载，石榴在我国已有 2 000 多年的栽培历史。在长期的栽培过程中，形成了安徽怀远、山东枣庄、四川会理、云南蒙自、新疆叶城和皮山等传统优势产区以及山西晋南、江苏苏北等集中连片生产区。

一、石榴的生长结果习性

1. 石榴的生物学特性

石榴为灌木或小乔木，主干不明显。一年生枝条皮色为灰褐色，枝条光滑、柔韧；多年生枝及主干为深褐色，表皮粗糙，有些呈瘤状突起，部分品种的主干及骨干枝呈顺时针扭曲，以抵御大风和过量负载而对树体产生的压力。根据功能不同，石榴枝条可分为结果枝、发育枝和徒长枝，结果枝又分为短果枝、中果枝和长果枝。根据枝条的长度不同，可分为短枝、中枝和长枝。长枝是指长度大于 15 cm 的枝，一般不易形成花芽，多数为营养枝，是扩大树冠、构成树体结构及结果枝组的基础；石榴的结果枝主要是短果枝和中果枝。

石榴的芽有叶芽和混合芽两种。叶芽在当年春季直接萌发形成新梢，为树体营养生长提供物质基础。石榴没有明显花芽，其花芽以混合芽形式存在。混合芽在营养充足、条件适宜时可萌发成较短枝条，在枝条顶端形成一至数个花蕾。混合芽内既有花的原始体，又有叶和枝的原始体。石榴花芽分化从当年 6 月上旬开始，持续到翌年末花结束，历时 2～10 个月，表现为三个高峰期，分别是当年 7 月上旬、当年 9 月下旬以及翌年 4 月上中旬。第一个高峰期形成头批花，于翌年 5 月上中旬开花，形态分化早，持续时间长，年前分化到花瓣期。第二个高峰期形成二批花，于翌年 5 月下旬或 6 月上旬开花，年前分化到初萼期，花量大且结果可靠。第三个高峰期形成三批花，于当年 6 月中下旬持续到 7 月中旬开花，一般不足两个月完成形态分化，发育时间短，形成的正常花的比例较低，生产上应进行控制。

石榴叶片多呈纺锤形或披针形，全缘，先端钝尖或微尖，叶片厚，有蜡质。幼嫩叶片的颜色浅紫红、浅红或黄绿色，成龄叶深绿色，叶面光滑，叶背面颜色较浅无茸毛。一年生枝条叶片多对生，也有枝条上的叶多轮生。

石榴花序是有限的聚伞花序，花为两性花，子房下位，花器的最外一轮是花萼，花萼内壁上方着生花瓣，中下部着生雄蕊，雌蕊位于萼筒中央。根据构造不同，石榴花分为不完全花、中间花和完全花三种类型。不完全花的雌蕊发育不良或退化，不能坐果，俗称“公花”，其外形上大下小呈钟状，故又名“钟状花”。中间花的雌雄蕊发育和高度基本相平，呈筒状，俗称“筒状花”，该花可以坐果，但坐果率较低。完全花的雌蕊高于雄蕊，子房发达，外形呈葫芦状，上下等粗、腰部略细，坐果容易，主要用来结果。

石榴的根系较浅，垂直分布集中在 20～70 cm 土层，最深在 1.5 m 仍可见到根系。在水平方向主要分布在主干周围 0～3 m，最远可达 10 m 以上，通常是树冠直径的 1.5 倍以上，但主要集中分布在树冠内。

2. 石榴生长发育的环境条件

石榴原产亚热带及温带地区，喜暖畏寒。生长期内，要求≥10 ℃以上活动积温在 3 000 ℃以上。在冬季休眠期气温过低，枝梢将受冻害。当气温低于－17 ℃时，地上部分大部分冻死。因此，建立石榴园时，选择冬季极端低温在－17 ℃以上的地区较为安全，但对于抗寒性差的品种，如突尼斯软籽石榴，在－8 ℃时枝梢就会受冻。

石榴属喜光树种。光照充足，生长发育健壮，花芽分化率高，果实颜色好，品质优良；反之容易出现徒长，花芽分化不良，内膛光秃，果实着色差，风味变劣。石榴喜光，但不宜长时间阳光直射，强光易导致果实日灼。因此，阳光过强的区域，可以通过合理修剪增加叶量，或通过果实套袋等技术来减少日灼现象的发生。

石榴树抗旱性强，在年降水 500 mm 以上的温带地区可基本满足石榴树对水分的需求，如果保墒措施得力，均能正常结果。但花期过于干旱，会加重落花。盛花期遇阴雨天气，会影响授粉受精，易引起枝叶徒长，还会加重落花。石榴树虽较抗旱但不耐涝，积水会导致根部缺氧，影响树体生长发育。只有适当的水分才能保证果实的正常生长发育，达到优质、高产。

石榴对土壤的要求不严，平原、山区、丘陵均可栽培。土壤以质地疏松、富含营养的沙壤或壤土最为适宜。pH 4.5～8.2 的土壤均适宜石榴栽培，而以 pH 6.5～7.5 最好。石榴适合栽植于 5°～20°的斜坡，且同一地区，高海拔地段的石榴果实着色、籽粒品质明显优于低海拔地段。在地势选择上，最好避开集聚冷空气的地方，否则易出现冻害。

3. 石榴的年生长发育规律

石榴在我国北方为落叶果树，每年有一个从萌芽、开花、结果到落叶休眠的年生长周期。在这个周期中有两个明显不同的阶段，即相对静止的休眠期和活跃的生长期。

（1）休眠期　在冬季石榴树为适应低温和不利的环境条件，树体落叶处于休眠状态。从落叶到萌芽止，大约需经过 5 个月（当年 10 月下旬或 11 月上旬到翌年 3 月下旬或 4 月上中旬为休眠期）。石榴树的不同树龄和树体各器官及不同部位休眠期不完全一致，一般幼树比成年树停止生长晚，进入休眠也晚。同一株树的枝芽及小枝比树干进入休眠早，根颈部休眠最晚而解除最早，同一枝的皮层与木质部进入休眠比形成层早。

（2）生长期　石榴从萌芽至落叶期均为生长期。生长期内，石榴树进行着营养生长（枝叶与根系生长）、生殖生长（开花坐果、果实生长与花芽分化）和营养积累。春季根系最早开始活动，为萌芽提供必要的水分、养分以及促进细胞分裂、生长的激素。春季气温稳定以后，新梢开始生长，这时生长所需的营养，主要是上一年树体贮藏的营养。新梢经过短暂缓慢生长后进入迅速生长期，此时的营养主要来自当年同化的营养和树体贮藏的营养，根系伸长与新梢生长交替进行。此后一段时间大量新梢迅速生长，嫩茎幼叶合成的生长素自上而下运输到根部，表现为地上地下同步生长。随着气温升高，新梢快速生长的同时，石榴开花并开始坐果。7 月下旬至 8 月新梢停长，花芽分化开始，花芽分化与果实迅速生长重叠，是当年产量与翌年产量相矛盾的时期，应加强肥水供应。8 月下旬后地上营养生长放缓，9—10 月根系快速生长。落叶前，叶片营养回流，贮藏于芽、枝干和根系中，因而秋季保叶对养根、壮芽和充实枝条具有重要意义。这时既要枝叶生长茂盛，又不能贪青徒长。

4. 石榴的生命周期

石榴树在温带地区属落叶果树，在热带则为常绿植物。因受温度、品种和类型的影响，在萌芽与成枝、干性与层性、长生与结果、衰老与更新等诸多方面，形成不同的生物学特性。按不同年龄时期的生长结果习性，将石榴树从幼苗到成龄结果，直至衰老死亡，分为五个时期。

（1）营养生长期　通常指从苗木定植到开始结果的一段时期，通常为 2～4 年。此阶段树体小，根系浅，树体积累养分少，虽能开花，但花量很少，极少结果。此阶段的主要任务是缩短缓苗期，促进营养生长，使其尽快成形；但要避免因急于使树体长大成形而出现徒长现象，也不能过分强调树形而抑制生长。生产上要从整体上加强树体管理，扩穴深翻，保证充足的肥水，修剪时多留枝，促进根深叶茂，尽快形成树冠，为早结果、早丰产打下基础。

（2）生长结果期　也称树冠形成期，即从开始结果到大量结果前具有一定经济产量的时期，一般从定植后 4～6 年开始，延续到 10～20 年。此阶段植株的营养生长势减缓，结果枝、根系逐年扩展。树冠横向生长加快，发育枝及结果枝逐年增多，结果能力逐年提高。由于枝叶及根系等营养器官生长，营养物质消耗多、积累少，除少数早果品种外，一般产量不高。生长结果后期，树冠基本形成，生长量开始下降，发育枝数量明显减少，结果枝数量明显增多。此阶段易出现过于倾向早结果、多结果而导致树体早衰的现象，也有偏向于树体生长而未及时转化到结果上来，甚至出现徒长而迟迟不能结果的现象发生。因此，生产中应在综合管理的基础上，培养骨干枝，控制、利用辅养枝，并注意培养结果枝，以促进树冠的加速形成。

(3)盛果期　树冠和根系发育达到最大，生长缓和，贮备养分充分，结果能力增强，产量达到高峰，可持续 80～100 年。发育枝的年生长量较少，多数转化为结果母枝，树体健壮，骨干枝牢固、稳定，结果枝进行有规律的自然更新。这一时期易出现树冠内膛光照不足、结果部位外移、大小年结果等现象，有的还会因结果过多导致营养不良、树势早衰等。生产中应及时更新枝组，均衡配置营养枝、结果枝和预备结果枝，均衡营养生长与生殖生长的关系。

(4)结果更新期　是盛果期的延续，此时树体生长减缓，结果能力开始衰退，产量逐年下降，树冠下部的枝条因长期处于光照不足和营养较差的状况开始大量死亡，中上部骨干枝条中后部逐渐光秃。生产中要深翻改土增施肥水，促进根系更新，适当重剪回缩，更新枝条减缓衰老。

(5)衰老期　是树体生命活动进一步衰退的阶段，这一时期树体的生长结果能力明显衰退，根系大量衰亡，骨干枝逐年衰亡，树高和冠幅逐渐缩小。植株更新主要通过重剪来促进潜伏芽萌发和结果母枝更新。

石榴树经济寿命从几十年到几百年的都有，树体寿命也从几百年到上千年的都有，生产中可根据当地的气候环境、生产条件，因地制宜采用相应的管理措施，尽量延长其经济寿命。

二、石榴常用树形及培养过程

二维码 12-4
石榴常用树形
(PPT)

生产中石榴的常用树形有自然圆头形、疏散分层形、双主干形和多主干开心形等(二维码 12-3)。

1. 自然圆头形

(1)树体结构　自然圆头形是单干树形，通常主干高 50～70 cm，主枝多个，开张角度为 50°～60°，每主枝上配置 1～2 个侧枝，主侧枝上安排若干结果枝组(图 12-3)。

图 12-3　石榴自然圆头形

(2)整形要点　定植后,在距地面 60～100 cm 处选择剪口下 1～2 个东西方向的芽进行短截定干;春季萌芽后,及时去除剪口下的萌蘖。发枝后剪口枝作中心干延长枝,剪口下第二和第三芽发的枝分别作为第二和第一主枝进行培养。翌年,在第一主枝上 30～40 cm 处短截,发枝后剪口枝作中心干延长枝。同时短截第一、第二主枝,选留主枝上位置适宜、长势健壮的枝条培养成侧枝,每个主枝上培养侧枝 1～2 个,主侧枝上培养结果枝组。影响骨干枝生长的直立性徒长枝、萌蘖枝,采用疏除、拧伤、拉枝等措施,改造成大中型结果枝组。长势中庸、枝条细瘦的多年生枝要回缩复壮。

(3)树形特点　自然圆头形是依其自然特性通过简单的整形修剪形成的,该树形成形快,易于培育树冠骨干枝,早结果、早丰产,但丰产后易使树冠内部光照不良,易出现大小年结果和过早衰退现象。若采取加强修剪,适时剪去顶上部中心大枝,疏剪部分外围密枝(俗称开天窗)后,即具有变则主干形的优点,可改善树冠内部光照,增加内膛结果,延长丰产年限。适用于生长势中庸、干性不强的品种,适用于株行距为(2～3)m×(3～4)m 的密植园。

2. 疏散分层形

(1)树体结构　疏散分层形是单干树形的一种,该树形干高 50～70 cm,全树有主枝 5～6 个,分 2～3 层(图 12-4,彩图 12-5)。第一层 3 个主枝邻接或邻近,相距 20～40 cm,并在 1～2 年内选定,主枝基角为 60°～70°;第二层 1～2 个主枝,与第一层主枝在空间上相互错开;第三层 1 个主枝。第一层主枝(第三主枝)距第二层主枝(第四主枝)的层间距为 50～80 cm,第二层距第三层 50～60 cm。基部三主枝各配备 2～3 个侧枝,第一侧枝距主枝基部 40～50 cm,第二侧枝距第一侧枝 30～50 cm,并着生在第一侧枝对面,上层主枝可配备 1 个侧枝或不配备侧枝。树高控制在 3～5 m,冠径控制在 3～4 m。疏散分层形从定干开始,需 4～5 年完成。

图 12-4　石榴疏散分层形

(2)整形要点　定植后,60～100 cm 处选留 4～6 个饱满芽定干。当年萌发枝不必疏除,以增加枝量,促进树体扩大。第一年冬剪时,在 60～80 cm 的整形带选留三大主枝,如果当年选不出三个,可先选两个,第二年再选第三个,在主干上 80～100 cm 饱满芽处短截,主枝留 60～70 cm 时短截。中心干延长枝最好选用第一或第二芽枝,整形带内除选留中心干延长枝和主枝外,其余枝条均按辅养枝对待,采用撑、拉、压、别、圈、拿等措施,使开张角度到 60°以上,主枝以下的枝条全部疏除。第二年冬剪时在中心干上选留第二层的 2 个主枝,或确定第二层主枝的芽位。主侧枝枝头和中心干延长枝均在饱满芽处短截,其余枝条缓放不剪,按辅养枝对待,注意开张角度,削弱生长势。各级枝头的竞争枝可疏除或极重短截。第三年冬剪时继续选留第一层和第二层主枝的侧枝。前一年未选出第二层主枝的,在中心干上距第一层主枝 30～50 cm 处选留两个方位好、角度适宜的枝条做第二层主枝,留 40～50 cm 短截。中心干延长枝在饱满芽处短截,以培养第三层主枝。辅养枝、竞争枝的处理同上一年。第四至第六年的修剪是继续按照树体结构特点的要求,进行主侧枝的培养,使树形达到既定目标。

(3)树形特点　疏散分层形整形周期较长，工作量大，成形后容易获得稳定产量。疏散分层形又叫主干疏散形，适用于土层深厚、土质肥沃的稀植大树。该树形适用于生长势旺、干性强的品种，适用于株距 2.5～3.0 m、行距为 3.0～5.0 m 的中等密植栽培。

3. 双主干形

(1)树体结构　双主干形是由两大斜生于地面的主干组成，两主干间夹角为 80°～100°，方位角为 180°，主干伸展方向与行向平行或垂直，在主干 50 cm 左右定干，培养主枝，每个主枝分别配备 4～5 个侧枝和若干结果枝组(图 12-5，彩图 12-6)。

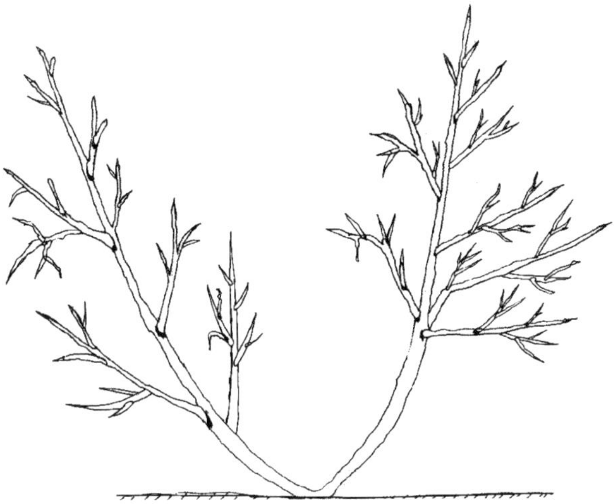

图 12-5　石榴双主干形

(2)整形要点　春季栽培的石榴树齐地面平茬，当新梢长至 50～80 cm 时选择两个生长势好、邻近着生、方向正的枝条做主干，角度开张至 20°～30°。冬季在 50 cm 左右的地方选择下芽定干，培养主枝。修剪时，一要疏除延长枝附近的竞争枝和过密枝，保持单轴延伸；二要及时疏除伸向树冠内堂的徒长枝、背上旺枝和过密枝等。

在主枝基部培养几个中小型结果枝组，均匀分布在主枝两侧下方。在主枝中上部直接着生中长结果枝，相距 30～40 cm。多留侧生、斜生的中庸枝，疏除过粗过大枝。幼果期树上以长枝修剪为主，盛果期后适当加重短截。

(3)树形特点　双主干形，因一穴双干，双干一冠，所以地下部的根系相对较大，吸收范围广，地上部长势旺，枝叶量大，易于早期丰产。该树形具有结构简单、成形快等特点，树冠较矮小，骨干枝多，通风透光好，株间矛盾少，便于机械化操作。该树形适合于树篱式栽植和密植。对于干性弱的品种，需借助架式进行栽培。适宜株距为 1.5～2.5 m，行距为 3～5 m。

4. 多主干开心形

(1)树体结构　多主干开心形无中心干，不分层，是由 3～5 个斜生于地面的主干向四周展开形成的开心形树形。主枝沿主干轴心方向延伸，向四周均匀分布，每个主枝与地面的夹角为 50°～60°；每个主枝上分别配备 3～4 个侧枝以及若干结果枝组(图 12-6，彩图 12-7)。

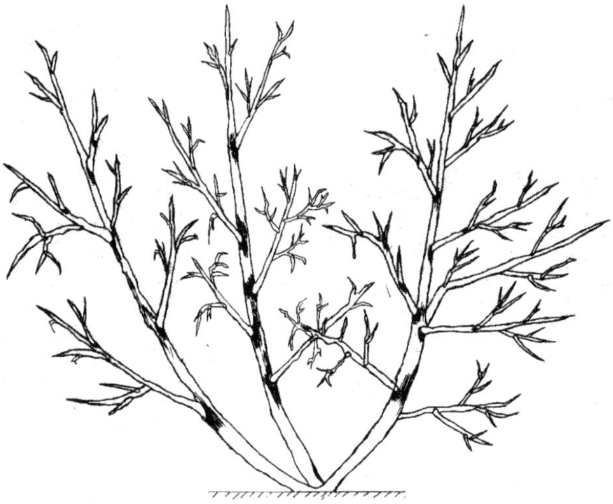

图 12-6　石榴多主干开心形

(2)整形要点　定植后新梢长到 60 cm 时，选 3～5 个生长健壮、粗细相近、枝距适宜、向四周生长的枝条作主枝，其余的全部疏除。冬季在主干 40～50 cm 处选饱满芽进行短截。第二年春季剪口下芽枝按主枝进行培养，单轴延伸。主枝两侧按 30～40 cm 的距离培养侧枝，保留少量的结果枝组。第三年将侧枝进行短截，促进结果枝组的形成。

(3)树形特点　多主干开心形成形快，结果早，内膛光照条件好，早期产量高。结果枝组多，后期需不断回缩更新，避免内膛光秃，结果部位外移。该树形树冠较矮，适用于土壤干旱瘠薄、风速较大的地方采用。适用于株距 3.0～4.0 m、行距 3.0～5.0 m 的石榴园。

三、石榴整形修剪特点

1. 不同发育阶段的修剪特点

树龄和树势不同，修剪方法也不同。幼树期修剪应以快速形成树形、树冠为目标，修剪方法以疏枝和短截为主；盛果期树形较稳定，修剪主要是对直立枝和过密枝进行疏除；结果更新期和衰老期主要进行的是更新枝组、平衡树势的修剪，常用短截和回缩等方法。对于树势强的石榴树要控制生长，可采用疏枝、拉枝、刻伤、扭枝等方法进行；对于生长势弱的石榴树要促进其生长，常采用长放和短截等修剪手段。

2. 不同物候期的修剪特点

石榴可进行四季修剪，根据不同物候期修剪内容有所不同。

冬季修剪主要在落叶后至萌芽前进行，主要工作是调整树体结构，在适当保留大枝的基础上疏除过密枝、细弱枝、交叉枝和病虫枝。

春季修剪在萌芽后至开花前进行，一般为 3 月下旬至 5 月下旬，主要工作是抹芽和除萌，在条件允许的情况下，花期疏除公花，以减少养分消耗；利用短截和回缩，培育树形，调整枝组。

夏季修剪在6—7月进行,主要工作是疏果、疏枝和开张角度等。依据品种、树势确定负载量,一般实际留果量比定产留果量多留10%~20%,以防后期落果和病虫害造成减产。定果时先疏除病虫果、畸形果、梢头果、背上及枝杈卡夹果,选留下垂果或斜生果,依据枝势、新梢生长量和果间距合理调整果实分布。枝势强,新梢生长量大,应多留果,果间距宜小些;枝势弱,新梢生长量小,应少留果,果间距宜大。树冠郁闭的树要尽量拉枝开张角度,疏除过密枝、徒长枝。

秋季修剪在8—10月进行,主要工作是疏除病果、病枝以及过密枝、徒长枝等。

四、石榴整形修剪实践

1. 放任树的修剪

我国石榴的商品化栽培历史短,栽培管理水平整体不高,存在大量的放任树,主要表现为树体主干不突出,大枝过多,小枝拥挤,通透性差,果个小,产量低。对于未进行整形修剪的放任生长石榴树,要按照“四步走”的方法进行修剪,可以最大限度地修复。

(1)观察树形,确定主干、主枝以及结果枝组　要先了解大枝数量、枝组结构及其与相邻树的距离等,参照丰产树形的特点,确定主干数量。一般来说,自然开心形可以选择2~4个生长健壮的大枝作主干,且主干与地面的夹角要在40°以上。确定好主干后,根据空间大小,每个主干上选留2~3个大型侧枝,以最终保留10~15个大中型结果枝组。需要注意的是,侧枝之间以及各枝组之间要保留一定的距离,一般侧枝之间可保持40~50 cm,结果枝组间的距离保持在20~30 cm,并且最好是横向排列,不能为背上徒长枝。

(2)坚持有舍有留,打开树冠内膛空间　确定好主侧枝和结果枝组之后,去除多余的大枝以及树冠内密生的大型枝组、主干枝背上的直立枝、树干下部徒长枝,以增强树冠通风透光能力。同时,剪除所有的干枯枝、病虫枝和基部萌蘖枝。对于修剪量大的树,可以逐年修剪,避免一次性修剪太多对树体造成不可逆的伤害。

(3)先放后缩,培养结果枝组　缓放和回缩是枝组培育常用的方法,根据树势,可以先放后缩,也可以先截后放再缩。如果枝条健壮,长势较强,就先缓放不剪,并将侧枝拉伸成水平或下垂状态,以促进花芽形成,待长势缓和后,再适当回缩培养成结果枝组。对于长势中庸的营养枝,可以先缓放成花,结果后及时回缩,也可以先短截产生分枝,然后缓放,结果后再及时回缩,培养成各种类型结果枝组。

(4)回缩复壮,促进树势转旺　对于一些枝条衰弱、结果量少的树,按照“去弱留强”的原则,采取短截、回缩等办法,促使新梢萌发、树势转旺。具体方法是在衰弱的主枝基部1/3~1/2处选一个健壮的新枝作骨干延长枝,将延长枝以上的衰弱主干疏除。如果树势衰弱严重,主干上没有新的旺枝可选的情况,可以将主干在距地面60~70 cm处锯掉,促进基部隐芽萌发,等新梢长出后再重新整形。

2. 大小年树的调整

石榴生产中大小年结果现象非常普遍。大小年结果现象的发生与管理水平有很大关系,管理粗放的果园更容易出现该现象。经过几个大小年结果周期后,果树会出现树势衰弱,抗逆性减弱，病虫害发生加重等树体早衰现象，鉴于此，对大小年树的管理要注意以下几点：

一是加强肥水管理，要重视花前肥和采后肥这两个关键时期的水肥管理。花前肥的主要作用是进一步促进花芽分化，补充开花的养分消耗，保证开花的质量，避免花而不实。采后肥的主要作用是促进树势恢复，促进养分合成和累积。在石榴花芽分花期，控制水分，适当干旱，可避免枝梢旺长而影响花芽分化。

二是合理留果，平衡营养生长与生殖生长的关系。对于花量大、自然坐果率高的品种要及时疏花疏果；对于开花少、挂果少的年份，要及时采取保花保果措施，如花期放蜂；若花期遇上恶劣天气，则采取人工授粉，提高坐果率。

三是遵循“大年重剪，小年轻剪”的原则，通过合理修剪调整结果枝与营养枝的比例，控制或调节花量，达到合理的叶果比例，使树体的营养积累和果实消耗达到相对平衡，也可以减轻大小年结果现象的发生。

（秦改花　编写）

第四节　无花果的整形修剪

无花果（*Ficus carica* Linn.）是桑科（Moraceae）榕属（*Ficus* L.）多年生落叶果树，原产地中海沿岸。我国南北方均有栽培，南方可露地栽培，北方多设施栽培，新疆南部栽培较多。

一、无花果的生长结果习性

1. 无花果的生物学特性

落叶灌木或小乔木；高达 3～10 m，多分枝，小枝粗；树皮灰褐色，皮孔明显。

每节有 2～3 芽，瘦小圆锥形的为叶芽，大而圆的为花芽。潜伏芽寿命可达数十年，易形成不定芽，树冠更新容易。具有腋花芽结果习性。

叶互生，厚纸质，宽卵圆形，长宽近相等，10～20 cm，掌状 3～5 裂，小裂片卵形，具不规则钝齿。叶柄粗，长 2～5 cm。叶片大，容易遮光。

无花果的花在果实的内部，无花果是由花托经过生长膨大后形成的，所以花朵存在果实内里，无花果内部小球的孔中具有小花。无花果的花朵分为雌花和雄花，雄花生内壁口部，雄蕊 3 枚，雌花花柱侧生，较短。榕果单生于叶腋间，扁圆形或梨形，直径 3～5 cm，顶部下陷，果面色彩丰富，成熟时多紫红色、绿色或黄色，基生苞片 3 个，卵形，瘦果透镜状。果实有“春果”和“夏果（秋果）”之分，春果在一年生枝条上着生，夏果在新梢上着生。

根系分布较浅，多为茎源根系，主根不明显。生根容易，分蘖能力强，生产中常用扦插法繁殖苗木。

2. 无花果生长发育的环境条件

无花果喜温暖湿润、阳光充足的环境。耐寒性差，冬季 －12 ℃时新梢顶端开始受冻，－20 ℃时根颈以上的地上部分受冻死亡。生长的最佳温度为 22～28 ℃，耐高温能力强，可耐受 38 ℃的高温天气。以年均温 15 ℃以上地区栽培为宜，其余地区设施栽培或匍匐防寒栽培，在北方地区应选取抗寒性较好的品种。无花果喜光，光照不足时易徒长，结果少。建园时宜选阳光充足而背风的区域。对于水分的要求不太严格，耐涝性差，稍耐干旱。对于土壤的要求也不太严格，适宜的 pH 为 7.2～7.6，以土层深厚、肥沃和排水良好的沙壤土为宜。

3. 无花果的年生长发育规律

3 月中下旬至 4 月上旬萌芽，花果期 5—9 月，11 月落叶。年生长量大，树冠扩大迅速，枝叶繁茂，易造成内膛空虚。

4. 无花果的生命周期

栽植后当年即可见果，2～3 年开始大量结果，密植园 3～4 年即可进入盛果期，经济寿命可达 40～70 年，寿命可达百年以上。

二、无花果常用树形及培养过程

无花果树形培养需要设立支架，一般可采用一字形、X 形、多主枝自然开心形、丛状形等(二维码 12-4)。

二维码 12-5
无花果常用树形
(PPT)

1. 一字形

(1)树体结构　干高 30 cm，主枝 2 个，顺南北方向拉平，水平主枝上间距 20 cm 选留 1 个结果母枝，同一侧间距 40 cm。整枝时需要搭架拉铁丝辅助，第一道铁丝与主干高度一致，主枝绑缚在铁丝上，第二、第三层各拉 2 道铁丝，高度差 40～50 cm，呈 V 形或 H 形，用于牵引固定结果枝(彩图 12-8)。

(2)整形要点　定植后定干 20～40 cm，选留 2 个新梢直立生长至 1.2 m 时拉平、摘心培养成主枝。冬季修剪时保留 2 个平伸的主枝，各主枝剪留 1 m，二次枝基部留 2～3 芽短截，其余枝条全部疏除。第二年萌芽后在主枝上每隔 20 cm 选留 1 个生长良好的结果枝，其余的芽抹掉。将结果枝牵引至铁丝上，新梢在第一个结果部位以上留 15～20 节摘心。每个主枝上留 5～6 个结果枝，每结果枝保留果实 12～15 个。冬季将结果枝留 2～3 节短截，作为第二年的结果母枝。

(3)树形特点　一字形也称双臂一字形，主枝可顺行向延伸，也可垂直于行向，主枝长度和结果母枝数量随株距而定。结构简单，容易整形，有利于新梢管理，通风透光良好，便于管理，结果量多。当只保留 1 个主枝向一侧延伸时，也称单臂一字形或者一边倒形，或厂字形。行株距 2 m×2 m。

2. X 形

(1)树体结构　干高 20 cm，主干上选留 4 个主枝，顺行向每侧留 2 个主枝，主枝上间隔 20～25 cm 留结果母枝(彩图 12-9)。

(2)整形要点　定植后在 30 cm 处定干，选留 4 芽培养主枝，芽的着生方向与南北方向呈 40°，其余芽抹除。秋季将主枝拉平，冬剪留 1 m 左右。第二年在主枝上每隔 20～25 cm 培养一个结果枝，秋季落叶后将结果枝剪留 5 cm，即成为以后的结果母枝。以后每年在结果枝或结果枝组处更新修剪。结果枝需绑缚在铁丝上。

(3)树形特点　主枝数量多,产量上升快。注意疏除无用枝,减少树体遮光。行距 2.5～3.0 m,株距 1.5～2.0 m。

3. 多主枝自然开心形

(1)树体结构　干高 30～50 cm,树高 2 m,选取 3～5 个角度适宜的枝条作主枝,在主枝上培养结果枝组(彩图 12-10)。

(2)整形要点　栽植后定干 50 cm,萌芽后选 3～5 个新梢作为主枝斜向上生长,其余新梢抹除。第二年在主枝上留结果枝,结果枝结果后冬季短截,转为结果母枝。注意对结果母枝的更新修剪,回缩疏除弱的枝组,培养新的结果枝组。

(3)树形特点　各主枝长势平衡,分布均匀。生长较旺,容易郁闭,注意多疏枝打开光路。行株距 3 m×2 m,多用于南方露地越冬栽培。

4. 丛状形

(1)树体结构　植株较矮小,无主干,呈丛生状,选留 4～6 个主枝,在主枝上培养 15 个左右的结果枝,每年重截更新促发新的结果枝(彩图 12-11)。

(2)整形要点　定植后距地面 10～15 cm 重截定干,促发 4～6 个新枝,可当年结果。生长期去除多余的萌蘖和徒长枝。冬季主枝留 30 cm 左右短截,防止结果部位外移。第二年以后每株保留 15 个左右的结果枝,冬季修剪时结果枝剪留 5 cm。主枝衰弱后回缩至基部,重新培养主枝。

(3)树形特点　树体结构简单,易于修剪,但光照稍差,结果部位低。适用于行距 2.0 m、株距 1.5 m 的密植栽培。

三、无花果整形修剪特点

1. 不同发育阶段的修剪特点

无花果当年种植当年结果,且新梢和一年生枝均可结果。无花果幼树期注意按照树形要求选留主枝,将多余的枝条疏除,主枝在达到树形要求的长度后摘心控制。

无花果幼树和生长旺盛的树形成发育枝的能力较强,结果期易形成结果枝,衰老期结果枝生长弱。幼树新梢年生长量可达 2 m 以上,一年中有多次生长习性,成形快,进入结果期早。

2. 不同物候期的修剪特点

夏季修剪以疏为主,对分枝能力差的品种适当摘心,促进侧枝生长提高产量。春季萌芽后按距离选留结果枝,多余的新梢抹除,疏除过密枝条。夏季修剪时注意摘心控制营养生长,避免营养生长过旺,一般新梢留 15～20 片叶摘心,顶端副梢留 3～4 片叶反复摘心。结果部位的副梢直接抹除,没有结果的节位副梢保留至结 1 个果后摘心。适当拉枝开张角度,一方面缓和树势,另一方面改善内膛光照条件。对于树冠内密挤的新梢应尽早疏除。适当摘叶有利于果实成熟,在果实转色成熟前或采果的同时摘除该节位的老叶,改善树体下部通风透光条件。

秋季降霜前 1 个月,剪除结果枝上部、果实不能成熟的新梢,有利于集中营养,促进枝条充实。

冬季修剪以调整树体结构为主，维持一定的树形，修剪方法以回缩、重短截为主。无花果枝条粗，髓心大，修剪后要用愈合剂或油漆涂抹剪口，减少伤口水分散失。

（张鹏飞　编写）

第五节　蓝莓的整形修剪

蓝莓（*Vaccinium* spp.）为杜鹃花科（Ericaceae）越橘属（*Vaccinium*）多年生灌木树种，有多个种。根据树体特征、生态特性及果实特点，蓝莓在栽培学上通常分为矮丛蓝莓、半高丛蓝莓、高丛蓝莓（南高丛蓝莓、北高丛蓝莓）和兔眼蓝莓 4 个品种群。

一、蓝莓的生长结果习性

1. 蓝莓的生物学特性

蓝莓，灌木，丛生，兔眼蓝莓高可达 10 m，高丛蓝莓高 1～3 m，半高丛蓝莓高 0.2～1.0 m，矮丛蓝莓高 0.3～0.5 m。蓝莓有常绿也有落叶，高丛、半高丛和矮丛蓝莓冬季落叶，兔眼蓝莓为常绿，叶片在树体上可保留 2～3 年。

花芽一般着生在枝条上部 1～4 节。花为总状花序，大部分侧生，有时顶生，两性，多为异花授粉植物。果实球形、椭圆形、扁圆形或梨形，果肉细软多浆汁，直径 0.5～2.0 cm 不等，多为深蓝色，少数为红色。

根系浅，无根毛，与真菌共生。矮丛蓝莓有根状茎。

2. 蓝莓生长发育的环境条件

不同种的蓝莓对温度的适应性不同。矮丛蓝莓抗寒，在－40 ℃地区可以栽培。半高丛蓝莓抗寒力强，一般可抗－35 ℃低温，适合北方寒冷地区栽培。南高丛蓝莓喜湿润、温暖气候条件，适合黄河以南华中、华南地区栽培。北高丛蓝莓喜冷凉气候，抗寒力较强，适合北方沿海湿润区及寒地栽培。兔眼蓝莓抗湿热，但抗寒能力差，适合长江流域以南、华南地区栽培，冬季 7.2 ℃以下低温时间为 450～850 h 及以上。

蓝莓喜光，光照弱时果实成熟推迟，含糖量下降。对水分要求比较严格，抗旱性差。喜肥沃酸性土壤，土质疏松，土壤有机质含量≥2%，土壤 pH 4.0～5.2。

3. 蓝莓的年生长发育规律

蓝莓开花期因气候和品种有明显的差异，南方 3 月上中旬开花，北方 4—5 月开花，花期一般 15～20 天，最长达 40 天。同一果穗上果实不同时成熟，果穗顶部、中部果实先熟，成熟时间一般在 6—8 月，同一品种和同株树上的果实成熟期一般相差 30 天左右。浙江南部兔眼蓝莓早熟品种 6 月上旬开始成熟，晚熟品种 7 月上中旬开始成熟。

二、蓝莓常用树形及培养过程

蓝莓为小灌木，生产中多采用自然丛状形(二维码 12-5)。

二维码 12-6
蓝莓常用树形
(PPT)

1. 高丛蓝莓

(1)树体结构　树冠低矮，无明显主干，自近地面处分枝。丛高 1.3～1.5 m，冠径 1.5 m。主枝数量不定(彩图 12-12)。

(2)整形要点　定植后不修剪，着重培养 3～5 个基生枝作为主枝。栽植 1～2 年剪去花芽和细弱枝，避免结果，以增强树势，扩大树冠为主。

栽植 3 年后进入结果期。主要是控制树高，疏除过密枝、细弱枝、交叉枝、重叠枝、病虫枝等，去除萌蘖枝，改善通风透光条件。对已结果的结果母枝回缩至合适的分枝处。

定植 10 年以上的老树可全株更新，锯掉所有地上部分的枝丛，用萌蘖进行更新。

(3)树形特点　需要注意保持冠丛内通风透光。株距 1.0～1.5 m，行距 1.5～2.0 m，适用于高丛蓝莓。

2. 矮丛蓝莓

矮丛蓝莓为维持树势，壮枝结果，多进行隔年平茬，可以将果园划分为两个片区，轮换结果。平茬是在早春萌芽前，将灌丛自基部将地上部全部剪掉，紧贴地面进行，促使地下茎萌发新枝，当年形成花芽，第二年开花结果(彩图 12-13)。

三、蓝莓整形修剪特点

1. 不同发育阶段的修剪特点

(1)幼树期　以“扩大树冠”为原则，冬季修剪时去除下垂枝、弱枝、过密枝、重叠枝，抹除多余的花芽。生长期对徒长枝摘心、剪梢，促进枝条充实和分枝形成。

(2)初果期　以“边结果，边扩大树冠”为原则，去除弱枝，保留中庸枝和部分强枝用于结果。

(3)盛果期　以“控制树冠，多结果”为原则。适当回缩树冠间的交叉枝，利用强壮枝结果，疏除结果后的衰弱枝。分批更新结果母枝。

2. 不同物候期的修剪特点

以冬季修剪为主，在萌芽前的 2～3 个月进行。抹除劣质芽，保留质量好的花芽，剪去萌生的不定芽新梢和直立旺梢，适当疏除一部分花芽。

夏季适当修剪，疏除过密枝。

(张鹏飞　编写)

本章小结

本章介绍了猕猴桃、柿、石榴、无花果、蓝莓的生物学特征、生长发育对环境条件的要求以及年生长发育规律、生命周期等，猕猴桃、柿、石榴、无花果、蓝莓在生产中的常用树形及其培养过程，猕猴桃、柿、石榴、无花果、蓝莓整形修剪特点等内容。

复习思考题

1. 简述猕猴桃、柿、石榴、无花果、蓝莓与修剪有关的生物学特征。
2. 简述猕猴桃、柿、石榴、无花果、蓝莓不同树形的结构特征与整形过程。
3. 简述猕猴桃、柿、石榴、无花果、蓝莓整形修剪特点。

第十三章

荔枝、龙眼的整形修剪

第一节　荔枝的整形修剪

荔枝属无患子科(Sapindaceae)荔枝属(*Litchi*)，该属有荔枝(*Litchi chinensis* Sonn.)和菲律宾荔枝(*Litchi philippinensis* Radik)2个种，其中仅荔枝可作为果树栽培。荔枝原产我国，已有2 000多年的种植历史。我国现有荔枝种植面积约900万亩，年产量在260万t左右，主要分布于北纬18°～29°范围内的广东、广西、福建、海南、四川、云南等地。

一、荔枝的生长结果习性

1. 荔枝的生物学特征

(1)根　根系由主根、侧根、须根及根毛组成。须根是吸收养分最活跃的部位，由吸收根、瘤状根及输导根组成，多分布深度20～40 cm、树冠滴水线内外20 cm的土层中。荔枝根系分布的深度和广度与种苗有关：用实生苗嫁接的种苗，主根发达，根系较深，耐旱、抗风、抗倒伏能力强；高压(圈枝)苗没有主根，只有侧根，根系分布较浅；荔枝根系与真菌共生形成内生菌根。

(2)茎和枝梢　常绿乔木，高5～20 m。主干直立粗壮，分枝多，形成圆头形或半圆头形树冠。树皮光滑，灰褐色或黑褐色，纹理致密，呈棕红色，颜色深浅因品种、树龄不同而异。荔枝枝梢因抽生时间不同分为春梢、夏梢、秋梢和冬梢，其中春梢、夏梢的大量抽生易引起落花落果；冬梢的萌发不利于花芽分化；秋梢是主要的结果母枝，应尽量培育使其健康生长。

(3)叶　偶数羽状复叶，小叶2～4对，互生或对生，叶形因品种不同而异，长椭圆形、披针形或倒卵形，全叶革质，先端渐尖。叶基楔形，叶柄短，叶面浓绿，有光泽，叶背灰白色，侧脉不明显。叶片寿命一般为1.0～1.5年，春梢及秋梢萌发期是大量新老叶片更新期。

(4)花　由混合芽发育而成聚伞状圆锥花序，花序大多数由上一年生秋梢顶芽及近顶几个腋芽抽出。一穗花序有花几十朵至4 000朵不等，一般为300～400朵。花淡黄绿色，无花瓣，有4～5枚小萼片，萼片上有花盘突起，雌雄花着生在花盘上，花盘上有蜜腺能分泌蜜糖，吸引昆虫传粉。荔枝花主要有两种类型，即雄花和雌花，还有少量的两性花和畸形花。雄花占比最大，一般达70%～80%，雌花占比较小，一般为10%～30%。荔枝开花顺序一般为雄花—雌花—雄花，部分年份可能为雌花—雄花。在同一花序中雌花、雄花开花时间错开，相遇数量很少，需要异花授粉才能结果。

(5)果实　由果柄、果蒂、果皮、果肉(假种皮)及种子等五部分组成。果实的形态、果皮的颜色、壳的龟裂片粗细、缝合线因品种而异。果形有心脏形、椭圆形、卵圆形及圆球形等。果实成熟时果皮颜色有鲜红、淡红、紫红、青绿色、黄绿色、黄蜡色等。果皮由对称的两边合成，其接连处有一小沟状分界线称缝合线。果实内部为半透明状如凝蜡的果肉，果肉内包裹的种子颜色有棕黑色、红棕色等，种皮滑而有光泽，呈长椭圆形。种子有两片子叶，不易分开，内缝有淡的半月形小胚芽。部分品种存在种子败育现象，表现为果实成熟时种子焦核或无核。果实发育成熟分三个阶段，即胚、果皮和种皮发育阶段，子叶迅速生长阶段，果肉迅速生长和果实成熟阶段。

2. 荔枝生长发育的环境条件

荔枝是典型的南亚热带常绿果树，喜高温高湿，喜光向阳，其遗传性又要求花芽分化期有相对低温，但最低气温在－4～－2 ℃又会遭受冻害，开花期天气晴朗温暖而不干热最为有利，湿度过低，阴雨连绵，天气干热或强劲北风均不利于开花授粉。花果期遇到灾害天气，会造成落花落果，严重时会导致整个果园失收。

(1)温度　荔枝一般只能在年平均温度 20～25 ℃的北热带和南亚热带地区正常生长结果，在生长发育的年周期中，不同阶段对温度的要求也不同。根系生长的最适温度为 23～26 ℃，低于 10 ℃几乎停止生长，10～20 ℃由缓慢生长转入快速生长。在年周期中，根系生长分别在 5 月上旬至 6 月中旬，6 月下旬至 7 月中旬、9 月下旬至 10 月中旬有三次生长高峰期。荔枝正常萌芽抽梢要求 15 ℃以上，最适温度为 24～29 ℃，－4 ℃是荔枝致死的临界低温，0～3 ℃枝叶遭受不同程度的伤害。不同品种对低温的抵抗能力有差别。荔枝花芽分化要求冬季有适度的低温条件，不同品种花芽分化对低温的要求不同：早熟品种如三月红等对低温要求不严格；而迟熟品种如禾荔、糯米糍等，0～10 ℃范围内温度越低、时间越长越有利于花芽分化和花穗形成。开花坐果期要求天气温暖，温度的高低影响开花期和坐果期的长短。

(2)水分　荔枝原产于热带雨林，适宜湿润的气候，要求年降水量在 1 500 mm 以上。同时在年周期中雨量分配要均匀，长时间的干旱或阴雨天气都严重影响荔枝正常的开花坐果。需要强调的是，荔枝在花芽分化期要求适度干旱，有利于养分的积累和花芽生理分化的进行。在春季开花期则要求晴朗少雨，有利于昆虫传粉和花粉萌发，若雨水过多或低温阴雨则会导致花药不能开裂散粉，妨碍昆虫传粉活动，冲淡柱头黏液，影响花粉萌发，并常因花穗积水引起“沤花”；若过分干旱，则花期缩短，柱头黏液干燥，花粉不能萌发，影响授粉受精。在果实发育期若雨水过多，常造成土壤积水，影响根系吸收活动，导致大量和集中的落果与裂果；若缺水则果实发育不良以至提早成熟。

(3)光照　俗语有“当日荔枝，背日龙眼”之说，是指荔枝比龙眼更需要光照。荔枝是阳性果树，喜光性很强，只有日照条件好，才能生长健壮。在年周期中，花芽分化、抽穗、开花和幼果发育期更需要有充足的光照。充足的光照促进光合效能的提高，增加碳水化合物的积累，有利于荔枝生长、花芽分化、开花坐果和果实发育，也有利于根系生长。阴天多，影响花芽分化、开花，造成落花落果严重。但开花期忌日照过强，否则花丝易凋萎而失去散粉能力，柱头黏液浓度过高不利于花粉萌发，也会造成花而不实。

(4)空气　环境污染主要有大气污染、水质污染和土壤污染等，其中大气污染对荔枝生长发育的影响和危害最为突出。空气中含有二氧化硫、氟化物等污染物会破坏荔枝叶片正常的生理功能，影响叶片光合作用效能，妨碍花粉萌发和花粉管伸长，从而影响授粉受精。二氧化硫、氟化物等污染物进入土壤后，容易使土壤酸化，影响荔枝根系的正常生长，造成荔枝不能正常萌芽抽梢，叶片大量脱落和落果严重等。

(5)土壤　荔枝对地势和土壤条件的适应范围很大，不论丘陵山地、河渠两岸、村前屋后，还是冲积土、沙质土、黏质土、砾质土，红壤、红黄壤或砖红壤，均能良好生长结果。在海南省琼山区平山镇，荔枝生长在火山岩风化而成的土壤；在重庆市合川区，生长于砂页岩形成的土壤等，都是较典型的例子。不同的土质对荔枝的产量和果实的品质有较大的影响，生长于平地、水边、山边的荔枝，因土壤多属黏壤土、冲积土，有机质较丰富，保水保肥性强，荔枝生长较快、较旺，结果早，易获丰产，果皮薄而肉厚，水分较多，但含糖较少；生长在山地、丘陵的荔枝，因土壤多属红壤、黄壤、沙质壤土和沙质土，土壤有机质较少，但一般土层深厚，水位低，通透性好，荔枝根系深且发达，树龄较长，果皮较厚，肉质较结实爽脆，含糖量较高，品质较好。荔枝有内生菌根，适宜微酸性土壤，一般以地势较高、土层深厚、地下水位低、富含有机质和矿物质元素、疏松透气、pH 5.0～6.5 的沙质红壤土或江河两岸的冲积沙壤土，最适宜荔枝的生长。

3. 荔枝的年生长发育规律

荔枝的根系周年都可生长，其生长与土壤温度、湿度及通气状况密切相关。土壤温度23～26 ℃是荔枝根系生长的最适温度，土温<10 ℃或>35 ℃时根系停止生长。土壤含水量60%～80%最适宜荔枝根系生长。荔枝根系一年内有三个生长高峰，第一个生长高峰在夏梢萌发前(5—6 月)，第二个生长高峰在采果后(7—8 月)，第三个生长高峰在花芽分化前(9—10 月)。

荔枝的新梢多从枝梢的顶端及其下 2～4 芽抽出，一年中新梢抽生的次数，因树龄、树势、品种和外界条件而定。未结果的幼树一年可抽生 5～7 次梢，一般春梢抽 1 次(2—4 月)，夏梢抽 1～2 次(5—7 月)，秋梢抽 2～3 次(7—10 月)，冬梢抽 1 次(11—12 月)；成年树在肥水充足条件下，可抽新梢 3～5 次；老年树一般在采果后抽 1～2 次新梢，每次新梢从抽出至成熟一般需 35～70 天。

荔枝果实的年发育周期大概可以分为两个阶段：第一阶段以果皮和种皮发育为主(花后 0～53 天)，该阶段胚的生长发育较慢；第二阶段主要以胚发育、假种皮发育为主，种胚快速生长，假种皮包满种子(花后 53～67 天)，假种皮快速膨大积累糖分(花后 67～88 天)。

二、荔枝常用树形及培养过程

长期以来，我国荔枝栽培缺乏规范的整形修剪，树体结构常不合理。荔枝枝条顶端优势明显，顶芽及顶芽以下的 2～4 个腋芽可以萌发成枝，其余下部隐芽一般不萌发。成年荔枝树体高大，树冠顶部及外围枝叶过密，而树冠内部及下部由于光照少而大部分骨干枝光秃，造成荔枝成年树体仅在表面结果，产量低，树体衰老快，同时喷药、采收等操作管理极不方便。需根据品种特性、栽植密度、地形以及便于机械化等因素选择合适的树形，目前生产中荔枝常用的树形为自然圆头形和开心圆头形。

1. 自然圆头形

(1)树体结构　树高保持在 4.0～5.0 m，冠径 4.0～5.0 m，主干高 40～60 cm，中心干上分层均匀着生 5～8 个主枝，一般首层分布 3～5 个主枝，二层分布 2～3 个主枝，主枝开张角度 50°～70°。每主枝可再培养 2～3 个侧枝，构成植株的骨干。主枝间距 15～20 cm，向四周错落生长，螺旋式上升排列，同向主枝间距大于 80 cm。下部主枝长度可达 2.0～2.5 m，上部主枝长度保持 1.0～1.5 m，形成“下大上小”的圆头形树形结构(彩图 13-1)。

(2)整形要点　主干在一定高度后短截定干，定干高度选择在 40～60 cm 处。选择剪口下分布均匀的 3～4 个枝条作为主枝培养，其余枝条可以疏除。主枝可以任其自然分枝，每个主枝最多分枝 2～3 个侧枝，侧枝间的距离应在 30 cm 以上，其余枝条可以疏除，保持主枝延长枝为单轴延伸。主枝角度较小的可以使用拉枝等方法，使其角度保持在 50°～70°。枝条短而密集的品种，如淮枝、糯米糍、白糖罂等，可任其侧枝自然分枝生长；枝条长而壮的品种，如三月红、妃子笑和黑叶等，可在新梢长至 20～25 cm 时短截，促进侧枝生长，从而形成紧凑型树冠。

(3)树形特点　自然圆头形树冠成形较快，种植后 2～3 年就可以形成结果树冠。自然圆头形树形枝条生长顶端优势明显，容易出现郁闭现象，成形后若不及时疏通树冠容易导致结果部位外移、树冠内部光秃等现象。自然圆头形树冠较大，需要种植的株行距应大于 4 m×6 m。

2. 开心圆头形

(1)树体结构　开心圆头形通常是由自然圆头形落头开心后改造而成的，树形结构与自然圆头形基本一致。对于树干高度超过 6 m 的自然圆头形树形，选择中间的中心干进行落头改造，使其树冠高度降低。开心圆头形树形通常主干高度 40～60 cm，自主干分生 3～4 个主枝，着生角度一般多为 45°～70°，角度不合适的，可通过拉枝的方法矫正。以后在主枝上再留侧枝等，使其向外开张斜生，利用周围空间。就主枝的配置来说，树冠是开心的，但中心长满小型枝组，树冠仍为圆头形(彩图 13-2)。

(2)整形要点　开心圆头形的树形培养最初按照自然圆头形的树形结构培养。自然圆头形树形结构因树体高大、树冠密闭导致树冠扩大及内部光秃，需要进行开心圆头形树形改造。可以选择最高的中心主干进行落头，利用 2～3 年的时间，选择内部枝条代替外部的带头枝，从而缩小树冠，解决果园密闭的问题。

(3)树形特点　开心圆头形因其缺乏中心干，树冠内部通风透光，不易出现内部光秃现象。利用大枝回缩技术，使用内部枝条代替外部延长枝，从而保持树冠大小和树体高度。开心圆头形与自然圆头形相比，树冠稍小，株行距可以选择大于 4 m×5 m。

3. 荔枝密闭园的修剪

当前荔枝果园密闭的主要原因是初始种植时密度不合理以及后期的管理技术不适合。密闭荔枝园树冠间互相遮蔽，树冠内部看不见阳光，内部枝条荫蔽生长衰弱，枝条质量差，树冠中上部枝顶端优势明显，造成荔枝由“球面挂果”变成“平面挂果”，不仅影响果实产量、果品质量，同时还容易滋生病虫害，导致树体衰弱，影响树体寿命。密闭园改造可遵循“动态平衡，循序渐进，灵活适度，分步实施”原则，分步实施，2～3 年改造到位。采用轻简栽培技术使改造后的果园管理方便、省工省时、综合成本降低，确保果树生长与结果、群体与个体、果树与环境、投入与产出协调和谐。

密闭园改造需根据果园的具体情况(如树体衰弱情况、原有品种、立地条件、果园基础设施情况、现有管理水平)和果园密闭情况等现状制订果园改造计划,综合运用清园、间伐、逐年回缩等技术措施,以改善果园通风透光为核心,从降低栽植密度入手,以果园间伐、调减枝量、优化结构为基本技术,配套增施有机肥、适量结果和病虫害绿色防控等系列技术,有效改善果园环境,提升优质果产量和果园综合效益,最后实现果园增产的目标。具体改造过程可按照间伐→压低树冠→调整树体结构的步骤来进行。

(1)间伐　对栽植密度过大、密闭严重,树势衰弱、病虫害严重、树体残缺不全的果园,开展间伐。当年失收的果园可在3—4月间伐,当年开花结果的果园在采果后6—7月间伐。间伐可采用一次性间伐或分批间伐的方法。

①一次性间伐。对密闭封行的果园有计划地砍掉或移去一部分植株。按照种植密度可选择隔行隔株、隔行间伐、梅花点式隔株间伐等三种主要模式。对于原始种植株行距为2 m×3 m、3 m×3 m的高密果园可以通过隔行隔株间伐,使种植株行距调整为4 m×6 m、6 m×6 m;对于原始种植株行距为3 m×4 m、4 m×4 m的中密果园可以通过隔行间伐,使种植株行距调整为4 m×6 m、4 m×8 m;对于原始种植株行距为4 m×5 m、5 m×6 m的低密果园可以通过灵活间伐,对局部较密的植株进行调整。间伐前,需要对整个果园的植株进行摸排,首先间伐掉病虫为害严重、树势衰弱不易恢复的植株,然后再按照计划进行间伐。间伐后对于空间巨大的地方,需要补种新的植株。

②分批间伐。对于清园后,果园树势恢复不错且仍有挂果能力的果园,可以采用分批间伐的方法来改造。对于确定需要间伐的植株,采用疏大枝、重度回缩等措施进行疏通和回缩树冠,在保证不影响永久株的光照和生长空间的原则下,同时采用环割、环剥等措施来促使其结果,待永久株逐渐扩大到可以补充满其空间时,疏除临时株。根据果园的现状和管理水平分批间伐可在2～3年完成。

(2)压低树冠　间伐后,可通过“开天窗”和回缩修剪的方式来降低树冠高度,使树冠矮化,形成开心形的树体结构。

“开天窗”主要针对树冠高大、枝叶生长茂密、内膛光照条件差的成年投产树,每年采果后,将树冠中上部、生长较为直立、基部直径在4 cm以上的大枝进行回缩。根据树冠密闭情况,每株树在不同方位回缩大枝1～5条,以修剪后树冠内膛光照得到明显改善、内膛枝条有充足的生长空间为宜。树冠高度的控制根据不同品种及种植密度的不同而有所不同。对于黑叶、淮枝、白蜡、双肩玉荷包等丰产性能较好的品种,其冠高控制在3.5～4.5 m;对于糯米糍、桂味、白糖罂等丰产性能较差的优质品种,其冠高控制在3.0～4.0 m;对于妃子笑之类适宜采用重度回缩修剪的优质品种,其冠高控制在2.5～3.5 m。

回缩修剪宜选择采果后或在采果时同步进行,当年花量少或无花穗,可提前到3—4月进行。回缩修剪可分为一次性回缩修剪、逐年分批回缩修剪和株间局部回缩修剪。一次性回缩修剪针对于密闭封行时间较长、枝梢直立生长、树势衰弱明显、树体结构发生变形无法改造的果园,将多余且影响树体光照的所有主枝一次性疏除,重新培养树体结构。修剪部位一般距地面高度100～130 cm,留3～4个分布均匀的骨干枝。用电锯或油锯将骨干大枝完全锯断,要求横断面完整平滑,回缩后用树枝树叶或稻草等覆盖树干,防止被阳光曝晒。最好在回缩时留一枝作“抽水枝”暂不回缩,等回缩的枝干重新长出两次新梢后再将“抽水枝”锯除。逐年分批回缩主要针对树体高大密闭但树势健壮尚有结果能力的植株，可以采用逐年分批回缩的方法降低树冠。回缩前先在主枝上留预备枝，或对于春季长势较差枝、交叉封行严重的1～2个主枝用电锯在离地面高度100～130 cm处先进行回缩修剪，一般回缩1～2年后就可以恢复结果能力；当回缩的枝条能结果后，采取同样的方法，对剩下的主枝进行重度回缩修剪。株间局部回缩主要针对树体高度适中、局部密闭的树体，可采用株间局部回缩树冠，保持树体高度，解决局部密闭难题。在开花时可结合疏花疏果进行局部短截，将部分枝条短截至粗度2 cm处，短截的枝梢通过近一年的生长，发育成良好的结果母枝，有利于第二年结果。或者采果后，选择部分密闭的枝条进行短截，通过2～3年的局部回缩，可以使树体保持一定的树冠。

(3)调整树体结构　在间伐和压低树冠后，需要对树冠结构进行有效调控，使树冠大小维持基本稳定，保持生长势平衡。树体结构调整主要通过疏枝减少大枝数量，通过短截促进枝条分枝，使树冠结构形成“上小下大、上稀下密、通风透光、保持稳定”的开心形树体结构。首先疏除影响树形结构的霸王枝、直立并行枝、重叠枝，保持荔枝树首层3～5个主枝，2～3层有2～3个主枝，每个主枝结构中可有3～5个侧枝。主枝较长时，用回缩修剪技术进行更新代替。回缩修剪后，抽出的新梢要按不同要求进行疏芽，每条枝留2～3芽，多余的应及时抹除。每年采果后可视树冠大小采用不同的修剪方式。树冠不需要扩大的，可采用短截的方式维持每年同样大小；树冠尚有空间发展的，可以通过疏除过密枝及缓放“带头枝”保持树冠继续生长。

三、荔枝整形修剪特点

1. 不同发育阶段的修剪特点

(1)幼树期　荔枝的幼树期一般在定植后的4～5年，主要以营养生长为主。幼树期荔枝树抽发大量的枝梢，需要多短截，促进多发梢，扩大树冠，为后期开花结果做准备。小树需在定植后2～3年完成整形，提早结果。

(2)初果期　主要是指从第一次结果开始，到进入盛果期的这段时间。荔枝初果期营养生长仍占主导地位，树冠继续扩大，树形结构需进一步培养。初果期的修剪目标是继续培养通风透光的树形结构，平衡营养生长与生殖生长间的平衡，保持树势健壮，延长结果年限。初果期修剪要注意以下几个方面：

①保持一定量的营养生长。采果后15天内及时疏除病虫枝、枯枝和过密枝，但此时必须轻剪，且尽量保留树冠中下部枝条，培养2～3次秋梢，以便较早形成圆头形树冠，增大结果面积。尽量避免剪去晚秋梢或早冬梢，培养其成为第二年的结果母枝。

②结合培养树冠和及时促发健壮的秋梢。采果后修剪应以疏剪为主，适当短截。幼年结果树萌芽力强，顶芽一次常可萌发3～5个新梢，甚至更多，故应注意适时疏剪，原则是去弱留强，每次梢留1～2个新梢，最多不超过3个。

③适时采收，适当回缩，是初果期保持树冠的基础。适时采收可以保证采收后有2～3次秋梢培养。采果时可以考虑树冠大小、树势强弱情况，在枝条不同部位通过短截进行采收。对于树势弱、发枝能力差、树冠尚需进一步扩大的树体，采果时可以轻剪采收；对于树势强壮、需要控制树冠的树体，采果时以修剪至上一年结果母枝的中下部为宜，这样可以保持树冠每年维持原样。对于成花能力弱的品种，采收时以轻剪为主。

(3)盛果期　荔枝树的结果年限较长，生长上百年的荔枝树也可正常结果。一般荔枝树的盛果期在定植后的5～30年，主要由营养生长转向生殖生长，这个时期的荔枝树，树冠已成型，根系与树冠的扩展速度明显下降，正常开花结果，产量趋于稳定。这个时期需要加强树体管理，保持健壮树势，保证每年产量稳定。盛果期树主要通过疏剪等技术改善树冠内膛和下部的光照条件，使内膛和下部结果，从而达到树冠上下立体结果，提高产量。同时，通过修剪调节生长与结果的矛盾，缩小大小年结果差异幅度，控制树冠高度，使操作管理方便。成年结果树的修剪应注意以下几个方面：

①盛果期荔枝树可以在萌芽前、花果期以及采果后进行修剪。采果后为最主要的修剪期。采果后修剪一般于7—8月完成，修剪宜轻不宜重，主要是对结果后的残枝、弱枝、病虫枝进行疏除，回缩树体高大的树冠枝条。成年结果树修剪一般剪除枝梢的20%～30%。修剪的对象有两树交叉的枝、徒长枝、病虫枝、荫蔽枝、纤弱枝、下垂枝，以及树冠内过密枝和重叠枝等，尽可能保留向阳枝和壮枝。荔枝的主干及主枝忌烈日曝晒和霜冻，故应在树顶部保留足量多的枝梢。

②及时短截修剪，维持树冠大小。荔枝树进入成年期后会发生封行密闭现象，造成树体高大，结果部位外移。因此，采果后修剪可进行轻度或中度短截修剪。例如，淮枝品种，应在8月中旬进行轻度短截，剪去3～4节，结合施肥，短截后约20天便可以抽生秋梢；树势强的三月红品种，宜中度短截，即采果后对0.6～1.0 cm粗的枝条剪去30～50 cm。

(4)衰老期　在荔枝树经过高产结果期之后，便会逐渐步入树体的衰老阶段。进入衰老期的荔枝树，根冠及根系的生长能力会明显减弱，开始自然回缩。根系群出现裸露、受伤枯死等现象，并且基本很少会产生新根，各个器官的生长能力都会逐渐衰退。虽然还能够正常开花结果，但是产量及品质会明显下降。需及时进行树冠更新和根系更新，以延长荔枝的结果年限。

①树冠更新。应根据树势衰退程度决定更新轻重，衰退严重的树可以在主枝、副主枝上回缩重剪，促萌发新的主枝、副主枝。可采用逐年回缩，逐年更新的办法，每年回缩1～2个主枝，培养新萌发的内部合适枝条作为新的主枝，利用3～5年的时间将所有的主枝更新代替。因主枝过多过密而衰退的树，可酌情从基部疏除部分主枝。对于树体高大、内部空虚的荔枝树体，需要先“开天窗”，回缩中间主干，使树冠内部通风透光，从而萌发新梢来代替结果部位外移的枝条。

②根系更新。一般在树冠滴水线下开60 cm深、45 cm宽的环状沟进行断根，并埋入腐熟畜粪或草杂肥加少许石灰促新根萌发。

2. 不同物候期的修剪特点

荔枝树的修剪时间为萌芽前，花果期以及采果后。萌芽前修剪一般于12月底到1月初，荔枝顶芽萌动前，主要针对采果后修剪做得不到位的、部分树冠密闭的果树，可通过局部疏枝促进顶芽迅速萌动。花果期修剪主要在3—5月，主要针对容易来花、花量较大的品种，或者来花较为整齐的年份，可结合疏花疏果一起进行，通过短截部分花穗或者结果枝，在减少荔枝挂果量的同时，还可以培养新萌发的枝条作为第二年的结果母枝。对于容易落果的品种，在花果期修剪需要注意宜轻不宜重，防止新梢生长引起落果。采果后修剪一般于7—8月完成，主要是对果实采收后的残枝、弱枝、病虫枝进行疏除，对树体高大的树冠枝条进行回缩，培养健壮的秋梢用于第二年结果。

四、荔枝整形修剪实践

荔枝大小年结果现象非常严重,尤其是对于冬季低温需求较高的中晚熟品种,大小年结果已经成为限制荔枝产业的关键瓶颈。通过对荔枝大小年树采用不同的修剪技术,减少大小年间树体的营养积累差距,从而达到减少荔枝大小年间产量差距,缓解因不同年度间营养积累的差距造成人为大小年结果现象。

(1)大年树的修剪　原则是控果促花,增强树势。大年树修剪应以“花果期修剪为主,采后修剪为辅”,结合疏花疏果控制产量,节省养分的同时尽早培养第二年的结果母枝。花果期修剪时,可适当回缩花芽量过多的枝组,回缩更新和理顺调整老弱密挤的结果枝组,使树冠通风透光。强壮枝组可留前截后,使枝组前部结果,后部培养第二年的结果枝。对于长势较弱的结果枝组,可采取去弱留强、疏密的办法进行复壮。对过多、过密的辅养枝和大型结果枝组,要利用大年的机会适当疏剪。大年树采后修剪应尽早进行,避免因为高产量造成果实采收迟而影响修剪的进度。大年树消耗养分较多,树势较弱,因此采后修剪时应以轻剪为主,尽可能的多保留有用的枝条,只需要简单疏除过密枝、病虫枝和衰老枝条。

(2)小年树的修剪　以“采后修剪为主,花果期修剪为辅”,在花果期修剪时尽量多留结果枝,提高小年产量。对于没有开花或者坐果较差的结果枝组,可在有分枝处适当回缩,控制枝组大小,以减少第二年的花芽。对后部有花、前部无花的结果枝组,可在有花的分枝以上进行回缩修剪。花果期修剪,需要控制萌发的新梢数量和长势,防止生长过旺造成落果。采后修剪,应以疏剪为主,对于花果期修剪后生长出来的新梢尽量保存,只需要疏除过密枝、病虫枝和衰老枝条。

(郭栋梁　编写)

第二节　龙眼的整形修剪

龙眼(*Dimocarpus longan* Lour.)是无患子科(Sapindaceae)龙眼属(*Dimocarpus* L.)植物。我国有4种龙眼属植物分布,包括龙眼、龙荔(*D. confinis*)、灰岩肖韶子(*D. fumatus*)和滇龙眼(*D. yunnanensis*),其中龙眼为栽培种,主要品种有石硖、储良等。在我国龙眼有2 000多年的栽培历史,种植面积和产量位居世界第一。我国龙眼主产区为广西、广东、福建、海南、台湾,其次为四川、重庆,云南、浙江南部及贵州也有少量栽培。

一、龙眼的生长结果习性

1. 龙眼的生物学特性

(1)根　龙眼根系庞大,依照生长角度可分为垂直根和水平根。垂直根的分布深度,依据苗木种类、土壤状况以及地下水位高低等条件而定。实生树根系较深,高压繁育树根系较浅。生长在红壤丘陵山地的龙眼,垂直根入土较深,通常可达2～3 m,有的甚至可穿入半风化层;

生长在围田地的龙眼，由于地下水位高，根的垂直分布较浅，多在表层的 1.5 m 范围内；冲积土土层深厚，在其上生长的龙眼根系可深达 4 m 以下。一般情况下，龙眼根系垂直分布，80％的根系分布在 10～100 cm 的土层中，而更多集中在 20～40 cm。龙眼水平根的分布范围可以比树冠大 1～3 倍，但约 80％的根系分布在树冠覆盖范围内。

（2）枝梢　龙眼与其他亚热带常绿果树一样，在环境适宜的条件下，周年均有新梢生长。新梢多从上一次营养枝顶芽及其下 2～3 个腋芽抽出，落花落果枝的新梢从残留的花枝、果枝基部抽出，短截枝的新梢从先端腋芽抽出，另外，从树干或枝条上的不定芽也能萌发新梢。龙眼的枝梢根据其抽出的季节分为春梢、夏梢、秋梢和冬梢。

①春梢。在 2—4 月抽生的新梢，通常在老熟的秋梢以及老枝上抽出。萌动时期与气温回升迟早及升温幅度有关。连年结果的树，春梢数量较少；当年花穗少或花穗大量“冲梢”的树，春梢数量多而壮。春梢从抽生到老熟需要的时间较长，通常为 30～60 天。壮健的春梢当年能够继续抽生理想的夏梢或秋梢，作为翌年的结果母枝；长势较弱的春梢，可通过短截，促进抽生强壮的夏梢或秋梢作为翌年的结果母枝。

②夏梢。在 5—7 月抽生的新梢，可从当年春梢、上一年夏梢或秋梢、多年生枝、春季修剪枝、春季疏花疏果的短截枝上抽生。对于结果量中等的植抹，若肥水充足，也能抽生较多夏梢，一定数量的夏梢有利于当年果实增大及采果后及时抽出秋梢。夏梢不但可以作为培养秋梢结果母枝的基生枝，有部分可直接作为翌年良好的结果母枝。所以，夏梢抽生的数量及强壮与否，对增加秋梢数量、增大果实、减少后期落果均有明显作用，也是龙眼连年丰产的物质基础。

③秋梢。在 8—10 月抽生的新梢，是龙眼结果树翌年在其顶部成花结果的主要枝条，是重要结果母枝。树势强者萌发较早，通常在采后 15～20 天大量萌发。秋梢主要有两种：一种为夏延秋梢，另一种为采果枝秋梢，此外还有短截枝及多年生枝秋梢，但数量较少。秋梢萌发早而壮，是翌年最理想的结果母枝。一般夏延秋梢的抽穗率为 40.0％～72.3％，采果枝秋梢抽穗率为 23.0％～40.1％，其他秋梢为 12.1％～47.0％，夏延秋梢的成花坐果率最高，培养适量的夏延秋梢及采果枝秋梢对于持续稳定坐果显得尤为重要。

④冬梢。在 11 月至翌年 1 月抽生的新梢。此时树体处于半休眠状态，枝梢很少生长。但若遇早冬气候偏暖、雨水偏多的年份，幼树或树势强旺的青壮年树，在充实的夏梢、秋梢顶端容易萌发冬梢。冬梢较难正常转绿老熟，营养积累少，且常遇霜冻、寒害，难以成为翌年结果母枝。对冬梢应通过肥水控制、药物处理或人工剪枝等方法抑制其生长。

（3）花　龙眼花序顶生，是聚伞花序圆锥形排列的混合花序，由主轴、侧轴、支轴及小穗组成，每个小花穗通常有 3 朵花。龙眼一个花穗的单花逾千朵，散生于各级侧花序上。

①花芽分化。由于产区地理气候条件的差异，花芽分化的时间不同，一般早熟产区比迟熟产区花芽分化得早。低温和干旱对花芽生理分化影响最大，两者同时具备时对花芽生理分化的促进作用最为理想，但有时只有低温或只有干旱也能促进花芽生理分化。花芽分化前枝条淀粉的积累水平、与花芽分化有关的矿质营养含量以及叶片同化与营养输出能力都会影响当年的花芽分化。

②花穗生长。龙眼结果母枝较为粗壮，营养积累多，因而花穗长、花量大，但往往雄花多、雌花少、花质差，单个花蕾营养水平低。因此，在培养强壮树势、增施花前肥的基础上，在花穗伸长到合适的长度（15～25 cm，依结果母枝的长势而定）时，还需要配合春季修剪措施，如剪

除无效枝、疏除细弱花穗、短截花穗等，减少花期树体营养消耗，提高花穗质量，提高雌花比率和坐果率。

③花穗“冲梢”。是指正在发育中的花穗，因受内外因素的影响，长出枝叶，使花穗中途终止发育，形成带叶的花穗，严重时还可逆转成营养枝。花穗“冲梢”，主要由2—3月花穗发育期的温度决定，一般认为龙眼花穗在形态分化过程中需18 ℃以下的冷凉干爽天气，若温度高于18 ℃，则容易发生“冲梢”。另外，不适时的施肥也会加重“冲梢”的发生，如在2月偏施氮肥等。秋冬季低温干旱，花芽生理分化程度高，则花穗“冲梢”较少。

④氯酸钾催花。氯酸钾可以诱导龙眼四季成花，打破龙眼原有的生产规律，使龙眼可以进行反季节生产，其成花机理尚需进一步研究。目前使用氯酸钾诱导龙眼成花在生产上已经得到了较为广泛的应用，叶面喷施或土施氯酸钾对龙眼都有催花作用。影响氯酸钾催花效果的因素有品种、植株生长势、土壤质地、施用氯酸钾时的天气以及氯酸钾施用量等。

(4)开花　花穗的开花次序是由下而上的，以一个小穗而言，中央一朵花先开，旁边两朵花后开。雌雄花的开花顺序一般是先开雄花再开雌花，最后以雄花收尾；也有先开少量雌花，再开雄花，接着又开一次大量雌花，最后也以开雄花收尾。单个花穗中雌雄花交替开放，即雌雄花一般不同时开放，雄花开放次数多，雌花则大都集中一次开放。在同一植株上，各个花穗间的雌雄花大部分也是较集中地分别交替开放的。龙眼单穗开花一般在20天左右开完，全株花期可长达30～45天。雄花通常于开花后1～3天脱落，雄花盛开的时间有10多天，雌花只有3～7天。龙眼昼夜都能开花，但大部分花都在白天开放，雄花在一天之中，以8:00—10:00开裂的花药最多，雌花主要也在上午开放，雌花开放后柱头可维持2～3天仍然授粉有效。

(5)果实发育　龙眼雌花经过授粉受精后，即开始果实的生长发育。据观察统计，龙眼坐果率大多为10%～20%，属于高坐果率型，丰产潜力大。受精后幼果不断增大，坐果的第一个月种子先发育，发育至35～40天时，果肉开始出现；50～55天时，果肉包顶，种腔内子叶出现；65～70天时，子叶充满种腔；75～80天时，种皮开始转色，意味着种子开始进入成熟阶段；85～90天时，种皮完全转色，表示种子已经成熟，果实开始进入迅速膨大阶段，果肉糖含量迅速增加，甜度迅速提高；‘石硖’花后105～110天、‘储良’花后115～120天，果实进入完全成熟时期，此时鲜食品质最好，风味最佳。

2. 龙眼生长发育的环境条件

龙眼是典型的亚热带果树，对温度、水分、光照、土壤和风均有特定的要求。

(1)温度　是龙眼营养生长和生殖生长的主要影响因素，也是限制龙眼分布的一个重要因子。在华南地区要求冬季绝对气温不低于−1 ℃，不经常出现冻害的地区作经济栽培较为适宜。一般来说，在0 ℃时龙眼幼苗及幼树受冻，−1.5 ℃以下时大树的老叶受害，大树的临界冻害温度为−4 ℃。

温度是影响龙眼花芽分化的主要因素，一般认为，12月、翌年1月平均气温低于13.5 ℃有利于花芽分化。花期气温较高，龙眼的花期明显缩短，龙眼小花在18～26 ℃开放最盛。花粉的发芽温度以20～28 ℃最为适宜，温度过高或过低，发芽率下降。龙眼根系在土壤温度为23～28 ℃时，生长最快；土壤温度为29～30 ℃，生长缓慢。

(2)水分　是影响龙眼生产的重要因素之一，一年之中降水量及降水量的分配都直接影响龙眼生长发育及开花结果。2—3月，花穗生长期需要有较多水分供应，遇旱淋水有利于花穗生长发育，花质量好，坐果率高；6—8 月，生育期需较多的水分，若遇干旱，则影响根系和地上部分正常生长和果实发育。根系怕长时间的积水，会造成氧气缺乏，呼吸不畅顺，吸收能力明显下降，甚至会窒息腐烂。龙眼开花期忌雨，雨多会造成授粉受精不良，坐果率低。在龙眼的整个果实生长期需要充足的水分，数天一雨最为理想。在果实成熟前 20 多天，遇旱若能保证水分供给，可提高 10%～20%的产量。

（3）光照　充足的阳光有助于促进光合作用，增加有机物的积累，有利于花芽分化，促进果实发育，提高果实品质。龙眼园若过于密闭，则阳光不足，树体养分积累水平低，植株难以成花结果。花芽分化期宜有充足的光照：一是促进树体养分的积累；二是引起干旱而提高细胞液浓度，有利于成花。开花期光照不宜过强，过强造成干燥，雌花柱头容易干枯，影响授粉受精。幼果期若长时间缺乏光照，则光合效能低，营养和激素失去平衡而导致落果严重。过强的太阳辐射易造成果实“日烧”，直接影响品质。烈日曝晒龙眼树干会对树皮的输导组织造成严重破坏，甚至会晒爆树皮，造成树势衰退。

（4）土壤　我国的龙眼有少部分种植在平地和冲积地，大多分布在广泛的亚热带丘陵山地，土壤类型属于红壤、砖红壤以及两者之间的过渡类型，土层较深厚，pH 4.6～6.7，土壤养分较缺乏，有机质、全氮含量较低，速效养分含量少，盐基代换量小，盐基饱和度低，保水保肥能力较差。龙眼对于这类土壤的适应性较强，只要具备比较深厚土层（1～2 m 壤土或沙壤土）、土质疏松的果园，在正常管理条件下，一般都能获得较好的产量，但过黏或过沙的土壤一般不宜栽培龙眼。

（5）风　可以调节果园的气候环境，有调节气温的作用，通过微风摇动枝叶，使中下部的叶片接受闪光的照射，有利于提高树体的光合效能，增加养分积累。在花期晴天，风有助于传播花粉，风是除虫媒以外的又一大传粉媒介，但开花期忌吹干风或潮湿的“回南”大雾天气，干燥风易使雌花柱头干枯，雾天会导致花朵产生离层而引起落花。龙眼抗风能力较强，但位于华南沿海地区的龙眼园还是最怕台风，台风在果实近成熟时（8—9 月）较多，不但导致大量落果，打烂叶片，吹残树冠，甚至会把整树连根拔起，造成不可估量的损失。

二、龙眼常用树形及培养过程

龙眼适宜种植于热带、亚热带地区。该地区夏季阳光猛烈，高温期长，很容易灼伤植株的枝干，造成裂皮、爆皮等永久性伤害，削弱树势，生长与结果均受到严重影响。因此，龙眼多采用自然圆头形、人工圆头形或主枝开心圆头形等树冠，该树形小型枝组较多，表面均有枝叶覆盖，使中心树干避免阳光曝晒，可以得到良好的保护。

1. 自然圆头形

（1）树体结构　树高 4～5 m，冠径 4～5 m，主干高 40～60 cm，中心干 4～6 个主枝错落着生，上大下小，主枝基角 45°～70°。每主枝留 2～3 个副主枝，相距 50 cm 左右，构成树体骨干，然后任其自然分枝，形成圆头形的外观结构（彩图 13-3）。

（2）整形要点　主干高度一般为 40～60 cm，留 4～6 个分枝，分枝处不同方位、彼此着生距离较近且与主干呈 45°～70°，逐步疏去分枝少、较直立或过于下垂的枝条。随着树冠的增大，枝条数量增多，在主干上逐年疏去一些较大的枝条，促进主枝分枝，使每条主枝都有较多的分枝，树冠内骨干枝分枝级数明显。对一些直竖徒长性强的枝条，可通过拉枝的方法改变枝条生长角度，抑制其顶端优势，达到促进分枝、扩大树冠的目的。

(3)树形特点　自然圆头形树冠成形较快，一般 2～3 年可形成结果树冠。分枝多，分枝级数高，主侧枝分布均匀，骨架构造坚固，树冠较紧凑。自然圆头形树冠枝条生长旺盛，容易出现郁闭现象，需要每年疏通树冠。

2. 开心圆头形

(1)树体结构　开心圆头形与自然圆头形树体结构基本一致，树高 3～5 m，冠径 4～5 m，主干高 40～60 cm，主枝基角 45°～70°。当树高超过 5 m 后，对中心干进行落头改造，降低树冠高度，中心疏枝矮化后树体内部部分中空，但外部形状依然为圆头形，因此，称为开心圆头形（彩图 13-4，彩图 13-5）。

(2)整形要点　开心圆头形树冠前期与自然圆头形树冠培养方法相同，当自然圆头形树冠生长量达到一定程度后，会出现树冠郁闭，树体内部光秃无枝叶，进而导致树冠高度逐年增大，可以选择最高的中心干逐年疏枝矮化处理，矮化树冠的同时促进内部枝条的生长，进而利用内部枝条代替外部的带头枝，从而实现矮化树冠、疏通树体的目的。内部枝条出现徒长情况时，可以用拉枝、吊枝等方式改变枝条生长角度。

(3)树形特点　开心圆头形树冠高度较自然圆头形小，树冠内部通风透光，有利于中部枝条生长结果。最高中心干回缩修剪后，可以利用低位大枝上的内膛枝替代疏去的大枝，达到回缩树冠的目的。同时，保留叶片较多、徒长性少的枝条，有利于成花结果，可逐步实现对外部枝条的替代，最终形成稳定的通风透光、树冠大小固定且丰产稳产的开心圆头形树冠。

三、龙眼整形修剪特点

1. 幼树的修剪

(1)幼树生长的特性　生长旺盛，枝梢生长量大，每年抽新梢 4～6 次，枝梢的长度普遍在 15 cm 以上，枝梢分枝级数低，根系生长迅速。

(2)幼树修剪的目标　未结果幼树整形修剪的主要目的是促进树冠的形成，培养具有一定数量、生长平衡的枝梢，扩大树冠覆盖率和叶面积指数，使之既符合龙眼生长特性，又能早果丰产。

(3)幼树修剪的方法　幼树整形修剪必须掌握一个原则即“宜轻不宜重，宜少不宜多”。整形修剪手法以拉枝、吊枝、抹芽、疏梢为主，促发新梢，扩大树冠，避免过多使用短截。

①定干。主干高低与树冠大小成正比，如树冠大，要求较高的主干支撑，若主干过矮则枝叶拖地，不便于栽培管理。果园的株行距决定树冠的大小，即株行距大，树冠相应较大，因此，定主干高度可参照株行距的宽度，主干高与株行距的比例为 1∶10。二、三年生幼树的主干和树冠都较小，分枝过高，则树势弱，早期保留一些较低位的枝条有利于小树生长，以后随着树龄增长，树冠增大，逐年剪除一些低位下垂的枝条，使树干达到预定高度。

②留主枝。幼树前期枝叶少，在主干上可多保留些枝条，随着植株的生长、树冠的扩大，枝条分枝后数量增多，枝条间开始互相遮蔽时，在主干上部有意识地保留 3～5 个分枝，选留不同

方位、彼此着生的距离较近且与主干呈 45°～70°的枝条作主枝。逐步疏去分枝少、较直立或过于下垂的枝条。

③剪枝。幼树采用疏枝不短截修剪，枝条自然向外生长，树冠枝条数量较少，枝条分布不够紧凑，但龙眼枝条不定芽萌发能力强，在光照良好的条件下都可发育成强壮枝条。在整形修剪过程中要注意保留一些在二、三年生枝条上长出的不定芽，并且分枝位置好、光照充足的枝条，可有效地促进分枝增加枝条数量，培养紧凑的丰产树冠。

④拉枝。对于一些直竖徒长性强的枝条，可通过拉枝的方法改变枝条生长角度，抑制其顶端优势，达到促进分枝、扩大树冠的目的。

2. 初果期树的修剪

(1)初果期树生长的特性　初果期树的树冠扩展较快，树冠上下内外均匀地分布着较厚的绿叶层，有效叶片比率高，整个树干利用空间立体结果的有效面积大，骨干枝群继续形成，分枝能力强，侧枝多，树冠表面呈凹凸波浪状，有利于光线透入内膛。

(2)初果期树修剪的目标　初果期是由幼树向青壮年结果树逐步过渡的阶段，此期已转入较有规律的开花结果阶段而又依然保持着较旺盛营养生长。初果期树冠管理工作应在原有的树冠基础上继续做好整形修剪，达到继续扩大树冠和控制适量结果的目的。

(3)初果期树修剪的方法　此生长阶段的树冠内和群体中的生长空间较大，可利用的有效枝条多，因此，修剪原则仍然以轻剪为主。花果期实施疏花疏果，调节营养生长和生殖生长，适量生产，保持树势，提高品质。

对于分枝能力强、枝条密度较大的品种，或者肥水管理水平较低导致丛状枝较多的植株，修剪时以疏剪为主，短截为辅。对于龙眼密植园(亩植 35 株以上)、或生长势较强的品种，为缓和树冠过快的生长速度和推迟封行，修剪时采用短截为主，疏剪为辅。注意短截结果母枝时，必须保留部分叶片。幼年结果树的短截或回缩修剪的程度依果园或植株的具体情况而定。除严重封行的果园或特别衰弱的植株外，一般均采用轻度或中度修剪，尽量保留较多的功能叶片，并注意及时疏芽定梢，有利于形成新的丰产树冠。

3. 成年树的修剪

(1)成年树生长的特性　成年树已经形成稳定的骨干枝，树冠扩展逐渐转缓慢，小侧枝继续分生，叶面积不断增加，生殖作用逐渐占优势，开花和结果量越来越多，对水分和养分需求量大增。由于枝序级数增加，发枝量多，营养消耗大，采果后萌发秋梢的次数减少。骨干枝经多年疏剪，分枝减少而枝条较长，树冠内膛逐渐空虚。果园株行间接近交接或已封行，甚至树冠明显上移。

(2)成年树修剪的目标　改善树体通风透光条件，减少病虫害，增加营养积累，促进成花。剪除衰弱枝，减少营养消耗，使养分集中于留下的枝梢，提高枝梢质量。调节枝梢萌发期，避免冬梢，有利于成花。通过春剪、夏剪调节营养生长与生殖生长的动态平衡，克服大小年结果现象，提高果实品质。

(3)成年树修剪的方法　既要提高有效叶面积指数，又要改善光照条件，必须二者兼顾。尽可能保留较厚的绿叶层和有效的结果枝干。对于少数从主干或骨干枝上长出的一直延伸至树冠外围的较长枝条，其经济产量低，无继续培养的潜力，可从其基部锯除；对于树冠外围过密的小侧枝群，可用疏枝法予以剪除，以防继续长成"扫帚枝"；对于树冠内部和中下部枝条出现的不定芽的处理，可按枝条生长空间和不同品种的结果性能灵活掌握，如内膛枝具有生长空间和一定的开花结果能力，可适当保留；对于一些生长势较强的龙眼品种（如'储良''草铺种'等），采果后对其较长的结果母枝进行短截时，注意保留枝条基部的绿叶和附近的带叶小枝，以缓和树势；对于需要进行回缩修剪的青壮年结果树，如树冠开始郁闭或者植株高度不利于管理时，可视具体情况轻度回缩修剪或较重回缩修剪。

①轻度回缩修剪。主要是剪除二、三年生枝的大部分小侧枝，相当于枝梢由上自下的第四至第六枝段，剪口直径达 0.5～1.0 cm。经回缩修剪后，植株叶片总量减少 30%～50%，对其他部分可剪可不剪的带叶枝条可暂时留下，待抽出 2～3 次新梢后，再行剪除，这样对根系的吸收及对枝干的遮阴都有好处。

②较重回缩修剪。在枝条直径 2～3 cm 处下锯，锯掉枝条顶部带叶或不带叶的大部分侧枝。操作时应注意锯口方位的选择。首先，锯口不要太靠近枝干分叉处，注意留下的枝条分布要均匀，以利于新树冠的形成。疏剪的枝条不要留残桩。其次，对于树冠下部和内膛的带叶枝条应尽可能保留，特别是骨干枝显得较稀疏的植株，更应尽量多保留一些枝叶。龙眼青壮年树的常规修剪，原则上每年进行 1 次，回缩修剪可数年进行 1 次。

四、龙眼整形修剪实践

1. 结果树的修剪

龙眼结果树最重要的就是秋季修剪（采果后修剪），具体操作如下：

修剪要在短时间内完成，使秋梢生长一致，方便栽培管理。在面积较大的果园，修剪工作量大，难以在短期内完成。为了提高工作效率，修剪可分两步完成：第一步是"粗剪"，即剪去一些较大的枝条，迅速减少过密树冠的枝条数量，疏通树冠。"粗剪"工作进度快，可在短期内完成，迅速为果园创造良好的通风透光条件，有利于促进秋梢萌发和生长。第二步是"细剪"，即剪去枯枝、衰老枝、病虫枝、内膛枝和疏去过密的交叉枝、重叠枝等无效枝条。"细剪"是工作量较大的细致工作，需要较长时间才能完成，但对秋梢的萌发生长影响较少。

龙眼树冠中下部是重要的结果部位，修剪要为树冠中下部枝条创造良好的光照。剪枝"由上而下"进行，先疏通树冠顶部的枝条，使中下部枝条有良好光照，再剪除中下部过密和无效的枝条，多保留一些光照好、生长健壮的中下部枝条。"由上而下"修剪较易掌握修剪程度，不会错剪中下部能够接受光照的有效枝条，确保各部位的枝条都能接受良好的光照，有利于成花结果，提高产量和提升质量。

随着树冠的增大，每年都要有计划地疏去一些大的枝条，即"开小天窗"，创造空间促进大枝上较低位枝条的生长，达到减少树冠内骨干枝的数量、保留骨干枝分枝多的目的。通常树冠内主枝数量少，主枝上分枝多的植株，树冠的枝条分布较紧凑，树体营养输送便利，植株生长势强。树冠内大枝过多，大枝上分枝少，则树势弱。

秋季修剪以疏枝为主，不宜短截回缩枝条。因为短截回缩后抽生的秋梢较弱，经短截的枝条分枝越多，枝条越弱；回缩修剪后，保留的叶片越少，植株恢复生长越难，生长势越弱。未经短截的枝条有较多叶片，能制造较多的营养供秋梢生长，抽发的秋梢生长势强。

2. 密植园树冠更新修剪

结果园植株的向外生长，自然会出现果园封行密闭，树冠中下部枝条光照不足，成花结果能力差，产量低。更新树冠，防止果园封行密闭，培养通风透光好的立体结果树冠是获得丰产稳产的基础。树冠更新的方法主要有树冠回缩和植株间伐两种。一年中树冠更新的时间根据植株的结果情况而定，没有成花结果的植株可在 3—5 月进行，当年结果的植株在果实采收后进行，树冠更新的时间早，当年枝梢生长量大，有利于植株恢复生长。

(1)间伐　种植密度较大(株行距小于 5 m)的果园，当果园出现封行密闭时可根据植株封行密闭程度分别进行间伐。

①分步间伐。对植株封行密闭程度较轻的果园，间伐工作可分步进行。确定间伐植株和永久植株后，逐年压缩间伐植株上的大枝，消除对永久植株中下部枝条的影响，又能够保留间伐植株的部分枝条，利用果园空间结果，提高土地利用率，当间伐植株没有生长空间时再实施整株间伐。压缩间伐植株的要求："压者尽压"，尽量压缩间伐植株上对永久植株有遮阴影响的枝条，为永久植株树冠中下部枝条创造可充分透光的空间，不需要考虑间伐植株保留枝条的多少；"压高留低"，压缩间伐植株高位的枝条才能创造空间使永久植株中下部枝条获得良好的光照，间伐植株低位的枝条对永久植株没有遮阴影响，可保留成花结果。

②直接间伐。对于种植密度过大、封行密闭严重的果园，在确定间伐植株和永久植株后可直接间伐。间伐后留下的植株应通过修剪、拉枝等措施促进其快速恢复良好的结果树形。

(2)树冠回缩　株行距在 6 m 以上的果园一般不间伐，间伐会造成株行距过大，需要培养大树冠才能充分利用果园土地空间，但树冠过大不方便栽培管理，因此，在结果园将要封行时应注意回缩树冠，防止封行密闭，当果园出现封行密闭时也可通过回缩修剪，解决封行密闭问题。回缩修剪的方法如下：

①疏枝回缩法。即逐年疏去树冠高位的大枝，即"开大天窗"，利用低位大枝上的内膛枝替代疏去的大枝，达到回缩树冠的目的。疏枝回缩树冠要求在疏去大枝前保留较多的内膛枝作替代，在疏去大枝后内膛枝可以防止太阳曝晒树干造成树势衰退，回缩树冠后逐步疏去过密、没有生长出路的内膛枝，培养生长部位好、生长健壮的内膛枝替代疏去的大枝。疏枝回缩的特点：回缩树冠后保留的枝条没有被短截，枝条保留叶片较多，徒长性少，成花结果能力较短截回缩强。疏枝回缩树冠所疏去的高位大枝都是生长势强的枝条，疏枝回缩后明显削弱树势。对于封行的果园可选择植株间轮换回缩的方法，既能回缩树冠，又能保留部分没有回缩植株正常生长结果，减少回缩修剪对翌年产量的影响。

②短截回缩法。即通过短截枝条回缩树冠，对果园封行密闭较严重和树冠衰退的果园可选择短截回缩。短截回缩的轻重取决于果园封行密闭程度，短截回缩枝条越粗，回缩程度越重，对解决封行密闭越有效，但回缩的枝条越粗，抽出新梢的徒长性越强，要恢复正常生长结果的时间较长。粗枝回缩后树冠保留的叶片少，容易曝晒树干造成树干爆皮和树势衰退，因此，要特别注意树干保护，主要措施有：在回缩大枝前保留较多的内膛枝，回缩后保留较多在大枝上抽出的新梢；在夏秋季涂白或遮盖树干防晒；保留树冠中部 2～3 个的大枝不进行回缩，用作抚养枝，对保护树干和促进植株恢复生长十分有效，在回缩的枝条恢复生长后再将抚养枝疏除。

(3)轮边回缩　是将树体部分枝条先行回缩，留一部分枝条作为结果枝或养护枝的一种修剪方法。轮边回缩修剪可以在春夏秋三季进行，视植株的成花结果情况可先回缩一半或一半以下枝条，留下部分枝条继续结果，因为留下部分枝条作结果枝或养护枝，短截回缩部分枝条生长会稍慢一些，徒长性也没那么强，回缩部分一般有一年以上的生长时间，可有效恢复树冠，待丰产树冠成形后，再将留下的枝条回缩，可有效降低树冠。相对于短截回缩修剪，轮边回缩修剪可保留一部分结果枝条，翌年还可以拿这部分保障产量，而且回缩部分枝条的徒长性也没那么强，有利于成花结果。封行密闭龙眼园植株轮边大枝回缩修剪可迅速疏通树冠，恢复生产，目前生产上推广应用较多的就是这种方法。

(4)枝条轮换回缩修剪　目前在‘石硖’龙眼上使用较多，是针对‘石硖’龙眼树冠控制修剪方法，在每年春季花穗定型后或者小果期进行枝条轮换回缩，主要对没有花果的枝条进行回缩，可回缩到上一年春夏梢生长的位置，在成花较好的年份，可以结合疏花对枝条进行回缩，回缩枝条的数量控制在 1/3～1/2，这部分回缩的枝条经过一年的生长，可长梢 4～5 次，成为翌年良好的结果母枝，通过控梢促花或者催花处理，翌年可获得较好的产量。结果部分的枝条在采果后也进行短截回缩，可回缩到上一年春夏梢生长的位置，通过这种修剪方法，可以将龙眼树体控制在一定的大小范围之内，便于管理。

（黄石连　编写）

本章小结

本章介绍了荔枝、龙眼的生物学特征、生长发育对环境条件的要求以及年生长发育规律、生命周期等，荔枝、龙眼在生产中的常用树形及其培养过程，荔枝、龙眼整形修剪特点等内容。

复习思考题

1. 简述荔枝、龙眼与修剪有关的生物学特征。
2. 简述荔枝、龙眼不同树形的结构特征与整形过程。
3. 简述荔枝、龙眼整形修剪特点。

第十四章

树莓、桑、草莓的整形修剪

第一节　树莓的整形修剪

树莓(*Rubus idaeus* L.)为蔷薇科(Rosaceae)悬钩子属(*Rubus* L.)植物,为多年生落叶半灌木性果树,可分为红莓类群、黑莓类群和露莓类群。

一、树莓的生长结果习性

1. 树莓的生物学特性

树莓为根蘖性小灌木,株高 2 m 左右,丛生,无主干,没有二年生以上的地上枝。大多数栽培品种的一年生枝可以越冬,在第二年开花结果后衰亡。基生枝在落叶之前称为新梢,新梢生长量大,总长度一般为 2~3 m,生长势强旺的品种可达 3.5 m,新梢顶端通常不能成熟。结果母枝为上一年的基生枝。

每年在基生枝基部的地下部分形成 1~3 个基生芽,当年不萌发,第二年基生芽萌发后形成新的基生枝,同时在地下部分形成新的不定根和新的基生芽。树莓的芽除基生枝基部地下部分形成的基生芽外,地上部枝的叶腋间还着生腋芽,每节 2~3 个,腋芽中的主芽多为腋花芽,副芽通常不萌发,主芽受损时才萌发成叶簇。

花芽为混合芽,萌发后形成结果枝,在其顶端及叶腋间着生花序,多为伞房花序、总状花序或复总状花序。花两性,自花结实。果为聚合果,浆果,颜色有红色、黄色、白色、紫色、黑色等。

根系分布范围较小,浅根性树种。树莓没有垂直主根,地下部分由根状茎、不定根及须根系组成。不定根水平延伸较远,根上能形成不定芽,第二年萌发长出地面成为新的基生枝,也称根蘖枝。

2. 树莓生长发育的环境条件

(1)温度　树莓的栽培品种通常喜冷凉而忌炎热高温,气温过高的地区栽植树莓,果实小,品质下降。黑莓需要冬季最低温>－10 ℃,红树莓在冬季最低温<－17 ℃的地方需要埋土防寒越冬。除福建、广东、广西、海南等省(自治区)外,其他地方均可满足树莓的需冷量。

(2)光照　树莓喜散射光忌直射光，在果实膨大至成熟期，光照不宜太强。

(3)水分　喜湿不耐涝，忌积水，比较抗旱。对空气湿度要求较严格。

(4)土壤　适宜土层深厚，微酸性或中性的沙壤土或壤土，忌黏重土，pH 5.5～7.5 可以生长，最适宜 pH 为 6.0～6.5。

3. 树莓的生长发育规律

基生芽萌发后形成新梢，新梢春季生长缓慢，随着气温升高生长加快，有两次生长高峰，9 月以后生长逐渐减弱。新梢上部不能充分成熟，冬季易干枯。第二年一年生枝成为结果母枝，腋花芽萌发抽生结果枝，结果母枝不加粗生长，结果后逐渐枯死。基生枝的地下部分形成新的不定根和新的基生芽。

树莓为多年生落叶半灌木性果树，每年主要靠基生芽进行更新。经济寿命可达 10～20 年。

二、树莓常用树形及整形修剪特点

树莓为灌木与半灌木中间类型的植物，直立性差，需要架设支架。架式有支柱架和篱架两种，篱架又可分为单篱架和双篱架。一般采用丛状形整枝，一年需要进行 2～3 次修剪(二维码 14-1)。

二维码 14-1
树莓常用树形
(PPT)

1. 丛状形

(1)树体结构　每年冬季保留 10～12 个一年生枝，剪留长度 1.3～1.8 m。篱壁式支架，每隔 4～5 m 埋 1 根支柱，牵引 2～3 道铁丝，将一年生枝均匀引缚在支架上(彩图 14-1)。

(2)整形要点　一年生枝结果后需要全部剪去，重新培养新的结果母枝。随着株丛年龄的加大基生芽形成较多，需适当疏除。

(3)树形特点　树莓为半灌木，树形结构简单。年生长量大，需要疏枝控制，以防株丛郁闭。一般栽植行距 2.5 m，株丛距 0.5～0.8 m。

2. 不同物候期的修剪特点

春季发芽前进行第一次修剪。主要是剪除干枯的二年生枝以及一年生枝顶端的干枯部分，疏除机械损伤的枝条、干枯枝、细弱枝及病虫枝等，每丛保留 7～8 个健壮的一年生枝，保留下来的枝条间距 8～12 cm。

5 月中旬至 6 月初花后进行第二次修剪。主要是将距离地面 30 cm 以内的下部新梢保留 3～5 片叶短截。

8 月中下旬浆果采收后进行第三次修剪。从基部将结完果的一年生枝全部疏除，疏除过密的萌蘖，每株丛保留 10～12 个强壮的基生枝，引缚上架。

需要埋土越冬的地区在埋土前修剪一次，有利于下架和埋土，主要是疏除过密枝，保留一年生枝 8～10 个，剪留长度 1.5 m 左右。

第二节　桑的整形修剪

桑(*Morus alba* L.)为桑科(Moraceae Gaudich.)桑属(*Morus* Linn)植物,一般的桑树以叶用养蚕为主,后来有许多以结果为主、果叶两用的品种被选育出来,习惯称为"果桑"。生产种的长果桑是奶桑(*M macroura* Miq.)的栽培品种,果实略呈柱状,长 5 cm,聚花果,成熟时紫红色或黄白色。桑是药食同源的果树,桑果除食用外还可以入药,桑葚、桑叶、桑白皮(根皮)、桑枝(嫩枝)都是《中华人民共和国药典(2020 版)》收录的中药材。

一、桑的生长结果习性

1. 桑的生物学特性

树冠高大,自然生长的桑树高达 8～15 m,冠径 10～15 m,呈自然圆头形。萌芽率高,成枝力强。

雌雄异株,花芽为混合芽,易成花,一年生枝顶芽、侧芽均可以成花。花芽抽生新梢后在新梢基部 1～6 节叶腋间结果,一般每节坐一个果。葇荑花序,果为聚花果。连续结果能力强。

根系深,入土深 1.5 m 以上,水平根也发达,分布范围为树冠直径的 2～3 倍,一般须根以 10～20 cm 土层最多。

2. 桑生长发育的环境条件

桑树适应范围广,南北各地均有栽植,气温 25～30 ℃是果桑生长的最适温度,通常温度高于 35～40 ℃时对果桑生长有抑制作用;温度低于 12 ℃,果桑停止生长。桑树喜光,抗旱,抗寒,最适土壤含水量为田间最大持水量的 70%～80%。

3. 桑的年生长发育规律

春季地下 30 cm 深处土温 5 ℃以上时根系开始活动,日均气温 12 ℃时冬芽开始萌动,一般 4—6 月果实成熟,也有一年多熟的情况。

4. 桑的生命周期

幼树生长旺盛,成年树长势中庸。潜伏芽寿命长,树冠更新容易,结果寿命长达 200～300 年。一般定植后 3 年进入丰产期。

二、桑常用树形及培养过程

生产中桑的树形比较简单,多采用圆头形进行修剪,设施栽培时也采用纺锤形(二维码 14-2)。

二维码 14-2
桑常用树形
(PPT)

1. 圆头形

(1)树体结构　干高 1.2 m,顶部分布 12～15 个小主枝,呈簇生状(彩

图 14-2)。

(2)整形要点　栽植后定干高 25～30 cm,萌芽后选留新梢 5～6 个,新梢长至 15～20 cm 时摘心,促发分枝,培养 10～15 个新梢作为第二年的结果母枝,冬季修剪时适当短截。

第二年果实采收后,适当提高主干高度,短截结果枝,在距离地面 80 cm 左右短截,均匀留枝 5～8 个,清除下部主干上的枝条。第三年再将主干高度提升至 1.2 m,此后保持。顶部着生分布 12～15 个小主枝,轮换培养结果母枝。

(3)树形特点　树形结构简单,更新容易,适宜密植栽培。株距 1 m,行距 2～3 m。

2. 纺锤形

(1)树体结构　干高 30～40 cm,树高 1.5～2 m,主枝 7～12 个。

(2)整形要点　栽植后定干 40～50 cm,5 月下旬第一次摘心,6 月下旬第二次摘心,7 月下旬第三次摘心,培养主枝 7～12 个,结果母枝 15～20 个,第二年可结果。冬季修剪时结果母枝留 30 cm 左右短截。第二年结果后短截枝条长度的 1/2～3/4,促发新梢结二茬果,每年可采收 3～4 茬。

(3)树形特点　有中心干,树冠低矮,可用于密植栽培。适用于长果桑冬暖式大棚栽培,株距 1.5 m,行距 2 m。

三、桑整形修剪特点

注重夏季修剪,桑葚采摘后结果母枝留 2～3 芽重短截促发新梢,及时抹芽定梢,每个枝条保留 4～5 个新梢作为下一年的结果母枝。疏除过密的细弱枝,集中营养。

冬季修剪疏除细弱枝、病虫枝,短截结果母枝。

第三节　草莓的植株调整

草莓(*Fragaria*×*ananassa* Duch.)为蔷薇科(Rosaceae)草莓属(*Fragaria* L.)植物,属于多年生草本常绿果树。原产南美洲,栽培种包括普通草莓和四季草莓两类。普通草莓为短日照植物,只能在低温短日照条件下才能完成花芽分化,开花结果。四季草莓属日中性植物,花芽分化不受日照长度限制,只要温度适宜,一年四季均可开花结果。草莓在世界各地广为栽培,是设施果树的主要种类之一。

一、草莓的生长结果习性

1. 草莓的生物学特性

草莓植株矮小,呈半丛生状,株高 10～35 cm,由根、茎、叶、花、果实和种子等器官构成(彩图 14-3)。

草莓的茎分为新茎、根状茎和匍匐茎三种:新茎是草莓当年抽生的短缩茎,或来源于上一年新茎的顶芽或腋芽，加长生长极短，其上密集轮生叶片，叶腋间着生腋芽，下部产生不定根。第二年新茎就变为根状茎，新茎的形状呈弓背形，花序均发生在弓背方向，栽植时根据这一特性确定定植方向。根状茎为草莓的多年生茎，由新茎发展而来，生长于土层中，其上有节和轮纹，是营养贮藏器官，对草莓次年生长和开花结果具有重要作用。匍匐茎是由新茎腋芽萌发形成的特殊地上茎，节间长，具有繁殖能力，一般在匍匐茎的偶数节上形成匍匐茎苗，生产上常利用匍匐茎繁殖新植株(彩图 14-4)。

草莓的芽分为顶芽和腋芽。顶芽着生于新茎的尖端，向上长出叶片和延伸新茎，在夏季结果后进入旺盛生长，秋季随温度下降日照缩短(温度 9～24 ℃，17 ℃最适宜；8～9 h)开始形成混合花芽(顶花芽)，第二年混合花芽萌发先抽生新茎，长出 3～4 片叶后即抽出花序。腋芽着生在新茎叶腋里，也叫侧芽，具有早熟性，在高温长日照条件下(18 ℃以上，12～15 h)萌发抽生匍匐茎；在低温短日照条件下(早春、晚秋或设施越冬生产)萌发成新茎分枝，秋末新茎上的腋芽不再萌发匍匐茎，有的可以形成侧生混合花芽(侧花芽)，环境条件适宜后抽生花序。未萌发的腋芽有的成为潜伏芽，当植株顶芽受损伤时可以萌发，使植株得以继续生存。

草莓的叶为基生的三出复叶。叶柄长 10～20 cm，小叶具短柄，质地较厚，倒卵形或菱形，正面深绿色，几乎无毛，背面淡白绿色，疏生毛，叶脉较密，叶柄密被黄色柔毛，叶着生于新茎上，叶柄基部与新茎连接的部分有 2 片托叶鞘包于新茎上。新叶展开后约 2 周可达到成龄叶，有效叶龄 30～60 天，叶龄超过 60 天，光合效率明显下降。单叶寿命 60～80 天，秋季长出的叶片，有些可维持 200 天左右。晚秋随温度降低，新发的叶变短，植株呈莲座状，是即将进入休眠的特征。

草莓花为单花，白色，有 5～8 片花瓣，雄蕊 30～40 个，雌蕊 200～400 个，离生，螺旋状排列在花托上。草莓花序多为二歧聚伞花序，少数为多岐聚伞花序，一个花序上一般有 7～15 朵花。花序上一级花先开，其次为二级花，依此类推，开花早的结果早，果个大，四级及以上花坐果小，并常有开花不坐果现象，称为无效花，多数品种无效花占 10%～15%。草莓绝大多数品种为完全花，能自花结实，但异花授粉能明显提高坐果率，增大果个，减少畸形果。

草莓果实为假果，由子房和花托共同发育而成，萼片宿存，紧贴于果实，草莓果实也称为浆果或级序果。种子瘦果，尖卵形，光滑。

草莓大多数为无性繁殖，根系为茎源根系，主要由不定根组成，属于须根系，发生在新茎基部和根状茎上，寿命一年。草莓根系分布比较浅，主要在 20 cm 以内的土层中。新根为白色，结果期大部分新根变为褐色或黑色。随着植株生长，下部根系逐渐死亡，发根部位逐渐上移，因此，多年一栽制应注意培土。

2. 草莓生长发育的环境条件

(1)温度　草莓对温度的适应性较强。根系大于 2 ℃时便开始活动，10 ℃生长形成新根，最适温 15～20 ℃。植株大于 5 ℃时开始萌芽，最适温为 20～25 ℃，－1 ℃以下低温和 30 ℃以上高温生长受抑制。花芽分化适宜温度为 10～24 ℃ ，开花期 0 ℃以下低温和 40 ℃以上高温阻碍授粉，果实膨大期最适宜温度为 18～20 ℃。生长期如遇到－7 ℃的低温就会受冻害，－10 ℃时大多数植株会冻死。经过低温锻炼的草莓苗，根系能耐－8 ℃的低温，芽能耐－15～－10 ℃的低温。

(2)光照　草莓是喜光植物，但又较耐阴。充足的光照有利于果实生长发育，果个大，含糖量高，风味浓。普通草莓的不同发育期对光照的要求不同，花芽分化需要短日照（10～12 h），花芽分化之后又要求长日照，匍匐茎发生期需要长日照（12～15 h）。

（3）水分　草莓喜潮湿，但又怕涝。由于根系浅，植株小而叶片大，老叶死亡和新叶生长频繁更替，叶片蒸腾作用强，大量抽生匍匐茎和生长新茎等特性，决定了草莓在整个生长季节对水分有较高的要求。秋季定植期为保证草莓苗成活，要充分供给水分；苗期和匍匐茎生长期需水量大，要保证充分供水；开花期和浆果成熟期水分要适中，保持田间持水量不低于 70%即可；果实膨大期需水较多，保持田间持水量 80%～90%为宜；花芽分化期要适当控水，保持田间持水量 60%～70%为宜。草莓不耐涝，长时间积水会造成土壤温度低及通气差，严重影响根系和植株生长，造成抗寒性和抗病性降低，果实着色差，品质低，且易烂果，甚至植株窒息死亡，因此，灌水不宜过多，雨季应注意排水。

（4）土壤　草莓适宜栽植在土壤肥沃、保水保肥能力强、通透性良好、质地较疏松、中性或微酸性（pH 为 5.5～7.0）的壤土或沙壤土中，土层深度不少于 30 cm。

3. 草莓的生长发育规律

草莓年生长周期可以分为萌芽生长期、开花结果期、旺盛生长期、花芽分化期和休眠期。

（1）萌芽生长期　当土壤温度稳定在 2～5 ℃以上时，草莓根系开始生长，顶芽开始萌芽，休眠老叶片开始光合作用，随温度升高新叶开始生长，老叶逐渐枯黄。

（2）开花结果期　在新茎展出 3 片叶，第四片叶未伸出时，花序在第四片叶的托叶鞘内长出来。花蕾出现至第一朵花开放约 15 天，露地栽培花期持续时间较短，20 天左右，设施促成栽培开花结果期可长达 6 个月。花期适宜温度为 25 ℃，相对湿度 80%左右，从开花到成熟 30～35 天，果实膨大最适宜温度为 18～20 ℃。

（3）旺盛生长期　初夏随草莓浆果采收接近尾声时，温度逐渐升高，日照时间延长，草莓开始大量发生匍匐茎和新茎；当年新定植的草莓母株此时也开始逐渐产生匍匐茎。当匍匐茎大量发生后，要保持表土湿润，以利于匍匐茎苗的生根，温度高时可适当遮阴降温。

（4）花芽分化期　草莓花芽分化时间的早晚、数量的多少和质量的好坏与温度、光照、植株营养状况以及品种密切相关。普通草莓品种在日平均温度＞24 ℃时，花芽不分化（气温超过 30 ℃，无论日照长短均不能完成花芽分化）；当日平均温度 17～24 ℃时，草莓开始花芽分化，短日照对花芽分化有所促进；当日平均温度 10 ℃时，无论日照长短，只要持续 10 天，即可开始花芽分化；当日平均温度＜5 ℃时，植株生长受到抑制，花芽分化暂停。草莓顶花芽先分化，腋花芽在顶花芽分化后的 25～30 天才开始分化。在生产实际中，当日平均气温＜20 ℃，日照＜12 h，草莓花芽开始分化，经过 10～15 天即可完成花芽分化。控制氮肥、增加磷肥、适当干旱以及断根、摘除老叶和遮阴等措施能促进花芽分化。

（5）休眠期　晚秋气温降低，日照变短，草莓进入休眠状态。此时新叶变小，叶柄变短，新茎和匍匐茎停止生长，整个植株矮化呈莲座形，休眠期叶片仍呈绿色不落叶，匍匐于地面生长，抗寒性增强。

二、草莓植株调整的方法

草莓为草本植物，四季草莓及设施促成栽培的草莓，花期长，果实成熟期不一致，花果同时发育，在生产过程中围绕促进开花坐果要做好植株调整（二维码 14-3）。

二维码 14-3
草莓植株调整
（PPT）

1. 匍匐茎的摘除和利用

草莓的匍匐茎发生的条件是高温长日照，随着春末夏初日照的延长，温度的升高，草莓开始产生大量的匍匐茎，匍匐茎的产生会消耗母株的大量营养。以收获浆果为目的的植株，应随时摘除匍匐茎，使养分集中供应植株的花芽分化和果实的发育。对于匍匐茎的处理还要考虑栽植制度和栽植方式，密度适宜的草莓园，匍匐茎一律除去。栽植较稀的留一些靠近母株的健壮幼株，以达到密度要求，提高产量。设施栽培秋季较早定植后的某些品种，如红颜等，缓苗后会产生匍匐茎，此时如缺苗可利用匍匐茎进行补苗，不缺苗则及时摘除。对草莓叶面喷布两次多效唑（250 mg/L），对匍匐茎的发生数量和各级之间的长度，以及植株高度和叶柄长度均有明显的抑制作用。

若以繁育子苗为目的，则要在适当的时间采取促进匍匐茎生长的措施，首先要将母株上的花果及时疏除，并喷施赤霉素（30～50 mg/L）抑制花芽分化，促进匍匐茎的产生和生长。草莓匍匐茎繁育的子苗以生长 50～60 天质量最好，超过 100 天以上的草莓苗进行促成栽培易引起早衰，因此，根据秋季草莓定植时间（一般为 8 月下旬开始）为参考，在育苗田里，母株前期（6 月中下旬之前）发生的匍匐茎要及时摘除；后期（8 月中旬之后）抽生或延伸的匍匐茎因无空间生长而悬空在育苗圃里，不仅消耗母株养分，而且还使早期已扎根的匍匐茎苗及母株的生长受到影响，要及时去除。

2. 摘除老叶

草莓一年中叶片不断更新，在新生叶片逐渐展开后，原来的叶片会慢慢老化。老化叶片制造的养分比消耗的养分多，也容易感染病害，因此，要及时摘除老叶。在生长季节发现植株下部叶片呈水平状并开始变黄，叶柄基部也开始变色时，说明老叶已失去光合作用的机能，应及时从叶柄基部去除；特别是越冬老叶在长出新叶后应及早除去，以利于通风透光，加速植株生长，发现病叶时应随时摘除。草莓叶片有效叶龄为 30～60 天，生长期间每株草莓每个新茎保留5～7 片功能叶为宜。

3. 疏花疏果

生长健壮的草莓一般可同期发出 2～3 个花序，每个花序可着生 3～30 朵花，先开的花结果好，果实大，成熟早；高级次的花开得晚，结果少且小，无商品价值。因此，需要把高级次的花蕾适量疏除，使养分集中供应，促进坐果整齐，增大果个，提高品质，使成熟集中，节省采收用工。疏花应该在第一朵花开放前，一般大型果一个花序保留第一、第二级次花序的花蕾（1，2）3 个，并根据植株长势少量保留第三级花序的花蕾；小型果保留第一至第三级花序的花蕾（1，2，4）共 7 个；四级及以上花序的花蕾全部去除。

疏果是疏花蕾的补充，可使果形整齐，提高商品果率。疏果应在坐果后，发现病虫果、畸形果及时摘除。一般根据不同品种和植株健壮程度每株草莓一次留果 7～12 个为宜，最多不超过 15 个。采摘后的残存花序要及时去掉，以减少养分消耗，促进新花序的抽生。

4. 掰除新茎分支

旺盛生长的草莓植株新茎腋芽会萌发产生新的新茎，新茎过多会消耗大量养分，减小单果重，降低产量。在腋芽新茎长出后，除保留主芽新茎外，每个植株选留 2 个方位较好的的粗壮新茎保留，其余全部掰除，并且以后再长出腋芽新茎时要随时掰除，使养分集中供应留下的新茎及新茎分枝，促进花芽分化和开花坐果，保证植株的产量和品质。

本章小结

本章介绍了树莓、桑、草莓的生物学特征、生长发育对环境条件的要求以及年生长发育规律、生命周期等，树莓、桑、草莓在生产中的常用树形及其培养过程，树莓、桑、草莓整形修剪特点等内容。

复习思考题

1. 简述树莓、桑、草莓与修剪有关的生物学特征。
2. 简述树莓、桑、草莓常用树形及其培养过程。
3. 简述树莓、桑、草莓整形修剪特点。

（刘亚令　编写）

第十五章 板栗、榛等的整形修剪

第一节　板栗的整形修剪

板栗(*Castanea mollissima* Blume.)是壳斗科(Fagaceae)栗属(*Castanea*)植物，在我国北方和南方均有栽培，栽培面积和产量均居世界首位，世界上栗属植物有7种。我国的板栗，尤其是河北燕山地区所产的燕山板栗，具有“香、甜、糯、涩皮易剥”的优异品质，享誉国内外。

一、板栗的生长结果习性

1. 板栗的生物学特性

板栗为深根性树种，土层深厚时垂直根和水平根都很发达，深达1～4 m，但大多数根系集中分布在20～60 cm的土层。根的水平分布幅度是树冠冠幅的2.5倍，一般集中在树冠投影面积以下，以树冠边缘密度最大。

板栗的芽外面覆有鳞片，除休眠芽外，均有4片，分为混合芽、叶芽和潜伏芽。完全混合芽萌发后抽生带有雄花序和雌花簇的结果枝，不完全混合芽萌发后抽生带有雄花序的雄花枝。板栗叶芽瘦小，顶尖，呈钝三角形，茸毛较多，萌发后抽生各类发育枝和细弱枝。潜伏芽着生在枝条基部短缩的节间处或多年生枝干上，芽体小，寿命长，一般呈休眠状态，修剪后萌发能力很强，是树体更新的基础。

板栗枝条可分为结果枝、发育枝、雄花枝三种类型。结果枝绝大多数由结果母枝上的完全混合芽萌发抽生而成。发育枝由叶芽或休眠芽发育萌发而成，是形成树体骨架的基础。分化较差的不完全混合芽，往往萌发成雄花枝，只消耗营养，不结果。发育枝、结果枝，在条件合适下能够转化为结果母枝。

2. 板栗生长发育的环境条件

板栗的适应性较强，特点是喜光，耐旱，耐寒，耐瘠薄。生长期间要求充足的光照，沟谷地带日平均光照时间不足6 h，生长结实状态明显变差。适宜生长的年平均温度为10～15 ℃。板栗抗旱性较强，根系分布深，年降水量在500～2 000 mm的地方都可栽种板栗。板栗适合山地栽培，土层深厚、肥沃、湿润、通透性好、排水良好、有机质含量高的沙壤土或砾质壤土，更有利于生长。板栗对土壤酸碱度敏感，适宜的土壤 pH 为 4.6～7.0，当 pH 高时，土壤中锰元素不能被根系所吸收利用，会导致叶色失绿，发育不良。花岗岩、片麻岩风化的土壤为微酸性，且通气良好，适宜板栗生长发育。

3. 板栗的年生长发育规律

在燕山板栗产区，板栗 4 月中旬芽开始萌发，4 月下旬展叶，5 月是生长的高峰，6 月以后枝条加粗生长，同时叶片长大，6 月上中旬是开花授粉期，7—8 月是果实发育期，8 月底、9 月坚果成熟，10 月下旬落叶，11 月上中旬进入休眠期。

4. 板栗的生命周期

板栗多为实生繁殖，寿命长，生长发育较其他树种缓慢。生命周期包括营养生长期、结果始期、结果盛期、结果衰退期。从播种苗开始至结果，一般 6～8 年的时间为营养生长期。5 年左右为结果始期，在此期间树上有少量结果。结果盛期可维持 100 年以上。

二、板栗常用树形及培养过程

二维码 15-1
板栗常用树型
（PPT）

板栗常用树形总的要求是树形低矮，骨架牢固，骨干枝少，主侧枝要分层排列，结果母枝健壮，目前常用树形主要是自然开心形和疏散分层形（二维码 15-1）。

1. 自然开心形

（1）树体结构　自然开心形树形没有中央领导干，可培育成形，也可由自然半圆形树形改造而成。主干高度 100～150 cm，干高随立地条件和栽培习惯而定。在主干上选留长势均衡、角度开张、错落有致的 3～4 个主枝，各主枝间距 25～30 cm，开张基角约 55°。各主枝上选留 2～3 个侧枝，间距 50～70 cm，且左右错落排列，侧枝开张角度稍大于主枝。冠高控制在 3～4 m（图 15-1，彩图 15-1）。

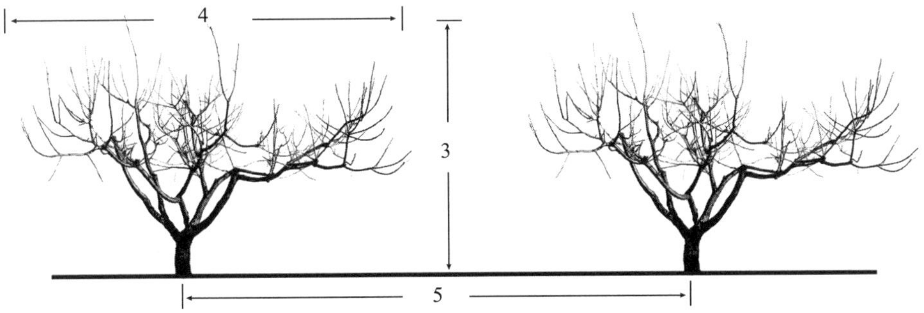

图 15-1　板栗自然开心形（单位：m）

（2）整形要点　定干高度 150～200 cm，剪口下留 5～7 个饱满芽，定干后促使萌发 3～5 个健壮枝条，选 3～4 个培养成主枝，如果因层间距过小或方位错落不均衡而选不出 3 个合适主枝时，可以在最强的直立新梢上再摘心，从抽生的新枝中再选择。8—9 月对枝条进行开角，基角为50°～60°。主枝选定后的第二年，从主枝的健壮分枝上选留、搭配合理的侧枝，安排结果枝组，在主侧枝上配备临时性和永久性结果枝组。要求骨架结构牢固，合理利用空间，做到“大枝亮堂堂，小枝闹嚷嚷”，内外透光，立体结果。对二至五年生的幼树，要加强夏季摘心，增加枝叶量，扩大光合面积，一般3～5年就可形成树冠。另外，整形时除骨干枝上的延长枝外，都要以轻剪为主，少疏多留，以利于幼树早成形、早结果、早丰产。

(3)树形特点　树冠开张、紧凑，内膛通风透光良好，具有成形早、结果早、丰产早的优点。树形培育技术简单，便于掌握和操作，适用于各种立地条件和密植园，但结果部位少，不便于早期间作。适用于株距3～4 m、行距3～5 m的板栗园。

2. 疏散分层形

(1)树体结构　疏散分层形又叫主干疏散形，干高一般为50～70 cm。全树有5～6个主枝，分2～3层。在1～2年内选定第一层3个主枝，邻接或邻近，相距20～40 cm，主枝基角为60°～70°；第二层1～2个主枝，插第一层主枝的空当；第三层1个主枝。第一层主枝(第三主枝)距第二层主枝(第四主枝)的层间距为120～150 cm，第二层距第三层60～70 cm。基部三主枝各配备2～3个侧枝，第一侧枝距主枝基部60～70 cm，第二侧枝距第一侧枝50 cm，并着生在第一侧枝对面，上层主枝可配备1个侧枝或不配备侧枝。树高控制在4～5 m，冠径控制在5～6 m(彩图15-2)。

(2)整形要点　疏散分层形从定干开始，需5～6年完成。培养低矮主干，即在苗木定植时，或定植后萌芽前，离地面80～100 cm处短截，让其在剪口下整形带内萌发新芽。这一步也可在苗圃地进行。定干后，选一直立生长的强旺新梢作中央领导干。冬季修剪时，选健壮、方向不同、相距20～40 cm(层内距)的3个分枝作三大主枝，从80 cm处短截，并对主枝进行拉枝开角。对中央领导干在分枝上部80～100 cm处短截，其余枝条去弱留强，注意避免重叠。此后5～6年，在各级主枝剪口芽下萌发的枝条，分别选1～3个健壮枝作侧枝培养。

(3)树形特点　树冠低矮，适用于土壤干旱瘠薄、风速较大的地方。用于株行距为6 m×8 m的中等密度板栗园。

三、板栗整形修剪特点

板栗的修剪方法是基于板栗修剪原则和培养高产、稳产树形需要所采取的修剪技术措施，与其他果树修剪有很多相似之处。在实际的板栗修剪工作中，经常是根据需要几种方法同时结合使用，生产上常采用的修剪方式有：疏枝、缓放、拉枝、刻伤、摘心、抹芽以及间伐等。

1. 不同发育阶段的修剪特点

(1)幼树期　是树体生长、形成树形的关键时期，该阶段修剪要注意扩大树冠，形成骨架结构，依据各树形的要求进行整形。充分应用摘心技术，在嫁接的当年夏季摘心2～4次，促进枝条充实，以便早结果。摘心时，枝条顶端2～3片保留叶柄将叶片疏除，促进叶腋处萌芽，有利于扩大树冠。幼树期板栗树要少短截，轻疏剪，多留枝，促进扩大树冠。

(2)初果期　以营养生长为主，主要任务是扩冠成形，培养结果枝组，平衡树势和主从关系，需要尽量利用辅养枝辅养树体和开花结果，有意识地对空缺部位牵引附近枝条来占据空间。

(3)盛果期　该时期的长短直接关系栗园收益状况。盛果期修剪的主要原则是维持健壮丰产树势,促使树体生长势由弱变强,形成健壮的结果母枝。需要控高控冠,改善光照条件,调节生长与结果的关系,防止树体衰老。

(4)衰老期　实生的栗树一般生长 80～100 年,嫁接的栗树一般生长 40～50 年,树体会出现衰退郁闭,产量下降。需要及时疏除过密、过高的枝条,将板栗树修剪成 3～5 m 的高度,大枝(主枝)数量 3～5 个,开心形,树体通风透光,增加一年生枝比例,控制多年生枝比例,增强丰产性、稳产性。

2. 不同物候期的修剪特点

板栗冬季修剪一般是从落叶后到第二年春季芽萌动前进行的,主要是疏除病虫枝、徒长枝,培养骨干枝,平衡树势,培养结果枝组,主要方法有疏枝、缓放等。

板栗夏季修剪是指生长季节内的抹芽、摘心、拉枝等措施,可以增加树体分枝级次,改变枝条类型,使幼树成形,提高结实率。

四、板栗整形修剪实践

板栗树产量较水果低,经济效益相对较低。对于板栗大树,为降低生产成本,提高劳动效率,板栗树修剪可以采用油锯、手锯疏除枝组,不再用剪刀进行修剪。冬季修剪时,疏除大中型枝组后,及时在伤口处涂抹伤口愈合剂。

1. 放任树的修剪

生产中板栗放任树的表现是大枝过多,主次不分,从属关系不明,树形紊乱,内膛空虚,结果部位外移,主枝延伸过长,树冠郁闭,结果枝少而细弱,落花落果严重,产量很低,隔年结果现象严重。

二维码 15-2
板栗大树"抓大放小"修剪技术
(视频)

放任生长树的树形多种多样,应本着因树修剪随枝作形的原则,根据具体情况,区别对待,按照"抓大放小"的思路进行修剪(二维码 15-2)。中心领导枝明显的,可改造成疏散分层形;中心领导枝已很衰弱或无中心领导枝的,可改造成自然开心形。大枝过多是放任树的主要问题,应首先解决。修剪前,要对树体进行全面分析,重点疏除大枝,特别是影响光照的密挤枝、重叠枝和交叉枝。留下的大枝应分布均匀,互不影响,以利于侧枝配备。放任生长树树形改造不能一蹴而就,要逐年进行,一般疏层形留 5～7 个主枝,开心形留 3～4 个主枝。

放任生长的板栗树,外围枝大多是冗长的细弱枝,有的严重下垂,需要及时回缩,以抬高角度,增强长势。外围枝丛生密挤的,要适当疏除,以集中养分复壮。树体营养得到调整,通风透光条件得到改善以后,内膛已衰弱的枝组就有了复壮的机会。此时,应根据空间大小,在郁闭处疏除小型枝组,通风透光,强壮枝组,使其连年结果。

2. 郁闭板栗树修剪

郁闭低产园,要先进行间伐。一般先隔行间伐,2～3 年后,再进行隔株间伐。为减少损失，可以对需要间伐的板栗树，采取“疏除一半大枝，保留一半大枝”的做法，保留的大枝结果1～2年，然后再将该树间伐。

板栗密植园修剪的主要任务是防止树冠郁闭，维持树冠大小，平衡树势保持产量在较高的水平，延长结果年限，使其达到连年丰产稳定目标。以解决光照为核心，中心主干若明显影响其他大枝及结果枝组光照的一定要加以控制，或落头或全部去除，形成开心形。当发现大枝生长势减弱或结果能力下降时，就应及时分年分段进行回缩，同时降低结果部位，延缓结果外移。

修剪方法如下：第一年疏除2～3个过密、过高、过粗的主枝（大枝或枝组，以及直立枝、重叠枝、交叉枝等），小枝不修剪，降低树高1～2 m。第二年继续疏除2～3个过密、过高、过粗的主枝（大枝或枝组，以及直立枝、重叠枝、交叉枝等），小枝不修剪，继续降低树高1～2 m。第三年疏除3～5个及以上过密、过高的中枝（中型枝组），小枝不修剪，继续降低树高1～2 m。第四年继续疏除过密、过高的中枝（中型枝组），对部分多年生枝组，回缩到3～5 cm长的短橛，翌年春培养成新的营养枝，下一年即可结果。第五年疏除过密、过高的小枝（小型枝组），对部分多年生枝组，交替回缩，使其更新复壮，年年丰产。

3. 盛果期板栗树修剪

盛果期的板栗树，修剪要较为细致。冬季修剪时，疏除郁闭枝组，对部分多年生枝组，交替回缩，更新复壮。盛果期的板栗树，一般结果母枝留量在12个/m^2即可。

（张京政　刘静　编写）

第二节　榛的整形修剪

榛（*Corylus* spp.）为桦木科（Betulaceae Gray）榛属（*Corylus*）落叶灌木或小乔木，高1～7 m。中国有榛属植物8个种2个变种，主要是平榛（*Corylus heterophylla* Fisch.）和毛榛（*Corylus mandshurica* Maxim.），基本处于野生状态。国外栽培以欧榛（*Corylus avellana* Linn.）为主，主要分布在土耳其、意大利、西班牙和美国等国家。目前国内栽培的主要品种是平欧杂种榛（平榛×欧榛），平欧杂种榛具有欧榛个大、丰产、皮薄的特点，也具有平榛风味好、抗寒等特点，在我国东北、华北及西北地区均有栽植。本节主要以平欧杂种榛为例进行介绍。

一、榛的生长结果习性

1. 榛的生物学特性

（1）枝　平欧杂种榛枝条生长特性因品种而异，有些品种接近于父本欧榛，干性强，生长势旺，可以长成小乔木；有些品种接近于母本平榛，干性弱，生长势中庸偏弱，一般为灌木。平欧杂种榛萌芽率高，枝条基部也容易产生不定芽（生成的枝叫基生枝），因而树冠内枝量大，生长弱的内膛枝容易枯死，结果后枝条生长势衰弱，也容易枯死。枝条抗抽条能力较差。

榛有地下根状茎，地下茎上的芽萌发后在土内生长，产生分枝，有退化的叶片，若分枝长出地面则形成萌蘖，若未伸出地面则形成地下茎。萌蘖枝多，容易长成丛状，可以进行丛状整枝。

生产上常利用萌蘖来繁育苗木，但过多的萌蘖消耗养分较多，不利于榛子开花结果，故需要多次去除萌蘖，以集中养分供应开花结果。

(2)芽　榛的芽按性质可分为叶芽、雌花芽和雄花芽(序)。雌雄同株异花，雌花为混合芽，头状花序，包于芽鳞内，雄花为葇荑花序，多个雄花序，形成雄花序组。不同品种的雄花序大小、颜色有比较大的区别，可作为品种识别的依据。榛子雌花芽与叶芽从外形上不易区分，一般着生在结果母枝的中上部，雄花多在枝条基部。叶芽的饱满程度不同，抽生的枝条生长势也不同。大多数榛子品种萌芽率高，成枝力弱。

榛芽外面的鳞片革质化不明显，保护能力差，芽体容易受损伤。叶芽和雌花芽不与枝条紧贴，容易被碰掉，冬季埋土时芽容易遭受机械损伤被碰掉或碰伤，枝条上的芽体受损后虽然部分可以萌发，但生长势弱，叶片卷曲不能抽生新梢。一个节位上的芽被碰掉后，如果枝条营养充足，可以在这个节位上产生一个或多个新芽。

榛枝条基部容易产生不定芽，一些不定芽会自然干死，在上部枝条生长正常的情况下不定芽抽生的枝条生长势弱，不易成花，在生产中可以将这些基生的细弱枝去除。若上部枝条受到损伤或抽条死亡，可以用基生的枝条更新树冠。

(3)叶　互生，阔卵形至宽倒卵形，边缘有不规则的重锯齿，上表面无毛，下表面叶脉上有短而柔的毛。叶长 5～13 cm，宽 4～7 cm。叶柄长 1～2 cm，细毛密布。托叶小，易早落。

(4)花与果　花为单性，雌雄同株。雌花 2～6 簇生于枝头，在开花时，被包在鳞芽内，只能看到红色的花柱。果实为黄褐色，接近球形，直径 0.7～1.5 cm，成熟期在 7—9 月。榛容易成花，坐果率低。

(5)根　榛根系多，呈网络状分布，根系多集中分布在 5～40 cm 的土层，具有较强的水土保持能力。榛枝条可以产生不定根，但未受刺激时不定根少，因而一般萌蘖没有根。榛可以通过压条的方式来繁育苗木。

2. 榛生长发育的环境条件

平欧杂种榛对环境条件的要求一般为：无霜期≥130 天，≥10 ℃年活动积温≥2 800 ℃，年降水量≥500 mm，年日照时数≥2 400 h。不同的品种间略有区别，在有灌溉条件的地方，年降水量可以低于 500 mm。

平欧杂种榛耐寒，东北地区可在－35 ℃的极端低温下安全越冬，但抗抽条能力较差，休眠期要求空气相对湿度达到 60%以上。许多地方冬春季节干燥多风，往往造成雄花序抽干、枝干抽条等现象，严重时可导致多年生枝条抽死，冬季需要埋土越冬或设置风障。经过多年的观察，仅发现达维、82-7、85-73 等少数几个品种(系)可不经保护露地越冬(山西太谷)。

3. 榛的年生长发育规律

榛开花萌芽早，先花后叶。2 月底至 3 月底开花，雌雄同期或雌雄异熟。果实于 7 月中旬至 9 月中旬成熟，不同品种成熟期差异较大。10 月底至 11 月中旬落叶。

不同种的榛萌蘖发生能力不同，平榛一个母株能产生几十个甚至上百个萌蘖，生产上常用丛状形整枝，每丛留 8～10 个主枝，欧榛萌蘖较少，生产上以单干形为主，平欧杂种榛萌蘖产生能力介于二者之间。丛生的萌蘖会消耗母株大量的养分导致落花落果较多，结果不良。

4. 榛的生命周期

生产中榛以营养繁殖为主，栽植后 1～2 年即可开花结果。为促进营养生长，扩大树冠，多数在栽植的1～2年不让其结果，一般3～4年进入初果期，结果后产量上升很快，5～7年即可进入盛果期，盛果期可以维持较长的时间。

二、榛常用树形及培养过程

平欧杂种榛栽培历史短，生产中各地采用的树形种类比较多，常见的有开心形、丛状形等(二维码15-3)。

二维码 15-3
榛常用树形
(PPT)

1. 开心形

(1)树体结构　干高40～60 cm，主枝3～4个，开张角度50°～60°，每主枝留侧枝2～3个。(彩图15-3)。

(2)整形要点　栽植后60～80 cm定干，第二年在主干上选留3～4个分布在不同方向的主枝，根据枝条长短分别做中轻度短截，剪口下第一芽留外芽。第三年在每个主枝上留2～3个侧枝，主侧枝头中轻度短截。

(3)树形特点　结构简单，树冠开心，光照好，易更新修剪。适用于行距3 m、株距2～3 m的密植园。

2. 丛状形

(1)树体结构　无中心干，自地面选留5个左右主枝。树高3 m左右，冠径2～3 m。主枝上着生结果枝组，结果后整枝疏除更新(彩图15-4)。

(2)整形要点　栽植当年保留所有基生枝和根蘖枝，休眠期选留生长旺盛的基生枝或根蘖枝条并进行轻短截，其余细弱枝条剪除。第二年生长期选留3～5个生长旺盛的基生枝或根蘖枝，其余基生枝去除，一般要去除根蘖2～3次；第二年休眠期对选留的基生枝进行轻短截。以后每年选留3～5个生长旺盛的一年生基生枝进行轻短截，并将超过六年生的老干从基部疏除。容易发生抽条的地方和品种宜选用此树形，结果衰弱后直接从地面处更新，重新培养树冠。

(3)树形特点　结构简单，结果部位多，株丛易郁闭。适用于行距3 m、株距2～3 m的密植园。

3. 小冠疏层形

(1)树体结构　干高40～50 cm，主枝5～6个，分2层，树高3～4 m，在中心干和主枝上培养结果枝组(彩图15-5)。

(2)整形要点　定干高度60 cm，第一层选留3个斜向不同方向延伸的主枝，第二层距第一层60～80 cm，选留2～3个主枝。

(3)树形特点　树冠大，结果部位多，产量高。平欧杂种榛干性不是很强，自然生长时中心干容易歪斜衰弱，幼树期要注意用木棍将中心干扶直，保持中心干的领导地位。培养质量较高的中心干，有利于扩大树冠体积，增加结果部位，提高产量。适宜于土壤肥沃、有灌溉条件、不容易抽条的地方或品种，株距2～3 m，行距4～5 m。

三、榛整形修剪特点

1. 不同发育阶段的修剪特点

幼树期生长缓慢，枝量小，要注意少疏枝，适度短截，增加枝量，养壮树势。

结果期枝量增加，树冠内枝量多，易郁闭，导致结果部位外移；结果多后营养消耗多，树势易衰弱，造成大小年结果现象，修剪时需要注意更新复壮结果枝组。随着树龄的增大，萌蘖也越来越多，过多的萌蘖会消耗大量的营养，使母株的结果能力下降，需要注意铲除萌蘖。

2. 不同物候期的修剪特点

榛应以夏季修剪为主，冬季修剪为辅。

(1)夏季修剪　修剪时期以5月果序露出时为宜，太早不容易区分结果枝和发育枝，过晚则修剪损伤比较大，养分浪费较多，且修剪后发生的新梢不易成花。试验表明，5月是花芽分化前营养积累的关键时期，此时枝条生长旺盛，修剪去除各种细弱枝、未结果的枝条，可集中养分使剩下的枝条生长充实形成花芽，也可使果实发育良好。5月可以清楚地观察到榛一年生枝抽条情况，可针对抽梢的不同程度采取相应的修剪技术方案。夏季修剪的主要措施有铲除萌蘖、拉枝、疏枝、结果枝更新修剪等。

(2)冬季修剪　冬季以培养树形和调整树体结构为主，适当疏除结果后衰弱的结果枝组，一般寒冷地区在春季萌芽前修剪。榛剪口不易愈合，应尽量减少冬季的修剪量，避免造成大的伤口。

3. 抽条树的修剪

平欧杂种榛在东北、华北等春季低温干燥的地方栽植时易抽条，抽条后枝条枯死，影响树体结构，使产量降低，需要在5月及时将抽干的枯枝剪掉，同时要采取多种措施预防抽条的发生。

（张鹏飞　编写）

第三节　阿月浑子的整形修剪

阿月浑子(*Pistacia vera* L.)属于漆树科(Anacardiaceae)黄连木属(*Pistacia* L.)多年生落叶小乔木，坚果商品名为“开心果”，是世界珍贵的干果和木本油料树种。新疆的喀什、和田和阿克苏等地人工栽培，甘肃陇南引种栽培。

一、阿月浑子的生长结果习性

1. 阿月浑子的生物学特性

落叶小乔木，树高5～7 m，树势强。树冠层性明显，分枝角度较大，树姿较开张。枝条分营养枝、结果母枝(着生雌花芽和叶芽)和雄花枝三类。枝条萌芽率高而成枝力低，自然更新能力强。结果枝依长短分为长果枝、中果枝、短果枝和花束状果枝。

芽分为叶芽、雌花芽和雄花芽三类。雌花芽呈细圆锥状，多着生在一年生枝条中部。雄花芽丰满，呈粗圆锥状，多着生在一年生枝中下部。叶芽小而细长，多着生在新梢顶端和下端。

叶为奇数羽状复叶，小叶 3～7 片，多 3 片，一年生苗木或徒长枝基部常见单叶。小叶倒卵形或阔椭圆形，长 7.0～13.1 cm，宽 3.5～9.5 cm，革质，无毛，全缘，先端钝圆或微尖。叶片厚 0.33～0.37 mm，上下表皮较厚且革质化，叶脉两侧隆凸。叶片结构显示阿月浑子为旱生植物。

雌雄异株，花单性，先叶开放。风媒花，雌、雄花序均为圆锥花序。雄花序宽大，长 4～10 cm，花密集，雄蕊 5～6 枚，长 2～3 mm；雌花序长 10～20 cm，花被片长圆形，长 1～4 mm，膜质。果长圆形，长约 2 cm，成熟时黄绿色至粉红色。种子为坚果，白色骨质坚壳为内果皮。在定植时需要合理配置授粉树，一般雌、雄株配置比例为(10～15)∶1。

阿月浑子为深根性树种，主根极发达，可深入地下 7 m，侧根稀少，具显著的趋水、趋肥性。根系主要集中分布在 20～60 cm 土层区域，根颈部易生萌蘖。

2. 阿月浑子生长发育的环境条件

阿月浑子属喜温树种，适宜在年平均气温 11 ℃以上，极端低温 −26 ℃以上，极端高温 39 ℃以上，≥10 ℃积温 4 000 ℃以上地区栽植。极端高温 39 ℃以上有利于阿月浑子坚果种仁生长发育，可明显提高坚果的开裂率和开口程度，产品商品性好。≥10 ℃积温不足 4 000 ℃时，果实成熟期延后，坚果开裂率、出仁率下降。

喜光，需要年日照时数≥2 500 h，生长期日照时数≥1 500 h。

适宜干旱气候，生长季节降水量>150 mm 时，春季授粉坐果受影响，夏季叶部病害发生严重，秋季果实流胶，种皮污染，种仁霉变。

适宜的土壤为沙壤土、沙土和砾质沙土，pH 为 7～8，总盐量不超过 0.3%，地下水位在 4 m 以下。最适宜的土壤含水量为 60%～70%，低于 40%或高于 80%时生长结果受影响。耐贫瘠，耐盐碱，不耐涝，水淹 10 h 即枯死。

3. 阿月浑子的年生长发育规律

新疆喀什阿月浑子的开花期在 4 月下旬至 5 月上旬，花期 5～7 天，先叶开放，花期早，易受晚霜危害。果实生育期 90～160 天，成熟期在 8 月上旬至 9 月中下旬。

4. 阿月浑子的生命周期

幼树生长旺盛，枝条长，易下垂，实生树 8～12 年开始结果，嫁接树 2～4 年可开花结果，10 年左右进入盛果期，经济寿命可达 200 年以上。

5. 阿月浑子的树体特性

阿月浑子树体在自然生长条件下呈丛状多主枝圆头形，干性不强，萌芽率较高，成枝力弱。大小年结果现象严重，只在当年新梢上才可形成花芽，角度平缓、强壮枝的结果量大。总体来讲，阿月浑子长势缓慢，在幼树期和结果初期，长势相对较快，发枝量较多，枝条自然分枝角度大，枝条较其他果树粗壮，但枝量少，间距大。春季新梢一般在 5 月下旬停止生长，幼树及结果初期树在水肥条件好的情况下可抽生夏秋梢，但夏秋梢不能形成花芽和果枝。生长 20 年后长势变得十分缓慢，结果枝组生长量小且易衰退，结实寿命短，结果部位逐年外移，盛果期结果部位多在树冠外围。

一年生的长枝在缓放、撑拉开张角度后可形成较多的短果枝，当年形成花芽，第二年结果。中短果枝多数当年成花，翌年结果。枝条上的中短枝受到重截或伤害后可抽生长枝。

二、阿月浑子常用树形及培养过程

阿月浑子干性不强，自然生长状态下多呈圆头形，生产园的丰产树形以开心形和疏散分层形为宜(二维码 15-4)。

二维码 15-4
阿月浑子常用树形(PPT)

1. 开心形

(1)树体结构　树高 3.5～4.0 m，干高 70～80 cm，主枝 3 个，各主枝在中心干上距离为 15～20 cm，主枝间水平夹角 120°，开张角度 45°～50°。每个主枝上配置 2～3 个侧枝，第一侧枝距离中心干水平距离为 40～50 cm，第二侧枝距离第一侧枝水平距离为 40 cm，同一级侧枝在主枝上的同一侧。主侧枝上培养大中小型结果枝组(彩图 15-6，彩图 15-7)。

(2)整形要点　苗木定植 1～2 年内，及时抹除根颈部的萌芽和萌枝，树干绑立支架，保持树干直立健壮生长。定干高度 100～110 cm，在 30 cm 的整形带内选留 3 个主枝，及时抹除主枝以外的萌芽。主枝开张角度 45°～50°，每年冬季修剪时留壮芽短截，促进主枝延长枝生长。

第三、第四年，冬季修剪时留壮外芽短截，促进主枝延长枝生长扩大树冠。在主枝距离树干 40～50 cm 处培养第一侧枝。

第五、第六年，冬季修剪时短截第一侧枝，夏季修剪时剪梢摘心，促发分枝，培养结果枝组；主枝长到 90～100 cm 时，培养第二侧枝。

第七、第八年，培养第三侧枝；第二侧枝短截或打顶摘心，培养结果枝组。

第九年，整形工作基本完成。

(3)树形特点　树姿开张，结果后枝组易下垂，注意回缩复壮。阿月浑子童期(幼树期)长，枝条生长量小，整形期比其他果树时间长。为提高前期产量，整形时尽量多留辅养枝。修剪时多缓放少短截，促进其成花结实。主枝背上的徒长枝尽早疏除，避免“树上长树”导致树形紊乱。株行距一般为 3 m×5 m、4 m×4 m 或 4 m×6 m 等。

2. 疏散分层形

(1)树体结构　有强健的中心干，树高 4.5～6.0 m，干高 50～70 cm，全树有主枝 5～6 个，分层着生在中心干上。第一层主枝 3 个，第二层主枝 2 个，第一层与第二层的层间距 60～100 cm。第一层 3 个主枝间水平夹角 120°，开张角度为 50°～70°，3 个主枝的层内距为 20～30 cm。在距第一层主枝 60～100 cm 的中心干上，选留 2 个主枝形成第二层。两层主枝要上下错落分布，不能互相重叠。若树体较大，可在距第二层主枝 60～100 cm 的中心干上，选留 1 个主枝，形成第三层。侧枝在主枝上的排列，要错落开，第一层可留 2～3 个侧枝，第二层可留 1～2 个侧枝，第三层留 1 个侧枝。层间中心干上可配置辅养枝，各主侧枝上相间排列各种类型的结果枝组(彩图 15-8)。

(2)整形要点　定植后绑立支架，扶持树干的直立生长，在距地面 80～100 cm 处定干，在

30 cm 的整形带内选留 3 个主枝，错落分布在不同的方向上，形成第一层主枝，及时抹除主枝以外的萌芽。选留较强的中心干，使其继续向上延伸。翌年早春发芽前，短截第一层主枝和中心干枝。在距第一层主枝 60～100 cm 的中心干上，选留 2 个主枝形成第二层，同时保留中心干。对较大的树体，可在距第二层主枝以上 60～100 cm 的中心干上，选留 1 个主枝，形成第三层。最上部主枝的方向，应为斜向或水平。各层主枝要上下错落分布，不能互相重叠，充分利用空间；各层主枝生长势协调平衡，下层强于上层，主枝强于侧枝；各层主枝上选留侧枝需注意合理，数量不宜多，在主侧枝上培养结果枝组。

(3)树形特点　疏散分层形主枝多而分层着生，各层次所占空间是从下向上逐渐缩小的，故为保持各层内的光照条件，应改善树冠内膛光照，使下部内膛叶片每天最少能有 2～3 h 直射光照。该树形具有明显的主干，树势强健，树体寿命长，树冠上下空间和横向各方能充分形成结果枝组，获得高产。这种树形结构符合阿月浑子的生理习性，特别适用于山地阿月浑子。此树形虽较理想，但培养树形所需时间长。株行距一般为 4 m×5 m、4 m×6 m、5 m×6 m 等。

三、阿月浑子整形修剪特点

阿月浑子成花节位高，以疏剪为主，主要疏除下垂枝、过密枝、徒长枝、衰老枝、伤病枝、干枯枝、交叉枝以及树冠内部、下层的短小细弱的发育枝，一般不短截成年树上的一年生枝条。为扩大树冠和平衡树势，可在新梢顶端或近基部进行短截，多年生枝的回缩可按需要在合适部位进行。整形修剪时期以休眠期为主，夏季修剪主要进行打顶、抹芽、加大分枝角度、疏花疏果等。

1. 整形修剪原则

根据阿月浑子的生长特性，采用科学合理的整形修剪技术，对形成骨架牢固、枝条分布合理、占有足量结果空间的树形，维持既定树形结构，调节生长结实关系，实现早果丰产、稳产优质之栽培目的意义重大。需要把握以下原则：

(1)简约造形，长远规划　阿月浑子树发枝量少，但枝条角度大，间距大可随枝简约造形，要求尽早成形，形成合理骨架结构，方便管理，促使提前结果。要做到生长与结果兼顾，确保产量的稳定增长。

(2)撑拉长放，轻剪为主　将方向、角度不合适的主枝及主侧枝撑、拉调整到合理的空间结构。对有空间的强枝、辅养枝长放，可缓和树势而成花，达到生长与结果的协调。通过疏除竞争枝、细弱枝和过密枝等，可减少这些枝条生长所造成的营养消耗，使养分的利用更集中。

(3)平衡树势，主从分明　同一级骨干枝的生长势必须近似一致，各级骨干枝之间要有明确的主从关系，下层主枝要强于上层主枝，主枝要强于侧枝，各级枝条如相互干扰，则要控制从属枝条的生长，保证主导枝条的生长，调节树冠整体和局部枝条生长和结果的关系。

(4)通风透光，立体结果　要使枝条上下有层次，前后左右有间距，通风透光，结果枝分布均匀，实现丰产稳产，延长盛果期年限，提高经济效益。

2. 不同发育阶段的修剪技术

(1)幼树期　该期的任务是培养树形，按照树形培养目标要求选留骨干枝，及时抹除主干的萌芽(枝)、疏除主枝上的直立枝、过密枝和下垂枝。调整主枝间的生长势,在培养和维持丰产树形的基础上,选留和培养结果枝组。控制枝条徒长,提高木质化程度,防止冬春季抽条。

(2)初果期　该期树体骨架已基本形成,树冠继续扩大。该期的任务主要是调节生长和结果的关系,控制竞争枝的生长,控制树冠内部扰乱树形的强旺枝条,多留结果枝,逐年增加产量,使树体由初果期快速进入盛果期。在树冠尚未达到要求之前,应继续对骨干枝的延长枝进行短截,增加骨干枝的生长量,使之继续扩大树冠。当树冠已达到所要求的大小时,要对各级骨干枝的延长枝进行缓放,或进行夏季摘心,控制其延长生长。继续在树冠内合理配置大中小型结果枝组,以向上斜生的结果枝组为主,直立或水平着生枝组为辅。结果枝组着生的密度,要求"上稀下密,南稀北密,外稀内密"。树冠顶端的枝组,无论是中型的或是小型的,其所占空间高度,以不超过着生结果枝组的骨干枝枝头为限,以利于通风透光,并保持骨干枝领导枝的生长优势。

(3)盛果期　该期树形培养完成,树冠扩展至最大,营养生长和生殖生长整体平衡,结果能力最强。多采用短截、疏枝等修剪方法,疏除衰老细弱结果枝、交叉枝、密生枝、下垂枝、徒长枝和病虫枝等,控制外围枝量,改善树体通风透光条件。注意局部更新,细致地进行结果枝组的更新修剪,控制背上枝组大小和生长范围,注意留预备枝,长果枝可适当短截,短果枝和花束状果枝只疏不截。短截强壮结果枝(剪除花芽保留叶芽)以减少结果枝数量,增加营养枝数量,调整营养枝与结果枝比例保持在 2∶1 范围内。对开始衰老的结果枝组进行回缩,更新培养新枝组。盛果期树因结实量大,枝条下垂情况较严重,修剪时注意抬高枝条角度。阿月浑子树层性明显,外围延长枝生长旺,常造成结果部位外移,内膛空虚,"光腿"枝多,可多采用回缩修剪。冬季修剪时可适当疏除部分花芽。放任树枝条密挤,内膛光秃,产量低而不稳,需要采用疏枝、回缩等方法改善光照,或重新选留骨干枝,改造树形。

(4)衰老期　树冠外围开花结果,年生长量小,结果枝大量死亡,结果能力下降。修剪时需适当加重延长枝和结果枝组的回缩、短截程度,留壮枝、壮芽,并疏除下垂枝和病枯枝,抬高分枝角度,更新枝组,延长结果期。同时,加强肥水管理,以便恢复树势,提高结果能力。注意回缩更新要分年、分批进行,3～4 年完成更新。

3. 不同物候期的修剪特点

(1)冬季修剪　是最主要的修剪时期,冬季修剪的目的是培养树体骨架和结果枝组。修剪的方法主要有拉枝、撑枝、短截、疏枝、回缩、缓放等。

(2)生长期修剪　多在春夏之交进行。生长期修剪的目的是缓和树势,通风透光,节省养分,提高花芽分化质量等。修剪的方法有抹芽(除萌)、疏枝、打顶摘心、拉枝等。

四、阿月浑子整形修剪实践

1. 放任树的修剪

(1)放任树的表现　从未进行过整形修剪的阿月浑子放任树通常表现以下几种情况:

①大枝过多,骨干枝层次不明显,主枝多轮生、重叠并生,树体结构松散,中心干极度衰弱,枝条密生杂乱。

②结果部位外移，内膛空虚，主枝延伸过长。各类顶芽枝任意增长和逐年任意延伸，生命力强的枝条均聚集在树冠外围，结果部位外移，外围枝叶稠密，内膛枝条光秃，造成树冠郁闭，通风透光不良，产量低而不稳。

③生长衰弱，坐果率低，结果枝细弱，连续结果能力差，落花、落果及隔年结果现象严重，形成的焦梢枯枝多，病虫害严重。

④衰老树自然更新现象严重，衰老树外围出现大量枯枝、焦梢，从大枝中下部萌生新枝，形成自然更新、长成树上树的新树冠，连续数年挂果很少。

(2)放任树改造修剪方法　一般包括以下六点：

①树形改造。放任树的整形修剪，重点是要改变外围枝条稠密、内膛光照不足的状况，但只能在原来树形结构的基础上加以改造，所以只能因树定枝(确定剪除或保留)，随枝修剪，不可追求统一固定的树形。应根据具体情况随树作形，如果中央领导干衰弱或无中央领导干的可改造成自然开心形，中央领导干明显的可改造成疏散分层形。

②大枝的处理。修剪前要对树体进行全面分析，重点疏除影响光照的密挤枝、重叠枝、交叉枝、并生枝和病虫枝，留下的大枝应分布均匀，互不影响，有利于侧枝的配置安排。一般疏散分层形留 5～6 个主枝，特别是第一层要留好 3 个主枝。自然开心形可留 3～4 个主枝。为避免因一次疏除大枝过多而影响树势，可对一部分交叉重叠的大枝先进行回缩，分年疏除，对于较旺的壮龄树也应分年疏除大枝，以免引起生长势更旺。

③中型枝的处理。大枝疏除后从整体上改善了通风透光条件，但在局部会有许多着生不当的枝条。为了使树冠结构紧凑合理，处理时首先要选留一定数量的侧枝，其余枝条采取疏间和回缩相结合的方法，疏除过密枝、重叠枝，回缩延伸过长的下垂枝，使其抬高角度。大枝疏除过多时，可多留些中型枝。大枝疏除少时，可多疏除些中型枝。

④外围枝的调整。对于冗长的细弱枝、下垂枝必须进行适度回缩，抬高角度，增强长势。对于丛生密集的外围枝要适当疏除，衰老树的外围枝大部分是中短果枝，应适当疏间和回缩，用粗壮的枝带头。

⑤结果枝组的调整。经过大中型枝的疏除和外围枝的调整，树冠通风透光条件得到改善，结果枝组有了复壮的机会，可根据树体结构、空间大小、枝组类型和枝组的生长势来确定结果枝组的调整。对于枝组过多的树，要选留生长健壮的枝组，疏除衰弱枝组，有空间时可适当回缩，去掉细弱枝和干枯枝，培养强壮结果枝组。

⑥内膛枝组的培养。经过改造修剪的阿月浑子树，内膛常萌发许多徒长枝，要有选择地加以培养和利用，使其成为健壮的结果枝组。常采用两种方法培养：一是先放后缩，即对选留长度在 80～100 cm 的徒长枝，第一年长放，任其自然分枝，第二年根据需要的高度，回缩到角度大的分枝上，第三年修剪时再去强留弱。二是先截后放，即第一年徒长枝长到 60～80 cm 时，采取夏季带叶短截的方法，剪截去 1/3 左右，促进分枝和萌发二次枝，第二年除去直立旺长枝，用较细枝当头缓放，促其成花结果。对于生长势很旺，长度在 1 m 以上的徒长枝，因其极性强，难以控制，一般不宜选用。

内膛结果枝的配备数量，应根据具体情况而定，一般枝组间距离 50～60 cm，做到大中小型枝组相互间交错排列。树龄较小生长势强旺的树，尽量少留或不留背上直立枝组。衰弱老树可适当多留一些背上枝组。

阿月浑子放任树的改造修剪一般需 3～4 年完成，以后可按常规修剪方法进行。另外，放任树改造修剪必须同加强肥水管理相结合，否则难以收到良好的效果。

2. 大小年树的修剪

阿月浑子树大小年结果现象十分明显，但其机理与一般果树不同，不存在花芽分化受阻问题，而是花芽在夏季大量脱落的结果，果实和花芽对光合同化产物的竞争可能是花芽脱落的主要原因。一般大小年产量相差 50%～80%。应加强土肥水管理，合理整形修剪，保证营养元素的充足、平衡供应和叶片光合效率的基础上，通过疏花疏果，人为去掉过多的花或幼果，使树体保持合理负载量，缓和各器官之间的养分竞争矛盾，以上是减轻大小年现象的主要技术措施。小年结果枝多保留花芽，不进行疏花疏果工作，少采用短截修剪，多采用缓放，适当进行疏剪；大年尽早抹除结果枝多余的花芽（每个结果枝保留花芽数不多于 4 个），冬剪时多疏除衰弱结果枝，对部分强壮结果枝进行重短截，减少结果数量，增加营养枝比例。

（辛国　编写）

第四节　花椒的整形修剪

花椒（*Zanthoxylum bungeanum* Maxim.）是芸香科（Rutaceae）花椒属（*Zanthoxylum* Linn.）植物。我国花椒属植物有 39 个种 14 个变种，分布范围广。

一、花椒的生长结果习性

1. 花椒的生物学特性

花椒为高 3～7 m 的落叶小乔木，枝有短刺，小枝上的刺为基部宽而扁且劲直的长三角形。休眠期枝条分为结果母枝和营养枝，生长期枝条分结果枝和营养枝，结果枝由结果母枝上的花芽抽生而成，结果枝、营养枝上的叶芽在条件合适时可分化成花芽。

花椒的芽分为混合芽、叶芽和潜伏芽。花椒为雌雄异株，生产中几乎均为雌株。混合芽萌发后抽生结果枝，花序顶生，品种优良的花椒花序大，小花多，开花整齐、密集，花梗粗壮，结果能力强。花椒叶芽小而光，叶芽的形态因着生部位不同而不同，顶芽较长，其余部位的叶芽与混合芽在外观上差别不大。潜伏芽着生在枝条基部，芽体很小，寿命长。花椒连续结实能力极强，在栽培上要充分利用这一特性，以达到连年丰产的目的。

花椒属浅根性树种，根系主要分布在 0～60 cm 的土层。

2. 花椒生长发育的环境条件

花椒是喜温不耐寒的树种，在年均气温为 8～16 ℃的地区都有栽培，但以年均温 10～15 ℃的地区栽培较多。花椒喜光性强，为强阳性树种，光照条件直接影响树体的生长和果实的产量与品质，光照充足时树体生长发育健壮，果实产量高，着色良好，品质提高，在荫蔽条件下生长结实较差。花椒抗旱性较强，适宜栽培在年降水量 400～700 mm 范围的平原地区或丘陵山地，但花椒根系分布浅，因此难以忍耐严重干旱。花椒对土壤适应性强，在土壤 pH 6.5～

8.0 的范围内都能栽植，但以 pH 7.0～7.5 的范围内生长结果最好。花椒根系喜肥好气，因此沙壤土和中壤土是最适宜花椒的生长发育，沙性大的土壤和极黏重的土壤不利于花椒的生长，土壤肥沃可满足花椒健壮生长和连年丰产的要求。

3. 花椒的年生长发育规律

花椒 4 月萌芽，4 月中旬开花，花期 15 天左右，6—8 月进行花芽分化，8 月果实成熟。一般立秋至处暑花椒果实完全变红时采收。

4. 花椒的生命周期

花椒树寿命长，生产中花椒多为实生繁殖，其生命周期包括幼年阶段、成年阶段和衰老阶段。花椒幼年阶段时间较短，一般栽植后 1～2 年即可开花结果，初果期为 2～3 年，盛果期可维持 10～50 年，进入衰老期后结实能力下降失去生产价值，生产中常由病虫为害或管理不善引起树体早衰。

二、花椒常用树形及培养过程

二维码 15-5
花椒常用树形
(PPT)

生产中有不少花椒树处于放任生长的状态，规模化栽培中常见的树形为三主枝开心形，也有丛状形的。近年来一些地方采用四主枝开心形，高度密植时可以采用水平扇形(二维码 15-5)。

1. 三主枝开心形

(1)树体结构　主干高 30～40 cm，树高 1.8～2.5 m，无中心干，主枝 3 个。主枝在中心干上的着生位置没有特殊要求，邻近、邻接、轮生均可，开张角度 45°～50°，相邻两个主枝之间的水平夹角为 120°，主枝上培养斜生的侧枝 2～3 个，侧枝间距 50～80 cm，同级侧枝在相应主枝的同一侧，第一侧枝和第三侧枝在同侧，第二侧枝在第一侧枝的对侧，第一、第二侧枝较大，第三侧枝较小或无。大中小型结果枝组在主枝和侧枝上插空排列，以背侧枝组为主，背上留小型枝组，背下枝组尽量保留(彩图 15-9)。

(2)整形要点　花椒栽植后开始整形修剪，定干高度 50～60 cm，整形带 10～20 cm，萌芽后选留 3 个不同方向生长的、分布均匀、长势健壮的新梢，其余的新梢控制生长，摘心或疏除。8 月底至 9 月中旬对没有停止生长的新梢摘心，促进新梢成熟。冬季修剪时主枝剪留长度为 30～50 cm，按需要的主枝开张角度、水平夹角拉枝固定，其余影响主枝生长的枝条从基部疏除。

第二年修剪的重点是继续培养主枝和选留第一侧枝。夏季修剪时留剪口下第一芽长出的新梢作为主枝延长头，延长头之下选 1 个平斜生长的健壮新梢做第一侧枝，其余新梢通过摘心、扭梢等方法控制生长培养成结果枝组，背上新梢要摘心或疏除，防止徒长。秋季对所有未停止生长的枝条摘心控长。冬季修剪时短截主枝延长头、侧枝延长头促发分枝，其余长势中庸的枝条留作结果枝组，长势强旺的枝条疏除。

冬季修剪时主枝延长枝的剪留长度为 50～100 cm，采用“强枝留弱芽，弱枝留壮芽”的方法，使 3 个主枝均衡生长。在距离主干 20～40 cm 选留第一侧枝，侧枝宜选留斜平侧或斜向上侧，侧枝与主枝的水平夹角以 50°为宜。对于竞争枝的处理需要依不同情况而定，当竞争枝的长势超过延长枝，且位置又比较适合时，可以改用竞争枝为枝头；当竞争枝的长势和延长枝相差不大时，对其采用重短截控制生长，一年后再从基部剪除；当竞争枝的长势弱于延长枝时，从基部疏除，或改造成结果枝组。

第三年继续培养主枝，选留第二侧枝和培养结果枝组。第三年的花椒已经开花结果，整形修剪的重点是在保留一定结果量的基础上继续培养主枝、第一侧枝，在第一侧枝的对面选留第二侧枝，2 个侧枝之间的距离为 50～80 cm，第二侧枝与主枝夹角为 45°～50°。其他分枝在不影响主侧枝生长的情况下留作结果枝组。

(3)树形特点　三主枝开心形骨架牢固，成形快，结果早，各级骨干枝安排比较灵活，便于掌握，易整形，在生产中应用较为广泛。优点是光照条件好，从属关系分明，结构牢固；缺点是主枝数量少，空间利用率不高，株间差异较大，管理不便。该树形适用于行距 3～4 m、株距 2～3 m 的平地或山区花椒园栽植。生产中常用的行株距为 3 m×3 m，为了便于机械化管理，建议新栽花椒园的行株距为 4 m×2 m。

2. 四主枝开心形

(1)树体结构　干高 20～40 cm，树高 1.5～2.0 m，无中心干，主枝 4 个。主枝开张角度 60°～70°，主枝间水平夹角 90°，主枝与行向的夹角为 45°，主枝在中心干上的距离无强制要求。主枝上不留侧枝，直接培养大中小型结果枝组，背上枝组宜小，背侧枝组可大(彩图 15-10)。

(2)整形要点　栽植后第一年春季定干高度 30～50 cm，剪口留饱满芽。夏季通过抹芽、除萌、疏梢等修剪留 4 个健壮且方位角适宜的新梢。冬季选留 4 个主枝，短截后拉至合适的角度。一年生枝数量为 4 个且各枝条间生长势较为一致时，按照树形要求直接短截即可。一年生枝为 3 个时，选长势稍弱的 2 个枝条轻短截留作主枝，生长势强旺的 1 个枝条中短截促使其分枝，第二年选留 2 个主枝；一年生枝为 2 个时，2 个枝条均中短截，使每个枝条分成 2 个枝条，第二年再选留主枝；一年生枝为 1 个时，中短截促发分枝，直至选够 4 个主枝。选留的主枝生长势要均衡，如果生长势差异较大，则需要注意调整枝条的开张角度，控制强枝，扶壮弱枝。

第二至第五年冬季修剪时继续培养主枝，在培养主枝的同时促发分枝培养结果枝组，以中小型结果枝组为主，每个主枝仅培养 2～3 个大型枝组，间距在 50 cm 以上。对影响树形的强旺枝采取疏枝、造伤、开张角度等方法控制其生长势。

(3)树形特点　四主枝开心形主枝数量比三主枝开心形多 1 个，结果部位增加，容易获得早期丰产，树体结构更为合理，整形修剪时容易保持树形统一。适用的行株距与三主枝开心形一致，在行间留 2 m 宽的作业通道便于施肥、打药等机械化管理。

3. 水平扇形

(1)树体结构特点　干高 50～70 cm，树高 2 m 左右，有中心干，主枝 8～10 个，开张角度为 90°，朝向行内，同向主枝上下间距 30～40 cm，树冠呈篱壁形，宽 2～3 m，厚 30～50 cm。主枝上培养小型结果枝组，向两侧斜生(图 15-2，彩图 15-11)。

(2)整形要点　定植后留 70～90 cm 定干，剪口下 20～30 cm 范围留饱满芽，发芽后抹去距地面 50 cm 范围内嫩芽。中心干连年短截，边培养中心干边培养主枝，主枝长度达 1 m 左右时顺行向水平拉至两侧，长度以相邻两株树相接为宜，同侧相邻主枝间距 30～40 cm。主枝上分生的枝条通过拉枝、摘心控制生长势，培养成中小型结果枝组，在主枝的两侧交错配置，延

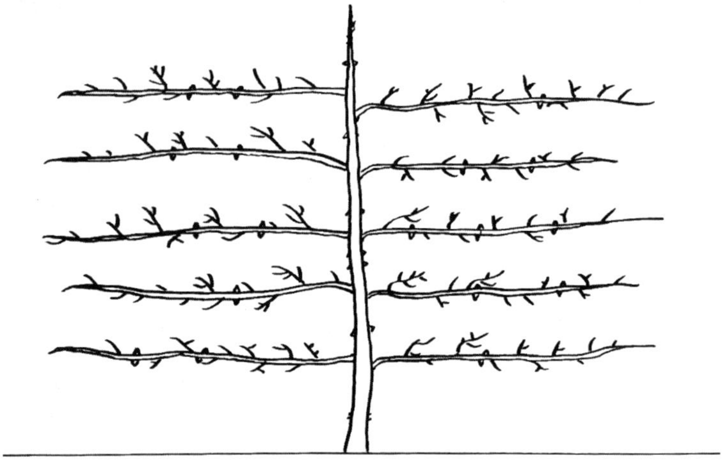

图 15-2　花椒水平扇形

伸范围在 30 cm 以内。可以立竖杆、拉铁丝来辅助整形。

(3)树形特点　树冠成形快，树势稳定，通风透光好，修剪简单，管理容易，采收方便，适宜密植，行间便于机械化操作。水平扇形适宜的行距为 2.5～3 m，株距 2～3 m。

4. 自然开心形

(1)树体结构特点　主干极短，无中心干，主枝数量不定，倾斜向上生长(彩图 15-12)。

(2)整形要点　栽植后留 5～10 cm 重短截，萌芽后选留健壮的新梢作为主枝，数量不定。待主枝长到 1 m 以上时适当短截，强枝长留弱枝短留，各主枝上培养结果枝组，有空即留，适当疏除过密枝。

(3)树形特点　修剪轻，成形快，树冠大，结果期和盛果期均早，主枝生长健壮。成形后主枝多，枝条拥挤，通风透光性差，容易造成内膛空，表面结果，产量低，自然开心形枝条数量多，不便于管理和采收。多用于庭院栽植的孤植树。

三、花椒整形修剪特点

花椒主枝背上容易被灼伤，需要留保护小枝，背下结果枝组易枯死，以两侧结果枝为主。枝组连续结果能力强，盛果期开花结果多，需注意结果枝组的培养与更新。

1. 不同发育阶段的修剪特点

(1)幼树期　是整形的关键时期，树形合理与否关系到后期的生长结果，故应引起足够重视。栽后均匀保留主枝 3～4 个，其余枝条培养成结果枝组，结果枝组生长势要比主枝弱。

(2)初果期　该期修剪的主要任务是继续扩大树冠，培养骨干枝，维持树势的平衡和各部分之间的从属关系，有计划地培养结果枝组，调整好生长与结果的矛盾，合理利用空间。

(3)盛果期　维持树势健壮，控制树冠大小，更新和调整各类结果枝组，维持结果枝组的长势和连续结果能力。适当回缩过长骨干枝以保持行间留有 2 m 的通道，行内株间枝条可略交接。结果枝组的枝龄维持在 5 年以内，疏除过密结果枝组。

（4）衰老期　在盛果后期树体显现衰退时，及时而适度地进行结果枝组和骨干枝的更新复壮，培养新的枝组，延长树体寿命和结果年限。

2. 不同物候期的修剪特点

花椒休眠期修剪以培养树形，调整树体结构为主，生长期修剪以调节生长发育为主。冬季修剪多采用短截、疏枝、回缩、拉枝等方法，短截各类延长头，疏除局部过密的枝条、背上强旺枝、背下衰弱枝等，回缩延伸过长的主侧枝和结果枝组，通过拉枝调整枝条的开张角度和方位，将主枝拉至合适位置。夏季修剪多采用疏梢、拉枝等方法，对树体结构进行局部调整。

四、花椒整形修剪实践

生产中的花椒树经过多年连续修剪后树体结构趋于合理，开花结果良好。一些长期放任不管或者原来修剪不合适的树，树体结构混乱，主次不分，则需要根据实际情况制订修剪方案逐步改造。

1. 放任树的修剪

生产中花椒放任树表现为骨干枝过多，级次不分，枝条紊乱，落花落果严重，产量低而不稳。修剪改造时以改善树体结构，选留主侧枝，疏除过密枝，培养内膛结果枝组，增加结果部位为目标。

本着“因树修剪，随枝作形”的原则，根据原有主枝数量的多少改造成相应的树形，疏除扰乱树形的过密大枝，重点疏除中后部光秃严重的重叠枝、交叉枝。对原有枝组采取缩放结合的方法抬高枝头角度，增强生长势，充分利用徒长枝培养内膛结果枝组，增加结果部位。大树的修剪改造要因树制宜，不可千篇一律，既要加速改造又不可操之过急，大致可分为 3 年完成。第一年以疏除过多的大枝为主，同时对主侧枝的领导枝进行适度回缩，以复壮主侧枝的长势；第二年主要是对结果枝组进行复壮，使树冠逐渐圆满，对于枝组的修剪，以缩剪为主，疏缩结合，使全树长势转旺；第三年主要是继续培养好内膛结果枝组，增加结果部位，更新衰老枝组。

2. 大小年树的修剪

花椒树出现大小年结果现象后对生产十分不利。小年时修剪应适当少剪枝条，多留花果维持树势；大年时应适当多剪枝条减少结果量，增加树体营养积累促其形成较多的饱满花芽，为小年丰产打好基础。

修剪时要注意对主枝背上部位和树干基部小枝进行适当保留，严格禁止剃光头的修剪方式，这样可以很好地减少日灼、流胶、干腐等的发生。

（张鹏飞　编写）

本章小结

本章介绍了板栗、榛、阿月浑子、花椒等果树的生物学特征、生长发育对环境条件的要求以及年生长发育规律、生命周期等，板栗、榛、阿月浑子、花椒在生产中的常用树形及其培养过程，板栗、榛、阿月浑子、花椒整形修剪特点等内容。

复习思考题

1. 简述板栗、榛、阿月浑子、花椒与修剪有关的生物学特征。
2. 简述板栗、榛、阿月浑子、花椒不同树形的结构特征与整形过程。
3. 简述板栗、榛、阿月浑子、花椒整形修剪特点。

参考文献

蔡静,张海旺.桃树整形修剪技术浅析.防护林科技,2015,147(12):66-68.

蔡礼鸿.枇杷学.北京:中国农业出版社,2012.

曾莲,倪耀源.荔枝龙眼整形修剪技术.广州:广东科技出版社,2002.

陈杰忠.果树栽培学各论南方本.4版.北京:中国农业出版社,2011.

陈敬谊.梨树合理整形修剪图解.北京:化学工业出版社,2019.

陈双建,赵雪辉,成继东,等.桃树树形研究进展.落叶果树,2019,51(1):34-36.

程奇,张琦,王合理.酸枣直播建园的枣树树形与整形修剪技术.落叶果树,2014,46(2):48-50.

崔志学.中国猕猴桃.济南:山东科学技术出版社,1993.

邓秀新,彭抒昂.柑橘学.北京:中国农业出版社,2013.

董冰,李亮,王燕平,等.桃树不同树龄整形修剪.山西果树,2015(4):48-50.

董文轩.中国果树科学与实践·山楂.西安:陕西科学技术出版社,2016.

段长青,刘崇怀,刘凤之,等.新中国果树科学研究70年:葡萄.果树学报,2019,36(10):1292-1301.

方文亮.云南核桃生产亟须进行的几项工作.云南林业,2006(3):25-26.

冯建民.设施葡萄大小年的控制技术要点.现代农业,2017(11):27.

冯霄汉,姜英林.西洋梨省力化栽培关键技术.北方园艺,2018(24):210-212.

傅耕夫,李泽.落叶果树整形修剪图解.北京:农业出版社,1990.

高飞.核桃丰产栽培技术.绿色科技,2019(13):155-156.

郭慧霞.探析陕北枣树的整形修剪技术.现代园艺,2016(9):47.

郭强.核桃整形修剪存在的问题及对策.乡村科技,2021,12(19):52-54.

何天富.柑橘学.北京:中国农业出版社,1999.

何兆峰,聂新新,许志强.冬枣的整形修剪技术.科技创新导报,2010(16):131.

黄宏文,等.猕猴桃属:分类 资源 驯化 栽培.北京:科学出版社,2013.

黄宏文.猕猴桃驯化改良百年启示及天然居群遗传渐渗的基因发掘.植物学报,2009,44(2):127-142.

冀明辉,李龙飞,高丽娟,等.梨树3种树形及培养技术.农业科学,2020,10(12):1056-1059.

江国良,陈栋,等.枇杷优质栽培技术图解.成都:四川科学技术出版社,2006.

江国良,林莉萍.枇杷高产优质栽培技术.北京:金盾出版社,2000.

姜远茂，葛顺峰，仇贵生．苹果化肥和农药减施增效理论与实践．北京：科学出版社，2022．

姜远茂，张宏彦，张福锁．北方落叶果树养分资源综合管理理论与实践．北京：中国农业大学出版社，2007．

金强，张锐，木塔里甫・艾海提，等．墨玉县垦区核桃放任生长树的整形修剪技术．农技服务，2021，38(1)：98-99．

赖钟雄，陈义挺，刘国强，等．枇杷良种及栽培关键技术．北京：中国三峡出版社，2006．

李华．葡萄栽培学．北京：中国农业出版社，2008．

李加茹，孙鹏，韩卫娟，等．不完全甜柿'禅寺丸'花性别分化形态学关键时期的研究．园艺学报，2016，43(3)：451-461．

李建国．中国果树科学与实践・荔枝．西安：陕西科学技术出版社，2022．

李疆．中国果树科学与实践・阿月浑子 扁桃．西安：陕西科学技术出版社，2015．

李天忠．梨规模生产与果园经营．北京：中国农业出版社，2015．

李先明，秦仲麒，涂俊凡，等．我国柿树形的演变及发展趋势．安徽农业科学，2017，45(22)：36-37，87．

李永红，王召元，常瑞丰，等．桃树主干形和开心形冠层结构特征与果实质地关系的研究．江西农业学报，2017，29(3)：66-69，79．

廖康，殷传杰．新疆特色果树栽培实用技术(上册)．乌鲁木齐：新疆科学技术出版社，2011．

刘孟军，李宪松，刘志国，等．一种适于高度密植枣园的简化整形方法．中国果树，2015(3)：68-70．

刘孟军，刘志国，李宪松，等．枣树省力安全优质高效新一代栽培技术探索与实践．果树学报，2015，32(6)：1253-1257．

刘孟军，汪民．中国枣种质资源．北京：中国林业出版社，2009．

刘娜．早实核桃丰产整形修剪技术．乡村科技，2018(1)：66-67．

刘万生，王世海，王素琴．早实核桃结实规律的研究．辽宁林业科技，1985(6)：2-5．

鲁韧强，刘军．梨树圆柱形密植整形修剪技术要点．果农之友，2012(2)：13．

孟宪巍，韩露，屈英月，等．枣不同品种花发育时间节律比较．经济林研究，2021，39(3)：92-98．

缪启愉．齐民要术校释．2 版．北京：中国农业出版社，2009．

欧良喜，潘学文，等．荔枝、龙眼安全生产技术指南．北京：中国农业出版社，2011．

潘学文，李建光，韩冬梅，等．龙眼荔枝实用生产技术．广州：广东科技出版社，2018．

齐开杰，蔡少帅，张虎平，等．沙梨细长纺锤形整形修剪技术．中国南方果树，2017，46(1)：137-139．

齐永杰．枇杷优质高效栽培新技术．合肥：安徽科学技术出版社，2015．

邱武陵，章恢志．中国果树志・龙眼 枇杷卷．北京：中国林业出版社，1996．

山西大寨农学院．苹果整形修剪图解．上海：上海人民出版社，1977．

沈德绪．果树育种学．2 版．北京：中国农业出版社，2008．

沈兆敏，等．柑橘整形修剪和保果技术．2 版．北京：金盾出版社，2013．

沈兆敏，辛衍军，蔡永强．晚熟柑橘品种及无公害栽培技术问答．北京：中国农业出版社,2014.

沈兆敏.柑橘整形修剪图解.北京:金盾出版社,2004.

石雪晖.园艺学实践(南方本).北京:中国农业出版社,2011.

史继东.对苹果现代矮砧密植园整形修剪的思考.果农之友,2017(2):1-4.

史彦江,朱京琳,宋锋惠.阿月浑子栽培.北京:中国林业出版社,2008.

宋卫,刘淑玉,丁洪涛.核桃树整形修剪技术.农村科技,2020(4):49-50.

汪景彦.苹果树"傻瓜"修剪法.北京:中国农业出版社,2009.

王宝亮,王海波,刘凤之,等.北方地区葡萄建园和幼树管理技术.辽宁农业科学,2008(6):50-53.

王汉涛,罗秀钧.核桃树龄与产量及营养生长的相关性研究.经济林研究,1988(1):34-39.

王金政,薛晓敏,陈汝.苹果郁闭园结构优化与提质增效关键技术.农业知识,2020(7):20-24.

王奎武.枣树整形修剪技术.乡村科技,2016(28):10-11.

王少敏,冉昆.梨园宽行密植栽培技术的探讨.落叶果树,2022,54(3):1-4,102.

王同勇,杨鹤,王治科,等.现代栽培模式的富士苹果整形修剪技术.落叶果树,2021,53(2):66-68.

王新卫.桃树再植障碍问题及其解决途径.果农之友,2021(12):56-57.

王雪花,蒋万峰.枣树不同生育时期整形修剪技术要点.现代园艺,2018(7):79-80.

王羽,阿布里克木·吐地,郝庆.枣树树形选择与整形修剪技术.农村科技,2009(12):34-35.

王跃进,杨晓盆.果树修剪学.北京:中国农业出版社,2017.

吴耕民.果树修剪学.上海:上海科学技术出版社,1979.

吴国良,段良骅,刘群龙,等.图解核桃整形修剪.北京:中国农业出版社,2012.

吴国良,段良骅.现代核桃整形修剪技术图解.北京:中国林业出版社,2000.

吴国良.中国扁桃研究及高效栽培利用新技术.北京:中国农业出版社,2008.

吴玉洲,张新权.枣树整形修剪技术.北方园艺,2013(1):37-38.

伍涛,秦仲麒,杨夫臣,等."双臂顺行式"新型棚架梨树整形修剪技术.中国南方果树,2015,44(5):133-134.

武婷,武之新.冬枣整形修剪技术研究进展.西北园艺(果树专刊),2008(5):4-5.

夏湛河,张振荣,谢志强,等.设施枣树整形修剪技术.现代农业科技,2015(10):112,114.

谢深喜.图解柑橘整形修剪.北京:中国农业出版社,2009.

杨少云,韩国,谢志强,等.设施红提葡萄大小年原因及防止措施.现代农业科技,2015,(11):126,129.

杨晓凤.泸溪柑橘.北京:中国农业出版社,2021.

杨玉琼,马建江.枣树矮冠疏层形树体的整形修剪.新疆农垦科技,2008(3):16-17.

袁卫明.图文精讲枇杷栽培技术.南京:江苏科学技术出版社,2011.

张家延.中国果树科学与实践·李.西安:陕西科学技术出版社,2015.

张鹏飞.核桃高质高效生产200题.北京:中国农业出版社,2022.

张鹏飞.花椒优质丰产栽培管理与修剪.北京:化学工业出版社,2021.

张鹏飞.图说核桃周年修剪与管理.北京:化学工业出版社,2015.

张鹏飞.图说苹果周年修剪技术.北京:化学工业出版社,2015.

张鹏飞.枣树整形修剪与优质丰产栽培.北京:化学工业出版社,2013.

张书辉,崔学双,李丰国,等.盛果期葡萄管理技术要点.中外葡萄与葡萄酒,2004(4):40.

张一萍.枣树整形修剪图解.北京:金盾出版社,2009.

张玉星.果树栽培学各论·北方本.3版.北京:中国农业出版社,2008.

张玉星.果树栽培学总论.4版.北京:中国农业出版社,2011.

赵德英,程存刚.苹果省力化整形修剪七日通.北京:中国农业出版社,2018.

赵德英.苹果整形修剪之误区和矫正.果树实用技术与信息,2022(7):24-26.

郑少泉,等.枇杷品种与优质高效栽培技术原色图说.北京:中国农业出版社,2004.

郑先波,栗燕.开心果(阿月浑子)优质高效栽培.北京:金盾出版社,2004.

钟彩虹,陈美艳,李黎,等.猕猴桃栽培理论与生产技术,北京:科学出版社,2020.

钟彩虹,黄文俊,李大卫,等.世界猕猴桃产业发展及鲜果贸易动态分析.中国果树,2021(7):101-108.

[法]何塞·克罗·加西亚,等.樱桃科学与生产.张才喜,等译.上海:上海交通大学出版社,2021.

[日]半野潔,山田寿,平智.果树园艺学基础.秦嗣军,译.北京:中国农业出版社,2021.

[日]三轮正幸.图说果树整形修剪与栽培管理.赵长民,苑克俊,侯玮青,译.北京:机械工业出版社,2017.